Lecture Notes in Mathematics

Edited by A. Dold and B. Eckmann

710

Séminaire Bourbaki vol. 1977/78 Exposés 507–524

Avec table par noms d'auteurs de 1967/68 à 1977/78

Springer-Verlag
Berlin Heidelberg New York 1979

AMS Subject Classifications (1970): 53C55, 22E45, 05C15, 20G35, 14H10, 34A05, 14H99, 02K05, 52A25, 57A65, 57D50, 32E10, 10L99, 14J25, 10H30, 02G20, 35A30, 32C40, 57D30

ISBN 3-540-09243-9 Springer-Verlag Berlin Heidelberg New York
ISBN 0-387-09243-9 Springer-Verlag New York Heidelberg Berlin

Printed in Germany

Printing and binding: Beltz Offsetdruck, Hemsbach/Bergstr.
2141/3140-543210

TABLE DES MATIÉRES

PREMIÈRES FORMES DE CHERN DES VARIÉTÉS KÄHLÉRIENNES COMPACTES

[d'après E. CALABI, T. AUBIN et S. T. YAU]

par Jean-Pierre BOURGUIGNON

§ 1. Introduction. Formulation du problème

a) Introduction

Soit M une variété complexe compacte de dimension m . Une métrique hermitienne g sur M est dite kählérienne si la forme extérieure ω de type $(1,1)$ associée par g à la structure complexe est fermée ; nous dirons alors que ω est la forme de Kähler de la métrique kählérienne. En coordonnées locales complexes (z^α) , si $g = \sum_{\alpha,\beta=1}^{m} g_{\alpha\bar\beta}\, dz^\alpha \otimes d\bar z^\beta$, alors $\omega = i \sum_{\alpha,\beta=1}^{m} g_{\alpha\bar\beta}\, dz^\alpha \wedge d\bar z^\beta$ (en particulier il est équivalent de se donner g ou ω).

Nous supposons qu'une telle métrique existe sur M (c'est bien sûr le cas si M est algébrique projective).

Le tenseur de courbure de Riemann R de la métrique kählérienne g est un 4-tenseur. Sa trace par rapport à la métrique est la courbure de Ricci Ric_ω qui est une 2-forme hermitienne. La forme de Ricci γ_ω , qui est la forme de type $(1,1)$ associée à Ric_ω , est fermée d'après la deuxième identité de Bianchi. D'après S. S. Chern ([12]), $(1/2\pi)\gamma_\omega$ est une première forme de Chern de M , autrement dit si $[\gamma_\omega]$ désigne la classe de cohomologie définie par γ_ω , nous avons

$$[\gamma_\omega] = 2\pi\, c_1(M) \tag{1}$$

où $c_1(M)$ désigne la première classe de Chern réelle du fibré holomorphe tangent à M .

Ayant besoin, pour étudier la structure des variétés kählériennes à première classe de Chern nulle, de métriques à courbure adaptée (voir §§ 2 et 3 pour des cas typiques), E. CALABI s'est intéressé, au début des années cinquante, aux propriétés de l'application $\gamma : \omega \longmapsto \gamma_\omega$ en particulier lorsque la classe de Kähler $[\omega]$ est fixée (pour étudier une question de S. BOCHNER). Il formula alors dans [9] et [10] la conjecture suivante :

CONJECTURE I.- Soit (M,ω) une variété kählérienne compacte et $\tilde{\gamma}$ une forme fermée de type $(1,1)$ telle que $[\tilde{\gamma}] = 2\pi\, c_1(M)$. Il existe une et une seule forme de Kähler $\tilde{\omega}$ dans la même classe que ω telle que $\gamma_{\tilde{\omega}} = \tilde{\gamma}$.

En particulier cela signifie que toute première forme de Chern est, à une constante près, la forme de Ricci d'une métrique kählérienne.

Deux autres conjectures d'inégale difficulté ont aussi un grand intérêt :

CONJECTURE II^+ (resp. II^-).- Soit M une variété complexe compacte admettant une première forme de Chern définie positive (resp. négative). Il existe une unique forme de Kähler ω telle que $\gamma_\omega = \omega$ (resp. $-\omega$). Une telle métrique est dite d'Einstein-Kähler.

Remarques.- i) Une métrique riemannienne g est dite d'Einstein si sa courbure de Ricci Ric_g vérifie $Ric_g = kg$ (k est forcément une constante). Par homothétie sur la métrique, $|k|$ peut être fixé arbitrairement ; seul le signe de k importe.

ii) La conjecture I contient un théorème d'existence de métriques d'Einstein-Kähler lorsque $c_1(M) = 0$. Au contraire de la conjecture $II^{\pm}$, où $c_1(M)$ fixe la classe de Kähler-Einstein, il n'y a unicité qu'à classe de Kähler fixée.

Présentées ainsi, ces conjectures peuvent paraître optimistes, puisqu'elles affirment que les restrictions cohomologiques déjà connues sont les seules qui existent.

Ces conjectures ont des corollaires fort intéressants (et quelquefois inattendus) en géométrie analytique et riemannienne, corollaires que nous examinons aux paragraphes 2 et 3.

En 1955, E. CALABI a résolu dans [10] la conjecture I, lorsque la forme $\tilde{\gamma}$ est voisine d'une forme associée à la courbure de Ricci d'une métrique kählérienne (cela a été précisé par T. OCHIAI en 1974). Il a aussi prouvé l'unicité des solutions pour les conjectures I et II^-.

Bien que ces conjectures aient suscité un vif intérêt parmi les géomètres différentiels, c'est seulement en 1967 que T. AUBIN a établi (cf. [3]) la conjecture I dans le cas où la métrique kählérienne de départ a une courbure bisectionnelle positive ou nulle (c'est une hypothèse forte : S. KOBAYASHI et T. OCHIAI conjecturent dans [18] que CP^m est la seule variété complexe à courbure bisectionnelle positive).

Début 1976, T. AUBIN a résolu la conjecture II^- (cf. [4]) et fin 1976 S. T. YAU la conjecture I (cf. [29] et [30]). Dans [30] S. T. YAU prouve indépendamment la conjecture II^- et considère le cas plus délicat où la métrique peut être dégénérée.

La conjecture II^+ ne peut être vraie en général : S. T. YAU nous a indiqué qu'il ressort de [28] que les variétés obtenues en éclatant un ou deux points sur CP^2 ont une forme de Chern positive, mais n'ont aucune métrique d'Einstein-Kähler.

b) Formulation du problème

Nous notons $d = d' + d''$ la décomposition de la différentielle extérieure en parties de bidegré (1,0) et (0,1).

Nous allons beaucoup utiliser l'opérateur $id'd''$ qui est un opérateur réel (il applique les fonctions réelles sur les 2-formes de type (1,1) réelles).

Si $\tilde{\gamma}$ est une forme C^∞ fermée de type (1,1) telle que $[\tilde{\gamma}] = 2\pi\, c_1(M)$, d'après (1) et [6] page 36, il existe une fonction C^∞ réelle f telle que

(2) $$\tilde{\gamma} = \gamma_\omega - id'd''f \ .$$

La fonction f est une donnée du problème. Nous normalisons f par la condition $\int_M e^f\omega^m = \int_M \omega^m$.

D'autre part si $\tilde{\omega}$ est une forme de Kähler définissant la même classe que ω, il existe une fonction C^∞ réelle φ telle que

(3) $$\tilde{\omega} = \omega + id'd''\varphi \ .$$

Un calcul classique de courbure en coordonnées complexes (z^α) donne (cf.[6] page 67)

(4) $$\gamma_\omega = -id'd'' \log \det (g_{\alpha\bar{\beta}})$$

où $(g_{\alpha\bar{\beta}})$ est l'expression locale de la métrique g.

Cette formule (4) explique la relation (1) puisque la première classe de Chern du fibré tangent peut être définie ainsi à partir de n'importe quelle densité de poids un, l'annulation de $c_1(M)$ signifiant que le groupe structural du fibré peut être réduit de $U(m)$ à $SU(m)$.

Pour résoudre la conjecture I, le noyau de $id'd''$ étant formé des combinaisons de fonctions holomorphes et antiholomorphes, il faut et il suffit que $\tilde{g}$ vérifie localement l'équation $\log \det(\tilde{g}_{\alpha\bar{\beta}}) - \log \det(g_{\alpha\bar{\beta}}) = f + C$ où C est une constante.

Donc globalement, ω et f étant donnés, il faut et il suffit que nous trouvions une fonction réelle φ telle que la forme $\omega + id'd''\varphi$ soit définie positive et vérifie l'équation

$$(*) \qquad (\omega + id'd''\varphi)^m = e^f \omega^m$$

(la constante a disparu car ω et $\tilde{\omega}$ étant dans la même classe, $\int_M \omega^m = \int_M \tilde{\omega}^m$).

Ainsi exprimée la conjecture I se ramène à trouver, dans une classe de Kähler donnée, une métrique ayant un élément de volume donné, ce qui la rend plus plausible.

La résolution de l'équation (*) est due à S. T. YAU et est expliquée au § 4. C'est une équation du type de Monge-Ampère [1], non-linéaire elliptique.

Pour la conjecture $II^{\pm}$ la classe de Kähler d'une métrique de Kähler-Einstein est nécessairement proportionnelle à $c_1(M)$. Nous prenons comme forme de Kähler de départ la forme de Chern définie positive qui est supposée exister (ou son opposé pour la conjecture II^-). Il est alors facile de voir que l'équation de la conjecture $II^{\pm}$ est

$$(**^{\pm}) \qquad e^{\pm\varphi}(\omega + id'd''\varphi)^m - e^f \omega^m .$$

[1] Dans les notations de Monge u , p , q , r , s , t , la "vraie" équation de Monge-Ampère est $rt - s^2 = F(u)$ où F est une fonction donnée.

§ 2. Conséquences en géométrie analytique

Les preuves de ces conjectures, en particulier de la conjecture II^-, permettent d'utiliser une métrique adaptée à la situation complexe.

Nous commençons par le corollaire qui a motivé originellement E. CALABI.

COROLLAIRE 1 ([10])[1].- Soit M une variété complexe compacte à première classe de Chern nulle d'irrégularité q. Il existe un revêtement $\widetilde{M}$ de M produit de la variété d'Albanèse de $\widetilde{M}$ de dimension $\widetilde{q} \geq q$ et d'une variété kählérienne N simplement connexe à première classe de Chern nulle.

COROLLAIRE 2 ([6] page 76).- Soit (M, ω) une variété kählérienne compacte connexe. Si M a une première et une seconde formes de Chern négatives ou nulles, alors M est revêtue par un tore et en particulier toutes ses classes de Chern réelles sont nulles.

Preuve. Il est connu depuis [12] que $(c_2 \cup [\omega]^{m-2})[M]$ s'exprime par l'intégrale d'un polynôme en la courbure. Plus précisément si $R = U + S + W$ est la décomposition du 4 tenseur de courbure en composantes irréductibles sous l'action de $O(2m)$ (cf. [1] et [24]), nous avons

$$4\pi^2 \left(c_2 \cup \frac{[\omega]^{m-2}}{(m-2)!}\right)[M] = \int_M (|U|^2 - |S|^2 + |W|^2) \frac{\omega^m}{m!}$$

(le polynôme en la courbure qui apparaît en dimension complexe m n'est rien d'autre que l'intégrand de Gauss-Bonnet en dimension réelle 4).

Mais d'après les conjectures I et II^-, il existe sur M une métrique d'Einstein-Kähler, donc $S = 0$.

Comme par ailleurs $c_2(M)$ est négative ou nulle, $(c_2 \cup [\omega]^{m-2})[M] \leq 0$. Il faut donc que $\int_M (|U|^2 + |W|^2)\omega^m$ soit nul, i.e. que la métrique soit plate. Il est alors classique que M est revêtue par un tore. ∎

Ce résultat est nouveau pour les variétés algébriques générales (comparer au problème 19 de [14]) ; il était seulement connu par un calcul direct pour les intersections complètes. Il souligne (si c'était encore nécessaire) le rôle très particulier du fibré tangent parmi les fibrés analytiques sur une variété kählérienne.

---

[1] Pour une autre preuve, voir F.A. BOGOMOLOV, Izvestia Math. of the U.S.S.R 38(1974) et aussi pour les variétés de Hodge, Y. MATSUSHIMA, J.Diff. Geom. 3(1969), 477-489.

COROLLAIRE 3 ([29]).- <u>Soit M une surface kählérienne compacte connexe à fibré canonique ample. Alors</u> $3\,c_2(M) \geq c_1^2(M)$, <u>l'égalité n'ayant lieu que si M est revêtue de façon biholomorphe par la boule de</u> C^2 .

<u>Preuve</u>. D'après [24], nous avons

$$4\pi^2\ (3c_2(M) - c_1^2(M))[M] = \int_M\ (|U|^2 - |W^+|^2 + 3|W^-|^2 - |S|^2)\frac{\omega^2}{2!}$$

où $W = W^+ + W^-$ est la décomposition en composantes irréductibles de W sous $SO(4)$. La métrique étant kählérienne, $|U|^2 = |W^+|^2$ (cf. [24]).

Comme, d'après la conjecture II^-, il existe une métrique d'Einstein-Kähler sur M , i.e. telle que $S = 0$, l'inégalité suit.

De plus s'il y a égalité, R se réduit à $U + W^+$ et donc (M, ω) est à courbure holomorphe constante. Cette constante est forcément négative puisque γ_ω est négative, d'où la fin du corollaire, le revêtement universel riemannien de M étant le dual du plan projectif complexe. ■

Y. MIYAOKA (cf. [27]) a établi cette inégalité plus généralement pour les surfaces de type général, mais semble ne rien pouvoir dire sur le cas d'égalité.

Il est à noter qu'en 1952 H. GUGGENHEIMER avait déjà établi l'inégalité pour les métriques d'Einstein-Kähler dans [13].

Le corollaire suivant résoud une conjecture faite par F. SEVERI dans [26]. F. HIRZEBRUCH et K. KODAIRA avaient presque terminé la preuve de cette conjecture et du corollaire 5 dans [16] : seul un cas précis leur échappait.

COROLLAIRE 4 ([29]).- <u>Toute surface complexe qui a le type d'homotopie de</u> CP^2 <u>lui est biholomorphiquement équivalente</u>.

<u>Preuve</u>. Soit M une telle surface. La caractéristique d'Euler est un invariant d'homotopie ainsi que la signature (au signe près), d'où

$$c_2(M) = 3 \ , \qquad \frac{1}{3}(c_1^2(M) - 2c_2(M)) = \pm 1 \ .$$

Par suite $c_1^2(M) > 0$ ce qui implique que M est algébrique d'après un théorème de Kodaira (cf. [19], page 1375).

Soit $\mathcal{O}$ le faisceau structural de M . Comme $H^1(M, \mathbb{Z}) = 0$, $H^1(M, \mathcal{O}^*) \simeq H^2(M, \mathbb{Z}) \simeq \mathbb{Z}$, autrement dit tous les fibrés en droites sont multiples d'un fibré particulier. La variété M étant algébrique, le fibré canonique est un multiple d'un fibré en droites positif. F. HIRZEBRUCH et K. KODAIRA ont prouvé dans [16] que $c_1^2(M) = 9$. De plus si le fibré canonique est négatif (donc si $c_1(M) > 0$), ils ont montré que M est biholomorphiquement équivalente à CP^2 .

Dans le cas où le fibré canonique est positif, nous appliquons le Corollaire 3 et nous aboutissons à une contradiction puisque M est simplement connexe. ∎

COROLLAIRE 5 ([29]).- Toute variété kählérienne homéomorphe à CP^m lui est biholomorphiquement équivalente.

COROLLAIRE 6 ([29]).- Soient M et N deux surfaces complexes et $f : M \to N$ une équivalence d'homotopie préservant l'orientation. Si N est compacte et revêtue par la boule de C^2 , M et N sont biholomorphiquement équivalentes.

§ 3. Conséquences en géométrie riemannienne

La résolution des conjectures donne beaucoup de nouveaux exemples de métriques riemanniennes ayant des propriétés particulières (courbure, holonomie). Auparavant seuls les espaces homogènes étaient à notre disposition.

a) Hypersurfaces de CP^{m+1}

COROLLAIRE 7 ([29]).- Toute hypersurface compacte M de degré $m+2$ de CP^{m+1} (pour $m \geq 2$) a une métrique à courbure de Ricci nulle qui n'est pas plate [1]. Son groupe d'holonomie est alors SU(m) .

Preuve. D'après [15], page 159, $c_1(M)$ est nul. D'après la conjecture I, il existe une métrique à courbure de Ricci nulle sur M . Mais, M étant simplement connexe, la métrique ne peut être plate.

Le groupe d'holonomie d'une métrique kählérienne est contenu dans U(m) . L'annulation de la courbure de Ricci est précisément la condition à satisfaire pour qu'il soit contenu dans SU(m) , d'après un théorème de A. LICHNÉROWICZ (cf. page 261 de "Théorie globale des connexions et des groupes d'holonomie" Ed. Cremonese). ∎

Auparavant nous n'avions aucun exemple de variété compacte à courbure de Ricci nulle non plate (a fortiori à groupe d'holonomie SU(m)). Il y avait des exemples

[1] Ce n'est bien sûr pas la métrique plongée !

locaux, d'ailleurs dus à E. CALABI (cf. [11]).

COROLLAIRE 8 ([29]).- Toute hypersurface compacte de degré au moins $m+3$ dans CP^{m+1} (pour $m \geq 2$) a une métrique à courbure de Ricci négative d'Einstein-Kähler, mais n'a aucune métrique à courbure sectionnelle négative ou nulle.

Ce sont les premières familles de variétés riemanniennes compactes d'Einstein qui ne sont pas localement homogènes (voir [11] pour des exemples sur des variétés ouvertes mais complètes).

D'après un théorème de S. BOCHNER (cf. [7]) sur une variété compacte simplement connexe $Ric_g \leq 0$ implique que le groupe des isométries est fini (dans le cas en question il n'y a en fait même pas de famille à un paramètre d'isométries locales).

b) Les surfaces K3

Parmi les variétés complexes à première classe de Chern entière nulle, les surfaces K3 (ce sont celles dont le premier nombre de Betti est nul) sont particulièrement intéressantes.

En effet, elles sont toutes difféomorphes à une quartique de CP^3 (par exemple à la surface d'équation homogène $z_1^4 + z_2^4 + z_3^4 + z_4^4 = 0$). Beaucoup d'entre elles peuvent être obtenues de la façon suivante : sur un tore complexe de dimension deux, l'involution $\tau : (z_1, z_2) \longmapsto (-z_1, -z_2)$ a 16 points fixes ; le quotient de l'espace obtenu par éclatement de ces points fixes par l'involution qui y est induite par τ est une surface K3. L'espace des déformations de leur structure complexe est de dimension 20, une base de l'homologie entière étant fixée.

D'après la conjecture I, il existe sur ces surfaces des métriques à courbure de Ricci nulle, donc à courbure scalaire nulle. Ces métriques se trouvent en quelque sorte être extrémales pour la courbure scalaire : en effet d'après un théorème de A. LICHNÉROWICZ (cf. [20]) toute variété spinorielle dont le $\hat{A}$-genre est non nul n'admet aucune métrique à courbure scalaire positive. C'est le cas des surfaces K3 : ayant une seconde classe de Stiefel-Whitney nulle (puisque leur première classe de Chern entière est nulle) ce sont des variétés spinorielles et leur $\hat{A}$-genre est non nu puisque c'est une fraction de leur signature.

Par ailleurs, N. HITCHIN a montré dans [17] que toute métrique à courbure scalaire nulle sur une surface K3 est automatiquement quaternionienne kählérienne, i.e. telle qu'il existe trois champs d'endomorphismes parallèles se multipliant comme la base canonique des quaternions imaginaires (se souvenir de ce que $SU(2) = Sp(1)$). Ces champs d'endomorphismes correspondent via la métrique aux formes harmoniques qui sont positives pour la forme d'intersection ; pour les surfaces K3 il y en a justement trois. Une telle métrique est donc kählérienne par rapport à une famille de structures complexes paramétrée par une sphère S^2.

C'est le premier exemple de structure quaternionienne sur une variété compacte en dehors des tores complexes. Notons que l'espace projectif quaternionien $\mathbb{H}P^n$ ne possède pas une telle structure (en effet $H^2(\mathbb{H}P^n) = 0$).

En remarquant que la preuve de la conjecture I peut se faire avec paramètres, par déformation de la classe de Kähler ou de la structure complexe, nous pouvons construire des déformations de métriques d'Einstein-Kähler à courbure de Ricci nulle. Ce sont les premiers exemples de déformations de métriques d'Einstein en dehors des métriques plates. D'autres exemples doivent pouvoir être obtenus par déformation de la structure complexe des hypersurfaces des espaces projectifs de degré élevé (voir Corollaire 8).

§ 4. Résolution des équations

a) Unicité

En suivant E. CALABI ([10]), nous prouvons en même temps l'unicité des solutions de classe au moins C^2 pour les conjectures I et II^- . Au b) nous prouverons l'existence de solutions dans des espaces de Hölder $C^{k,\alpha}$, $3 \leq k$, $0 < \alpha < 1$.

En ce qui concerne la conjecture II^- , nous remarquons d'abord que la classe de Kähler d'une métrique d'Einstein-Kähler est fixée à homothétie près par la première classe de Chern. Nous pouvons donc supposer comme dans la conjecture I que la classe de Kähler est fixée.

Nous sommes donc ramenés à prouver l'unicité des solutions de la famille d'équations

$$e^{\lambda\varphi}\,\omega^m = (\omega + id'd''\varphi)^m$$

où $0 \leq \lambda$.

En nous plaçant par exemple dans une base où g et le hessien de φ sont simultanément diagonaux, l'équation peut se réécrire

$$(e^{\lambda\varphi} - 1) = \sum_{\alpha=1}^{m} H_{\alpha\bar{\alpha}} \frac{\partial^2\varphi}{\partial z^{\alpha}\partial z^{\bar{\alpha}}}$$

où $(H_{\alpha\bar\alpha}) = (\prod_{\beta=1}^{\alpha} (1 + \frac{\partial^2\varphi}{\partial z^\beta \partial \bar z^\beta}))$ est une matrice diagonale positive.

Si $\lambda = 0$, φ , dont le hessien est nul, est constante.

Si $0 < \lambda$, en un maximum p_o de φ (il en existe puisque M est compacte) $\varphi(p_o) \le 0$ et en un minimum p_1 de φ , $0 \le \varphi(p_1)$, d'où $\varphi = 0$.

b) Existence

Dans [30], S. T. YAU résoud les équations (*) et (**¯) par la méthode de continuité. T. AUBIN utilise dans [4] (comme il l'avait fait déjà dans [3]) la méthode directe du calcul des variations dite de l'équation d'Euler.

La méthode de continuité consiste à joindre par un chemin l'équation à résoudre à une équation dont nous savons déjà qu'elle a une solution et à montrer que le long du chemin aucune obstruction à résoudre n'apparaît.

En fait si la méthode de continuité est moins technique à exposer (essentiellement à cause de l'utilisation des estimées de Schauder pour les solutions d'une équation elliptique (cf. [22] page 153) dans les espaces de fonctions holdériennes), les difficultés apparaissent et se contournent sensiblement de la même façon dans les deux méthodes.

Nous fixons f dans l'espace de Hölder $C^{k+1,\alpha}(M)$ $(3 \le k\ ,\ 0 < \alpha < 1)$ telle que $\int_M e^f \omega^m = \int_M \omega^m$ (cette dernière condition n'est qu'une normalisation).

Nous nous intéressons pour t dans [0,1] à la famille d'équations

$$(*_t) \qquad (\omega + id'd''\varphi)^m = e^{tf}(\int_M e^f \omega^m / \int_M e^{tf}\omega^m)\omega^m .$$

Nous posons $\Omega = \{\varphi \mid \varphi \in C^{k+2,\alpha}(M)\ , \int_M \varphi\omega^m = 0 \text{ et } \omega + id'd''\varphi > 0\}$.

Nous considérons le sous-ensemble $\mathcal{A}$ de [0,1] formé des nombres t pour lesquels il existe une solution de $(*_t)$ dans Ω .

Notre but est bien sûr de prouver que 1 appartient à $\mathcal{A}$. Nous savons déjà que 0 y est. Nous montrons que $\mathcal{A}$ est ouvert et fermé.

Remarquons d'abord que $\mathcal{A}$ est ouvert par application du théorème des fonctions implicites à l'application $\mathcal{C} : \varphi \longmapsto \mathcal{C}(\varphi) = (\omega + id'd''\varphi)^m / \omega^m$ de Ω dans l'hyperplan affine $\mathcal{H} = \{f \mid f \in C^{k,\alpha}(M)\ , \int_M f\ \omega^m = \int_M \omega^m\}$. En effet, la différentielle de $\mathcal{C}$ au point φ est donnée par $T_\varphi \mathcal{C} = -\mathcal{C}(\varphi)\tilde\Delta$ où $\tilde\Delta$ est le laplacien de la métrique kählérienne $\tilde\omega = \omega + id'd''\varphi$. Or les conditions intégrales nous assurent précisément de l'existence et de l'unicité d'une solution faible de l'équation $-\mathcal{C}(\varphi)\widetilde{\Delta}\Phi = F$. Les estimées de Schauder (attention ! les coefficients sont seulement $C^{k,\alpha}$) nous assurent de plus que la solution Φ est $C^{k+2,\alpha}$.

Remarque.- Dans le cas des équations $(**_t^+)$ et $(**_t^-)$ le cadre précédemment décrit est encore valable. La différentielle de l'application correspondante est encore inversible dans le cas de $(**_t^-)$ puisqu'elle se ramène à $\widetilde{\Delta} + 1$ (pour nous le laplacien est un opérateur positif). Par contre dans le cas de $(**^+)$, où la différentielle se ramène à $\widetilde{\Delta} - 1$, apparaît un problème de bifurcation de valeurs propres ce qui explique déjà pourquoi la situation de la conjecture $(**^+)$ est plus compliquée (d'autres raisons apparaîtront plus tard).

Pour montrer que $\mathcal{A}$ est fermé, nous prenons t_∞ dans $[0,1]$, limite d'une suite (t_n) de points de $\mathcal{A}$. Si nous pouvons montrer que la suite $(\|\varphi_n\|_{C^{k+2,\alpha}})$, où φ_n désigne la solution de l'équation $(*_{t_n})$, est bornée et que $\omega + id'd''\varphi_n$ est borné inférieurement par une métrique kählérienne fixe, nous pouvons extraire de (φ_n) une sous-suite convergente dans $C^{k+1,\alpha}(M)$, dont la limite sera par régularité une solution de $(*_{t_\infty})$ dans $C^{k+2,\alpha}(M)$.

Pour nous, " estimer $\|\varphi\|_{C^{k+2,\alpha}}$ " consiste à le borner en fonction de f , M et de la métrique kählérienne initiale ω .

Nous présentons la preuve de S. T. YAU (cf. [30]) en plusieurs lemmes par ordre croissant de difficulté. Ces lemmes ne sont qu'un commentaire sur son texte.

La propriété suivante s'avère cruciale : sur une variété kählérienne les laplaciens riemannien et complexe coïncident, en particulier il existe des cartes complexes où le laplacien ne fait intervenir que les coefficients de la métrique (et pas ses dérivées).

Lemme 1.- Soit φ la solution de $(*)$ dans $C^{k+2,\alpha}(M)$. D'une estimée de $\|\varphi\|_{C^3}$ se déduit une estimée de $\|\varphi\|_{C^{k+2,\alpha}}$ $(3 \leq k\ ,\ 0 < \alpha < 1)$.

Preuve. Elle repose essentiellement sur les estimées de Schauder pour une équation elliptique à coefficients $C^{k,\alpha}$ (cf. [22] page 153).

En effet, si $\|\varphi\|_{C^3}$ est estimée, il en est de même de $\|\varphi\|_{C^{2,\alpha}}$. Les dérivées $\frac{\partial\varphi}{\partial z^{\alpha}}$ (ou $\frac{\partial\varphi}{\partial z^{\bar\alpha}}$) sont solutions d'une équation (*') linéarisée de (*) avec second membre $\frac{\partial}{\partial z^{\alpha}} e^{f}$ (ou $\frac{\partial}{\partial z^{\bar\alpha}} e^{f}$), qui est elliptique à coefficients au moins $C^{0,\alpha}$ (cf. propriété mentionnée plus haut). D'après les estimées de Schauder nous avons

$$\left\|\frac{\partial\varphi}{\partial z^{\alpha}}\right\|_{C^{2,\alpha}} \leq C_0\left(\left\|\frac{\partial}{\partial z^{\alpha}} e^{f}\right\|_{C^{0,\alpha}} + \left\|\frac{\partial\varphi}{\partial z^{\alpha}}\right\|_{C^{0,\alpha}}\right)$$

où C_0 dépend de la norme $C^{0,\alpha}$ des coefficients.

Cela nous assure que φ est estimée en norme $C^{3,\alpha}$ et que les coefficients de l'équation linéarisée sont estimés dans $C^{1,\alpha}$, d'où une estimée de $\left\|\frac{\partial\varphi}{\partial z^{\alpha}}\right\|_{C^{3,\alpha}}$ et ainsi de suite. ∎

<u>Lemme</u> **2.-** <u>D'une estimée de $\|\varphi\|_{C^2}$ se déduit une estimée de $\|\varphi\|_{C^3}$</u>.

<u>Preuve</u>. Elle remonte à E. CALABI ([11]) ; **sa difficulté** est surtout technique. Elle consiste à estimer $\tilde\Delta(|DDD\,\varphi|^2_{\tilde\omega})$ où D désigne la dérivation covariante de Levi-Civita de g et $|\ |_{\tilde\omega}$ la norme par rapport à $\tilde\omega$ (ce qui justifie la débauche d'indices des pages 410 à 414 de [3] ou 31 à 36 de [30]), puis à appliquer le principe du maximum. ∎

Les estimées uniformes de φ, $D\varphi$ et $\Delta\varphi$ constituent la partie réellement difficile de la preuve donnée par S. T. YAU.

<u>Remarque</u>.- Avant de nous embarquer pour un survol de ces estimées pour l'équation (*), voyons comment T. AUBIN obtient dans [4] une estimée uniforme de la solution φ de l'équation ($**^-$).

En un maximum p_0 de φ, le hessien de φ est négatif ; donc $e^{f(p_0)} \leq e^{-\varphi(p_0)}$, d'où $\varphi \leq -\inf_M f$. De même en examinant un minimum de φ, nous trouvons que $\varphi \geq -\sup_M f$.

Nous voyons que ces estimées sont inopérantes pour les équations (*) et ($**^+$).

Revenons à la preuve de S. T. YAU.

Lemme 3. $\Delta\varphi \le m \ , \quad \sup_M \varphi \le C_1 \ , \quad \int_M |\varphi| \le C_2 \ .$

Preuve. Pour la première inégalité, il suffit de prendre la trace de la métrique associée à la forme de Kähler $\tilde{\omega} = \omega + id'd''\varphi$ par rapport à g . Pour la seconde, elle suit de l'égalité $\varphi(p) = \int_M G(p,q)\Delta\varphi(q)dq$ (où $G(p,q)$ est le noyau de Green de Δ qui est d'intégrale bornée sur M , cf.[25]), égalité valide puisque $\int \varphi\omega^m = 0$, et de l'inégalité précédente. La borne L^1 suit facilement de la deuxième inégalité et de la relation $|\varphi| \le (C_3 - \varphi) + C_3$ où C_3 est pris assez grand. ∎

Dans les lemmes qui suivent, un paramètre est introduit sous forme d'exposant d'une exponentielle de φ pour dominer les termes en courbure. Cette idée apparaît déjà dans les travaux de A.V. POGORELOV [1] sur l'équation de Monge-Ampère (comparer[31]).

Lemme 4.- Soit c une constante positive. Il existe des fonctions A , B et C ($C > 0$ si c est assez grand) ne dépendant que de f , M et ω telles que

$$-\tilde{\Delta}(e^{-c\varphi}(m - \Delta\varphi)) \ge e^{-c\varphi}(A - B(m - \Delta\varphi) + C(m - \Delta\varphi)^{\frac{m}{m-1}}) \ .$$

Preuve. Elle se fait en quatre étapes. Il faut d'abord évaluer $\tilde{\Delta}(\Delta\varphi)$ en intervertissant les symboles de dérivation pour faire apparaître des expressions quadratiques en $DDD\varphi$ et en éliminant les dérivées quatrièmes par l'équation (*) dérivée deux fois. Ensuite, il faut minorer $-\tilde{\Delta}(e^{-c\varphi}(m - \Delta\varphi))$ par application de l'inégalité de Schwarz. Les termes cubiques peuvent alors être dominés par ceux qui apparaissent dans le développement de $\tilde{\Delta}(\Delta\varphi)$. Pour finir, l'expression $(m - \Delta\varphi)^{\frac{m}{m-1}}$ est obtenue par majoration de $\sum_{\alpha=1}^{m} \left(1 + \frac{\partial^2\varphi}{\partial z^\alpha \partial \bar{z}^\alpha}\right)^{-1}$ par

$$\left[\sum_{\alpha=1}^{m} \left(1 + \frac{\partial^2\varphi}{\partial z^\alpha \partial \bar{z}^\alpha}\right) \Big/ \prod_{\alpha=1}^{m} \left(1 + \frac{\partial^2\varphi}{\partial z^\alpha \partial \bar{z}^\alpha}\right)\right]^{1/m-1} = \left[(m - \Delta\varphi)e^{-f}\right]^{1/m-1} . ∎$$

Lemme 5.

$$0 \le m - \Delta\varphi \le C_3 e^{c(\sup_M \varphi - \inf_M \varphi)} .$$

Preuve. On se place en un maximum p_o de $e^{-c\varphi}(m - \Delta\varphi)$. Alors $-\tilde{\Delta}(e^{-c\varphi}(m - \Delta\varphi))(p_o) \le 0$, d'où $(m - \Delta\varphi)(p_o)$ est borné d'après le Lemme 4 (la

[1] On peut aussi consulter le livre de A.V. POGORELOV, "Monge-Ampère equation of elliptic type", Nordhoff, Groningen (1964).

fonction $x \longmapsto A - Bx + Cx^{\frac{m}{m-1}}$ avec $C > 0$ tend vers $+\infty$ lorsque x tend vers $+\infty$).

Par suite $e^{-\alpha\varphi}(m - \Delta\varphi) \leq e^{-\alpha\varphi(p_o)}(m - \Delta\varphi(p_o)) \leq C_3\, e^{-c \inf_M \varphi}$, d'où l'inégalité du lemme par multiplication par $e^{\alpha\varphi}$. ∎

La partie vraiment difficile consiste à trouver une estimée de $\inf_M \varphi$. Le cas $m = 2$ est justiciable d'une preuve spéciale à cause de la relation $\sum_{\alpha=1,2} \frac{1}{1 + \frac{\partial^2\varphi}{\partial z^\alpha \partial \bar{z}^\alpha}} = \frac{2 - \Delta\varphi}{e^f}$. Pour le cas général, S. T. YAU introduit un autre paramètre (entier cette fois) N qui doit être encore plus grand que c. Il y a deux astuces intéressantes aux Lemmes 6 et 8, en particulier celle du Lemme 8 qui est de nature géométrique.

Lemme 6. $\int_M |D\, e^{-(N/2)\varphi}|^2\, \omega^m \leq C_4 \int_M e^{-N\varphi}\, \omega^m$.

Preuve. D'un calcul analogue à celui du Lemme 3 appliqué à la fonction $e^{-N\varphi}(m - \Delta\varphi)$ et des majorations déjà connues, il vient

$$-e^f(\tilde{\Delta}(e^{-N\varphi}(m - \Delta\varphi))) \geq -C_4\, e^{-N\varphi} + C_5\, \Delta(e^{-N\varphi}) + N^2\, e^{-N\varphi}|D\varphi|^2 .$$

L'intégration sur M par rapport à l'élément de volume ω^m fait disparaître d'un seul coup les deux termes en laplacien, car $e^f\omega^m = \tilde{\omega}^m$, d'où l'inégalité. ∎

Lemme 7.- Il y a une estimée de $\int_M e^{-N\varphi}\omega^m$.

Preuve. Du Lemme 6 il déduit que la norme H^1 de $e^{-(N/2)\varphi}$ est bornée par sa norme L^2. Si $\int_M e^{-N\varphi}\omega^m$ n'est pas borné, après normalisation il peut trouver une famille de fonctions $e^{-(N/2)\tilde{\varphi}}$ de la boule unité de $L^2(M)$ qui converge dans $L^2(M)$ vers une fonction presque partout nulle, d'où une contradiction. ∎

Lemme 8.- Il y a une estimée de $\inf_M \varphi$.

Preuve. Des Lemmes 1 et 5, il déduit que $m - e^{c(\sup_M \varphi - \inf_M \varphi)} \leq \Delta\varphi \leq m$. Par une estimée de Schauder il déduit que $\sup_M |D\varphi| \leq C_6(e^{-c \inf_M \varphi} + 1)$ (cf. [22] page 156).

<u>Posons</u> $y = -\inf_M \varphi$ par commodité. Deux cas sont possibles :

- ou $r = (y/2)(C_6(e^{cy}+1))^{-1}$ est supérieur au rayon d'injectivité r_o de M , ce qui implique que $\inf_M \varphi$ est borné par une fonction du rayon d'injectivité (examiner la fonction d'une variable réelle $y \longmapsto (y/2)C_6(e^{cy}+1)^{-1})$;

- ou $r \leq r_o$ et si p_1 est un point de M où φ atteint son minimum absolu, la boule de centre p_1 de rayon r est une vraie boule (i.e. l'application exponentielle en p_1 restreinte à cette boule est un difféomorphisme sur son image). Il est alors connu que le volume de cette boule B_r est borné inférieurement par $C_7 r^{2m}$. De plus sur cette boule d'après l'estimée sur $\sup_M |D\varphi|$ nous savons que $\varphi \leq -y/2$. Par suite $\int_{B_r} e^{-N\varphi}\omega^m \geq C_7\, e^{(N/2)y}\, r^{2m}$.

Comme $\int_M e^{-N\varphi}\omega^m$ est borné, d'après le lemme 7, il en est de même de $C_8\, e^{(N/2)y}\, y^{2m}(e^{cy}+1)^{-2m}$. En prenant N assez grand, cela borne aussi y $\inf_M \varphi$. ■

Nous avons obtenu une borne uniforme pour φ , pour $|D\varphi|$ d'après le Lemmo 7 et pour $\Delta\varphi$ d'après le Lemme 5.

D'autre part, comme $0 < \left(1 + \frac{\partial^2\varphi}{\partial z^\alpha \partial \bar{z}^\alpha}\right) < m - \Delta\varphi < C_9$ et que le produit $\prod_{\alpha=1}^{m} \left(1 + \frac{\partial^2\varphi}{\partial z^\alpha \partial \bar{z}^\alpha}\right)$ vaut e^f , il existe une constante C_{10} telle que $C_{10}\omega < \tilde{\omega} = \omega + id'd''\varphi$. Le résumé de la preuve se termine là !

§ 5. Questions ouvertes et connexes

a) Le cas des variétés ouvertes présente aussi de l'intérêt. Les techniques sont différentes parce que la théorie de de Rham ne s'applique pas de la même façon : on part d'estimées au bord et on essaye de les étendre à l'intérieur. L'équation pour trouver des métriques d'Einstein-Kähler à courbure de Ricci négative est strictement de Monge-Ampère

$$(id'd''\varphi)^m = e^f \omega^m .$$

Voir [23] pour les résultats connus, qui ont été complétés par S. T. YAU et S.Y. CHENG dans [31].

b) La conjecture II^- devrait permettre d'étudier plus précisément l'espace des déformations des structures complexes des variétés à fibré canonique ample.

c) D'autres inégalités entre nombres de Chern des variétés kählériennes compactes devraient être déduits des résultats mentionnés. En particulier, il est nécessaire de mieux comprendre le Corollaire 2 comme cas limite d'inégalités entre nombres de Chern. S. T. YAU annonce des résultats dans cette direction dans [29] pour les variétés à fibré canonique ample, ainsi : $2(m+1)(-1)^m c_2(M) c_1^{m-2}(M) \geq m(-1)^m c_1^m(M)$ (de démonstration simple par la méthode de [24]).[1]

d) Pour les surfaces K3 il reste à étudier l'espace des déformations des structures d'Einstein. Il serait en particulier souhaitable d'avoir une preuve constructive de l'existence de telles métriques. Par ailleurs ces métriques peuvent être considérées d'après un théorème de Y. MATSUSHIMA (cf. [21]) comme des solutions des équations du champ de Yang-Mills pour le SU(2)-fibré principal associé au fibré tangent d'une surface K3 (voir [2] pour le cas des SU(2)-fibrés sur la sphère S^4).

Il reste aussi à comprendre la géométrie riemannienne de telles métriques (cf. [8]).

e) Parmi les groupes d'holonomie figurant dans la liste de M. BERGER (cf. [5]), les seuls pour lesquels nous manquons encore d'exemple, même local, sont Sp(n) (n > 2) en dimension 4n comme sous-groupe de SU(2n) , Spin(7) en dimension 8 qui contient SU(4) et G_2 en dimension 7 . Il se peut que ces groupes d'holonomie apparaissent pour des métriques d'Einstein-Kähler de variétés algébriques spéciales ou de variétés qui s'en déduisent par des constructions géométriques.

[1] voir aussi B.Y.CHEN, K. OGIUE, Some characterizations of complex space forms in terms of Chern classes, Quart. J. of Math. Oxford, 26, 104 (1975), 459-464.

§ 6. Annexe

Après la préparation de ce texte, T. AUBIN a proposé une extension à la dimension m de l'argument donné par S. T. YAU en dimension 2 pour obtenir plus simplement une estimée C^0 de la solution φ (il est fait allusion à cet argument avant le Lemme 6)

Nous donnons ici une version simplifiée de cette estimée (qui inclut aussi une simplification due à J. KAZDAN du cas de dimension 2).

La proposition suivante se substitue donc aux Lemmes 6, 7 et 8 du § 4. La démonstration est alors complète car de l'estimée C^0 de φ se déduit par le Lemme 5 une estimée C^0 de $\Delta\varphi$, puis de cette estimée, comme à la fin du § 4, une estimée uniforme de Hess φ . Comme φ et Hess φ sont uniformément estimées, $D\varphi$ l'est aussi et $\|\varphi\|_{C^2}$ est estimée.

PROPOSITION.- <u>Il y a une estimée de</u> $\|\varphi\|_{C^0}$.

<u>Preuve</u>. Nous décomposons la preuve en une série de lemmes :

<u>Lemme</u> A.- <u>Il existe des constantes</u> C_1 <u>et</u> C_2 <u>telles que</u>

$$\Delta\varphi < m \ , \qquad \sup_M \varphi \leq C_1 \quad , \quad \int_M |\varphi| \ \omega^m < C_2 \ .$$

<u>Preuve</u>. C'est le Lemme 3. ■

Comme nous avons estimé $\sup_M \varphi$, il est commode de remplacer la solution φ par la solution ψ définie par $\psi = \varphi - C_1 - 1$ de telle sorte que $\psi < -1$.

<u>Lemme</u> B.- <u>Il existe une constante</u> C_3 <u>telle que pour tout</u> $p > 1$,

$$\int_M (-\psi)^{p-2} \ |d\psi|^2 \omega^m < C_3 \int_M \frac{(-\psi)^{p-1}}{p-1} \ \omega^m \ .$$

<u>Preuve</u>. Considérons l'intégrale

$$- \int_M \frac{(-\psi)^{p-1}}{p-1} \ (\omega^m - (\omega + id'd''\psi)^m) \ .$$

Nous remarquons d'abord que $\omega^m - \tilde{\omega}^m = - id'd''\psi \wedge \sum_{k=0}^{m-1} \omega^k \wedge \tilde{\omega}^{m-k-1}$ (où nous notons comme d'habitude $\tilde{\omega} = \omega + id'd''\psi$) est une forme exacte, à savoir $-d(id''\psi \wedge \sum_{k=0}^{m-1} \omega^k \wedge \tilde{\omega}^{m-k-1})$.

Par application du théorème de Stokes à l'intégrale, nous obtenons

$$- \int_M (-\psi)^{p-2} d(-\psi) \wedge id''\psi \wedge \sum_{k=0}^{m-1} \omega^k \wedge \tilde{\omega}^{m-k-1} \ .$$

En fait seule la partie $d'\psi$ de $d\psi$ contribue, car la forme avec laquelle nous faisons le produit extérieur est de type $(m-1, m)$, autrement dit l'intégrale vaut $\int_M (-\psi)^{p-2}\, id'\psi \wedge d''\psi \wedge \sum_{k=0}^{m-1} \omega^k \wedge \tilde{\omega}^{m-k-1}$.

Dans chaque terme de la somme, toutes les 2-formes intervenant sont positives (c'est vrai pour $id'\psi \wedge d''\psi$ parce que ψ est réelle). Il en est de même de leurs puissances. On peut donc minorer cette intégrale par une quelconque des intégrales obtenues par développement. Nous écrivons par exemple

$$- \int_M \frac{(-\psi)^{p-1}}{p-1} (\omega^m - (\omega + id'd''\psi)^m) \geq \int_M (-\psi)^{p-2}\, id'\psi \wedge d''\psi \wedge \omega^{m-1} .$$

Le membre de droite est, à une constante dépendant des normalisations près, $\int_M (-\psi)^{p-2} |d\psi|^2 \omega^m$.

A ce point remarquons que nous venons de reprouver l'unicité de la solution, puisque si $\omega = \tilde{\omega}$, alors ψ doit être une constante.

L'inégalité annoncée suit alors facilement puisque $\omega^m - \tilde{\omega}^m = (1 - e^f)\omega^m$ où nous rappelons que f est une donnée sur M . ∎

<u>Lemme C</u>.- <u>Il existe une constante</u> C_4 <u>telle que pour tout</u> $p \geq 1$,

$$\|\psi\|^p_{p\frac{m}{m-1}} \leq C_4\ p\ \|\psi\|^p_p .$$

<u>Preuve</u>. Remarquons que pour $p \geq 1$, $(-\psi)^{p-2}|d\psi|^2 = 4\,p^{-2}|d(-\psi)^{p/2}|^2$; l'inégalité du Lemme B peut s'écrire :

$$\int_M |d(-\psi)^{p/2}|^2\, \omega^m \leq (p^2/4)\ C_3 \int_M \frac{(-\psi)^{p-1}}{p-1}\, \omega^m .$$

Pour $p > 1$, en ajoutant $\int_M ((-\psi)^{p/2})^2\, \omega^m$ aux deux membres et en utilisant que, comme $-\psi \geq 1$, $\int_M (-\psi)^{p-1}\, \omega^m \leq \int_M (-\psi)^p\, \omega^m$ nous obtenons pour une constante C_5 ne dépendant pas de $p >> 1$

$$\|(-\psi)^{p/2}\|^2_{H^1_2} \leq C_5\ p\,\|\psi\|^p_p .$$

Pour $p = 1$, il faut passer à la limite dans l'inégalité du Lemme B et utiliser que $\log(-\psi)$ est majoré par $(-\psi)$ pour avoir une inégalité analogue.

D'après les inégalités de Sobolev, il existe une constante C_6 telle que

$$\|(-\psi)^{p/2}\|^2_{\frac{2m}{m-1}} \leq C_6\ \|(-\psi)^{p/2}\|^2_{H^1_2} ,$$

d'où le lemme en remarquant que

$$\|(-\psi)^{p/2}\|^2_{\frac{2m}{m-1}} = \|\psi\|^p_{\frac{pm}{m-1}} \quad .∎$$

Lemme D.- Il existe une constante C_7 telle que pour tout p de la suite $((m/m-1)^r)_{r\in\mathbb{N}}$,

$$\|\psi\|_p^p \leq (C_7)^p \left(C_4\, p \left(\frac{m}{m-1}\right)^{m-1}\right)^{-m} .$$

Preuve. Pour $r = 0$ et $r = 1$, l'inégalité suit des Lemmes A et C. Il suffit donc de prouver que si elle est vraie pour $p = (m/m-1)^r$, elle est vraie pour $p = (m/m-1)^{r+1}$, ce qui se vérifie directement à partir du Lemme C. ■

Preuve de la Proposition.- Comme ψ est continue, $\|\psi\|_{C^0} = \|\psi\|_\infty = \lim_{n\to\infty} \|\psi\|_n$.

D'après le Lemme D, $(\|\psi\|_n)$, qui est une suite croissante, contient une sous-suite bornée, donc est elle-même bornée, d'où la Proposition. ■

BIBLIOGRAPHIE

[1] M. APTE - Sur certaines classes caractéristiques des variétés kählériennes compactes, C.R.Acad.Sci. Paris, 240 (1955), 149-151.

[2] M. ATIYAH, N. HITCHIN, I.M. SINGER - Deformations of instantons, Proc. Nat. Acad. Sci. U.S.A., 74 (1977), 2662-2663.

[3] T. AUBIN - Métriques riemanniennes et courbure, J. Diff. Geom., 4 (1970), 383-424.

[4] T. AUBIN - Equations du type de Monge-Ampère sur les variétés kählériennes compactes, C.R. Acad. Sci. Paris, 283 (1976), 119-121.

[5] M. BERGER - Sur les groupes d'holonomie homogène des variétés à connexion affine et des variétés riemanniennes, Bull. Soc. France, 83 (1955), 279-330.

[6] M. BERGER, A. LASCOUX - Variétés kählériennes compactes, Lecture Notes in Math vol. 154, Springer, 1970.

[7] S. BOCHNER - Vector fields and Ricci curvature, Bull. A. M. S., 52 (1946), 776-797.

[8] J.-P. BOURGUIGNON - Sur les géodésiques fermées des variétés quaternioniennes de dimension 4 , Math. Ann., 221 (1976), 153-165.

[9] E. CALABI - The space of Kähler metrics, Proc. Internat. Congress Math. Amsterdam, vol. 2 (1954), 206-207.

[10] E. CALABI - On Kähler manifolds with vanishing canonical class, Algebraic Geometry and Topology, A Symposium in honor of S. Lefschetz, Princeton Univ. Press, (1955), 78-89.

[11] E. CALABI - Improper affine hyperspheres and a generalization of a theorem of K. Jörgens, Mich. Math. J., 5 (1958), 105-126.

[12] S. S. CHERN - Characteristic classes of Hermitian manifolds, Ann. of Math., 47 (1946), 85-121.

[13] H. GUGGENHEIMER - Über vierdimensionale Einsteinraüme, Experientia 8, (1952), 420-421.

[14] F. HIRZEBRUCH - Some problems on differentiable and complex manifolds, Ann. Math., 60 (1954), 210-236.

[15] F. HIRZEBRUCH - Topological methods in algebraic geometry, Grundlehren der math. Wiss., Springer, Berlin-Heidelberg-New York, 1966.

[16] F. HIRZEBRUCH, K. KODAIRA - On the complex projective spaces, J. Math. Pures appl., 36 (1957), 201-216.

[17] N. HITCHIN - Compact four-dimensional Einstein manifolds, J. Diff. Geom., 9(1974), 435-441.

[18] S. KOBAYASHI, T. OCHIAI - On compact Kähler manifolds with positive holomorphic bisectional curvature, Proc. Symp. Pure Maths. A.M.S., XXVII, Part 2, Stanford, (1975), 113-123.

[19] K. KODAIRA - Collected works, Princeton Univ. Press, Princeton, vol. III, 1975.

[20] A. LICHNEROWICZ - Spineurs harmoniques, note aux C.R. Acad. Sci. Paris, 257 (1963), 7-9.

[21] Y. MATSUSHIMA - Remarks on Kähler-Einstein manifolds, Nagoya Math. J., 46 (1972), 161-173.

[22] C. MORREY - Multiple integrals in the calculus of variations, Grundlehren der mathematischen Wiss., Springer, 1966.

[23] L. NIRENBERG - Monge-Ampère equations and some associated problems in geometry, Proc. Int. Cong. Vancouver, Tome II (1974), 275-279.

[24] A. POLOMBO - Nombres caractéristiques d'une surface kählérienne, Note aux C.R. Acad. Sci. Paris, 283 (1976), 1025-1028.

[25] G. de RHAM - Variétés différentiables, Paris, Hermann, 1960.

[26] F. SEVERI - Some remarks on the topological characterization of algebraic surfaces, in Studies presented to R. von Mises (1954), Academic Press, New York, 54-61.

[27] A. VAN DE VEN - Some recent results on surfaces of general type, Séminaire Bourbaki, Exposé 500, fév. 1977, Lecture Notes in Math., n° 677 , Springer, 155-166.

[28] S. T. YAU - On the curvature of compact Hermitian manifolds, Inventiones Math., 25 (1974), 213-239.

[29] S. T. YAU - On Calabi's conjecture and some new results in algebraic geometry, Proc. Nat. Acad. Sci. U.S.A., 74 (1977), 1798-1799.

[30] S. T. YAU - On the Ricci curvature of a compact Kähler manifold and the complex Monge-Ampère equation I, Preprint, 1977.

[31] S. T. YAU, S. Y. CHENG - On the regularity of the Monge-Ampère equation $\det\left(\frac{\partial^2 u}{\partial x^i \partial x^j}\right) = F(x,u)$, Comm. Pure Appl. Math., XXX (1977), 47-68.

Séminaire BOURBAKI 508-01
30e année, 1977/78, n° 508 Novembre 1977

REPRÉSENTATIONS DE CARRÉ INTÉGRABLE DES GROUPES SEMI-SIMPLES RÉELS

par Michel DUFLO

Résumé. On décrit les principaux résultats relatifs aux représentations de carré intégrable des groupes de Lie semi-simples réels connexes : paramétrisation d'Harish-Chandra, conjecture de Blattner, réalisation de Kostant-Langlands, réalisation de Parthasarathy, réalisation d'Enright-Varadarajan.

Introduction. Soit G un groupe localement compact unimodulaire sur lequel on a choisi une mesure de Haar dg. Une représentation unitaire irréductible π dans un espace de Hilbert $\mathcal{H}$ est dite de carré intégrable si elle est isomorphe à une sous-représentation de la représentation régulière gauche dans $L_2(G)$. C'est le cas si et seulement si elle possède un coefficient de carré intégrable. Si π est de carré intégrable, ses coefficients sont tous de carré intégrable, et il existe une constante $d_\pi > 0$ (qui dépend du choix de la mesure de Haar) telle que $\int_G |(x, \pi(g)y)|^2 \, dg = d_\pi^{-1} \|x\|^2 \|y\|^2$ pour tout x et y dans $\mathcal{H}$. Le nombre d_π est appelé le degré formel de π. Pour tout ceci, voir par exemple [9], § 24. L'ensemble des classes de représentations de carré intégrable de G est appelé par Harish-Chandra la série discrète de G. Le groupe $SL(2,\mathbb{R})$, par exemple, a une série discrète non vide qui a été découverte et décrite par V. Bargmann [5].

Pour un groupe semi-simple réel, il est particulièrement important de connaître la série discrète. En effet, soit G un groupe de Lie semi-simple réel connexe de centre fini. Harish-Chandra a montré que toutes les représentations unitaires irréductibles de G qui interviennent dans la décomposition de la représentation régulière gauche dans $L_2(G)$ sont obtenues par des procédés élémentaires à partir des représentations de carré intégrable de certains sous-groupes semi-simples de G [14]. Ces mêmes représentations sont à la base de la classification de Langlands des classes d'équivalence (au sens de Naimark) de représentations complètement irréductibles de G dans un Banach [25].

Dans tout cet exposé, sauf mention du contraire, G désigne un groupe de Lie semi-simple connexe de centre fini, K un sous-groupe compact maximal de G et T

un tore maximal dans K . Harish-Chandra a montré que G a une série discrète si et seulement si T est un sous-groupe de Cartan de G , que dans ce cas elle est paramétrée par certains caractères de T , et calculé le degré formel ([13] paru en 1966, où est utilisée toute la machine construite par l'auteur dans ses précédents articles). La théorie d'Harish-Chandra fait l'objet du livre de G. Warner [43] et de celui de V. S. Varadarajan [39]. On en trouvera un résumé dans [38].

Récemment, deux problèmes très naturels sur la série discrète ont reçu des solutions satisfaisantes et complètes, à la suite d'articles parus de 1970 à 1976. Le premier est de réaliser explicitement la série discrète. Trois réalisations particulièrement intéressantes sont connues : la réalisation de Kostant-Langlands dans des espaces de formes harmoniques de carré intégrable sur G/T , conjecturée dans [23] et [24], démontrée dans [31] et [35] ; la réalisation de Parthasarathy dans des espaces de spineurs harmoniques de carré intégrable sur G/K [27], [28], [19] et [4] ; la réalisation d'Enright-Varadarajan dans un quotient de l'algèbre enveloppante de l'algèbre de Lie de G [12], [33] et [42]. Le deuxième problème est d'étudier la restriction à K d'une représentation de carré intégrable de G , et plus précisément de calculer avec quelle multiplicité une représentation irréductible de K intervient dans cette restriction. La réponse est donnée par la conjecture de Blattner, démontrée dans [16], [34], et dans [11] par une méthode différente. Une forme faible, mais suffisante dans beaucoup d'applications, de la conjecture de Blattner indique qu'il existe une représentation particulière de K , le K-type minimal, qui intervient avec multiplicité un, et il se trouve que l'existence de ce K-type minimal caractérise la série discrète [33]. Les deux problèmes sont en pratique très liés, la démonstration des théorèmes de réalisation nécessitant une certaine connaissance des K-types, et réciproquement. Tous ces théorèmes ont été démontrés d'abord pour presque toutes les séries discrètes, celles correspondant aux valeurs assez régulières du paramètre. Pour passer au cas général, on utilise souvent un "principe de translation (du paramètre)" consistant à faire le produit tensoriel avec une représentation de dimension finie, et dont l'idée revient dans ce cas à G. Zuckerman (cf. [45]).

L'article d'Atiyah et Schmid [4] donne une nouvelle démonstration des théorèmes d'Harish-Chandra, de la conjecture faible de Blattner, et de la réalisation de Parthasarathy, de sorte que la théorie de la série discrète va devenir plus accessible. Afin d'écrire un petit bout de démonstration, j'indique dans le chapitre II comment Atiyah et Schmid démontrent l'existence de la série discrète comme conséquence du "théorème de l'indice L_2" d'Atiyah [2]. Dans le chapitre I, j'énonce les théorèmes mentionnés ci-dessus.

La série discrète a été étudiée de manière intensive, en particulier aux Etats Unis et au Japon, et d'autres questions importantes ont reçu des réponses plus ou moins complètes et plus ou moins simples. Je ne ferai qu'en évoquer trois : le calcul du caractère des représentations de carré intégrable [17], [40] ; le comportement asymptotique des coefficients (en particulier ces coefficients sont-ils intégrables ?) [37], [16] et [26] ; comment réaliser une représentation de carré intégrable comme quotient ou sous-quotient d'une représentation de la série principale [22], [36].

CHAPITRE I : ÉNONCÉ DES PRINCIPAUX THÉORÈMES

1. Le théorème du rang

THÉORÈME 1 (Harish-Chandra).- Le groupe G a une série discrète non vide si et seulement si T est un sous-groupe de Cartan de G.

2. Notations

Dans toute la suite, on suppose que T est un sous-groupe de Cartan de G. Nous noterons $\mathfrak{g}$, $\mathfrak{k}$, $\mathfrak{t}$ les algèbres de Lie de G, K et T. Si $\mathfrak{a}$ est une algèbre de Lie réelle, nous noterons $\mathfrak{a}_{\mathbb{C}}$ sa complexifiée, $S(\mathfrak{a}_{\mathbb{C}})$ l'algèbre symétrique de $\mathfrak{a}_{\mathbb{C}}$, $U(\mathfrak{a}_{\mathbb{C}})$ l'algèbre enveloppante de $\mathfrak{a}_{\mathbb{C}}$, $\mathfrak{a}^*$ le dual de $\mathfrak{a}$. L'algèbre $\mathfrak{t}_{\mathbb{C}}$ est sous-algèbre de Cartan à la fois de $\mathfrak{k}_{\mathbb{C}}$ et de $\mathfrak{g}_{\mathbb{C}}$. Nous noterons Δ l'ensemble des racines de $\mathfrak{g}_{\mathbb{C}}$ et Δ_c l'ensemble des racines de $\mathfrak{k}_{\mathbb{C}}$. On a $\Delta_c \subset \Delta \subset i\mathfrak{t}^*$. Nous noterons $W_{\mathbb{C}}$ le groupe de Weyl de $\mathfrak{g}_{\mathbb{C}}$, W celui de $\mathfrak{k}_{\mathbb{C}}$. On choisit un système de racines positives Δ_c^+ pour Δ_c, on note $C \subset i\mathfrak{t}^*$ la chambre de Weyl correspondante et ρ_c la demi-somme des éléments de Δ_c^+. On note Λ l'ensemble des éléments de $i\mathfrak{t}^*$ qui sont différentielles d'un caractère de T. Si $\mu \in i\mathfrak{t}^*$ est un poids dominant pour Δ_c^+, on note τ_μ la représentation irréductible de $\mathfrak{k}_{\mathbb{C}}$ de poids dominant μ, et V_μ l'espace de Hilbert de τ_μ. Si de plus $\mu \in \Lambda \cap C$, on note encore τ_μ la représentation unitaire de K dans V_μ.

On note $(\ ,\ )$ la forme de Killing de $\mathfrak{g}_{\mathbb{C}}$. Elle définit sur $i\mathfrak{t}$, et donc sur $i\mathfrak{t}^*$, un produit scalaire. Un élément λ de $i\mathfrak{t}^*$ est dit régulier si

$(\lambda,\alpha) \neq 0$ pour tout $\alpha \in \Delta$. Si P est un système de racines positives pour Δ, on note ρ la demi-somme des éléments de P et C_P la chambre de Weyl correspondante dans $i\mathfrak{t}^*$. L'ensemble $\Lambda + \rho$ ne dépend pas du choix de P ; on le note $\widetilde{\Lambda}$. On note $\widetilde{\Lambda}'$ l'ensemble des éléments réguliers de $\widetilde{\Lambda}$.

Un élément g de G est dit régulier si $\mathrm{Ad}\, g$ est semi-simple et si 1 est valeur propre de $\mathrm{Ad}\, g$ avec la multiplicité $\dim \mathfrak{t}$. On note G' l'ensemble des éléments réguliers. C'est un ouvert dense de G.

On pose $q = \frac{1}{2}(\dim \mathfrak{g} - \dim \mathfrak{k})$. C'est un entier.

3. Caractères

THÉORÈME 2 (Harish-Chandra).- Soit π une représentation unitaire irréductible de G. Si $\varphi \in C_c^\infty(G)$, l'opérateur $\pi(\varphi) = \int_G \varphi(g)\pi(g)\, dg$ est traçable, et l'application $\varphi \mapsto \mathrm{tr}\, \pi(\varphi)$ est une distribution sur G. Cette distribution est une fonction localement sommable sur G, invariante par automorphismes intérieurs, analytique sur G'.

Nous noterons Θ_π cette fonction. C'est par définition le caractère de π. Il ne dépend que de la classe d'équivalence de π.

Remarquons que le théorème 2 est valable pour tous les groupes semi-simples. La démonstration d'Harish-Chandra est exposée dans [39]. Une nouvelle démonstration du théorème 2 se trouve dans [3].

4. Paramétrisation de la série discrète

THÉORÈME 3 (Harish-Chandra).- 1) Pour tout $\lambda \in \widetilde{\Lambda}'$, il existe une classe d'équivalence et une seule de représentations de carré intégrable, notée π_λ, telle que l'on ait

$$(*) \qquad \Theta_{\pi_\lambda}(t) = (-1)^q \frac{\sum_{w \in W} \det(w)\, t^{w\lambda}}{\prod_{\substack{\alpha \in \Delta \\ (\lambda,\alpha) > 0}} t^{\alpha/2} - t^{-\alpha/2}} \qquad \text{pour tout } t \in G' \cap T .$$

2) Toute classe d'équivalence de représentations de carré intégrable de G est égale à π_λ pour un certain $\lambda \in \widetilde{\Lambda}'$.

3) Soient $\lambda, \lambda' \in \widetilde{\Lambda}'$. On a $\pi_\lambda = \pi_{\lambda'}$ si et seulement si $\lambda' \in W\lambda$.

Remarques.- 1) Le second membre de (*) est bien défini sur $G' \cap T$ bien que numérateur et dénominateur le soient en général seulement sur un revêtement d'ordre 2 .

2) Tout élément de $\widetilde{\Lambda}'$ est conjugué sous l'action de W d'un unique élément de $\widetilde{\Lambda}' \cap C$. La série discrète est donc paramétrée par $\widetilde{\Lambda}' \cap C$.

3) Si par exemple G est compact et si $\lambda \in \widetilde{\Lambda}' \cap C$, on a $\pi_\lambda = \tau_{\lambda-\rho_c}$ et (*) est la formule de Weyl.

4) La formule (*) ne donne Θ_{π_λ} que sur les éléments de G' conjugués d'éléments de T . Pour Θ_{π_λ} sur le reste de G' il n'y pas en général de formule simple. Voir par exemple [17] et [40].

Pour calculer le degré formel des représentations π_λ , il faut choisir la mesure de Haar dg . Harish-Chandra procède de la manière suivante. On note θ l'involution de Cartan de $\mathfrak{g}$ dont l'ensemble des points fixes est $\mathfrak{k}$, et l'on munit $\mathfrak{g}$ de la structure euclidienne $\|X\|^2 = -(X,\theta X)$. On choisit une décomposition d'Iwasawa $G = KNA$. On munit K de la mesure normalisée dk , et A et N des mesures standard dA et dN qui sont définies par la structure euclidienne de leurs algèbres de Lie. On pose $dg = dk\, dN\, dA$.

THÉORÈME 4 (Harish-Chandra) [1].- Soit $\lambda \in \widetilde{\Lambda}'$. Le degré formel de π_λ est égal à

$$\frac{1}{(2\pi)^q\, 2^{\nu/2} \prod_{\alpha \in \Delta_c^+} (\alpha,\rho_c)} \prod_{\substack{\alpha \in \Delta \\ (\alpha,\lambda)>0}} (\alpha,\lambda) ,$$

où $\nu = \dim \mathfrak{g}/\mathfrak{k} - \operatorname{rang} \mathfrak{g}/\mathfrak{k}$.

Soit $Z(\mathfrak{g}_{\mathbb{C}})$ le centre de $U(\mathfrak{g}_{\mathbb{C}})$. Si π est une représentation unitaire irréductible de G , on sait que tout $z \in Z(\mathfrak{g}_{\mathbb{C}})$ opère de manière scalaire dans l'espace des vecteurs différentiables de π . Notons $\chi(z)$ ce scalaire. Alors χ est un caractère de $Z(\mathfrak{g}_{\mathbb{C}})$, appelé le caractère infinitésimal de π . D'autre part, Harish-Chandra a défini un isomorphisme de $Z(\mathfrak{g}_{\mathbb{C}})$ sur l'ensemble $S(\mathfrak{t}_{\mathbb{C}})^{W_{\mathbb{C}}}$ des éléments de $S(\mathfrak{t}_{\mathbb{C}})$ invariants sous l'action de $W_{\mathbb{C}}$. En composant cet isomorphisme avec l'évaluation en un point $\lambda \in \mathfrak{t}_{\mathbb{C}}^*$, on obtient un caractère χ_λ de $Z(\mathfrak{g}_{\mathbb{C}})$ (la défi-

---

[1] Dans [4] une autre normalisation de la mesure de Haar sur G donne le degré formel $\prod_{\substack{\alpha \in \Delta \\ (\alpha,\lambda)>0}} \frac{(\alpha,\lambda)}{(\alpha,\rho)}$ où $\rho = \frac{1}{2} \sum_{(\alpha,\lambda)>0} \alpha$.

nition de χ_λ est rappelée au § 5 ci-dessous) et l'on a $\chi_\lambda = \chi_{\lambda'}$ si et seulement si $\lambda' \in W_C\lambda$.

Il résulte par exemple de (*) que si $\lambda \in \widetilde{\Lambda}'$, le caractère infinitésimal de π_λ est χ_λ. Il y a donc $|W_C|/|W|$ classes de représentations de carré intégrable de G ayant χ_λ pour caractère infinitésimal (on note $|X|$ le cardinal d'un ensemble X). Plus précisément, l'ensemble des éléments réguliers de C est réunion disjointe des C_P où P parcourt l'ensemble des systèmes de racines positives pour Δ tels que $P \cap \Delta_c = \Delta_c^+$ (il y a $|W_C|/|W|$ tels P). Si $\lambda \in \widetilde{\Lambda}'$, il y a un et un seul λ' dans chaque $\widetilde{\Lambda}' \cap C_P$ tel que $\pi_{\lambda'}$ ait χ_λ pour caractère infinitésimal. On voit que la série discrète est réunion de $|W_C|/|W|$ séries disjointes paramétrées par les $\widetilde{\Lambda}' \cap C_P$. Par exemple, la série discrète de $SL(2,R)$ se partage en "série discrète holomorphe" et "série discrète anti-holomorphe".

5. Restriction à K

Dans ce paragraphe, on fixe $\lambda \in \widetilde{\Lambda}' \cap C$. On note P le système de racines positives pour Δ tel que $\lambda \in C_P$, on note ρ la demi-somme des éléments de P, et on pose $\rho_n = \rho - \rho_c$, $P_n = P \setminus \Delta_c^+$. On pose

(**)
$$\mu_\lambda = \lambda - \rho_c + \rho_n .$$

On remarquera que $\mu_\lambda \in \Lambda \cap C$, et donc que c'est le poids dominant d'une représentation irréductible de K. En effet μ_λ appartient à Λ car $\lambda \in \widetilde{\Lambda}$. D'autre part comme λ est régulier et poids dominant pour Δ_c^+, $\lambda - \rho_c$ est un poids dominant pour Δ_c^+. Enfin $\rho_n \in C$.

Si $\mu \in i\mathfrak{t}^*$, on note $Q(\mu)$ le nombre de manières distinctes de l'écrire sous la forme $\mu = \sum_{\beta \in P_n} n_\beta \beta$, où les n_β sont des entiers ≥ 0.

Si π est une représentation de G (ou de $\mathfrak{g}$) et $\mu \in i\mathfrak{t}^*$ un poids dominant pour Δ_c^+, nous noterons $m_\pi(\mu)$ la multiplicité de τ_μ dans π.

Si π est une représentation unitaire irréductible, Harish-Chandra a montré que $m_\pi(\mu) < \infty$ pour tout μ. Nous poserons $m_{\pi_\lambda}(\mu) = m_\lambda(\mu)$.

THÉORÈME 5.- Soit $\mu \in \Lambda \cap C$. On a

(***)
$$m_\lambda(\mu) = \sum_{w \in W} \det(w)\ Q(w(\mu + \rho_c) - (\mu_\lambda + \rho_c)) .$$

La formule (***) est connue sous le nom de conjecture de Blattner. Elle est démontrée par Hecht et Schmid [15] (+ [34] pour les groupes non linéaires). Des cas particuliers ont été auparavant démontrés (cf. par exemple [30], [19] et [32]). Une démonstration totalement différente de (***) est due à Enright [11]. Le théorème suivant est plus faible que le théorème 5, mais bien moins difficile à démontrer (voir par exemple [42] ou [4]).

THÉORÈME 6.- 1) On a $m_\lambda(\mu_\lambda) = 1$.

2) Soit $\mu \in \Lambda \cap C$. Si $m_\lambda(\mu) \neq 0$, on a $\mu = \mu_\lambda + \sum_{\alpha \in P} n_\alpha \alpha$ avec des entiers $n_\alpha \geq 0$.

Ce théorème a une réciproque. Rappelons que si π est une représentation unitaire irréductible de G dans un espace de Hilbert $\mathcal{H}$, l'ensemble $\mathcal{H}_f$ des vecteurs K-finis de $\mathcal{H}$ est contenu dans l'ensemble des vecteurs différentiables, et qu'il est stable et irréductible sous l'action de $\mathfrak{g}_{\mathbb{C}}$. De plus, le $\mathfrak{g}_{\mathbb{C}}$-module $\mathcal{H}_f$ détermine la classe d'équivalence de π (cf. [10], vol. I, chap. 4, § 5).

THÉORÈME 7 (Schmid [33]).- Soit V un $\mathfrak{g}_{\mathbb{C}}$-module simple. On suppose que $m_V(\mu_\lambda) > 0$ et que $m_V(\mu) = 0$ pour tout μ de la forme $\mu_\lambda - \sum_{\alpha \in P} n_\alpha \alpha$, où les n_α sont des entiers ≥ 0 non tous nuls. Alors V est isomorphe au $\mathfrak{g}_{\mathbb{C}}$-module des vecteurs K-finis de π_λ .

Les théorèmes 6 et 7 sont très importants. Ils interviennent dans la démonstration des différentes réalisations des séries discrètes (celles qui sont décrites ci-dessous, ou encore celle de Hotta [18] (cf. [42])), et dans le calcul de divers groupes de cohomologie à valeur dans l'espace de π_λ (cf. [7] et [35]).

D. Vogan dans [41] a obtenu (par une méthode différente) un théorème voisin du théorème 7. Soit V un $\mathfrak{g}_{\mathbb{C}}$-module et soit $\mu \in i\mathfrak{t}^*$ un poids dominant pour Δ_c^+ . Vogan dit que μ est un $\mathfrak{k}_{\mathbb{C}}$-type minimal de V si $m_V(\mu) > 0$, et si pour tout $\mu' \in i\mathfrak{t}^*$ poids dominant pour Δ_c^+ , la relation $m_V(\mu') \neq 0$ entraîne $\|\mu' + 2\rho_c\| \geq \|\mu + 2\rho_c\|$. On définit de même les K-types minimaux des représentations de G . Il résulte du théorème 6 (et c'est ce qui justifie l'introduction du terme $2\rho_c$ dans la définition du K-type minimal) que μ_λ est l'unique K-type minimal de π_λ , et qu'il intervient avec multiplicité 1 [1]. On a la réciproque

[1] D. Vogan montre plus généralement que dans tout $\mathfrak{g}_{\mathbb{C}}$-module irréductible et formé de vecteurs $\mathfrak{k}_{\mathbb{C}}$-finis, les $\mathfrak{k}_{\mathbb{C}}$-types minimaux interviennent avec multiplicité 1 .

suivante.

THÉORÈME 8 (Vogan [41]).- Soit V un $\mathfrak{g}_{\mathbb{C}}$-module simple admettant τ_{μ_λ} comme $\mathfrak{k}_{\mathbb{C}}$-type minimal. Alors V est isomorphe au $\mathfrak{g}_{\mathbb{C}}$-module des vecteurs K-finis de π_λ.

Soit $U(\mathfrak{g}_{\mathbb{C}})^K$ l'ensemble des points fixes de K dans $U(\mathfrak{g}_{\mathbb{C}})$. Soit $\mathcal{H}_{\mu_\lambda}$ la composante isotypique de type μ_λ dans l'espace de π_λ. Comme $m_\lambda(\mu_\lambda) = 1$, les éléments de $U(\mathfrak{g}_{\mathbb{C}})^K$ opèrent scalairement dans $\mathcal{H}_{\mu_\lambda}$, ce qui définit un caractère de $U(\mathfrak{g}_{\mathbb{C}})^K$. Notons le θ_λ. On sait que θ_λ caractérise π_λ dans le sens suivant : soit V un $\mathfrak{g}_{\mathbb{C}}$-module simple tel que $m_V(\mu_\lambda) > 0$, et tel que tout élément $u \in U(\mathfrak{g}_{\mathbb{C}})^K$ opère dans la composante isotypique de V de type μ_λ par la multiplication par $\theta_\lambda(u)$. Alors V est isomorphe au $\mathfrak{g}_{\mathbb{C}}$-module des vecteurs K-finis de π_λ (cf. [10], 9.1.12). Il est donc intéressant de calculer θ_λ. Ce calcul a été fait par Enright-Varadarajan [12] et Wallach [42] comme conséquence de la réalisation d'Enright Varadarajan (voir plus bas) et, de manière différente, par Vogan [41] (le théorème 8 est un corollaire de ce calcul). On pose $\mathfrak{n} = \sum_{\alpha \in P} \mathfrak{g}_\alpha$, où pour tout $\alpha \in \Delta$, $\mathfrak{g}_\alpha$ désigne le sous-espace radiciel correspondant de $\mathfrak{g}_{\mathbb{C}}$. Si $u \in U(\mathfrak{g}_{\mathbb{C}})^K$, il existe un unique $u_o \in U(\mathfrak{t}_{\mathbb{C}}) = S(\mathfrak{t}_{\mathbb{C}})$ tel que $u - u_o \in \mathfrak{n}U(\mathfrak{g}_{\mathbb{C}})$. (Si $u \in Z(\mathfrak{g}_{\mathbb{C}})$, on a $\chi_\lambda(u) = u_o(\lambda + \rho)$ par définition de χ_λ.)

THÉORÈME 9.- Soit $u \in U(\mathfrak{g}_{\mathbb{C}})^K$. On a $\theta_\lambda(u) = u_o(\lambda + \rho)$.

6. Réalisation de Parthasarathy

C'est la réalisation qui donne le plus facilement des renseignements sur la restriction à K des séries discrètes (cf. [19], et [4]).

On note $\mathfrak{p}$ l'orthogonal de $\mathfrak{k}$ dans $\mathfrak{g}$, de sorte que $\mathfrak{g} = \mathfrak{k} \oplus \mathfrak{p}$ est la décomposition de Cartan de $\mathfrak{g}$. La forme de Killing est définie positive sur $\mathfrak{p}$, et la représentation adjointe définit une représentation unitaire de K (resp. $\mathfrak{k}$) dans $\mathfrak{p}$. On note $\mathrm{Cliff}(\mathfrak{p}_{\mathbb{C}})$ l'algèbre de Clifford de $\mathfrak{p}_{\mathbb{C}}$, c'est-à-dire l'algèbre associative unitaire engendrée par $\mathfrak{p}_{\mathbb{C}}$ avec les relations $X^2 = -(X,X)$ pour tout $X \in \mathfrak{p}_{\mathbb{C}}$. Comme la dimension de $\mathfrak{p}_{\mathbb{C}}$ est paire, l'algèbre $\mathrm{Cliff}(\mathfrak{p}_{\mathbb{C}})$ est simple. On choisit un idéal à gauche minimal S. Si $X \in \mathfrak{p}_{\mathbb{C}}$, on note $c(X)$ la multiplication à gauche par X dans S. D'autre part, il existe un unique isomorphisme j de $\mathfrak{so}(\mathfrak{p}_{\mathbb{C}})$ dans $\mathrm{Cliff}(\mathfrak{p}_{\mathbb{C}})$ tel que $Y(X) = [j(Y),X]$ pour tout $Y \in \mathfrak{so}(\mathfrak{p}_{\mathbb{C}})$ et tout $X \in \mathfrak{p}_{\mathbb{C}}$. La multiplication à gauche par $j(Y)$ dans S définit la représentation spinorielle de $\mathfrak{so}(\mathfrak{p}_{\mathbb{C}})$ dans S. L'espace S est somme de deux sous-espaces irréductibles, S^+ et S^- (le choix de S^+ est expliqué plus bas) de dimension 2^{q-1}. Pour tout $X \in \mathfrak{p}_{\mathbb{C}}$ la multiplication $c(X)$ échange S^+ et S^-. On choisit sur S^+ et S^- des structures hilbertiennes qui en font des $\mathfrak{so}(\mathfrak{p})$ modules unitaires, et tels que pour tout $X \in \mathfrak{p}$ de longueur 1, l'adjoint de $c(X) : S^+ \to S^-$ soit égal à $-c(X) : S^- \to S^+$. En composant avec l'application $\mathfrak{k} \to \mathfrak{so}(\mathfrak{p})$, S^+ et S^- deviennent des $\mathfrak{k}_{\mathbb{C}}$-modules (pour tout ceci voir [28]).

Soient λ, P, P_n et ρ_n comme dans le paragraphe 5. On choisit S^+ de telle sorte que ρ_n soit un poids de S^+. Les poids de S^+ (resp. S^-) sont les $\rho_n - \sum \beta_i$ où les β_i sont des éléments distincts de P_n en nombre pair (resp. impair). Ces poids sont de multiplicité 1.

Posons $\mu = \lambda - \rho_c$. C'est un poids dominant pour Δ_c^+. La représentation de $\mathfrak{k}$ dans $V_\mu \otimes S^\pm$ se relève en une représentation unitaire de K. On note $E^\pm$ le fibré vectoriel de base G/K et de fibre $V_\mu \otimes S^\pm$ défini par cette représentation. Notons $C^\infty(E^\pm)$, $C_c^\infty(E^\pm)$, $L_2(E^\pm)$ les espaces de sections C^∞, C^∞ à support compact, ou de carré intégrable (pour la mesure G invariante sur G/K et la structure hermitienne des fibres). L'espace $C^\infty(E^\pm)$ s'identifie à l'espace des fonctions φ, C^∞ sur G à valeurs dans $V_\mu \otimes S^\pm$ qui vérifient $\varphi(gk) = k^{-1}\varphi(g)$ pour tout $g \in G$ et tout $k \in K$. On définit les <u>opérateurs de Dirac</u> $D^+ : C^\infty(E^+) \to C^\infty(E^-)$ $D^- : C^\infty(E^-) \to C^\infty(E^+)$ par la formule

$$D^\pm(\varphi) = \sum_{i=1}^{2q} c(X_i)X_i\varphi \qquad \text{pour } \varphi \in C^\infty(E^\pm) .$$

On a noté X_i une base orthonormée de $\mathfrak{p}$, et identifié un élément $X \in \mathfrak{g}$ avec le champ de vecteurs invariant à gauche qu'il définit.

Les opérateurs D^+ et D^- sont des opérateurs différentiels d'ordre 1 elliptiques, et formellement adjoints l'un de l'autre (i.e. $D^+ \oplus D^-$ est symétrique sur $C_c^\infty(E^+ \oplus E^-)$). De plus, on a la formule de Parthasarathy :

(***)
$$D^-D^+ = -\Omega + (\lambda,\lambda) - (\rho,\rho)$$
$$D^+D^- = -\Omega + (\lambda,\lambda) - (\rho,\rho) ,$$

où Ω est l'opérateur de Casimir, agissant respectivement dans $C^\infty(E^+)$ et $C^\infty(E^-)$

On note $\mathcal{H}_\lambda^\pm$ l'ensemble des $\varphi \in C^\infty(E^\pm) \cap L_2(E^\pm)$ vérifiant $D^\pm\varphi = 0$. Comme $D^\pm$ est elliptique, c'est un sous-espace fermé de $L_2(E^\pm)$. On peut montrer que $D^+ \oplus D^-$, défini sur $C_c^\infty(E^+ \oplus E^-)$ est essentiellement self-adjoint. La formule (***) entraîne que $\mathcal{H}_\lambda^\pm$ est égal au sous-espace propre correspondant à la valeur propre $(\lambda,\lambda) - (\rho,\rho)$ de Ω dans $L_2(E^\pm)$. Le groupe G opère unitairement par translations à gauche dans $\mathcal{H}_\lambda^+$ et $\mathcal{H}_\lambda^-$. (Pour tout ceci voir [28], [44].)

THÉORÈME 10.- On a $\mathcal{H}_\lambda^- = 0$. La représentation de G dans $\mathcal{H}_\lambda^+$ est irréductible et appartient à la classe π_λ .

Lorsque G/K a une structure complexe G invariante, le théorème 10 est démontré par les λ "assez réguliers" par Narasimhan et Okamoto [27]. Sans hypothèse sur G , le théorème 10 a été démontré pour les λ "assez réguliers" par Parthasarathy [28], et dans le cas général par Schmid ([33] et [4]).

7. Réalisation de Kostant et Langlands et méthode des orbites

Comme dans la réalisation de Parthasarathy, il s'agit encore de faire opérer G dans des espaces de solutions de carré intégrable d'équations aux dérivées partielles elliptiques. Bien que peut-être plus compliquée que celle de Parthasarathy, la réalisation de Kostant et Langlands est intéressante parce qu'elle est un cas particulier d'une construction s'appliquant à tous les groupes de Lie, et généralisant à la fois la théorie de Kirillov [21] et le théorème de Borel-Weil-Bott (cf. par exemple [43], chap. 2, § 5).

Dans le début de ce paragraphe, nous noterons G un groupe de Lie connexe quelconque. Soit ω une orbite de G dans $\mathfrak{g}^*$ pour la représentation contragrédiente de la représentation adjointe. La "méthode des orbites" consiste en gros à associer à ω , si possible, une ou plusieurs représentations unitaires de G (voir [21] et [23] par exemple). Un des procédés utilise les polarisations. Décrivons le dans un cas particulier suffisant pour la construction de la série discrète des groupes semi-simples. Soit $f \in \omega$. Nous supposerons que le centralisateur

$G(f)$ de f dans G est connexe et que f admet une "polarisation complexe", c'est-à-dire une sous-algèbre $\mathfrak{b}$ de $\mathfrak{g}_{\mathbb{C}}$ telle que $f([\mathfrak{b},\mathfrak{b}]) = 0$, et $\mathfrak{b} + \bar{\mathfrak{b}} = \mathfrak{g}_{\mathbb{C}}$ (ce qui entraîne $\mathfrak{b} \cap \bar{\mathfrak{b}} = \mathfrak{g}(f)_{\mathbb{C}}$ où $\mathfrak{g}(f)$ est l'algèbre de Lie de $G(f)$). On pose $\rho_{\mathfrak{b}}(X) = -\frac{1}{2}\,\mathrm{tr}\,\mathrm{ad}_{\mathfrak{g}_{\mathbb{C}}/\mathfrak{b}}(X)$ pour tout $X \in \mathfrak{b}$. On suppose que la restriction de $if + \rho_{\mathfrak{b}}$ à $\mathfrak{g}(f)$ est la différentielle d'un caractère (nécessairement unitaire) de $G(f)$ et que l'image de $G(f)$ dans $\mathrm{End}(\mathfrak{g}/\mathfrak{g}(f))$ est compacte. On remarquera que ces conditions ne dépendent que de ω et non du choix de f ou de $\mathfrak{b}$. Fixons f et $\mathfrak{b}$ comme ci-dessus. Ces données définissent une structure holomorphe G-invariante sur $G/G(f)$ (l'espace tangent à l'origine est $\mathfrak{g}_{\mathbb{C}}/\mathfrak{b}$) et un fibré en droites hermitien et holomorphe de base $G/G(f)$. Notons $F_{\mathfrak{b}}$ ce fibré : l'espace des sections holomorphes de $F_{\mathfrak{b}}$ au-dessus d'un ouvert U de $G/G(f)$ s'identifie à l'espace des fonctions φ C^{∞} dans l'image réciproque de U dans G qui vérifient $X\varphi = (-if(X) - \rho_{\mathfrak{b}}(X))\varphi$ pour tout $X \in \mathfrak{b}$. Nous noterons $\Omega^{0,j}(F_{\mathfrak{b}})$ l'espace des $(0,j)$ formes sur $G/G(f)$, à coefficients C^{∞} , à valeurs dans $F_{\mathfrak{b}}$, de sorte que l'on a un complexe elliptique

$$0 \longrightarrow C^{\infty}(F_{\mathfrak{b}}) \xrightarrow{\bar{\partial}} \Omega^{0,1}(F_{\mathfrak{b}}) \xrightarrow{\bar{\partial}} \cdots \quad \Omega^{0,j}(F_{\mathfrak{b}}) \xrightarrow{\bar{\partial}} \Omega^{0,j+1}(F_{\mathfrak{b}}) \rightarrow \cdots$$

On choisit une mesure G-invariante sur $G/G(f)$ et une structure hermitienne $G(f)$ invariante sur $\mathfrak{b}/\mathfrak{g}(f)_{\mathbb{C}}$. Ces données permettent de définir une structure préhilbertienne sur les espaces $\Omega_c^{0,j}(F_{\mathfrak{b}})$ des formes à support compact, et l'adjoint formel $\bar{\partial}^* : \Omega^{0,j}(F_{\mathfrak{b}}) \rightarrow \Omega^{0,j-1}(F_{\mathfrak{b}})$. Notons $L_2^j(F_{\mathfrak{b}})$ l'espace complété de $\Omega_c^{0,j}(F_{\mathfrak{b}})$ et posons $\square = \bar{\partial}\bar{\partial}^* + \bar{\partial}^*\bar{\partial}$. On note $\mathcal{H}^j(F_{\mathfrak{b}})$ le sous-espace de $L_2^j(F_{\mathfrak{b}})$ formé des éléments annulés (au sens des distributions) par $\square$. D'après [1], cet espace est égal à l'espace des éléments de $L_2^j(F_{\mathfrak{b}})$ qui sont annulés (au sens des distributions) par $\bar{\partial}$ et $\bar{\partial}^*$. Notons que puisque $\square$ est elliptique, on a $\mathcal{H}^j(F_{\mathfrak{b}}) \subset \Omega^{0,j}(F_{\mathfrak{b}})$.

Par translations à gauche, le groupe G opère unitairement dans $\mathcal{H}^j(F_{\mathfrak{b}})$.

L'application $(X,Y) \longrightarrow if([X,Y])$ induit sur $\mathfrak{b}/\mathfrak{g}(f)_{\mathbb{C}}$ une forme sesquilinéaire non dégénérée. Notons $(\dim \mathfrak{b}/\mathfrak{g}(f)_{\mathbb{C}} - n_{\mathfrak{b}}, n_{\mathfrak{b}})$ sa signature ($n_{\mathfrak{b}}$ est le "nombre de carrés négatifs").

<u>Principe</u>.- 1) On a $\mathcal{H}^j(F_{\mathfrak{b}}) \neq 0$ si et seulement si $j = n_{\mathfrak{b}}$.

2) La représentation de G dans $\mathcal{H}^{n_{\mathfrak{b}}}(F_{\mathfrak{b}})$ est irréductible et sa classe

d'équivalence ne dépend pas des choix faits (et en particulier ne dépend pas de $\mathfrak{b}$).

Ce principe est par exemple vérifié pour le groupe d'Heisenberg (cf. [8], [20] ou [29]).

Revenons aux notations du § 2, et soit $\lambda \in \widetilde{\Lambda}'$. Notons f l'élément de $\mathfrak{g}^*$ tel que $if(X) = \lambda(X)$ si $X \in \mathfrak{t}$ et qui s'annule sur l'orthogonal de $\mathfrak{t}$ dans $\mathfrak{g}$ pour la forme de Killing. On a alors $T = G(f)$, et les polarisations complexes sont les sous-algèbres de Borel de $\mathfrak{g}_{\mathbb{C}}$ contenant $\mathfrak{t}_{\mathbb{C}}$. Soit $\mathfrak{b}$ une telle sous-algèbre. Si P est le système de racines positives tel que $\mathfrak{b} = \mathfrak{t} \oplus \sum_{\alpha \in P} \mathfrak{g}_{\alpha}$, la restriction de $\rho_{\mathfrak{b}}$ à $\mathfrak{t}$ est égale à la demi-somme des éléments de P , de sorte que, puisque $\lambda \in \widetilde{\Lambda}$, $if + \rho_{\mathfrak{b}}$ est la différentielle d'un caractère de T . On peut donc construire comme ci-dessus les espaces $\mathcal{H}^j(F_{\mathfrak{b}})$. Dans ce cas, cette construction a été proposée par Langlands [24].

THÉORÈME 11 (Schmid [31] et [35]).- On a $\mathcal{H}^j(F_{\mathfrak{b}}) \neq 0$ si et seulement si $j = n_{\mathfrak{b}}$. La représentation de G dans $\mathcal{H}^{n_{\mathfrak{b}}}(F_{\mathfrak{b}})$ est irréductible et appartient à la classe π_{λ}

Dans [35], G est supposé linéaire, mais cela n'est pas nécessaire (cf. [34] et [45]).

8. Réalisation d'Enright-Varadarajan

Soient $\lambda \in \widetilde{\Lambda}' \cap C$ et P comme dans le paragraphe 5. Enright et Varadarajan construisent un $\mathfrak{g}_{\mathbb{C}}$-module simple dont la restriction à $\mathfrak{k}_{\mathbb{C}}$ a les propriétés du théorème 6, et donc, d'après le théorème 7 ou 8 est isomorphe au module des éléments K-finis de π_{λ} . Cette construction est intéressante, car elle est relativement simple. Elle permet par exemple la démonstration des théorèmes 5 (cf. [11]) et 9. Elle permet aussi d'entreprendre la classification des représentations quasi-simples irréductibles de G dans un espace de Banach sans faire la théorie de la série discrète (cf. [41]).

Introduisons quelques notations. Si $\mu \in \mathfrak{t}_{\mathbb{C}}^*$, nous noterons V^{μ} le module de Verma pour $\mathfrak{k}_{\mathbb{C}}$ de plus haut poids μ relativement à Δ_c^+ . Si $w \in W$, on pose $w.\mu = w(\mu + \rho_c) - \rho_c$. On note w_o l'élément de plus grande longueur de W . Supposons que μ soit un poids dominant pour Δ_c^+ . Pour tout $w \in W$, V^{μ} contient un et un seul sous-module isomorphe à $V^{w.\mu}$. On conviendra que V^{μ} contient $V^{w.\mu}$.

Le module V^{μ} contient un unique sous-module maximal, égal à $\sum_{\substack{w \in W \\ w \neq 1}} V^{w.\mu}$, et le quotient $V^{\mu} / \sum_{\substack{w \in W \\ w \neq 1}} V^{w.\mu}$ est isomorphe à V_{μ} (voir par exemple [10], chap. 7).

Nous noterons $\mathcal{V}^{\mu}$ le module de Verma pour $\mathfrak{g}_{\mathbb{C}}$ de plus haut poids μ relativement au système de racine $-w_o P$.

On fixe un poids dominant ν pour Δ_c^+. Il existe (à un isomorphisme près) un et un seul module M pour $\mathfrak{g}_{\mathbb{C}}$, contenant V^{ν}, engendré par V^{ν}, et ayant les deux propriétés suivantes :

1) Posons $\mathfrak{n}_c^- = \sum_{\alpha \in -\Delta_c^+} \mathfrak{g}_{\alpha}$. Si $m \in M$, et $u \in U(\mathfrak{n}_c^-)$, la relation $um = 0$ entraîne $u = 0$ ou $m = 0$.

2) Le sous-module de M engendré par $V^{w_o.\nu}$ est isomorphe à $\mathcal{V}^{w_o.\nu}$. [Pour construire M, on part de $U = U(\mathfrak{g}_{\mathbb{C}}) \otimes_{U(\mathfrak{k}_{\mathbb{C}})} V^{\nu}$. Ce module contient $U' = U(\mathfrak{g}_{\mathbb{C}}) \otimes_{U(\mathfrak{k}_{\mathbb{C}})} V^{w_o.\nu}$. D'autre part, le $\mathfrak{k}_{\mathbb{C}}$-module engendré par les vecteurs dominants de $\mathcal{V}^{w_o.\nu}$ est isomorphe à $V^{w_o.\nu}$, de sorte qu'il y a une surjection canonique $U' \longrightarrow \mathcal{V}^{w_o.\nu}$. Notons I le noyau de cette application. C'est aussi un sous-module de U. On note J l'ensemble des $w \in U$ tels qu'il existe $u \in U(\mathfrak{n}_c^-)$, $u \neq 0$ tel que $uw \in I$. C'est un sous-$\mathfrak{g}_{\mathbb{C}}$-module de U. Alors $M = U/J$.]

Pour tout $w \in W$, on note M_w le sous-module de M engendré par $V^{w.\nu}$. On pose $\mathcal{W}_{P,\nu} = M / \sum_{\substack{w \in W \\ w \neq 1}} M_w$.

PROPOSITION 1.- Considéré comme $\mathfrak{k}_{\mathbb{C}}$-module, $\mathcal{W}_{P,\nu}$ est somme directe de $\mathfrak{k}_{\mathbb{C}}$-modules irréductibles de dimension finie. La multiplicité de τ_{ν} dans $\mathcal{W}_{P,\nu}$ est 1, et la composante isotypique de type τ_{ν} engendre $\mathcal{W}_{P,\nu}$ comme $\mathfrak{g}_{\mathbb{C}}$-module. Si μ est le poids dominant d'une représentation irréductible de $\mathfrak{k}_{\mathbb{C}}$ qui intervient dans $\mathcal{W}_{P,\nu}$, on a $\mu = \nu + \sum_{\alpha \in P} n_{\alpha}\alpha$, où les n_{α} sont des entiers ≥ 0.

Il résulte de la proposition 1 que $\mathcal{W}_{P,\nu}$ a un unique quotient simple, que nous noterons $D_{P,\nu}$.

THÉORÈME 12 ([12], [33] et [42]).- Le module D_{P,μ_λ} est isomorphe au module des vecteurs K-finis de π_λ.

CHAPITRE II : THÉORÈME DE L'INDICE L_2 ET SÉRIE DISCRÈTE

Atiyah et Schmid [4] donnent dans une nouvelle démonstration des théorèmes 1, 3, 4, 6 et 10. Les démonstrations antérieures du théorème 10 utilisaient le théorème de Plancherel pour G (dû à Harish-Chandra) et le théorème 3 pour faire l'analyse spectrale des espaces $\mathcal{H}_\lambda^+$ et $\mathcal{H}_\lambda^-$. Dans [4] au contraire, il est montré directement que $\mathcal{H}_\lambda^+$ contient une représentation de carré intégrable de G. La démonstration utilise en particulier le théorème de l'indice L_2 d'Atiyah [2], et la formule de Plancherel "abstraite" pour G. Ci-dessous je montre comment Atiyah et Schmid [4] prouvent le théorème d'existence d'Harish-Chandra (i.e. la moitié du théorème 1).

1. Le théorème de l'indice L_2 (Atiyah [2])

Soit X une variété C^∞ paracompacte, munie d'une mesure C^∞, E et F des fibrés vectoriels hermitiens de base X, et $D : C^\infty(E) \to C^\infty(F)$ un opérateur différentiel elliptique. On note $\mathcal{H}(D)$ le sous-espace de $L_2(E)$ formé des éléments annulés par D (au sens des distributions). Comme D est elliptique, $\mathcal{H}(D)$ est contenu dans $C^\infty(E)$, et la projection orthogonale de $L_2(E)$ sur $\mathcal{H}(D)$ est donnée par un noyau $p(x,y)$ C^∞ sur $X \times X$. Notons $D^* : C^\infty(F) \to C^\infty(E)$ l'adjoint formel. On définit de même $\mathcal{H}(D^*)$ et $p^*(x,y)$.

On suppose donné un groupe Γ d'automorphismes de toute la situation et agissant discrètement et sans points fixes dans X. On suppose que l'espace $\widetilde{X} = \Gamma\backslash X$ est compact. Par passage au quotient, on obtient sur $\widetilde{X}$ les fibrés $\widetilde{E}$, $\widetilde{F}$, l'opérateur elliptique $\widetilde{D} : C^\infty(\widetilde{E}) \to C^\infty(\widetilde{F})$. Comme $\widetilde{X}$ est compact, $\widetilde{D}$ a un indice.

On a $\operatorname{tr} p(\gamma x, \gamma x) = \operatorname{tr} p(x,x)$ pour tout $\gamma \in \Gamma$. On pose

$$\dim_\Gamma \mathcal{H}(D) = \int_{\widetilde{X}} \operatorname{tr} p(x,x)\, dx .$$

De la même manière, on définit $\dim \mathcal{H}(D^*)$ et l'on pose

$$\operatorname{Indice}_\Gamma D = \dim_\Gamma \mathcal{H}(D) - \dim_\Gamma \mathcal{H}(D^*) .$$

Le théorème de l'indice L_2 est l'égalité :

(*) $$\text{Indice}_\Gamma D = \text{Indice}\, \widetilde{D} .$$

Nous allons appliquer (*) à l'opérateur de Dirac sur G/K. Soient donc G, λ, D^+ comme dans le chapitre I, § 6, et supposons G linéaire. Il est démontré dans [6] qu'il existe un sous-groupe discret Γ de G sans torsion et tel que $\Gamma\backslash G$ soit compact. L'indice de l'opérateur $\widetilde{D}^+$ sur $\widetilde{X} = \Gamma\backslash G/K$ est calculable, et joint à (*), on obtient la formule :

(**) $$\text{Indice}_\Gamma D^+ = c \operatorname{vol}(\Gamma\backslash G/K) \prod_{\alpha \in P} (\lambda,\alpha)$$

où c est une constante > 0 (dépendant du choix de la mesure de Haar sur G). La formule (**) entraîne en particulier que $\mathcal{H}_\lambda^+$ est non nul.

2. Formule de Plancherel

Soit $\hat{G}$ l'ensemble des classes de représentations unitaires irréductibles de G. Comme G est unimodulaire et de type I, on a la décomposition

$$L_2(G) = \int_{\hat{G}} \mathcal{H}_\pi \otimes \mathcal{H}_\pi' \, d\mu(\pi)$$

où, pour tout $\pi \in \hat{G}$, $\mathcal{H}_\pi$ est l'espace de π, $\mathcal{H}_\pi'$ l'espace dual et $d\mu$ la mesure de Plancherel. Sur l'algèbre de Von Neumann $\mathcal{A}$ des opérateurs dans $L_2(G)$ qui commutent aux translations à gauche, il y a une trace canonique, notée t_G. La mesure de Plancherel $d\mu$ est telle que pour tout $A \in \mathcal{A}^+$, $A = \int_{\hat{G}} 1 \otimes A_\pi \, d\mu(\pi)$ (avec $A \in \operatorname{End}(\mathcal{H}_\pi')$), on ait $t_G(A) = \int_{\hat{G}} \operatorname{tr}(A_\pi)\, d\mu(\pi)$. (Voir par exemple [9], 18.8.1.)

L'espace $L_2(E^\pm)$ s'identifie naturellement à l'espace des éléments K-invariants de $L_2(G) \otimes V_\mu \otimes S^\pm$ (où K agit par translations à droite dans $L_2(G)$) On a donc

$$L_2(E^\pm) = \int_{\hat{G}} \mathcal{H}_\pi \otimes W_\pi^\pm \, d\mu(\pi)$$

où l'on a noté $W_\pi^\pm$ l'ensemble des éléments K-invariants de $\mathcal{H}_\pi' \otimes V_\mu \otimes S^\pm$. Dans l'algèbre de Von Neumann $\mathcal{B}$ des opérateurs de $L_2(E^\pm)$ qui commutent à l'action de G, il y a une trace naturelle (notée encore t_G) telle que pour tout $B \in \mathcal{B}^+$, $B = \int 1 \otimes B_\pi$ (avec $B_\pi \in \operatorname{End}(W_\pi^\pm)$), on ait $t_G(B) = \int_{\hat{G}} \operatorname{tr}(B_\pi)\, d\mu(\pi)$.

Soit d'autre part $\mathcal{C}$ l'algèbre des opérateurs de $L_2(E^\pm)$ commutant à l'action de Γ. Il existe une trace t_Γ sur $\mathcal{C}$ telle que $t_\Gamma(p) = \dim_\Gamma \mathcal{H}(D^\pm)$ si p est la projection orthogonale sur $\mathcal{H}(D^\pm)$. On a évidemment $\mathfrak{B} \subset \mathcal{C}$, et l'on montre que la restriction de t_Γ à $\mathfrak{B}$ est égale à $\mathrm{vol}(\Gamma\backslash G/K)t_G$.

Ecrivons $\mathcal{H}(D^{\pm}) = \int_{\hat{G}} \mathcal{H}_\pi \otimes U^{\pm}_\pi \, d\mu(\pi)$ (ce qui définit $U^{\pm}_\pi$ pour presque tout π). Comme $D^{+*} = D^-$, on a :

$$\mathrm{Indice}_\Gamma\, D^+ = \mathrm{vol}(\Gamma\backslash G/K) \int_{\hat{G}} (\dim U^+_\pi - \dim U^-_\pi)\, d\mu(\pi) .$$

En comparant avec (**), on obtient :

$$(***) \qquad \int_{\hat{G}} (\dim U^+_\pi - \dim U^-_\pi)\, d\mu(\pi) = c \prod_{\alpha\in P} (\alpha,\lambda) .$$

On remarquera que dans (***) le groupe Γ a disparu !

3. Fin de la démonstration

Il résulte de la formule de Parthasarathy (chap. I, § 6) que, pour presque tout π , on a $U^{\pm}_\pi = W^{\pm}_\pi$ si $\pi(\Omega) = (\lambda,\lambda) - (\rho,\rho)$, et $U^{\pm}_\pi = 0$ sinon. Notons $\hat{G}_\lambda$ l'ensemble des $\pi \in \hat{G}$ tels que $\pi(\Omega) = (\lambda,\lambda) - (\rho,\rho)$. On a

$$(****) \qquad \int_{\hat{G}_\lambda} (\dim W^+_\pi - \dim W^-_\pi)\, d\mu(\pi) = c \prod_{\alpha\in P} (\alpha,\lambda) .$$

Un argument astucieux mais pas très difficile montre que si $\dim W^+_\pi \neq \dim W^-_\pi$, le caractère infinitésimal de π est égal à χ_λ . C'est un résultat d'Harish-Chandra qu'il existe seulement un nombre fini d'éléments de $\hat{G}$ dont le caractère infinitésimal soit égal à χ_λ . Dans (****), l'intégrale est en fait une somme finie. Si $\pi \in \hat{G}$, on a $\mu(\{\pi\}) \neq 0$ si et seulement si π est de carré intégrable et dans ce cas, on a $\mu(\{\pi\}) = d_\pi$ (le degré formel). On a donc :

$$(*****) \qquad \sum (\dim W^+_\pi - \dim W^-_\pi)\, d_\pi = c \prod_{\alpha\in P} (\lambda,\alpha) ,$$

où la somme porte sur l'ensemble (fini) des représentations de carré intégrable de G dont le caractère infinitésimal est égal à χ_λ . La formule (*****) montre que cet ensemble est non vide, C.Q.F.D.

A. Borel et P. Deligne ont remarqué que l'on ne sait pas si un sous-groupe Γ comme ci-dessus existe lorsque G n'est pas linéaire. Le cas général s'obtient par réduction au cas linéaire (Atiyah-Schmid, à paraître dans Inventiones Math.).

BIBLIOGRAPHIE

[1] A. ANDREOTTI et E. VESENTINI - Carleman estimates for the Laplace-Beltrami equations on complex manifolds, I.H.E.S. Pub. Math., 25 (1965), 313-362.

[2] M. F. ATIYAH - Elliptic operators, discrete groups and von Neumann algebras, Astérisque 32/33 (1976), 43-72.

[3] M. F. ATIYAH et W. SCHMID - A new proof of the regularity theorem for invariant eigendistributions on semisimple Lie groups, à paraître

[4] M. F. ATIYAH et W. SCHMID - A geometric construction of the discrete series for semisimple Lie groups, Inv. Math., 42 (1977), 1-62.

[5] V. BARGMANN - Irreducible unitary representations of the Lorentz group, Ann. of Math., 48 (1947), 568-640.

[6] A. BOREL - Compact Clifford-Klein forms of symmetric spaces, Topology, 2 (1963), 111-122.

[7] A. BOREL et N. WALLACH - Seminar notes on the cohomology of discret subgroups of semi-simple groups, à paraître.

[8] J. CARMONA - Fibrés vectoriels holomorphes sur une variété hermitienne, Math. Ann., 205 (1973), 89-112.

[9] J. DIXMIER - Les C^*-algèbres et leurs représentations, Gauthier-Villars, Paris 1964.

[10] J. DIXMIER - Algèbres enveloppantes, Gauthier-Villars, Paris, 1974.

[11] T. J. ENRIGHT - Blattner type multiplicity formulas for the fundamental series of a real semisimple Lie algebra, Ann. Sc. Ec. Norm. Sup., XI(1978), fasc.4.

[12] T. J. ENRIGHT et V. S. VARADARAJAN - On a infinitésimal characterization of the discrete series, Ann. of Math., 102 (1975), 1-15.

[13] HARISH-CHANDRA - Discrete series for semi-simple Lie groups I, II, Acta Math., 113 (1965), 241-318 ; 116 (1966), 1-111.

[14] HARISH-CHANDRA - Harmonic analysis on semi-simple Lie groups, Bull. Amer. Math. Soc., 76 (1970), 529-551.

[15] H. HECHT et W. SCHMID - A proof of Blattner's conjecture, Inventiones Math., 31 (1975), 129-154.

[16] H. HECHT et W. SCHMID - On integrable representations of a semi-simple Lie group, Math. Annalen, 220(1976), 147-150.

[17] T. HIRAÏ - The characters of the discrete series for semisimple Lie groups, à paraître.

[18] R. HOTTA - On realization of discrete series for semisimple Lie groups, Proc. Japan Acad., 46 (1970), 993-996.

[19] R. HOTTA et R. PARTHASARATHY - Multiplicity formulae for discrete series, Inventiones Math., 26 (1974), 133-178.

[20] N. E. HURT - Proof of an analogue of a conjecture of Langlands for the "Heisenberg-Weyl" group, Bull. London Math. Soc., 4 (1972), 127-129.

[21] A. A. KIRILLOV - Unitary representation of nilpotent Lie groups, Russ. Math. Surveys, 17 (1962), 53-104.

[22] A. W. KNAPP et N. WALLACH - Szëgo kernels associated with discrete series, Inventiones Math., (1976), 163-200.

[23] B. KOSTANT - Orbits, symplectic structures, and représentation theory, Proc. U.S.-Japan Seminar Diff. Geometry, Kyoto, Japan 1965.

[24] R. P. LANGLANDS - Dimension of spaces of automorphic forms, Proc. Symposia in Pure Math., IX (1966), 253-257.

[25] R. P. LANGLANDS - On the classification of irreducible representations of real algebraic groups, à paraître.

[26] D. MILIČIČ - Asymptotic behaviour of matrix coefficients of the discret series, Duke Math. Journal, 44 (1977), 59-88.

[27] M. S. NARASIMHAN et K. OKAMOTO - An analogue of the Borel-Weil-Bott theorem for hermitian symmetric pairs of non compact type, Ann. of Math., 91 (1970), 486-511.

[28] R. PARTHASARATHY - Dirac operator and the discrete series, Ann. of Math., 96 (1972), 1-30.

[29] I. SATAKE - Unitary representations of a semi-direct product of Lie groups on $\bar{\partial}$-cohomology spaces, Math. Annalen, 190 (1971), 177-202.

[30] W. SCHMID - Homogeneous complex manifolds and representations of semisimple Lie groups, Thesis, Berkeley, 1967.

[31] W. SCHMID - On a conjecture of Langlands, Ann. of Math., 93(1971), 1-42

[32] W. SCHMID - On the characters of discrete series (the hermitian-symmetric case) Inventiones Math., 30 (1975), 47-144.

[33] W. SCHMID - Some properties of square integrable representations of semisimple Lie groups, Ann. of Math., 102 (1975), 535-564.

[34] W. SCHMID - Two character identities for semisimple Lie groups, Lecture Notes in Math., n° 587, 1977, Springer, 196-225.

[35] W. SCHMID - L^2-cohomology and the discrete series, Ann. of Math., 103 (1976), 375-394.

[36] M. W. SILVA - The Embeddings of the discrete series in the principal series for semisimple Lie group of real rank one, Thesis, Rutgers Univ., 1977.

[37] P. C. TROMBI et V. S. VARADARAJAN - Asymptotic behaviour of eigenfunctions on a semisimple Lie group ; The discréte spectrum, Acta Math., 129 (1972), 237-280.

[38] V. S. VARADARAJAN - The theory of characters and the discrete series for semisimple Lie groups, Proc. Symposia in Pure Math., 26 (1973), 45-99.

[39] V. S. VARADARAJAN - Harmonic analysis on real reductive groups, Lecture Notes in Math., n° 576, 1977, 1-521.

[40] J. A. VARGAS - A character formula for the discrete series of a semisimple Lie group, Thesis, Columbia Univ., 1977.

[41] D. VOGAN - Lie algebra cohomology and the representations of semisimple Lie groups, Thesis, M.I.T., 1976.

[42] N. WALLACH - On the Enright-Varadarajan modules : a construction of the discrete series, Ann. Sc. Ec. Norm. Sup., 9 (1976), 81-102.

[43] G. WARNER - Harmonic analysis on semisimple Lie groups, I et II, Springer Verlag, Berlin, 1972.

[44] J. A. WOLF - Essential self-adjointness for the Dirac operator and its square, Indiana Univ. Math., 22 (1973), 611-640.

[45] G. ZUCKERMAN - Tensor product of finite and infinite dimensional representations of semisimple Lie groups, à paraître dans Annals of Math.

Après la rédaction de cet exposé, j'ai reçu deux articles contenant aussi une démonstration du théorème d'existence des séries discrètes :

D. L. DEGEORGE et N. R. WALLACH - Limit formulas for multiplicities in $L^2(\Gamma\backslash G)$.

M. FLENSTED-JENSEN - On a fundamental series of representations related to an affine symmetric space.

Séminaire BOURBAKI 509-01
30e année, 1977/78, n° 509 Novembre 1977

LE THÉORÈME DU COLORIAGE DES CARTES

[ex-conjecture de Heawood et conjecture des quatre couleurs]

par Jean-Claude FOURNIER

Le problème du coloriage des cartes sur les surfaces fermées comprend la conjecture des quatre couleurs et la conjecture de Heawood. Si la première est bien un problème de coloration, la seconde est dans sa partie difficile uniquement un problème de représentation de graphes dans les surfaces (§ 2). C'est pourquoi nous faisons d'abord une brève mise au point de cette question (§ 1). La solution de la conjecture de Heawood est l'essentiel de ce qui vient ensuite (§ 3 pour la démonstration selon Ringel et Youngs, § 4 pour le principe des constructions que nous dégageons en toute généralité dans une mise au point originale). Après quelques mots sur une solution récente annoncée par Appel et Haken du problème des quatre couleurs (§ 5) nous montrons en conclusion comment la conjecture de Hadwiger propose d'une certaine manière un prolongement au problème du coloriage des cartes (§ 6).

1. Préliminaires

(1.1) Nous avons besoin de redéfinir ici les graphes par un formalisme qui tout en restant intuitif soit assez précis pour permettre par exemple de parler d'arêtes multiples et de boucles orientées. Nous définissons donc avec les arêtes d'un graphe les arêtes orientées.

Un graphe est défini par un ensemble S d'éléments appelés sommets, un ensemble A d'éléments appelés arêtes, un ensemble B d'éléments appelés arcs (ou arêtes orientées), une application e de B dans S et une application surjective f de B dans A telle que les $f^{-1}(a)$ pour a décrivant A forment une partition de B en classes à deux éléments. On note un tel graphe $G = (S,A,B)$. Etant donné $a \in A$ les éléments $b' \in B$ et $b'' \in B$ tels que $f^{-1}(a) = \{b',b''\}$ sont les deux arcs associés à l'arête a et si b désigne l'un d'eux on notera b^- l'autre (l'arc opposé) ; les sommets $e(b')$ et $e(b'')$ sont les deux extrémités de l'arête a, qui peuvent être confondues et dans ce cas l'arête est une boucle. Etant donné $b \in B$, le sommet $e(b)$ est l'extrémité initiale et $e(b^-)$ l'extrémité terminale de l'arc b.

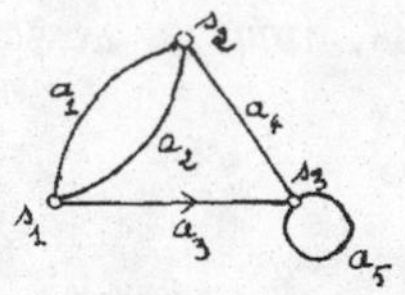

Dans le graphe représenté ci-contre suivant l'usage par des points et des traits, l'arête a_5 est une boucle, les arêtes a_1 et a_2 forment ce qu'on appelle une arête multiple (en l'occurrence double) ; un arc associé à l'arête a_3 est indiqué par une flèche.

Dans le cas d'un graphe sans boucles et sans arêtes multiples chaque arête s'identifie à la paire de ses extrémités et les deux arcs associés peuvent être identifiés aux deux couples associés à cette paire. On peut donc définir un tel graphe simplement par un ensemble S et une partie A de $\mathfrak{P}(S)$ formée d'ensembles à deux éléments, B étant alors l'ensemble des couples associés.

On appelle sous-graphe d'un graphe $G = (S,A,B)$ un triplet $G' = (S',A',B')$ où $S' \subset S$, $A' \subset A$ et $B' \subset B$, qui avec les restrictions de f et de e à B' est un graphe. Un sous-graphe $G' = (S',A',B')$ de G est <u>plein</u>, ou <u>engendré</u> par $S' \subset S$, si A' est l'ensemble des arêtes de G dont les extrémités sont dans S' .

On appelle <u>circuit</u> de G toute suite $(b_1,\ldots,b_r)$ d'arcs de G telle que l'extrémité terminale de b_i coïncide avec celle initiale de b_{i+1} pour $i = 1,\ldots,r-1$ et l'extrémité terminale de b_r avec celle initiale de b_1 ; l'entier r est la <u>longueur</u> du circuit. Le circuit considéré peut aussi être écrit $(b_i,\ldots,b_r, b_1,\ldots,b_{i-1})$ pour $1 < i \leq r$. La suite $(b_r^-,\ldots,b_1^-)$ définit le circuit <u>opposé</u> du circuit considéré.

Nous ne redéfinissons pas des notions bien connues telles que <u>connexité</u> des graphes, <u>composantes connexes</u> etc. qui ne sont pas sujettes dans la littérature à des variations de définition ou de terminologie comme le sont les précédentes [1]. Les graphes considérés sont finis. On appelle, à un isomorphisme près, <u>graphe complet</u> à n sommets et on note K_n le graphe sans boucles et sans arêtes multiples ayant n sommets et les $\binom{n}{2}$ paires de sommets pour arêtes.

(1.2) Pour les définitions de base sur les plongements ou <u>représentations</u> (<u>embeddings</u> en anglais) d'un graphe dans un espace topologique par des images homéomorphes de $[0,1]$ en particulier dans une surface, nous renvoyons à Youngs [9] (voir aussi § (4.2)). On peut se représenter les surfaces fermées comme : la sphère avec p "anses" pour la surface orientable de genre $p \geq 0$, notée ici T_p , la sphère avec q "capes croisées" pour la surface non orientable de genre $q \geq 1$, notée ici U_q ; de façon générale nous notons $\mathbf{S}$ une surface, c sa caractéristique où $c = 2-2p$

[1] voir par exemple : C. Berge, <u>Graphes et Hypergraphes</u>, 2e éd., Dunod Paris, 1973.

si $\mathbf{S} = T_p$ et $c = 2 - q$ si $\mathbf{S} = U_q$. Une représentation d'un graphe G dans une surface **S** est <u>cellulaire</u> (2-<u>cell</u> embedding) si ses faces sont des ouverts homéomorphes à un disque du plan ; dans ce cas le bord de chaque face définit un circuit de G , ou son opposé, également appelé face par extension. Nous dirons que G est <u>représentable</u> (<u>cellulairement</u>) dans **S** s'il admet une représentation (cellulaire) dans **S** . On a les résultats de base suivants :

(1.2.1) Si un graphe G est représentable dans une surface S alors tout sous-graphe de G est également représentable dans **S** .

(1.2.2) Si un graphe G est représentable dans une surface **S** de caractéristique c alors G est représentable dans toute surface S' , non orientable si **S** est non orientable, de caractéristique $c' < c$.

(1.2.3) Soit une représentation cellulaire d'un graphe G dans une surface **S** . Si n est le nombre de sommets de G , m le nombre d'arêtes, f le nombre de faces de la représentation, c la caractéristique de **S** , on a la <u>relation d'Euler</u> :
$n - m + f = c$.

(1.2.4) Si un graphe connexe G est représentable dans une surface **S** de caractéristique c alors il existe une surface S' de caractéristique $c' \geq c$, orientable si S est orientable, dans laquelle G est représentable cellulairement, telle qu'en outre $c' \neq c$ si G est représentable non cellulairement dans S .

(1.2.1) et (1.2.3) sont bien connus, (1.2.2) n'est souvent qu'implicite, pour (1.2.4) voir dans [9] "capping operation".
Une représentation cellulaire d'un graphe G est <u>triangulaire</u> si toutes ses faces sont de longueur 3 ; dans ce cas G est dit représentable <u>triangulairement</u>.

(1.2.5) PROPOSITION.- <u>Si un graphe</u> G <u>sans boucles ni arêtes multiples connexe et tel que</u> $m > 1$ <u>est représentable dans une surface</u> **S** <u>de caractéristique</u> c <u>alors on a</u> (avec les notations de (1.2.3)) : $m \leq 3n - 3c$, <u>l'égalité ayant lieu si et seulement si</u> G <u>est représentable triangulairement dans</u> **S** .

En effet d'après (1.2.4) et (1.2.3) il existe une représentation cellulaire de G ayant f faces telle que $n - m + f \geq c$. Par ailleurs grâce aux hypothèses faites sur G toute face est de longueur ≥ 3 et donc $3f \leq 2m$. L'élimination de f donne $m \leq 3n - 3c$.

<u>Remarque</u>.- Il y a de nombreux contre-exemples à la réciproque de cette proposition (cf. par exemple [28]). On verra le cas du graphe complet K_7 qui n'est pas représentable dans $\mathbf{U}_2$.

Exemple.- Les graphes représentables dans la sphère T_o , ou le plan euclidien c'est équivalent, sont appelés planaires. Le graphe complet K_5 n'est pas planaire car $10 > 3 \times 5 - 3 \times 2$.

Le genre (resp. genre non orientable) $\gamma(G)$ (resp. $\mu(G)$) d'un graphe G est le plus petit entier $p \geq 0$ (resp. $q \geq 1$) tel que G est représentable sur T_p (resp. U_q). On a d'après ce qui précède en particulier (1.2.1) et (1.2.2) : pour tout sous-graphe G' d'un graphe G $\gamma(G') \leq \gamma(G)$ et $\mu(G') \leq \mu(G)$, et un graphe G est représentable dans T_p (resp. U_q) si et seulement si $p \leq \gamma(G)$ (resp. $q \leq \mu(G)$).

Nous ne redéfinissons pas la notion bien classique de graphe dual d'un graphe représenté dans une surface.

(1.3) Considérons des graphes sans boucle et disons voisins deux sommets extrémités d'une même arête. Etant donné un entier $k \geq 1$ on dit qu'un graphe G est k-coloriable s'il existe une application de l'ensemble de ses sommets dans un ensemble de k éléments telle que deux sommets voisins quelconques n'aient pas même image ; on appelle k-coloriage une telle application, couleurs les k éléments, couleur d'un sommet l'image de ce sommet par cette application. Le nombre chromatique de G , noté $\chi(G)$, est le plus petit entier k tel qu'il existe un k-coloriage de G (il existe toujours un k-coloriage pour $k \geq n$ où n est le nombre de sommets de G). On a les propriétés suivantes très simples du nombre chromatique d'un graphe G : G est k-coloriable si et seulement si $\chi(G) \leq k$, et pour tout sous-graphe G' de G on a $\chi(G') \leq \chi(G)$.

2. Enoncés des résultats principaux

Une carte sur une surface **S** peut être définie par la représentation d'un graphe dans **S** , les arêtes figurant les frontières et les faces les diverses régions. Colorier celles-ci avec la condition habituelle que deux régions adjacentes reçoivent des couleurs différentes revient à donner un coloriage du graphe dual et inversement. On définit le nombre chromatique $\chi(S)$ d'une surface **S** comme étant la borne supérieure des nombres chromatiques des graphes (sans boucles) représentables dans **S** (on définit de même $\delta(S)$ et $\omega(S)$ plus loin à partir de $\delta(G)$ et $\omega(G)$) L'entier $\chi(S)$ représente le nombre de couleurs toujours suffisant et qui peut être nécessaire pour colorier toute carte sur la surface **S** .

Dans la suite $\lfloor\ \rfloor$ dénote la partie entière (inférieure), $\lceil\ \rceil$ la partie entière supérieure.

(2.1) <u>Théorème du coloriage des cartes</u>.- <u>On a</u>

$$\chi(\mathbf{T}_p) = \left\lfloor \frac{7 + \sqrt{1 + 48p}}{2} \right\rfloor \qquad (p \geq 0)$$

$$\chi(\mathbf{U}_q) = \left\lfloor \frac{7 + \sqrt{1 + 24q}}{2} \right\rfloor \qquad (q \geq 1 , \; q \neq 2)$$

<u>et</u> $\qquad \chi(\mathbf{U}_2) = 6$.

Il y a dans cet énoncé deux parties dont les démonstrations posent des difficultés de nature tout à fait différentes comme on le verra : le cas de $\mathbf{T}_o$ qui correspond à la <u>conjecture des quatre couleurs</u> et tous les autres cas qui constituaient la <u>conjecture de Heawood</u>. Et dans cette dernière il y a une inégalité facile montrée par Heawood [2] en même temps qu'il posait la conjecture. Cette inégalité repose sur le très simple théorème de coloriage suivant [1]. Considérons, cela suffit, uniquement des graphes sans boucles et sans arêtes multiples. Etant donné un graphe G rappelons que le degré d'un sommet est le nombre d'arêtes ayant ce sommet pour extrémité et notons $\delta(G)$ le minimum des degrés des sommets de G .

(2.1.1) PROPOSITION.- <u>Soient</u> G <u>un graphe et</u> k <u>un entier. Si pour tout sous-graphe plein</u> G' <u>de</u> G , <u>on a</u> $\delta(G') \leq k$, <u>alors</u> $\chi(G) \leq k + 1$.

En effet il résulte de l'hypothèse faite sur G qu'il est possible de ranger ses sommets en une suite $s_1, s_2, \ldots, s_n$ de telle sorte que, pour $i = 1, \ldots, n$, s_i soit de degré inférieur ou égal à k dans le sous-graphe engendré par $\{s_1, s_2, \ldots, s_i\}$. Il est alors aisé de définir un k-coloriage de G en attribuant successivement dans l'ordre de cette suite à chaque sommet une couleur.

Appliquant (2.1.1) aux graphes représentables dans une surface S avec $k = \delta(S)$ il découle :

(2.1.2) $\qquad \chi(S) \leq \delta(S) + 1$.

Déterminons $\delta(S)$. Etant donné un graphe G avec les hypothèses de (1.2.5) (pour avoir la connexité on peut toujours considérer séparément chaque composante connexe et l'hypothèse $m > 1$ n'écarte que des cas triviaux) représentable dans une surface S de caractéristique c on a : $m \leq 3n - 3c$, et par ailleurs par définition de $\delta(G)$: $n.\delta(G) \leq 2m$. Par élimination de m , il vient : $\delta(G) \leq \left\lfloor 6 - \frac{6c}{n} \right\rfloor$. Par ailleurs, on a évidemment : $\delta(G) \leq n - 1$. D'où si $6 - \frac{6c}{n} \leq n - 1$ soit $n^2 - 7n + 6c \geq 0$, soit encore, <u>en supposant</u> $c < 2$, $n \geq \frac{7 + \sqrt{49 - 24c}}{2}$, alors

---

[1] Ce théorème est le point de départ de toute une filière d'autres de même type : les théorèmes bien connus de Brooks, Dirac et également des extensions de J. Weinstein (cf. Excess in Critical Graphs, J. Comb. Theory (B), 18 (1975), 24-31).

$\delta(G) \leq \left\lfloor 6 - \frac{6c}{n} \right\rfloor \leq \frac{5+\sqrt{49-24c}}{2}$; et si $n - 1 \leq 6 - \frac{6c}{n}$ un calcul analogue donne également $\delta(G) \leq \frac{5+\sqrt{49-24c}}{2}$. Cette borne ne dépendant plus de n on a pour toute surface $\mathbf{S} \neq \mathbf{T}_o$:

(2.1.3) $\delta(\mathbf{S}) \leq \left\lfloor \frac{5+\sqrt{49-24c}}{2} \right\rfloor$ et avec (2.1.2) :

(2.1.4) $\chi(\mathbf{S}) \leq \left\lfloor \frac{7+\sqrt{49-24c}}{2} \right\rfloor$ soit en explicitant :

$\mathbf{S} = \mathbf{T}_p$ $\delta(\mathbf{T}_p) \leq \left\lfloor \frac{5+\sqrt{1+48p}}{2} \right\rfloor$ et $\chi(\mathbf{T}_p) \leq \left\lfloor \frac{7+\sqrt{1+48p}}{2} \right\rfloor$

$\mathbf{S} = \mathbf{U}_q$ $\delta(\mathbf{U}_q) \leq \left\lfloor \frac{5+\sqrt{1+24q}}{2} \right\rfloor$ et $\chi(\mathbf{U}_q) \leq \left\lfloor \frac{7+\sqrt{1+24q}}{2} \right\rfloor$

(en particulier $\chi(\mathbf{U}_2) \leq 7$).

<u>Cas de la sphère</u>. Pour $c = 2$, l'inégalité (2.1.4) est vraie, mais la démonstration donnée n'est pas applicable à ce cas car l'inégalité (2.1.3) est fausse. L'inégalité $\delta(G) \leq \left\lfloor 6 - \frac{6c}{n} \right\rfloor$ obtenue plus haut (sans supposer $c < 2$) donne directement : $\delta(\mathbf{T}_o) \leq 5$, d'où avec (2.1.2) : $\chi(\mathbf{T}_o) \leq 6$; alors que la bonne borne donnée par l'expression de Heawood est **4** . On peut déjà obtenir simplement en jouant sur l'existence d'un sommet de degré 5 : $\chi(\mathbf{T}_o) \leq 5$. Esquissons la démonstration par récurrence sur le nombre de sommets. Soient s un sommet de degré $d \leq 5$ d'un graphe planaire G et G' le sous-graphe engendré par $S - \{s\}$ (où S est l'ensemble des sommets de G). Le cas $d \leq 4$ étant facile, supposons $d = 5$. Comme K_6 n'est pas planaire, les cinq voisins de s n'engendrent pas un sous-graphe complet et il en existe donc deux, soient s_1 et s_2 , non voisins entre eux. Soit G'' le graphe obtenu en identifiant dans G' les sommets s_1 et s_2 en un même sommet s_3 ; G'' est planaire et également 5-coloriable par hypothèse de récurrence. D'un 5-coloriage de G'' on déduit de manière évidente un 5-coloriage de G' attribuant une même couleur à s_1 et s_2 (celle de s_3 dans G''), lequel se prolonge directement en un 5-coloriage de G (puisque au plus quatre couleurs sont utilisées par les voisins de s). D'où le théorème : tout graphe planaire est 5-coloriable. Il est extrêmement difficile de passer de 5 à 4 couleurs (voir § 5 plus loin). Notons que ce raisonnement fait pour les graphes planaires s'étend directement pour démontrer le lemme suivant qui nous sera utile et où $\omega(\mathbf{S})$ est défini par $\omega(G)$ qui est le plus grand nombre de sommets des sous-graphes complets du graphe G ou directement par $\omega(\mathbf{S}) = \sup\{n \mid K_n$ est représentable dans $\mathbf{S}\}$.

(2.1.5) <u>Lemme</u>.- <u>Soient</u> S <u>une surface et</u> k <u>un entier</u>. <u>Si</u> $\delta(S) \leq k$ <u>et</u> $\omega(S) \leq k$ <u>alors</u> $\chi(S) \leq k$.

Pour les surfaces autres que la sphère, il reste à compléter les inégalités (2.1.4) avec l'inégalité $\chi(U_2) \leq 6$ et à établir dans tous les cas l'inégalité inverse. Autrement dit à trouver pour chaque surface un graphe représentable dont le nombre chromatique atteint la borne donnée. Il se trouve que le graphe complet répond à cette exigence, ce qui est une circonstance heureuse car son nombre chromatique est simple à déterminer. La conjecture de Heawood se trouvera ainsi impliquée par le théorème suivant.

(2.2) Théorème du genre du graphe complet.- On a

$$\gamma(K_n) = \left\lceil \frac{(n-3)(n-4)}{12} \right\rceil \qquad (n \geq 3)$$

$$\mu(K_n) = \left\lceil \frac{(n-3)(n-4)}{6} \right\rceil \qquad (n \geq 5\ ,\ n \neq 7)$$

et $\qquad \mu(K_7) = 3$.

Nous allons montrer en fait l'équivalence entre ce théorème (2.2) et le théorème (2.1) moins le cas $S = T_o$. Posons :

$$h_1(p) = \left\lfloor \frac{7+\sqrt{1+48p}}{2} \right\rfloor \ , \quad k_1(n) = \left\lceil \frac{(n-3)(n-4)}{12} \right\rceil \ ,$$

$$h_2(q) = \left\lfloor \frac{7+\sqrt{1+24q}}{2} \right\rfloor \ , \quad k_2(n) = \left\lceil \frac{(n-3)(n-4)}{6} \right\rceil \ .$$

On vérifie d'abord que pour $n \geq 7$ et $p \geq 0$, on a $h_1(k_1(n)) = n$ et $k_1(h_1(p)) \leq p$, et que pour $n \geq 6$ et $q \geq 1$, on a $h_2(k_2(n)) = n$ et $k_2(h_2(q)) \leq q$. Supposons que, pour tout $n \geq 3$, on ait $\gamma(K_n) = k_1(n)$, alors, pour tout $p \geq 1$, on a $h_1(p) \geq 3$ et $\gamma(K_{h_1(p)}) = k_1(h_1(p)) \leq p$, c'est-à-dire $K_{h_1(p)}$ représentable dans T_p et donc $\chi(T_p) \geq \chi(K_{h_1(p)}) = h_1(p)$, et enfin l'égalité avec (2.1.4). Inversement si, pour tout $p \geq 1$, on a $\chi(T_p) = h_1(p)$, alors, pour tout $n \geq 7$, on a $k_1(n) \geq 1$ et $\chi(T_{k_1(n)}) = h_1(k_1(n)) = n$, et par ailleurs (2.1.4) appliqué avec $S = T_{k_1(n)}$ donne $\delta(T_{k_1(n)}) \leq h_1(k_1(n)) - 1 = n-1$; si alors on avait $\gamma(K_n) > k_1(n)$ pour un $n \geq 7$, on aurait aussi $\omega(T_{k_1(n)}) \leq n-1$ qui, avec la précédente inégalité en appliquant le lemme (2.1.5), donnerait $\chi(T_{k_1(n)}) \leq n-1$, contrairement à ce qui vient d'être montré. On a donc $\gamma(K_n) \leq k_1(n)$ et, l'inégalité inverse étant facile à montrer (voir § 3), l'égalité pour $n \geq 7$. Les cas $n = 5,6$ découlent du cas $n = 7$ et les cas $n = 3,4$ sont triviaux. Les cas non orientables sauf celui de U_2 se traitent de façon exactement similaire.

Cas du tore de Klein U_2 . Sachant que $\mu(K_7) = 3$, on en déduit $\omega(U_2) < 7$ et comme par ailleurs, on a $\delta(U_2) \leq 6$ d'après (2.1.5) on a donc $\chi(U_2) \leq 6$; comme, ensuite $\mu(K_6) = 2$, K_6 est représentable dans U_2 , d'où $\chi(U_2) \geq \chi(K_6) = 6$. Inversement, sachant que $\chi(U_2) = 6$, on en déduit $\mu(K_7) \geq 3$ et de là $\mu(K_7) = 3$ (on a, comme d'ailleurs pour tout graphe, $\mu(K_7) \leq 2\gamma(K_7) + 1$).

Remarques.- 1) Pour montrer la conjecture de Heawood pour une surface T_p donnée, il suffit de montrer que $K_{h_1(p)}$ est représentable dans T_p , c'est-à-dire, il suffit de connaître seulement le genre de $K_{h_1(p)}$. C'est ainsi par exemple que Heawood résolvait le cas du tore T_1 en donnant une représentation de K_7 (dualement par une carte sur le tore comportant 7 régions deux à deux voisines).

2) On a $h_1(p) = \sup\{n \mid k_1(n) \leq p\}$, ce qui, avec les théorèmes précédents, s'interprète par $\chi(T_p) = \sup\{\chi(K_n) \mid K_n$ est représentable dans $T_p\}$,, égalité qui montre bien le rôle du graphe complet. On peut faire les mêmes remarques, mutatis mutandis, pour les cas non orientables.

La démonstration du théorème (2.2) constitue l'essentiel de la solution de la conjecture de Heawood et fait l'objet du paragraphe suivant. Terminons auparavant cette présentation du théorème du coloriage des cartes en rassemblant dans un même énoncé les divers paramètres mis en jeu. Ce qui a été montré précédemment peut se résumer, pour une surface S de caractéristique c et en posant $h(c) = \left\lfloor \frac{7 + \sqrt{49 - 24c}}{2} \right\rfloor$, comme suit : d'une part directement $\chi(S) \leq \delta(S) + 1 \leq h(c)$ si $S \neq T_o$, d'autre part en admettant le théorème du genre du graphe complet pour en déduire la conjecture de Heawood $\chi(S) \geq \omega(S) \geq h(c)$ si $S \neq T_o$, U_2 . Admettant en outre la conjecture des quatre couleurs, il en découle le théorème général suivant complété du cas de U_2 :

(2.3) THÉORÈME.- Pour toute surface S de caractéristique c , on a

$$\chi(S) = \omega(S) = \delta(S) + 1 = h(c) \qquad (S \neq T_o , U_2)$$

$$\chi(U_2) = \omega(U_2) = \delta(U_2) = 6$$

$$\chi(T_o) = \omega(T_o) = \delta(T_o) - 1 = 4 \ (= h(2)) .$$

Il est remarquable que seule l'égalité $\chi = \omega$ soit valable pour toutes les surfaces. Par ailleurs, le fait que $\chi = \delta - 1$ pour la sphère, alors que $\chi = \delta$ ou $\delta + 1$ pour les autres surfaces, rend un peu compte de la difficulté exceptionnelle du cas de la sphère.

3. Démonstration de la conjecture de Heawood (selon Ringel et Youngs)

L'ensemble de la solution de la conjecture de Heawood dont un aperçu est donné ici fait l'objet du livre de Ringel [18] (voir aussi Youngs [12] pour une introduction théorique).

(3.1) Comme on l'a vu le problème se ramène à établir le genre du graphe complet K_r tel que donné en (2,2). Si K_n où $n \geq 3$ est représentable dans la surface T_p, la proposition (1.2.5) fournit $\frac{n(n-1)}{2} \leq 3n - 3(2 - 2p)$ soit $p \geq \frac{(n-3)(n-4)}{12}$. On a donc déjà l'inégalité $\gamma(K_n) \geq \lceil \frac{(n-3)(n-4)}{12} \rceil$. Il s'agit de montrer qu'il y a égalité ce qui revient à montrer l'existence d'une représentation de K_n dans T_p où $p = \lceil \frac{(n-3)(n-4)}{12} \rceil$. Un cas particulier important est celui où K_n est représentable triangulairement dans une surface T_p, on a alors, suivant le cas d'égalité de (1.2.5), $p = \frac{(n-3)(n-4)}{12}$. Ce qui montre que : 1°) il ne peut exister de représentation triangulaire de K_n que si 12 divise $(n-3)(n-4)$, soit si $n \equiv 0, 3, 4$ ou 7 (mod. 12), 2°) il suffit qu'une représentation de K_n soit triangulaire pour qu'elle soit une représentation cherchée c'est-à-dire dans T_p où $p = \lceil \frac{(n-3)(n-4)}{12} \rceil$ (et en fait dans ce cas toute telle représentation est triangulaire). En non-orientable, on a les mêmes conclusions dans un plus grand nombre de cas, à savoir lorsque 6 divise $(n-3)(n-4)$ soit si $n \equiv 0$ ou 1 (mod. 3) excepté $n = 7$. Dans ces cas, appelés cas réguliers, on peut construire effectivement des représentations triangulaires de K_n, selon la méthode suivante décrite ici sans trop formaliser par un exemple (voir la description complète dans [18]).

(3.2) Considérons la représentation triangulaire ci-contre de K_7 dans T_1 (les côtés A du rectangle figurant la surface sont à identifier dans le sens des flèches, de même les côtés B). Identifions comme indiqué les sommets avec les éléments $0, \ldots, 6$ du groupe additif Z_7 des entiers modulo 7

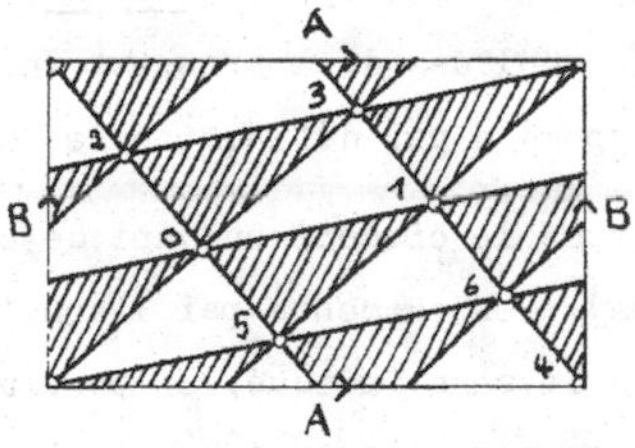

(3.2.1)

Considérons maintenant le tableau ci-contre. La ligne i est constituée des sommets voisins de i dans la représentation précédente, dans l'ordre où on les rencontre en tournant autour de i dans un sens choisi. Chaque ligne est à lire cycliquement (par exemple 1 après 5 dans la ligne 0).

0.	1	3	2	6	4	5
1.	2	4	3	0	5	6
2.	3	5	4	1	6	0
3.	4	6	5	2	0	1
4.	5	0	6	3	1	2
5.	6	1	0	4	2	3
6.	0	2	1	5	3	4

(3.2.2)

Partons de ce tableau, appelé schéma. Associons à la ligne i un polygone P_i à 6 côtés du plan, choisissons un sens de parcours de son bord et associons aux côtés ainsi orientés les éléments de la ligne i dans le même ordre cyclique. Pour tous les i et j tels que $0 \leq i < j \leq 6$, identifions le côté associé à j du polygone P_i au côté associé à i du polygone P_j dans le sens opposé de leurs orientations. Cet assemblage des 7 polygones $P_0,\ldots,P_6$ donne un polyèdre dont le dual du squelette est K_7 . Comme il est facile de s'en apercevoir, c'est en fait combinatoirement parlant la représentation précédente qui est ainsi reconstituée à partir de la seule donnée du schéma.

Considérons à nouveau le schéma (3.2.2). Pour $i = 1,\ldots,6$, la ligne i se déduit de la ligne 0 en ajoutant i à chacun des éléments de celle-ci. Autrement dit ce schéma est entièrement engendré à partir de sa première ligne par l'opération des éléments du groupe $\mathbf{Z}_7$.

Soit le diagramme ci-contre. C'est un graphe avec en chaque sommet une permutation circulaire des arêtes (définie par un sens de rotation autour de ce sommet) et associé à chaque arc un élément de $\mathbf{Z}_7$ appelé courant (sur la figure pour chaque arête un seul des deux arcs est indiqué avec son courant ; l'arc opposé a par définition le courant opposé dans $\mathbf{Z}_7$).

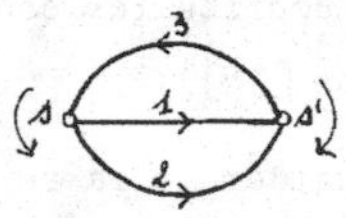

(3.2.3)

Considérons le circuit suivant de ce graphe (décrit en identifiant les arcs à leurs courants) : on commence par l'arc 1 et tournant autour de son extrémité terminale s' dans le sens indiqué, on poursuit par l'arc 3 puis de même en s par l'arc 2 , ensuite ce sera l'arc 1^- , ainsi de suite jusqu'à retrouver l'arc 1 . On obtient ainsi la suite $1 , 3 , 2 , 1^- , 3^- , 2^-$ qui prise comme suite d'éléments de $\mathbf{Z}_7$ (par exemple, $-1 = 6$ pour 1^-) est exactement la ligne 0 .

Ainsi au total la donnée du diagramme (3.2.3), appelé graphe de courant (notion introduite par Gustin [10]), suffit à reconstituer le schéma (3.2.2) par sa première ligne, puis de là la représentation triangulaire de K_7 . Autrement dit la seule donnée de ce graphe de courant établit l'existence de la représentation cherchée de K_7 . Bien entendu le graphe de courant doit posséder, en général, certaines propriétés précises ; fondamentalement, il s'agit de la loi de Kirchhoff : en tout sommet, la somme des courants "entrants" est égale à la somme des courants "sortants" (d'où la terminologie des circuits électriques). On peut voir que grâce à cette loi le schéma déduit de la ligne 0 elle-même déduite du graphe de courant vérifie la règle suivante

(R) Si dans la ligne i , on a i. ...jk ... , alors dans la ligne k , on a k. ... ij... .

Cette règle assure d'une manière générale que l'assemblage des polygones comme décrit plus haut donne bien un polyèdre dont le dual du squelette est une triangulation.

La solution précédente pour $n=7$ se généralise par le graphe de courant (3.2.4) ci-dessous qui représente la solution complète du cas orientable $n \equiv 7 \pmod{12}$ de la conjecture de Heawood. (Les sommets avec rotation dans le sens des aiguilles d'une montre sont représentés par • et ceux avec rotation inverse par ∘ ; les extrémités P sont à identifier, P n'est pas un sommet ; le groupe utilisé est naturellement $\mathbb{Z}_n$ où $n = 12q + 7$.)

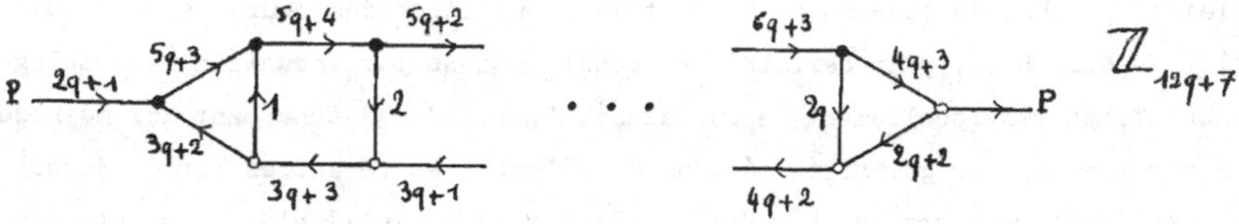

(3.2.4)

(3.3) Pour les cas non réguliers K_n n'est plus représentable triangulairement. La méthode consiste en enlevant des arêtes à K_n (en nombre qui dépend de n modulo 12) à se ramener à un graphe représentable triangulairement, ce qui permet d'appliquer encore la construction précédente. Mais il faudra compléter la représentation obtenue des arêtes manquantes pour retrouver K_n . C'est le problème d'adjacence additionnelle qui est résolu à l'aide d' "anses" , et de "capes croisées" en non orientable, adjointes à la surface (en nombre ce qu'il faut pour avoir au total le genre voulu). Par exemple, pour $n \equiv 10 \pmod{12}$, on peut représenter triangulairement $K_n - K_3$ (K_n moins trois arêtes formant un K_3)

et on ajoute les trois arêtes manquantes en se servant d'une anse adjointe à la surface (cf. (4.4.1)). C'est là un cas facile du problème d'adjacence additionnelle qui devient beaucoup plus compliqué quand par exemple on part d'une représentation de $K_n - K_8$ et qu'il faut donc ajouter 28 arêtes, (à l'aide de 6 anses ajoutées), ce qui impose de modifier au préalable la représentation (cas 2 orientable).

(3.4) La complexité de la solution varie beaucoup suivant la valeur de n modulo 12 Le cas où $n \equiv 7 \pmod{12}$, dit "cas 7", est un des plus simples. Sa solution en orientable décrite plus haut en (3.2) est dite <u>d'indice</u> 1 car le graphe de courant n'a qu'un seul circuit et le schéma qu'une seule ligne génératrice. Pour chaque indice plus grand, on a considéré surtout les indices 2 et 3 , il faut donner un ensemble d'autres propriétés du graphe de courant. Pour les cas non orientables la règle (R) est à modifier et les graphes de courant sont décrits de manière plus compliquée (<u>cascades</u>). Par ailleurs, pour certains cas, il s'est révélé très fécond de considérer des graphes de courant avec des sommets en lesquels la loi de Kirchhoff n'est pas satisfaite, ce sont les <u>vortex</u> qui correspondent à des faces non triangulaires. Il y a encore certaines anomalies rencontrées dans de nombreux graphes de courant utilisés : arêtes pendantes, principe de doublement par exemple. Nous n'insistons pas sur tout cela qui concerne la théorie générale des graphes de courant que nous présentons autrement au paragraphe suivant. Il y aurait aussi à dire sur certains aspects techniques de la solution : techniques de construction de familles de graphes de courant et surtout de répartition des courants en respectant la loi de Kirchhoff, pour certains cas constructions par induction (assemblage de représentations par recollement de surfaces), "petits" cas échappant aux méthodes générales par manque de régularité (résolus directement entre autres par J. Mayer) et le cas particulier du graphe K_7 dont il faut montrer qu'il n'est pas représentable sur $\mathbf{U}_2$ (P. Franklin), les différents groupes utilisés ($\mathbf{Z}_n$ ou un produit de $\mathbf{Z}_n$ le plus souvent). Sur ce dernier point, signalons la singularité du cas 0 qui nécessite, en indice 1 tout au moins (cf. [16]), un groupe non commutatif, et de surcroît celui utilisé n'était pas défini de manière constructive, ce qui était unique dans l'ensemble de la solution. Récemment, Jungerman et Pengelley [29] ont donné pour ce cas une solution constructive avec un groupe commutatif (mais une solution compliquée d'indice 4).

La démonstration de la conjecture de Heawood se compose d'un ensemble hétéroclite de cas. Depuis son achèvement, en 1968, plusieurs cas ont reçu des solutions plus simples, reprises dans [18] ou plus récentes comme par exemple le cas 1 non orientable, le plus "tordu" dans [18], dont Jungerman [23] donne une solution simple et nette.

4. Présentation duale par les "déploiements" de représentations

Le principe général des constructions de représentations de graphes par les graphes de courant apparaît mal. Tout devient plus clair en voyant les graphes de courant comme des graphes représentés dans une surface (y compris et surtout les cascades, voir à ce sujet l'article récent de Ringel [25]) et en considérant leurs graphes duaux, qui sont graphes de tension. Dans cette optique, il est possible de dégager un procédé général que nous appelons déploiement de graphes et de représentations et qui intègre dans un même modèle cascades, vortex, indices quelconques, principe de doublement, etc.

(4.1) Soit un graphe $G=(S,A,B)$ avec les applications e de B dans S et f de B dans A . Soient une famille E_s , $s \in S$, d'ensembles finis ayant tous même nombre d'éléments et une famille φ_b , $b \in B$, de bijections où φ_b applique E_{s_1} sur E_{s_2} , s_1 étant l'extrémité initiale et s_2 l'extrémité terminale de l'arc b , avec la condition pour tout $b \in B$. $\varphi_{b^-} = (\varphi_b)^{-1}$ [1]. Définissons un graphe $G' = (S',A',B')$ avec les applications e' de B' dans S' et f' de B' dans A' , qu'on appellera <u>déploiement</u> de G suivant les E_s et les φ_b . L'ensemble S' est la somme des E_s où $s \in S$; A' est l'ensemble des triplets (s'_1,b,s'_2) où s'_1 et $s'_2 \in S'$ et $b \in B$ avec $s'_2 = \varphi_b(s'_1)$, modulo l'égalité $(s'_1,b,s'_2) = (s'_2,b^-,s'_1)$; B' est l'ensemble des couples $b' = (s',b)$ où $b \in B$ et $s' \in E_s$ avec $s = e(b)$; l'application e' est définie par $e'(b') = s'$, et l'application f' par $f'(b') = (s',b,\varphi_b(s')) = (\varphi_b(s'),b^-,s')$. Ainsi l'arc opposé de l'arc $b' = (s',b)$ est $b'^- = (\varphi_b(s'),b^-)$, l'extrémité initiale de b' est s' et son extrémité terminale $\varphi_b(s')$. Etant donné un circuit $C = (b_1,\ldots,b_r)$ de G on appelle déploiement de C dans G' tout circuit de G' défini par une suite d'arcs de la forme suivante : $(s'_{11},b_1),\ldots,(s'_{1r},b_r),(s'_{21},b_1),\ldots,(s'_{ij},b_j),(s'_{ij+1},b_{j+1}),\ldots$ $\ldots,(s'_{ir},b_r),(s'_{i+11},b_1),\ldots,(s'_{tr},b_r)$ où $s'_{ij+1} = \varphi_{b_j}(s'_{ij})$ pour $i = 1,\ldots,t$, $j = 1,\ldots,r-1$ et $s'_{i+11} = \varphi_{b_r}(s'_{ir})$ pour $i = 1,\ldots,t-1$, t étant l'ordre de transitivité de s'_{11} pour la permutation $\psi = \varphi_{b_r} \cdots \varphi_{b_1}$ de E_{s_1} $(s'_{11} = \psi^t(s'_{11})$ $= \varphi_{b_r}(s'_{tr}))$; C' est de longueur $r \times t$.

[1] Gross et Tucker [30] font des graphes de tension une généralisation équivalente à celle que nous donnons ici.

La proposition suivante permet de définir le déploiement d'une représentation.

(4.2) PROPOSITION.- Le déploiement des faces d'une représentation cellulaire de G donne les faces d'une représentation cellulaire de G' , orientable si la représentation de G est orientable.

Rappelons qu'on identifie une face d'une représentation et un circuit du graphe qui la borde. On peut caractériser combinatoirement la famille des faces d'une représentation cellulaire. Etant donné un circuit C d'un graphe G disons que C passe par l'arête a de G (suivant l'arc b) si un arc b associé à a apparaît dans C , et ce autant de fois qu'il y a d'occurrences d'arcs associés à a dans C ; et disons que C passe par le sommet s suivant, dans l'ordre, les arcs b et b' dont s est extrémité respectivement terminale et initiale si b et b' apparaissent consécutivement dans C c'est-à-dire si C est de la forme (...,b,b',...) ou réduit à l'arc b lorsque b = b' . La famille des faces d'une représentation cellulaire de G vérifie :

(F_1) Par toute arête de G passent exactement deux faces (distinctes ou non, ce peut être la même face qui passe deux fois par une arête).

(F_2) Pour tout sommet s de G , il est possible de ranger en une suite $b_1,\dots,b_d$ les arcs d'extrémité initiale s de telle sorte qu'il y ait une face passant par s suivant b_i^- et b_{i+1} ou b_{i+1}^- et b_i pour chaque $i = 1,\dots,d-1$ et une face passant par s suivant b_d^- et b_1 ou b_1^- et b_d .

En outre, dans le cas d'une représentation orientable, la famille des faces est orientable en ce sens qu'il est possible en remplaçant les faces d'une sous-famille par les circuits opposés d'obtenir que les deux faces passant par une arête selon (F_1) passent suivant des arcs opposés.

Inversement, on montre qu'une famille de circuits d'un graphe G vérifiant (F_1) et (F_2) est la famille des faces d'une représentation cellulaire de G . Dans ces conditions la démonstration de la proposition (4.2) revient à vérifier que les propriétés (F_1) et (F_2) et la propriété d'orientabilité sont conservées par déploiement.

Exemple.- Soit G le graphe ayant un seul sommet et pour unique arête une boucle dont on note b l'un des deux arcs associés. Soit C le circuit de G constitué de b , C' celui constitué de b suivi de l'opposé b^- , C" celui constitué de b suivi de b lui-même. Alors (C_1,C_2) , où $C_1 = C$ et $C_2 = C$, est la famille des faces d'une représentation orientable de G (dans T_o) , C" est l'unique face d'une représentation non orientable de G (dans $\mathbf{U}_1$) ; la famille réduite à C' vérifie (F_1) mais pas (F_2) .

Ouvrons une parenthèse pour indiquer comment dans le prolongement de ce qui précède, il est possible de fonder combinatoirement la théorie des "graphes topologiques". Appelons système de faces toute famille de circuits d'un graphe G vérifiant (F_1) et (F_2) et appelons caractéristique de ce système l'entier $c = n - m + f$ où n est le nombre de sommets et m le nombre d'arêtes de G , f le nombre de circuits de la famille. La caractéristique d'un système de faces est un entier ≤ 2 pair lorsque le système est orientable au sens donné plus haut. Appelons surface combinatoire orientable (resp. non -) de caractéristique c l'ensemble des systèmes de faces orientables (resp. non -) de caractéristique c . Disons qu'un graphe G est représentable dans une surface combinatoire $\mathcal{S}$ s'il est sous-graphe d'un graphe G' possédant un système de faces de $\mathcal{S}$, et G est représentable cellulairement si G lui-même possède un système de faces de $\mathcal{S}$, appelé alors représentation de G dans $\mathcal{S}$. A partir de ces nouvelles définitions, on peut montrer l'équivalent des propositions de base (1.2.1) à (1.2.4). Un graphe est représentable (cellulairement) dans une surface combinatoire $\mathcal{S}$ si et seulement si il est représentable (cellulairement) au sens du plongement topologique dans la surface de même caractéristique et même caractère d'orientabilité que $\mathcal{S}$.

(4.3) Etant donné un graphe connexe $G = (S,A,B)$, un groupe commutatif X et un sous-groupe Y , nous appelons tension modulo Y dans X de G une application θ de B dans X telle que, pour tout $b \in B$, on ait $\theta(b^-) = -\theta(b)$ et pour tout circuit $(b_1,\dots,b_r)$ de G , on ait $\theta(C) = \sum_{i=1}^{r} \theta(b_i) \in Y$ (la tension de tout circuit est nulle modulo Y ; pour $Y = \{0\}$, θ est une tension au sens habituel) ; G muni de θ est appelé un graphe de tension. Etendant des considérations classiques, on a que la tension θ est associée à un potentiel : une application π de S dans le groupe quotient X/Y définie (à une constante additive près) par la relation $\pi(s_2) = \pi(s_1) + \theta(b)$ pour tout $b \in B$ d'extrémités initiale s_1 et terminale s_2 . Posant alors $E_s = \pi(s)$ pour tout $s \in S$ et $\varphi_b(x) = x + \theta(b)$ pour tout $b \in B$ et tout $x \in \pi(s)$ où s est l'extrémité initiale de b , on a des familles de E_s et de φ_b comme en (4.1). Un circuit C de G de longueur r se déploie en $|Y|/t$ circuits de G' tous de même longueur $r \times t$ où t est l'ordre dans Y de $\theta(C)$. Par exemple, ces circuits sont de longueur 3 dans deux cas : $r = 3$ et $t = 1$, c'est-à-dire C de longueur 3 et de tension nulle (ce qui correspond à la loi de Kirchhoff en un sommet de degré 3 dans le graphe de courant dual), $r = 1$ et $t = 3$ qui est le cas d'une tension d'ordre 3 sur un arc associé à une boucle (vortex de degré 1 dans un graphe de courant).

Exemple.- Le déploiement du graphe de tension ci-contre ($X = Y = \mathbb{Z}_7$) représenté dans T_1 (pour chaque arête un seul des deux arcs est indiqué avec sa tension) fournit K_7 et sa représentation (3.2.1). Ainsi la face hachurée, dont la suite des tensions des arcs est (1,-3,2) , est de tension nulle et se déploie suivant les sept faces triangulaires hachurées de (3.2.1).

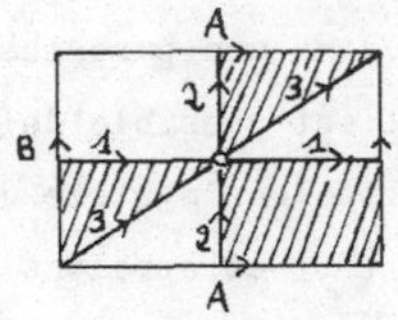

Le graphe de l'exemple précédent s'appelle un quotient de K_7. Toute la solution de la conjecture de Heawood, aussi bien les cas non orientables que ceux orientables, peut être revue suivant ce principe de représenter un quotient aussi simple que possible, de façon à ce que le déploiement fournisse le graphe considéré avec une représentation cherchée (cf. quotients de K_n dans [21]). Cela s'applique à beaucoup de graphes et par exemple les graphes de Cayley souvent considérés sont simplement ceux admettant comme quotient un sommet avec des boucles. La possibilité d'avoir un quotient suffisamment simple avec une représentation qui convienne tient à la régularité des représentations qu'on cherche à construire, au sens des automorphismes de celles-ci (bijections sur les sommets préservant les faces). Par exemple dans le modèle précédent défini avec une tension, c'est l'ordre du groupe Y qui mesure le degré de régularité qui se trouve "ramassée" dans le quotient de G , car, nous n'avons pas la place de développer cela ici, mais on peut voir que Y définit un groupe d'automorphismes de la représentation déployée (Biggs [15] dans un cas très particulier montre que Y est le noyau de Frobenius du groupe de tous les automorphismes de celle-ci).

Les graphes de tension furent introduits par Gross [20] sous une forme un peu différente. Il a été défini des prolongements topologiques des graphes de courant et des graphes de tension en termes de revêtements (cf. par exemple [24] et références incluses).

(4.4) Terminons par quelques exemples empruntés à la solution de la conjecture de Heawood, lesquels montreront qu'un vortex correspond ici à une face de tension non nulle, une cascade à un graphe de tension dans une surface non orientable, l'indice d'une solution à l'indice du sous-groupe Y dans X et au nombre de sommets du graphe de tension, une demi-arête-pendante (dead-end-arc dans [18]) à une boucle dont la tension des arcs associés est d'ordre 2 dans Y .

(4.4.1) Exemple du cas non régulier $n = 10$, avec le même graphe de tension que

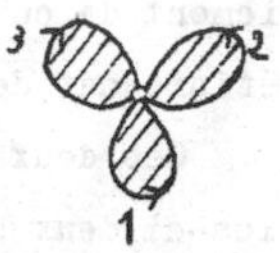

plus haut $(X = Y = \mathbb{Z}_7)$, mais représenté dans le plan comme ci-contre (ce qui figure une représentation dans T_0). Le déploiement est une représentation de K_7 dans T_3 (on trouve le genre en appliquant la relation d'Euler) dont trois faces sont de longueur 7 (ce sont les déploiements des trois faces hachurées, lesquelles correspondent aux trois vortex du graphe p. 29 dans [18] qui est le graphe de courant dual). Ajoutant dans chacune de ces trois faces un sommet qu'on relie à tous les sommets de la face, on obtient une représentation de $K_{10} - K_3$. Les trois arêtes manquantes sont faciles à ajouter à l'aide d'une anse adjointe à la surface (adjacence additionnelle), ce qui donne enfin K_{10} dans T_4 (on a $4 = \lceil \frac{(10-3)(10-4)}{12} \rceil$).

(4.4.2) Soit le graphe de tension G donné plus bas avec un potentiel $(X = \mathbb{Z}_{10}$, $Y = \{0,2,4,6,8\}$). Son déploiement G' s'identifie à K_{10} moins les cinq arêtes définissant le circuit de sommets successifs : 0,2,4,6,8 . Le déploiement de la représentation de G donnée à côté dans U_2 (les côtés A sont à identifier dans le sens des flèches, de même les côtés B) est une représentation G' dont exactement une face est de longueur 5 (le déploiement de la boucle 6) et toutes les autres sont de longueur 3 . Cet exemple correspond à la cascade d'indice 2 , p. 164 dans [18], qui illustre une construction par induction

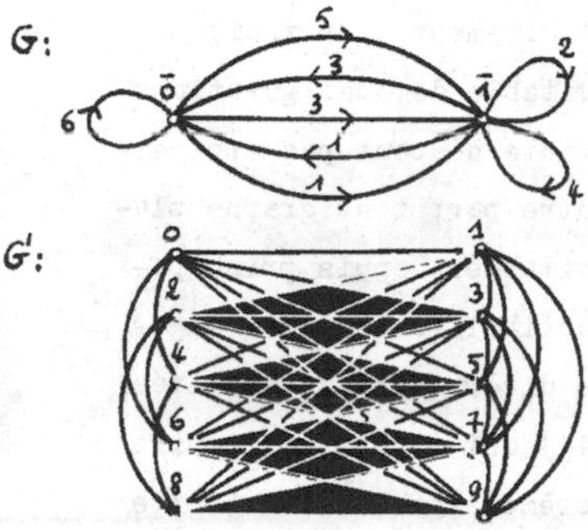

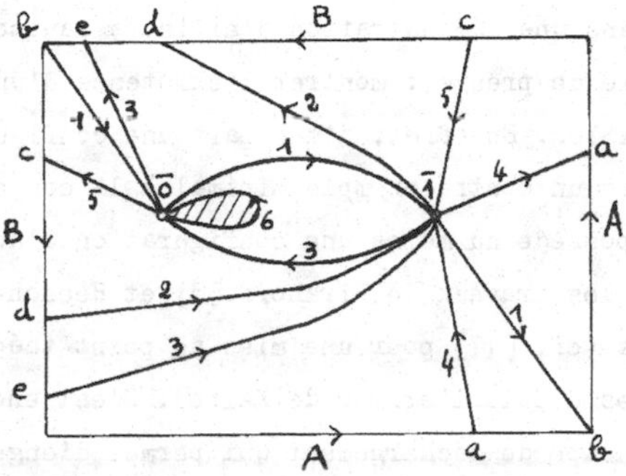

(4.4.3) Dans le graphe de tension $(X = Y = \mathbb{Z}_8)$ représenté ci-contre dans le plan (pour T_0), la boucle 4 se déploie en quatre faces de longueur 2 (car sa tension est d'ordre 2). Ce genre de faces étant sans intérêt, on les "rétrécit" jusqu'à faire coïncider les deux arêtes qui les bordent. Pour signifier cela dans le graphe de tension on remplace la bou-

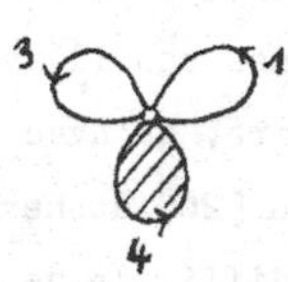

cle par une "demi-arête-pendante", comme dans la figure ci-contre. Le déploiement de cet exemple donne le graphe K_8 moins 8 arêtes définissant deux circuits de longueur 4 représentés dans T_2. Ces deux circuits sont des faces et en ajoutant dans celles-ci deux sommets que l'on réunit ensuite à l'aide d'une anse, on obtient K_9 dans T_3 (cet exemple correspond au cas très spécial donné p. 99 dans [18]).

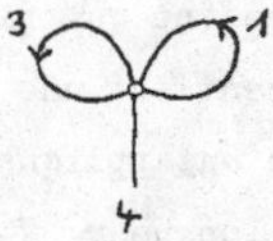

(4.4.4) Le dernier exemple suivant montre que le déploiement d'une représentation non orientable peut être une représentation orientable. En l'occurrence le déploiement du graphe de tension ci-contre $(X = Y = Z_8)$ représenté dans U_1 (les points diamétralement opposés du cercle figurant la surface sont à identifier) fournit une représentation de K_8 dans T_2.

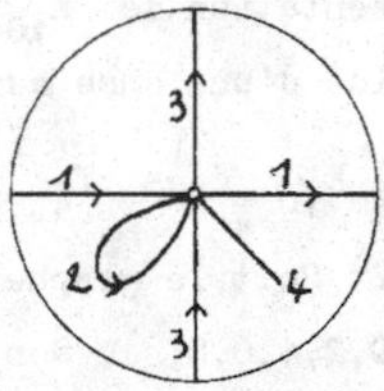

5. Sur le principe de la solution de Appel et Haken du problème des quatre couleurs

De nature tout à fait différente de ce qui précède, la conjecture des quatre couleurs est vraiment un problème de coloration : montrer que tout graphe planaire est 4-coloriable. Peu après la publication de cette conjecture par Cayley, en 1879, Kempe [1], dans une démonstration d'ailleurs fausse, posait implicitement un principe possible de preuve : montrer l'existence d'un système inévitable de configurations réductibles. En effet, d'une part une configuration réductible ne peut pas apparaître dans un contre-exemple minimal à la conjecture et d'autre part tout graphe planaire possède au moins une configuration d'un système inévitable. Depuis principalement les travaux de Birkhoff [3] et Heesch [14], la réductibilité relève d'algorithmes (cf. [17] pour une mise au point théorique sur les diverses réductibilités définies depuis l'erreur de Kempe). C'est encore Heesch [14] qui devait introduire le principe de déchargement qui permet d'engendrer des systèmes inévitables (sorte de machinerie à tirer des conséquences de la relation d'Euler, à rapprocher de [4] qui se trouve repris dans [11]). A partir de cela et au terme de développements techniques considérables et d'investigations qui n'ont pû se faire, et ne peuvent se refaire, qu'avec des centaines d'heures de travail d'ordinateurs puissants, Appel et Haken [26] donnent un système de 1877 configurations, qui, enfin, conviendrait. Il est difficile de se prononcer sur les chances que des retombées de cette enquête informatique conduisent à une démonstration "à la main" ou au moins permettent de réduire la part des ordinateurs (à ce sujet cf. [27]).

Donnons quelques brèves indications sur la notion de configuration réductible et le principe de déchargement. Pour montrer la conjecture des quatre couleurs, il suffit de considérer les graphes planaires représentables triangulairement dans le plan, autrement dit, en identifiant un tel graphe et une représentation, de montrer que toute triangulation du plan est 4-coloriable. Raisonnant par l'absurde, considérons une triangulation du plan non 4-coloriable et minimale quant au nombre de sommets. D'une part, selon ce que l'on a déjà vu, il existe au moins un sommet de degré ≤ 5, soit s_o, et d'autre part, par hypothèse, il existe un 4-coloriage, soit C, du sous-graphe engendré par les autres sommets. Evidemment si l'une des quatre couleurs n'est la couleur d'aucun sommet voisin de s_o le 4-coloriage C se prolonge en un 4-coloriage de la triangulation considérée en attribuant cette couleur à s_o, ce qui contredit l'hypothèse sur la triangulation. Il en résulte en particulier que le degré de s_o n'est pas inférieur à 4. Supposons le degré de s_o égal à 4 et les couleurs dans C des quatre voisins de s_o, soient s_1, s_2, s_3 et s_4, différentes comme dans la figure ci-contre (qui représente l'unique cas à considérer ; les couleurs sont notées 1, 2, 3, 4). Si, dans le but de libérer la couleur 1 pour le sommet s_o, on change la couleur de s_1 de 1 en 3, il faudra, pour conserver un coloriage, changer aussi de 3 en 1 la couleur d'éventuels voisins de s_1 de couleur 3 dans C, puis changer encore de nouveau de 1 en 3 la couleur d'éventuels voisins de ces voisins de couleur 1 dans C, etc. On est ainsi amené à échanger les deux couleurs 1 et 3 sur un ensemble de sommets constituant ce qu'on appelle la composante bicolore 1-3 du sommet s_1, ou chaîne de Kempe. Si cette composante ne contient pas s_3, le but poursuivi est atteint : il est possible de prolonger à s_o le nouveau coloriage en attribuant la couleur 1 à s_o. Sinon le même procédé recommencé à partir de s_2 au lieu de s_1 avec les couleurs 2 et 4 réussira nécessairement car s'il existe une chaîne 1-3 joignant s_1 et s_3, il n'existe pas de chaîne 2-4 joignant s_2 et s_4. Il est donc toujours possible de modifier le coloriage C de façon à pouvoir le prolonger au sommet s_o. On dit que le sommet de degré 4 est une configuration réductible, et la triangulation considérée ne la contient pas. Il reste à considérer le cas où s_o est de degré 5. Et là, on n'a pas réussi jusqu'à présent à étendre le procédé précédent. On a considéré pour remplacer d'autres configurations comportant au lieu d'un seul sommet un groupement de sommets à l'intérieur d'un circuit appelé circuit séparateur, car il sépare la configuration du reste de la triangulation considérée. (Les plus grosses configurations contenues dans le système de Appel et Haken ont un circuit séparateur de 14 sommets ; pour fixer

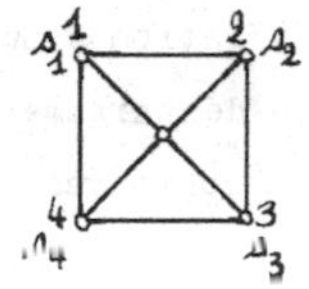

les idées précisons qu'un tel circuit possède 199291 coloriages non équivalents). Mais demeurait la principale difficulté pour montrer la réductibilité d'une configuration qui déjà pour le sommet de degré 5 avait occasionné l'erreur de Kempe et qui tient à l'effet d'un échange de deux couleurs sur les chaînes de Kempe du coloriage considéré. Précisément la D-réductibilité introduite par Heesch permet pour certaines configurations, mais pas par exemple pour le sommet de degré 5 qui n'est pas D-réductible, de tourner la difficulté en imposant d'envisager à chaque échange de couleurs toutes les situations possibles de chaînes de Kempe, qu'on considère par leurs traces sur le circuit séparateur, lesquelles n'ont qu'un nombre fini d'arrangements possibles. On a là un point essentiel qui a rendu possible de ramener le problème des quatre couleurs à l'examen d'un nombre élevé mais fini de cas.

Soit encore une triangulation du plan non 4-coloriable et minimale. On vient de le voir celle-ci ne contient pas de sommet de degré ≤ 4 . Attribuons à chaque sommet une "charge" égale à $6-d$ où d est le degré du sommet. Il est facile de déduire de la relation d'Euler que la somme de toutes ces charges est égale à $+12$. Le principe de déchargement consiste à opérer suivant certaines règles des transferts de charges positives (qui sont au départ toutes sur les sommets de degré 5) et à déterminer tous les types de configurations où il peut se trouver une fois les transferts effectués des charges positives. La charge totale étant restée positive égale à $+12$, la triangulation considérée contient au moins une de ces configurations qui constituent ainsi un système inévitable. Par exemple si la règle est de transférer de chaque sommet de degré 5 une charge de $\frac{1}{5}$ à tout voisin de degré ≥ 7 , il ne reste de charge positive qu'en un sommet de degré 5 voisin d'un sommet de degré 5 ou 6 (les autres sommets de degré 5 sont complètement déchargés) ou en un sommet de degré 7 ayant au moins 6 voisins de degré 5 , ce qui donne encore deux sommets de degré 5 voisins. Cette procédure très simple donne le système inévitable constitué des deux configurations ci-contre (avec leurs circuits séparateurs), dont on ne sait pas non plus démontrer la réductibilité.

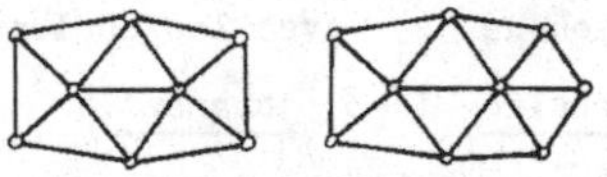

6. Du coloriage des cartes à la conjecture de Hadwiger

Il résulte du théorème suivant de Dirac [5] que, pour presque toutes les surfaces, le graphe complet est le seul graphe "critique" (au sens de minimal) atteignant la borne chromatique.

(6.1) Soit G un graphe représentable dans un surface S de caractéristique < -1 , si

$\chi(G) = \chi(S)$, alors, on a $\omega(G) = \chi(G)$.

Remarque.- Le graphe ci-contre est un contre-exemple pour la sphère.

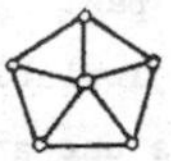

On peut en donner également pour $S = U_2$.

Dans le langage dual des cartes sur une surface S qu'emprunte Dirac, cela signifie que toute carte de nombre chromatique k égal au nombre chromatique de la surface contient k régions deux à deux adjacentes. Pour les cartes telles que $k < \chi(S)$ cela n'est plus vrai en général, mais Dirac [6] observe dans certains cas, comme celui $k = \chi(S) - 1$, qu'il y a toujours, à défaut de k régions, k unions de régions deux à deux adjacentes, où une union de régions est ce qui est obtenu en effaçant les frontières entre des régions choisies de façon que le résultat soit connexe. L'effacement de frontières correspond dans le graphe dual de la carte à la contraction d'arêtes. En termes de graphes, contracter une arête a d'extrémités s et s' d'un graphe G , c'est enlever a (et ses arcs associés) et identifier s et s' en un seul sommet qui sera alors extrémité de toutes les arêtes dont s ou s' était extrémité dans G . Un graphe obtenu par une suite de contractions d'arêtes est appelé un contracté. Comme l'opération de contraction d'arête peut s'effectuer sur une représentation dans une surface, si un graphe est représentable dans une surface, tous ses contractés le sont également. Ce qu'observait donc dualement Dirac, dans certains cas de graphes représentables dans une surface, est que si un graphe est de nombre chromatique k , alors il possède un contracté complet à k sommets, c'est-à-dire K_k . Si on extrapole cet énoncé à tous les cas, la représentabilité dans une surface ne joue plus aucun rôle (un graphe est toujours représentable dans au moins une surface), et on rejoint là exactement la conjecture déjà posée par Hadwiger (cf. [7]) qui tente d'expliciter ce lien profond entre nombre chromatique et graphe complet. Posons le nouveau paramètre de graphe : le plus grand nombre de sommets des contractés complets du graphe G , noté $\zeta(G)$.

(6.2) Conjecture de Hadwiger.- Pour tout graphe connexe G , on a $\chi(G) \leq \zeta(G)$.

Remarque.- On peut avoir $\chi(G) < \zeta(G)$. Par exemple, avec le graphe ci-contre où $\chi(G) = 2$ et $\zeta(G) = 3$. Rappelons que l'on a aussi $\chi(G) \geq \omega(G)$.

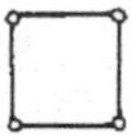

Cette conjecture peut être décomposée suivant les entiers positifs n : si $\chi(G) \geq n$, alors $\zeta(G) \geq n$, autrement dit si un graphe G n'est pas $(n-1)$-coloriable, alors il admet le graphe complet K_n comme contracté. Cette proposition pour $n = 5$ entraîne trivialement le théorème des 4 couleurs : en effet, si un graphe non 4-coloriable admet K_5 comme contracté, il n'est pas planaire car K_5 ne l'est pas. Dans cette optique, Mader [13] démontrait directement qu'un graphe non 4-coloriable admet comme contracté K_5 ou l'icosaèdre (soit dans les deux cas K_5 moins une arête). En fait, il y a équivalence, mais la réciproque est beaucoup moins simple à montrer (due à Wagner [8], démonstration simplifiée dans Ore [11]) : le théorème des 4 couleurs entraîne la conjecture de Hadwiger pour $n = 5$ (et par voie de conséquence pour $n < 5$) à savoir qu'un graphe n'admettant pas comme contracté K_5 est 4-coloriable. Or, par ailleurs suivant une caractérisation issue du classique théorème de Kuratowski les graphes planaires sont ceux n'admettant pas comme contracté K_5 ou le graphe ci-contre (avec éventuellement des arêtes supplémentaires).

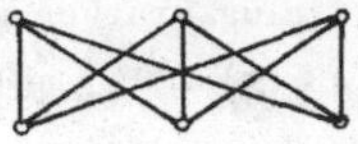

Ainsi, l'hypothèse de planarité faite dans le théorème des quatre couleurs n'est pas la meilleure puisqu'en fait le graphe complet K_5 est l'unique obstruction au "4-chromatisme".

La conjecture de Hadwiger est parmi les nombreux problèmes de coloration encore non résolus un des plus intéressants.

BIBLIOGRAPHIE

On trouvera dans la référence [18] suivante une bibliographie très complète sur le théorème du coloriage des cartes. Nous n'en recopions que les références explicitement citées, et complétons par des publications plus récentes ou citées sur les sujets reliés évoqués.

[1] A. B. KEMPE - On the geographical problem of the four colours, Amer. J. Math., 2(1879), 193-200.

[2] P. J. HEAWOOD - Map colour theorem, Quart. J. Math., 24(1890), 332-338.

[3] G.D. BIRKHOFF - The reducibility of maps, Amer. J. Math., 35(1913), 114-128.

[4] H. LEBESGUE - Quelques conséquences simples de la formule d'Euler, J. de Math., 9, Sér. 19 (1940), 27-43.

[5] G.A. DIRAC - Map-colour theorems, Can. J. Math., 4(1952), 480-490. Repris dans Short proof of a map-colour theorem, Can. J. Math., 9(1957), 225-226.

[6] G.A. DIRAC - Map-colour theorems related to the Heawood colour formula, J. Lond. Math. Soc., 31(1956), 460-471 et 32(1957), 436-455.

[7] H. HADWIGER - Ungelöste Probléme, Element. Math., 13(1958), 127-128.

[8] K. WAGNER - Bemerkungen zur Hadwigers Vermutung, Math. Annalen, 141(1960), 433-451.

[9] J.W.T. YOUNGS - Minimal imbeddings and the genus of a graph, J. Math. Mech., 12(1963), 303-314.

[10] W. GUSTIN - Orientable embedding of Cayley graphs, Bull. Amer. Math. Soc., 69 (1963), 272-275.

[11] O. ORE - The four-color problem, Pure and Applied Maths., 27, Acad. Press New York-London, 1967.

[12] J.W.T. YOUNGS - The Heawood map-colouring conjecture, Chapter 12 in Graph Theory and Theoretical physics (F. Harary ed.), Acad. Press New York-London, 1967, 313-354.

[13] W. MADER - Homomorphiesätze für Graphen, Math. Annalen, 178(1968), 154-168.

[14] H. HEESCH - Untersuchungen zum Vierfarbenproblem, B.I. Hochschulskripten 810/810a/810b, Bibliographische Institute Mannheim-Vienna-Zürich, 1969.

[15] N. BIGGS - Classification of complete maps on orientable surfaces, Rend. Matematica (VI), 4(1971), 645-655.

[16] H. MAHNKE - The necessity of non-abelian groups in the case 0 of the Heawood map-coloring theorem, J. Comb.Theory, 13(1972), 263-265.

[17] W. TUTTE - H. WHITNEY - Kempe chains and the four color problem, Utilitas Mathematica, 2(1972), 241-281.

[18] G. RINGEL - Map color theorem, Die Grundlehren der mathematischen Wissenschaften in Einzeldarstellungen Band 209, Springer-Verlag, Berlin-New York, 1974, 191 pages.

[19] M. JUNGERMAN - Orientable triangular embeddings of $K_{18} - K_3$ and $K_{13} - K_3$, J. Comb. Theory (B),16(1974), 293-294.

[20] J. L. GROSS - Voltage graphs, Discrete Mathematics, 9(1974), 239-246.

[21] J. L. GROSS - T. W. TUCKER - Quotients of complete graphs : revisiting the Heawood map-colouring problem, Pacific J. Math., 55(1974), 391-402.

[22] M. JUNGERMAN - The genus of $K_n - K_2$, J. Comb. Theory (B),18(1975), 53-58.

[23] M. JUNGERMAN - A new solution for the non-orientable case 1 of the Heawood map color theorem, J. Comb. Theory (B),19(1975), 69-71.

[24] S. R. ALPERT - J. L. GROSS - Components of branched coverings of current graphs, J. Comb. Theory (B), 20(1976), 283-303.

[25] G. RINGEL - The combinatorial map color theorem, J. Graph Theory 1 (Summer 1977), 141-155.

à paraître :

[26] K. APPEL - W. HAKEN - Every planar map is four colorable, Part I : discharging, Part II : reducibility, Illinois J. Math.

[27] K. APPEL - W. HAKEN - J. MAYER - Triangulations à V_5 séparés dans le problème des quatre couleurs.

[28] R. RINGEL - Non-existence of graph embeddings, Theory and Applications of graphs, Springer-Verlag.

[29] M. JUNGERMAN - D. J. PENGELLEY - Index four orientable embeddings and case zero of the Heawood conjecture, J. Comb. Theory (B) ~ August 1978.

[30] J. L. GROSS - T. W. TUCKER - Generating all graph coverings by permutation voltage assignments.

CHANGEMENT DU CORPS DE BASE POUR LES REPRÉSENTATIONS DE GL(2)

[d'après R. P. LANGLANDS, H. SAITO et T. SHINTANI]

par Paul GÉRARDIN

Soient $f(z) = \sum_{n\geq 1} a_n z^n$ une forme modulaire parabolique de poids 2 , fonction propre des opérateurs de Hecke, et E un corps quadratique réel. Avec le caractère d'ordre 2 que définit E , on fabrique une nouvelle série de Dirichlet

$$\left(\sum_{n\geq 1} a_n n^{-s}\right)\left(\sum_{m\geq 1} a_m \chi(m)\, m^{-s}\right) .$$

Doi et Naganuma ont montré, à l'aide de résultats de Shimura, que, dans un certain nombre de cas, cette série était associée à une forme modulaire parabolique, de poids 2 , relativement à une algèbre de quaternions sur E , qui est fonction propre des opérateurs de Hecke ([3], [5] 7.7). Formulé en termes de représentations, ceci a permis d'associer à une représentation admissible automorphe parabolique irréductible π du groupe $GL_2(\mathbb{A})$, où $\mathbb{A}$ est l'anneau des adèles de $\mathbb{Q}$, une représentation admissible automorphe parabolique irréductible $\pi'_{E/\mathbb{Q}}$ du groupe $H(\mathbb{A}_E)$, où H est le groupe multiplicatif de l'algèbre de quaternions sur E ci-dessus, et $\mathbb{A}_E = \mathbb{A} \otimes E$, les séries L étant reliées par

$$L(\pi'_{E/\mathbb{Q}}) = L(\pi)\, L(\pi \otimes \chi)$$

(où χ opère via l'isomorphisme du corps de classes global par la multiplication $\chi(\det x)$, $x \in GL_2(\mathbb{A})$). Or, Jacquet et Langlands associent à chaque représentation admissible automorphe parabolique irréductible de $H(\mathbb{A}_E)$ une représentation admissible automorphe parabolique irréductible de $GL_2(\mathbb{A}_E)$ ([10], th.14.4) qui a même fonction L . On a ainsi un exemple de relèvement, ou changement de corps de base, pour des représentations automorphes. Avec les techniques de [10], Jacquet étend ces résultats au cas d'une extension quadratique d'un corps de nombres algébriques arbitraire [17].

Une étape essentielle fut franchie par H. Saito : il se place dans le cas d'une extension cyclique d'ordre premier de $\mathbb{Q}$, et introduit une formule des traces tordue par le groupe de Galois sur les espaces de formes modulaires relativement à E ([7]). La seconde étape fondamentale, due à T. Shintani, a été la transcription et l'extension du travail de H. Saito en termes de représentations des groupes $GL_2(\mathbb{A})$ et $GL_2(\mathbb{A}_E)$, ainsi que la définition du relèvement local ([8] et [9]). S'emparant alors de la question, R. P. Langlands en obtient la solution complète à l'automne 75 ([1]), l'appliquant immédiatement à la solution de la conjecture d'Artin pour les représentations de type tétraédral, et certaines de type octaédral.

Ce succès des techniques de représentations des groupes appliquées à un problème qui résistait depuis longtemps aux méthodes classiques de la théorie des nombres, donne la meilleure des justifications à la philosophie de Langlands ([14], [15]).

Son mémoire ([1]) approche les 300 pages, et près de la moitié est consacrée à la mise en oeuvre de la formule des traces tordue. Dans cet exposé, on trouvera au § 3 (un extrait de) la philosophie de Langlands pour les groupes GL_n, ce qui nécessite les deux premiers paragraphes. Les définitions et résultats du changement de base figurent au § 4. Le § suivant donne la démonstration de la conjecture d'Artin dans le cas tétraédral et le dernier § dit quelques mots des démonstrations de Langlands.

1. Représentations des groupes de Weil

1.1. Tous les corps de nombres algébriques considérés sont pris dans une clôture algébrique fixée $\overline{\mathbb{Q}}$ de $\mathbb{Q}$. A chacun de ces corps F, on associe un groupe de Weil W_F (v. Tate in [2]) : c'est un groupe localement compact, extension du groupe de Galois $\Gamma_F = \mathrm{Gal}(\overline{\mathbb{Q}}/F)$ par la limite projective, prise suivant les normes, des composantes neutres des groupes des classes d'idèles $C_E = E^\times \backslash \mathbb{A}_E^\times$ relativement aux corps de nombres algébriques E qui contiennent F. Rendu abélien, le groupe W_F s'identifie canoniquement au groupe C_F, ce qui permet de parler du module $|w|$ d'un élément $w \in W_F$.

Les injections suivantes identifient W_E/W_F à $\Gamma_E/\Gamma_F = \mathrm{Hom}_F(E,\overline{\mathbb{Q}})$:

$$W_E \to W_F \quad \text{pour } E \supset F, \tag{1.1}$$

elles ne sont déterminées qu'à un automorphisme près de W_F qui est intérieur sur chaque quotient $W_{K/F} = W_F / W_K'$, où W_K' est l'adhérence du groupe des commutateurs de W_K, pour K galoisien sur F. Sur les groupes rendus abéliens, l'injection (1.1) donne la norme

$$N_{E/F} : C_E \to C_F , \tag{1.2}$$

ce qui permet de prendre des modules de façon compatible sur tous les groupes W_F.

Quand l'extension E est galoisienne sur F, on a la suite

$$1 \to C_E \to W_{E/F} \to \mathrm{Gal}(E/F) \to 1$$

où l'injection de C_E dans $W_{E/F}$ est déterminée à automorphisme intérieur près ; la classe correspondante dans $H^2(\mathrm{Gal}(E/F), C_E)$ est la classe canonique. Les sous-groupes d'indice fini de W_F sont les W_E pour $E \supset F$.

1.2. Pour chaque place $p \leq \infty$ de $\mathbb{Q}$, on se fixe une clôture algébrique $\overline{\mathbb{Q}}_p$ du complété $\mathbb{Q}_p$ de $\mathbb{Q}$ en p. Les extensions finies de $\mathbb{Q}_p$ considérées seront toutes dans $\overline{\mathbb{Q}}_p$. Pour chaque corps de nombres algébriques F et chaque place v de F, on dispose du groupe de Weil W_{F_v} du complété de F en v : c'est le sous-groupe de $\Gamma_{F_v} = \mathrm{Gal}(\overline{\mathbb{Q}}_p/F_v)$, si $v|p$, des éléments qui induisent sur le corps résiduel de $\overline{\mathbb{Q}}_p$ un automorphisme du type $x \longmapsto x^{p^n}$; il contient le groupe d'inertie I_{F_v} et le quotient est isomorphe à $\mathbb{Z}$; le groupe W_{F_v} rendu abélien s'identifie canoniquement au groupe multiplicatif $F_v^\times$, et I_{F_v} est le noyau de la composition : $W_{F_v} \to F_v \to \mathbb{Z}$; on a donc la suite :

$$(1.3) \qquad 1 \to I_{F_v} \to W_{F_v} \to \mathbb{Z} \to 0 \ ;$$

sur les groupes rendus abéliens, l'injection

$$W_{E_w} \to W_{F_v} \ , \quad w|v \ , \quad E \supset F \ ,$$

est donnée par la norme ; on a $W_{E_w}/W_{F_v} = \Gamma_{F_v}/\Gamma_{E_w} = \mathrm{Hom}_{F_v}(E_w, \overline{\mathbb{Q}}_p)$ pour $w|v|p$; les sous-groupes d'indice fini de W_{F_v} sont les W_{E_w}.

On a des injections pour chaque place v de F, qui sont continues :

$$(1.4) \qquad W_{F_v} \to W_F$$

et déterminées à un automorphisme de W_F près qui est intérieur sur chaque quotient $W_{K/F}$. Le groupe $W_{\mathbb{R}}$ est l'extension non triviale de $\mathrm{Gal}(\mathbb{C}/\mathbb{R})$ par $W_{\mathbb{C}} = \mathbb{C}^\times$.

1.3. Pour chaque corps de nombres algébriques F, on note $\mathcal{W}_n(F)$ l'ensemble des classes de représentations continues semi-simples de degré n du groupe W_F. Les restrictions (1.1) définissent des applications de changement de base :

$$(1.5) \qquad \mathcal{W}_n(F) \to \mathcal{W}_n(E) \ , \quad \rho \longmapsto \rho_{E/F} \ .$$

Pour chaque place v de F, on définit l'ensemble $\mathcal{W}_n(F_v)$ ainsi :

si v est archimédienne, c'est l'ensemble des classes de représentations continues d'image semi-simple de degré n de W_{F_v},

si v n'est pas archimédienne, c'est l'ensemble des classes de représentations continues F_v-semi-simples de l'extension de W_{F_v} par le groupe additif de $\mathbb{C}$, l'action de W_{F_v} sur $\mathbb{C}$ étant donnée par la multiplication par la valeur absolue de $F_v^{\times}$ (voir le deuxième article de Deligne dans [13]).

La donnée d'une représentation ρ de $\mathcal{W}_n(F)$ définit par (1.4) une représentation ρ_v de degré n de F_v, dont la classe dans $\mathcal{W}_n(F_v)$ ne dépend pas de l'injection choisie en (1.4) ; la continuité de ρ, et le fait que $GL(n,\mathbb{C})$ ne possède pas de petit sous-groupe, entraînent que pour presque toute place non archimédienne, la restriction ρ_v est triviale sur l'inertie I_{F_v}, donc, par (1.3), que sa classe est définie par l'image d'un Frobenius en v, c'est-à-dire par la classe de conjugaison semi-simple $s(\rho_v)$ de $GL(n,\mathbb{C})$, image de ρ_v :

$$(1.6)\qquad \rho_v \longmapsto s(\rho_v) \quad ;$$

on appellera <u>non ramifiée</u> toute représentation de $\mathcal{W}_n(F_v)$ triviale sur l'inertie. D'autre part, il est connu ([10], lemme 12.3) que la connaissance des classes ρ_v dans $\mathcal{W}_n(F_v)$ pour presque toute place v détermine la représentation ρ dans $\mathcal{W}_n(F)$.

1.4. En degré 1, l'ensemble $\mathcal{W}_1(F)$ est l'ensemble des quasicaractères du groupe C_F des classes d'idèles de F, et $\mathcal{W}_1(F_v)$ l'ensemble des quasicaractères du groupe $F_v^{\times}$. Or à tout quasicaractère χ de C_F on sait associer une fonction $L(\chi)$ méromorphe sur $\mathbb{C}$

$$s \longmapsto L(s,\chi) = L(\chi.|\ |^s)$$

et holomorphe si χ ne se factorise pas à travers le module ; cette fonction s'écrit comme produit de fonctions $L(\chi_v)$ associées aux quasicaractères χ_v des groupes F_v^*, et satisfait une équation fonctionnelle

$$L(\chi) = \varepsilon(\chi)\ L(\chi^{-1}.|\ |) ,$$

où $\varepsilon(\chi.|\ |^s)$ est une exponentielle en s, qui s'interprète comme produits de facteurs locaux $\varepsilon(\chi_v, \psi_v)$, ψ_v étant le caractère additif de F_v que définit un caractère additif $\psi \neq 1$ de $F\backslash\mathbb{A}_F$ (voir la thèse de Tate dans [22]).

Langlands a montré que pour chaque n et chaque corps de nombres algébriques, il y avait une fonction $L(\rho)$ pour tout $\rho \in \mathcal{W}_n(F)$ qui soit additive en les représentations, donnée par la fonction ci-dessus en degré 1, et inductive en ce sens que

$$L(\rho) = L(\sigma) \quad \text{si} \quad \rho = \mathrm{Ind}_{W_E}^{W_F} \sigma \quad , \text{ noté } \mathrm{Ind}_E^F \sigma \ ;$$

la fonction $L(\rho)$ est produit des fonctions $L(\rho_v)$ données par

$$L(\rho_v) = \det(1 - s(\rho_v))^{-1} \ , \quad v \text{ place non archimédienne,}$$

où $s(\rho_v)$ est la classe de conjugaison définie par l'image d'un Frobenius en v opérant sur le sous-espace des points fixes par l'inertie $\rho(I_{F_v})$. Via un théorème de Brauer sur les caractères des groupes finis ([25], th. 23), ces fonctions $L(\rho)$ sont méromorphes dans $\mathbb{C}$ et satisfont une équation fonctionnelle

$$L(\rho) = \varepsilon(\rho)\, L(\rho^\vee \otimes |\ |) \ , \quad \text{où } \rho^\vee \text{ est la contragrédiente de } \rho \ ,$$

et $\varepsilon(\rho)$ est une exponentielle en s, que Langlands a démontré être un produit de facteurs locaux $\varepsilon(\rho_v, \psi_v)$ ne dépendant que des ρ_v, et ψ étant pris comme ci-dessus ; de plus, ils sont additifs mais inductifs seulement en degré 0. La conjecture d'Artin est la suivante

> "sauf lorsque ρ se factorise à travers le module sur W_F, la fonction $L(\rho)$ relative à une représentation admissible irréductible du groupe W_Γ est holomorphe, et bornée dans les bandes verticales de largeur finie".

1.5. Les représentations $\rho \in \mathcal{W}_2(F)$ se classent ainsi :

a) représentations réductibles, somme de deux quasicaractères de W_F ;

b) représentations induites par un quasicaractère θ d'un sous-groupe d'indice 2, donc un groupe W_K relatif à une extension quadratique K de F : on écrit $\rho = \mathrm{Ind}_K^F \theta$; elles sont irréductibles si θ est régulier sous $\mathrm{Gal}(K/F)$, et sinon $\mathrm{Ind}_K^F \theta$ est la somme des deux quasicaractères χ de W_F tels que $\chi \circ N_{E/F} = \theta$;

c) les autres représentations sont d'image dans $PGL(2,\mathbb{C})$ un groupe fini non diédral, et donc $\mathfrak{A}_4$ ou $\mathfrak{S}_4$ ou $\mathfrak{A}_5$: on dit que le type est tétraédral ou octaédral ou icosaédral.

1.6. Pour les représentations de degré 1, le changement de base (1.5) est donné par la composition avec la norme, d'après (1.2) :

(1.7) $$\chi \longmapsto \chi \circ N_{E/F} \quad , \text{ noté } \chi_{E/F} \ ;$$

lorsque l'extension E est cyclique sur F, les caractères de C_F triviaux sur l'image de la norme de C_E s'identifient aux caractères du groupe de Galois $\mathrm{Gal}(E/F) = \Gamma$, et (1.7) définit une bijection entre l'ensemble des orbites de $\hat{\Gamma}$ dans $\mathcal{W}_1(F)$ et l'ensemble des points fixes de Γ dans $\mathcal{W}_1(E)$.

Plus généralement, si $\rho \in \mathcal{W}_n(F)$ est somme de n quasicaractères χ_i , alors $\rho_{E/F}$ est somme des n quasicaractères $\chi_{i,E/F}$.

Si $\rho = \mathrm{Ind}_K^F \theta$ est une représentation de degré 2 induite par le quasicaractère θ de W_K , alors son relèvement à E est :

$$\rho_{E/F} = \mathrm{Ind}_{KE}^{E} \theta_{KE/K} \qquad \text{si } K \neq E ,$$

$$\rho_{E/F} = \theta \oplus {}^{\sigma}\theta \qquad \text{si } K = E \text{ et } \{1,\sigma\} = \mathrm{Gal}(E/F) .$$

D'une façon générale, pour une extension cyclique E de F , la restriction $\rho_{E/F}$ de $\rho \in \mathcal{W}_n(F)$ à W_F a pour fonction $L(\rho_{E/F})$ le produit des fonctions $L(\rho \otimes \chi)$ quand χ parcourt le groupe $\hat{\Gamma}$ des caractères de Γ ; il en est de même de $\varepsilon(\rho_{E/F})$:

$$L(\rho_{E/F}) = \prod_{\chi \in \hat{\Gamma}} L(\rho \otimes \chi) \quad , \quad \varepsilon(\rho_{E/F}) = \prod_{\chi \in \hat{\Gamma}} \varepsilon(\rho \otimes \chi) .$$

Ces formules résultent immédiatement des propriétés d'inductivité des fonctions L et ε (voir Tate dans [2]).

2. Représentations des groupes GL_n

2.1. Pour chaque place non archimédienne v de F soit K_v le sous-groupe $GL_n(\mathcal{O}_v)$ de $GL_n(F_v)$ qui fixe le réseau $\mathcal{O}_v \times \mathcal{O}_v$ du plan $F_v \times F_v$, où $\mathcal{O}_v$ est l'anneau des entiers de F_v : c'est un sous-groupe compact maximal, ouvert ; l'algèbre de convolution $\mathcal{H}_n(F_v) = \mathcal{H}(GL_n(F_v), GL_n(\mathcal{O}_v))$ – dite de Hecke – formée des fonctions à support compact sur $GL_n(K_v)$ qui sont bi-invariantes par K_v est commutative et il y a un isomorphisme canonique ([24]) :

$$(2.1) \qquad \mathcal{H}_n(F_v) \xrightarrow{\sim} \mathbb{C}[(F_v^{\times}/\mathcal{O}_v^{\times})^n]^{\mathfrak{S}_n} = \mathbb{C}[\mathbb{Z}^n]^{\mathfrak{S}_n} ,$$

de $\mathcal{H}_n(F_v)$ sur la sous-algèbre de l'algèbre du groupe $\mathbb{Z}^n$ formée des quantités invariantes par le groupe symétrique $\mathfrak{S}_n$; il est donné par l'application qui envoie $h \in \mathcal{H}$ sur la fonction de $m = (m_1,\ldots,m_n) \in \mathbb{Z}^n$ fournie par

$$h^{\vee}(m) = \prod_{i \neq j} \left| \frac{a_i}{a_j} - 1 \right|^{\frac{1}{2}} \int h(x^{-1}ax)dx \quad , \quad a = \mathrm{diag}(a_i) \in (F_v^{\times})^n ,$$

où les a_i sont tous distincts et ont pour valuation m_i , et l'intégration porte sur l'ensemble des classes à droite de $GL_n(F_v)$ modulo le sous-groupe diagonal, la mesure quotient étant celle des mesures de Haar donnent la masse 1 au sous-groupe compact maximal K_v et à $(\mathcal{O}_v^{\times})^n$ respectivement. On en déduit une bijection de l'ensemble des caractères de l'algèbre $\mathcal{H}(F_v)$ avec $\mathbb{C}^{*n}/\mathfrak{S}_n$, c'est-à-dire avec l'ensemble des classes de conjugaison semi-simples de $GL(n,\mathbb{C})$. En une telle place non archimédienne v, on dit qu'une représentation du groupe $GL_n(F_v)$ est <u>admissible</u> si elle définit un K_v-module semi-simple avec multiplicités finies. La commutativité de l'algèbre de Hecke $\mathcal{H}_n(F_v)$ implique qu'une représentation admissible irréductible de $GL_n(F_v)$ a au plus une droite de vecteurs fixés par K_v, – dans ce cas, on dit que la représentation est <u>non ramifiée</u>, et l'application qui à une telle représentation π_v associe la valeur propre de $\mathcal{H}_n(F_v)$ sur la droite K_v-fixée de l'espace de π_v donne une bijection entre les classes de représentations admissibles irréductibles non ramifiées de $GL_n(F_v)$ et l'ensemble des caractères de $\mathcal{H}_n(F_v)$, donc aussi avec l'ensemble des classes de conjugaison semi-simples de $GL(n,\mathbb{C})$:

(2.2) $$\pi_v \longmapsto s(\pi_v) .$$

Plus précisément, pour $(t_1,\ldots,t_n) \in \mathbb{C}^{*n}$, la représentation de $GL_n(F_v)$ par translations à droite dans l'espace des fonctions localement constantes sur le groupe et telles que

$$f(bx) = \prod_i t_i^{\operatorname{val} a_i} |a_i|^{\frac{n-2i+1}{2}} f(x) \quad \text{si } b = \begin{pmatrix} a_1 & \cdot & * \\ & \cdot & \cdot \\ 0 & & a_n \end{pmatrix},$$

admet un unique sous-quotient ayant une droite fixée par K_v : c'est la représentation π_v de classe $s(\pi_v)$ celle de $(t_1,\ldots,t_n)$.

On note $\mathcal{A}_n(F_v)$ l'ensemble des classes de représentations admissibles irréductibles du groupe $GL_n(F_v)$.

2.2. A l'infini, on note K_v le sous-groupe $O(n,\mathbb{R})$ de $GL_n(\mathbb{R})$ si $F_v = \mathbb{R}$, et le sous-groupe $U(n)$ de $GL_n(\mathbb{C})$ si $F_v = \mathbb{C}$. Par <u>représentation admissible</u> du groupe $GL_n(F_v)$, v place archimédienne, on entend la donnée d'un $(\mathfrak{gl}_n(F_v), K_v)$-module qui est un K_v-module semi-simple avec multiplicités finies (ce n'est donc pas une représentation du groupe $GL_n(F_v)$, sauf si la dimension est finie) (cf. dans [2], articles de N. Wallach et D. Flath).

Pour toute place v, on sait, par un théorème d'Harish-Chandra si v est archimédienne, et de Bernstein sinon, que dans une représentation unitaire irréductible du groupe $GL_n(F_v)$, les vecteurs K_v-finis forment une représentation admissible de $GL(F_v)$. De plus, une représentation de $GL_n(F_v)$ où les multiplicités de K_v sont finies est irréductible si et seulement si la représentation admissible qu'elle définit sur les vecteurs K_v-finis est irréductible.

2.3. Par <u>représentation admissible</u> du groupe $GL_n(\mathbb{A}_F)$, produit direct restreint des groupes $GL_n(F_v)$ par rapport aux groupes K_v , on entend la donnée d'une représentation du groupe produit direct restreint des $GL_n(F_v)$ aux places finies, dont l'espace est un $(\prod_{v|\infty} \mathfrak{gl}(F_v), \prod_{v|\infty} K_v)$- module compatible, et qui forme un ΠK_v-module semi-simple avec multiplicités finies.

On sait que toute représentation admissible irréductible π de $GL_n(\mathbb{A}_F)$ s'écrit comme produit tensoriel restreint

$$\pi = \otimes \pi_v$$

de représentations admissibles irréductibles π_v de $GL_n(F_v)$, que la classe de π_v est déterminée par celle de π , et que pour presque toute place v non archimédienne, π_v est non ramifiée. Si maintenant π est une représentation unitaire irréductible de $GL_n(\mathbb{A}_F)$, alors elle s'écrit $\pi = \otimes \pi_v$ avec des représentations unitaires irréductibles, les vecteurs ΠK_v-finis définissent une représentation admissible irréductible π^{adm} , et $(\pi^{adm})_v$ est isomorphe à la représentation admissible $(\pi_v)^{adm}$ définie par les vecteurs K_v-finis de π_v (voir Flath dans [2]).

Soit $\mathcal{A}_n(F)$ l'ensemble des classes d'équivalence des représentations admissibles irréductibles de $GL_n(\mathbb{A}_F)$ intervenant comme sous-quotients de la représentation régulière dans les formes automorphes sur $GL_n(F)\backslash GL_n(\mathbb{A}_F)$; on appellera automorphes les représentations de $\mathcal{A}_n(F)$, et on notera $\mathcal{A}_n^\circ(F)$ celles qui sont paraboliques ([15]).

3. <u>Correspondance de Langlands pour les groupes</u> GL_n

3.1. L'énoncé du principe de fonctorialité, dans toute sa généralité, figure dans la conférence donnée par Langlands à l'Université de Washington en 1969 ([14], voir aussi Borel dans [2], [15]). Ici nous n'en donnerons qu'une partie, comprenant les cas qui nous intéressent. Il ne s'agit que d'une conjecture, et donc d'un guide pour l'action.

Le principe est le suivant, avec les notations introduites aux § 1 et 2 :

" Pour chaque corps de nombres algébriques F , pour chaque place v de F , pour chaque entier positif n , il y a une bijection

(3.1) $$\mathcal{W}_n(F_v) \to \mathcal{A}_n(F_v) \quad \text{notée} \quad \rho_v \longmapsto \pi_v(\rho_v) \ ,$$

donnée sur les représentations non ramifiées par

$$s(\pi_v(\rho_v)) = s(\rho_v) \ ,$$

et satisfaisant aux propriétés suivantes :

a) pour $\rho \in \mathcal{W}_n(F)$, la représentation $\otimes \pi(\rho_v)$ figure dans $\mathcal{A}_n(F)$, ce qui donne une injection

(3.2) $$\mathcal{W}_n(F) \to \mathcal{A}_n(F) \ , \quad \text{notée} \quad \rho \longmapsto \pi(\rho) \ ;$$

b) si E est un produit fini d'extensions de degré d_i de F , si u est un morphisme rationnel

(3.3) $$u : \prod_i GL_{n_i d_i}(\mathbf{C}) \to GL_n(\mathbf{C}) \ ,$$

et si on a un homomorphisme arithmétique, pour une extension E de F :

(3.4) $$\gamma : W_E \to W_F \ ,$$

alors, pour chaque famille $\pi_i \in \mathcal{A}_{n_i}(E_i)$, il y a une $\Pi \in \mathcal{A}_n(E)$ qui est donnée pour chaque place w de E par la formule suivante, où v est la place de F que w divise :

$$\Pi_w = \pi_w(u(\sum_{w_i | v} \mathrm{Ind}_{E_{i,w_i}}^{F_v} \rho_{w_i})_i \circ \gamma_w) \ ,$$

les $\rho_{w_i} \in \mathcal{A}_{n_i}(E_i)$ étant donnés par $\pi_{w_i}(\rho_{w_i}) = (\pi_i)_{w_i}$ pour tous i et w_i ; de plus, si $\pi_i = \pi(\rho_i)$ pour tout i , alors

$$\Pi = \pi(u(\mathrm{Ind}_{E_i}^F \rho_i)_i \circ \gamma) \ ."$$

3.2. D'autre part, Godement et Jacquet dans [23] ont associé à chaque représentation automorphe $\pi \in \mathcal{A}_n(F)$ une fonction $L(\pi)$, qui est méromorphe dans $\mathbf{C}$, holomorphe et bornée dans les bandes verticales si π est parabolique, et satisfaisant à une équation fonctionnelle

$$L(\pi) = \varepsilon(\pi) \ L(\pi^\vee \otimes |\ |) \ ,$$

où figure la représentation contragrédiente $\pi^\vee$, tordue par $x \longmapsto |\det x|$; on espère donc que $L(\pi) = L(\rho)$ pour $\pi = \pi(\rho)$, ce qui donnerait la conjecture d'Artin.

3.3. Pour $n = 2$, Jacquet et Langlands ont montré que la correspondance locale (3.1), si elle existait, devait être donnée sur les représentations non primitives de degré 2 de W_{F_v} par :

a) pour $\mu \oplus \nu \in \mathcal{W}_2(F_v)$, c'est la représentation $\pi_v(\mu,\nu)$ de la série principale de $GL_2(F_v)$ induite par le quasicaractère $\begin{pmatrix} u & * \\ 0 & v \end{pmatrix} \longmapsto \mu(u)\ \nu(v) |uv^{-1}|_v^{\frac{1}{2}}$ du sous-groupe triangulaire lorsqu'elle est irréductible, et par son sous-quotient de dimension finie sinon (p. 103-104, th. 5.11, th. 6.2 de [10]) ;

b) pour $\mathrm{Ind}_{K_v}^{F_v} \theta \in \mathcal{W}_2(F_v)$, c'est la représentation de Weil relative au quasicaractère θ de $K_v^\times$ (Prop. 1.5 et th. 4.7 de [10]) ;

c) si v est non archimédienne, pour $\chi \otimes sp(2) \in \mathcal{W}_2(F_v)$, c'est la représentation de codimension 1 dans la représentation induite du a) pour $\mu = \chi|\ |^{\frac{1}{2}}$, $\nu = \chi|\ |^{-\frac{1}{2}}$ (p. 104 de [10]).

Ils ont aussi prouvé (th. 10.10 et Prop. 12.1 de [10], § 10 de [1]) que

a') la représentation, définie par la théorie des séries d'Eiseinstein à partir de deux quasicaractères μ et ν de C_F : $\pi(\mu,\nu) = \otimes \pi_v(\mu_v, \nu_v)$ était dans $\mathcal{A}_2(F)$

b') la représentation, définie par un quasicaractère θ du groupe C_K des classes d'idèles d'une extension quadratique K de F , par

$$\pi(\mathrm{Ind}_K^F \theta) = \otimes \pi_v(\mathrm{Ind}_{K_v}^{F_v} \theta_v)$$

(où $\mathrm{Ind}_{K_v}^{F_v} \theta_v = \theta_v \oplus \theta_v$ si v est décomposé dans K), était dans $\mathcal{A}_2(F)$, parabolique si θ est régulier sous $\mathrm{Gal}(K/F)$.

c') les $\pi \in \mathcal{A}_2(F)$ non paraboliques sont donnés par deux quasicaractères μ et ν de C_F et un ensemble fini de places S de F par $\pi = \otimes \pi_v$ où

$\pi_v = \pi(\mu_v, \nu_v)$ si $v \notin S$

π_v , pour $v \in S$, est la sous-représentation de codimension finie non nulle de la représentation induite du a) ci-dessus pour μ_v , ν_v .

De plus, ils prouvent essentiellement le théorème suivant (l'unicité est due à Casselman , et le reste p. 404-407 de [10]) :

THÉORÈME.- Soit $\rho \in \mathcal{W}_2(F)$ une représentation irréductible de degré 2 du groupe W_F. S'il y a une $\pi \in \mathcal{A}_2(F)$ telle que

$s(\pi_v) = s(\rho_v)$ pour presque toute place v de F non ramifiée pour π et ρ, alors π est unique, parabolique, sa fonction L est celle de ρ, et la conjecture d'Artin est vérifiée pour ρ.

Le résultat d'unicité de Casselman est le suivant (voir aussi [21]) :

THÉORÈME.- Si deux représentations π et π' de $\mathcal{A}_2(F)$, π parabolique, vérifient

$$s(\pi_v) = s(\pi'_v) \quad \text{pour presque toute place } v \text{ de } F ,$$

alors elles sont équivalentes.

3.4. Pour le morphisme $u : GL(2) \to GL(3)$ défini par la composition de la représentation adjointe de $PGL(2)$ avec la projection de $GL(2)$ sur $PGL(2)$, Gelbart et Jacquet ont montré [16] que pour $\pi \in \mathcal{A}_2^\circ(F)$, il y avait une unique classe $u\pi \in \mathcal{A}_3(F)$ telle que, pour toute place v de F non ramifiée pour π, $(u\pi)_v$ soit non ramifiée de classe semi-simple la classe de l'image par u de celle de π_v ; de plus, si π ne provient pas d'une extension quadratique de F (3.3, b)), alors $u\pi \in \mathcal{A}_3^\circ(F)$.

3.5. Pour les représentations de degré 3 de W_F qui sont induites par un quasi-caractère θ du groupe de Weil W_E relatif à une extension cubique E de F, on sait [18] associer une représentation $\pi \in \mathcal{A}_3(F)$ telle que, pour les places v de F non ramifiées pour E et pour qui θ_w est non ramifié si $w|v$, alors π_v est non ramifiée de classe celle de $(\mathrm{Ind}_E^F\, \theta)_v$.

3.6. Dans [17], Jacquet a étudié le cas du morphisme $\otimes$ sur $GL(2) \times GL(2)$, et avec Shalika dans [19], celui du morphisme $\otimes$ sur $GL(n) \times GL(n)$.

4. Les définitions et théorèmes du changement de base pour GL(2)

4.1. On se place dans la situation suivante : le groupe G est le groupe $GL(2)$ sur le corps de nombres algébriques F, et E est une extension cyclique de F, de degré premier ℓ ; on note Γ son groupe de Galois. Les places de F prennent par rapport à E les noms suivants, où on a noté $E_v = E \otimes_F F_v$ (cf. [21]) :

places <u>décomposées</u> pour E : ceci signifie que E_v est le produit de ℓ copies du corps F_v, permutées par Γ ; c'est le cas des places complexes, et, si ℓ est impair, de toute place archimédienne ;

places <u>inertes</u> pour E : places non archimédiennes où E_v est l'extension non ramifiée de degré ℓ de F_v, et Γ s'identifie à son groupe de Galois, qui possède un générateur canonique, la substitution de Frobenius ;

places <u>non ramifiées</u> pour E : places non archimédiennes qui sont inertes ou décomposées ; c'est le cas de presque toute place ;

places <u>ramifiées</u> pour E : places où E_v est une extension ramifiée de F_v ; son groupe de Galois s'identifie à Γ.

En identifiant le groupe $\hat{\Gamma}$ des caractères de Γ au groupe des caractères du groupe $\mathbb{A}_F^\times / F^\times N_{E/F}(\mathbb{A}_E^\times)$, on obtient une action de $\hat{\Gamma}$ sur les représentations de $G(\mathbb{A}_F)$ par les multiplications par $\zeta \circ \det$, $\zeta \in \hat{\Gamma}$.

4.2. Pour chaque place v de F, et chaque représentation admissible irréductible Π de $G(\mathbb{A}_E)$, on pose

$$\Pi_v = \bigotimes_{w|v} \Pi_w \quad , \text{ si } \Pi = \otimes \Pi_w \text{ sur les places } w \text{ de } E .$$

On dit qu'une place v de F est <u>non ramifiée</u> pour Π si Π_w est non ramifiée pour chaque place $w|v$; presque toute place de F est non ramifiée pour Π.

On écrit $\mathcal{A}_2^o(F)$ pour les classes de représentations de $\mathcal{A}_2(F)$ qui sont paraboliques, et de même pour $\mathcal{A}_2^o(E)$. L'écriture $\pi \in \mathcal{A}_2(F)$ pour une représentation π signifiera que la classe de π est dans $\mathcal{A}_2(F)$; de même avec $\mathcal{A}_2^o(F)$, $\mathcal{A}_2(E)$, ...

<u>Définition du relèvement parabolique</u>. On dit qu'une représentation Π de $\mathcal{A}_2^o(E)$ est un relèvement parabolique d'une représentation π de $\mathcal{A}_2^o(F)$ si, pour toute place v de F qui est non ramifiée pour E, π et Π,

$$s(\pi_v) = s(\Pi_w)^{d(v)} \qquad w|v$$

où $d(v) = 1$ (resp. ℓ) si v est décomposée (resp. inerte).

Langlands démontre le résultat suivant

<u>Théorème 1, du relèvement parabolique</u>.- a) <u>Si une représentation Π de $\mathcal{A}_2^o(E)$ est un relèvement parabolique d'une représentation π de $\mathcal{A}_2^o(F)$, alors sa classe ne</u>

dépend que de celle de π ; on la note $\pi_{E/F}$;

b) pour qu'une représentation de $\mathcal{A}_2^o(E)$ soit le relèvement parabolique d'une représentation de $\mathcal{A}_2^o(F)$, il faut et il suffit que sa classe soit fixée par l'action du groupe $\Gamma = \mathrm{Gal}(E/F)$;

c) pour qu'une représentation π de $\mathcal{A}_2^o(F)$ ait un relèvement parabolique dans $\mathcal{A}_2^o(E)$, il faut et il suffit que sa classe ne soit pas fixée par l'action du groupe $\hat{\Gamma}$ des caractères de $\mathrm{Gal}(E/F)$, et alors les classes des représentations $\pi \otimes \zeta$, $\zeta \in \hat{\Gamma}$, sont celles de même relèvement parabolique que π .

Le c) se précise grâce à un résultat de Labesse-Langlands [19] qui dit qu'une représentation $\pi \in \mathcal{A}_2(F)$ est fixée par un quasicaractère non trivial χ (opérant par torsion par $\chi \circ \det$), si et seulement si χ est d'ordre 2 et π relatif à un quasicaractère θ de l'extension quadratique K que définit $\chi : \pi = \pi(\mathrm{Ind}_K^F \theta)$; les représentations de ce type qui sont paraboliques correspondent aux θ réguliers sous $\mathrm{Gal}(K/F)$.

COROLLAIRE.- a) Si E n'est pas une extension quadratique de F , le relèvement parabolique définit une bijection

$$\mathcal{A}_2^o(F)/\hat{\Gamma} \longrightarrow \mathcal{A}_2^o(E)^{\Gamma}$$

$$\pi \longmapsto \pi_{E/F}$$

des orbites de $\hat{\Gamma}$ dans $\mathcal{A}_2^o(F)$ sur les représentations de $\mathcal{A}_2^o(E)$ qui sont fixées par Γ .

b) Si E est une extension quadratique de F , le relèvement parabolique définit une bijection de l'ensemble des orbites sous $\hat{\Gamma}$ dans les classes de $\mathcal{A}_2^o(F)$ qui ne proviennent pas de quasicaractères de E , sur l'ensemble des classes de $\mathcal{A}_2^o(E)$ fixées par Γ .

4.3. Pour pouvoir définir le relèvement dans tous les cas, on introduit une définition de relèvement local.

En une place v de F qui est décomposée dans E , on définit le relèvement par la formule suivante, puisque E_v est le produit de ℓ copies de F_v :

$$\pi \in \mathcal{A}_2(F_v) \longmapsto \bigotimes_{w|v} \pi \in \bigotimes_{w|v} \mathcal{A}_2(E_w) = \mathcal{A}_2(E_v) .$$

Si la place v de F n'est pas décomposée, soit Π une représentation du groupe $G(E_v)$ dont la classe est dans $\mathcal{A}_2(E_v)$ et fixée par le groupe de Galois Γ

Fixons un générateur σ de Γ . Il y a ℓ opérateurs d'entrelacement entre Π et ${}^{\sigma}\Pi$ dont la puissance ℓ-ième est l'identité : ils corresponent aux ℓ prolongements Π' de Π au groupe $G(E_v) \rtimes \Gamma$. Une fois choisie une mesure de Haar, on obtient une distribution sur $G(E_v) \rtimes \Gamma$ en prenant la trace : $\varphi \mapsto \mathrm{Tr}\, \Pi'(\varphi)$; par restriction à $G(E_v) \times \sigma$, on a donc une distribution sur $G(E_v)$:

$$\varphi \in \mathcal{D}(G(E_v)) \longmapsto \mathrm{Tr}\left(\int_{G(E_v)} \varphi(z)\, \Pi'(z\,,\,\sigma)\, dz \right) .$$

THÉORÈME 2.- <u>Dans cette situation, ces distributions sont données par des fonctions localement sommables sur</u> $G(E_v)$:

$$z \longmapsto \mathrm{Tr}\, \Pi'(z,\sigma) ,$$

<u>qui sont invariantes par les</u> σ-<u>automorphismes de</u> $G(E_v)$:

$$z \longmapsto w^{-\sigma} z w \quad , \quad w \in G(E_v) .$$

On introduit également une application qui va jouer le rôle d'une norme

$$N_\sigma : z \in G(E_v) \longmapsto z^{\sigma^{\ell-1}} \ldots z^{\sigma} z \ \in \ G(E_v) .$$

Elle envoie $w^{-\sigma} z w$ sur $w^{-1}(N_\sigma z)w$, et vérifie $(N_\sigma z)^{\sigma} = z(N_\sigma z)z^{-1}$. On en déduit que N_σ définit une injection de l'ensemble des classes de σ-conjugaison, dans l'ensemble des classes de conjugaison dans $G(F_v)$, et que si $N_\sigma z = x \in G(F_v)$, alors le σ-centralisateur de z dans $G(E_v)$ est l'ensemble des points dans E_v d'une forme tordue G_x^{σ} du centralisateur G_x de x ; pour x régulier, on a $G_x^{\sigma} = G_x$.

<u>Définition du relèvement local en une place non décomposée</u> v <u>de</u> F . Soit Π une représentation admissible irréductible du groupe $G(E_v)$ qui est équivalente à ses conjuguées par Γ ; on dit que Π relève $\pi \in \mathcal{A}_2(F_v)$ si l'une des conditions suivantes est réalisée :

ou bien $\pi = \pi(\mu,\nu)$ et $\Pi = \pi(\mu_{E_v/F_v}, \nu_{E_v/F_v})$

ou bien il y a un prolongement Π' de Π au produit semi-direct $G(E_v) \rtimes \Gamma$ tel que

$\mathrm{Tr}\, \Pi'(z,\sigma) = \mathrm{Tr}\, \pi(x)$ pour tout élément $x \in G(F_v)$ qui est régulier et tel qu'il y a un $z \in G(E_v)$ tel que $N_\sigma z = x$.

<u>Théorème</u> 3,<u>du relèvement local</u>.- a) <u>Chaque représentation</u> $\pi \in \mathcal{A}_2(F_v)$ <u>admet un relèvement admissible irréductible dont la classe</u> π_{E_v/F_v} <u>ne dépend que de la classe de</u> π , <u>et qui ne dépend pas du choix du générateur</u> σ <u>de</u> Γ .

b) Si $\pi = \pi_v(\rho)$, alors $\pi_{E_v/F_v} = \pi_v(\rho_{E_v/F_v})$.

c) Deux représentations π et π' de $\mathcal{A}_2(F_v)$ ont même relèvement si et seulement si $\pi' = \pi \otimes \zeta$ pour un $\zeta \in \hat{\Gamma}$, ou $\pi = \pi(\mu,\nu)$ et $\pi' = \pi(\mu\zeta, \nu\zeta')$ pour des $\zeta , \zeta' \in \hat{\Gamma}$.

4.4. On peut alors donner la définition du relèvement global en général :

Définition du relèvement global. On dit que la représentation Π de $\mathcal{A}_2(E)$ relève la représentation π de $\mathcal{A}_2(F)$ si, pour toute place v de F , la représentation Π_v relève la représentation π_v .

THÉORÈME 4.- Le relèvement de F à E des représentations automorphes de F à E vérifie les propriétés suivantes :

a) dans le cas parabolique, le relèvement coïncide avec le relèvement parabolique, et seules des $\pi \in \mathcal{A}_2^o(F)$ ont un relèvement dans $\mathcal{A}_2^o(E)$;

b) toute $\pi \in \mathcal{A}_2(F)$ admet un unique relèvement $\pi_{E/F} \in \mathcal{A}_2(E)$;

c) si E est quadratique et que $\pi = \pi(\mathrm{Ind}_E^F\ \theta) \in \mathcal{A}_2^o(F)$, alors $\pi_{E/F} = \pi(\theta, {}^\sigma\theta)$;

d) le relèvement est compatible avec la torsion par les quasicaractères de C_F , avec la restriction au centre $\mathbb{A}_F^\times$, et avec les automorphismes sur un sous-corps $k \subset F \subset E$ pour qui E et F sont galoisiennes sur k :

$$^{\gamma}(\pi_{E/F}) = ({}^{\gamma'}\pi)_{E/F} \quad , \ \gamma \in \mathrm{Gal}(E/k) \text{ d'image } \gamma' \text{ dans } \mathrm{Gal}(F/k) \ ;$$

e) si $\pi = \pi(\rho)$, alors $\pi_{E/F} = \pi(\rho_{E/F})$.

5. Démonstration de la conjecture d'Artin pour le cas tétraédral

5.1. Il s'agit de prouver le théorème suivant :

THÉORÈME 5.- La fonction L associée à une représentation de degré 2 du groupe de Galois $\Gamma_F = \mathrm{Gal}(\bar{\mathbb{Q}}/F)$ dont l'image modulo le centre est un groupe tétraédral, est holomorphe et bornée dans les bandes verticales de largeur finie.

5.2. Soit ρ une représentation admissible de degré 2 de W_F :

$$\rho : W_F \to GL(2,\mathbb{C})$$

dont l'image modulo le centre est un groupe $\mathfrak{A}_4$. Elle définit une extension galoisienne cubique E sur F par le diagramme suivant :

$$\begin{array}{ccccccccc} 1 & \longrightarrow & D_4 & \longrightarrow & \mathfrak{A}_4 & \longrightarrow & C_3 & \longrightarrow & 1 \\ & & \uparrow & & \uparrow & & \uparrow\wr & & \\ 1 & \longrightarrow & W_E & \longrightarrow & W_F & \longrightarrow & \mathrm{Gal}(E/F) & \longrightarrow & 1 \end{array}$$

où D_4 est le groupe diédral d'ordre 4 , unique 2-Sylow de $\mathfrak{A}_4$, de quotient le groupe C_3 cyclique d'ordre 3 . La restriction $\rho_{E/F}$ de ρ à W_E ayant D_4 pour image modulo le centre est induite par une représentation de degré 1 d'un sous-groupe d'indice 2 de W_E ; on sait alors ([10], Prop. 12.1) qu'il lui est associée une représentation $\pi(\rho_{E/F})$ de $\mathcal{A}_2^0(E)$.

5.3. L'action du groupe Gal(E/F) fixe $\rho_{E/F}$ dans $\mathcal{W}_2^0(E)$, donc aussi $\pi(\rho_{E/F})$ dans $\mathcal{A}_2^0(E)$; par le théorème 4, $\pi(\rho_{E/F})$ est un relèvement de 3 représentations inéquivalentes dans $\mathcal{A}_2^0(F)$, dont les restrictions au centre se relèvent en la restriction au centre de $\pi(\rho_{E/F})$, c'est-à-dire en le quasicaractère $(\det\rho)_{E/F}$; comme ces relèvements ne diffèrent que par torsion par un caractère de Gal(E/F) , groupe d'ordre 3 , et que par torsion par χ la restriction au centre est multipliée par χ^2 , on en déduit qu'il y a exactement une $\pi \in \mathcal{A}_2^0(F)$ telle que $\pi_{E/F} = \pi(\rho_{E/F})$ et de restriction au centre le quasicaractère $\det\rho$.

5.4. Ecrivons $\pi = \otimes \pi_v$. Si v est une place de F décomposée dans E , on a $(\pi_{E/F})_w = \pi(\rho_{E_w/F_v}) = \pi(\rho_v) = \pi_v$ pour $w|v$. Si v est inerte dans E et non ramifiée pour ρ , alors π_v ayant son relèvement $\pi(\rho_{E/F})_v = \pi(\rho_{E_v/F_v})$ non ramifié à l'extension non ramifiée E_v de F_v est également non ramifié, et comme $\pi(\rho_v)$ a même relèvement, on a

$$s(\rho_v)^3 = s(\pi_v)^3 \ , \quad v \text{ inerte pour } E \text{ et non ramifié pour } \rho .$$

5.5. Soit u le morphisme de GL(2) dans GL(3) obtenu en composant la représentation adjointe de PGL(2) avec la projection de GL(2) sur PGL(2) . Par 3.4, à $\pi \in \mathcal{A}_2^0(F)$ correspond $u\pi \in \mathcal{A}_3(F)$, et, ici π ne provenant pas d'une extension quadratique, $u\pi \in \mathcal{A}_3^0(F)$; pour les places v de F non ramifiées pour π , la représentation $(u\pi)_v$ est non ramifiée et sa classe $s((u\pi)_v)$ est la classe de l'image par u de $s(\pi_v)$.

5.6. D'autre part, les trois droites joignant les milieux des arêtes opposées d'un tétraèdre régulier sont permutées par son groupe des rotations : ceci signifie que la représentation $u \circ \rho$ de degré 3 de W_F est induite par la représentation de degré 1 définie par sa restriction au sous-groupe qui préserve l'une de ces droites; mais, dans le groupe $\mathfrak{A}_4$, ce sous-groupe est D_4, donc $u\rho$ est induite par un quasicaractère de W_E. Mais, par 3.5, il y a alors $\pi(u\rho) \in \mathcal{A}_3^o(F)$ telle que, pour les places v de F non ramifiées pour ρ, la représentation $\pi(u\rho)_v$ soit non ramifiée de classe celle définie par $u \circ \rho_v$.

5.7. On montre alors que pour presque toute place v de F les deux classes semi-simples de $GL(3,\mathbb{C})$ définies par $u(s(\pi_v))$ et $s(u \circ \rho_v)$ sont les mêmes : pour cela, on utilise un critère pratique donné par [19] : il suffit de voir que les produits tensoriels par $s(u \circ \rho_v)$ donnent la même classe pour presque tout v ; soit v une place non ramifiée pour ρ ; si v est décomposée, on a $\pi_v = \pi(\rho_v)$ et donc la classe de $u(s(\pi_v))$ est $s(u \circ \rho_v)$; si v est inerte, alors la représentation $u \circ \rho_v$ est induite par un quasicaractère de W_{E_v}, et donc (en utilisant par exemple la formule $(\mathrm{Ind}_H^G \sigma) \otimes \tau = \mathrm{Ind}_H^G(\sigma \otimes \mathrm{Res}_H^G \tau)$ de [25], II.7.3), les produits tensoriels ne dépendent que de $s(\pi_v)^3$ et $s(\rho_v)^3$, qui sont égaux (5.4). Ceci prouve l'assertion annoncée (et même que $u\pi$ et $\pi(u\rho)$ sont équivalentes, [19]).

5.8. En résumé, on a montré que π vérifiait les propriétés suivantes :

aux places décomposées, $\pi_v = \pi(\rho_v)$,

aux places inertes pour E et non ramifiées pour ρ, $s(\pi_v)^3 = s(\rho_v)^3$,

aux places non ramifiées pour ρ, $u(s(\pi_v)) = u(s(\rho_v))$,

pour toute place, $\omega_{\pi_v} = \det \rho_v$.

Or, ceci entraîne que pour les places non ramifiées pour ρ, ou bien $s(\pi_v) = s(\rho_v)$, ou bien v est inerte dans E et $s(\rho_v)^3 = -s(\rho_v)^3$; mais dans ce dernier cas, les éléments de $u(s(\rho_v))$ sont d'ordre 6, ce que leur appartenance à un groupe $\mathfrak{A}_4$ exclut. Ceci montre que $s(\pi_v) = s(\rho_v)$ pour les places non ramifiées pour ρ, et le théorème 1 de 3.3 achève la démonstration.

5.9. Langlands démontre également la conjecture de Langlands pour les représentations de type octaédral du groupe de Galois $\Gamma_{\mathbb{Q}}$, dont la composante à l'infini est la représentation $\pi(1, \mathrm{sgn})$ de $GL_2(\mathbb{R})$ (cf. [1], § 1). D'autre part, on sait établir la correspondance 3.1 pour certains corps locaux de caractéristique résiduelle 2, à partir des résultats de [1] (voir Tunnell dans [2]).

6. Sur les démonstrations

Pour chaque place w du corps de nombres algébriques E, on note $\mathcal{D}(G(E_w))$ l'espace des fonctions-tests sur $G(E_w)$: fonctions à support compact, indéfiniment dérivables aux places archimédiennes, et localement constantes aux places non archimédiennes. On note encore G le groupe GL_2 sur le corps de nombres algébriques F, E une extension cyclique de degré premier ℓ de F, et $\Gamma = \mathrm{Gal}(E/F)$.

6.1. Soit v une place de F non décomposée dans E. On a défini en 4.3 une application N_σ sur $G(E_v)$, relativement à un générateur σ de Γ.

PROPOSITION ([1], lemme 4.2).- a) Pour toute fonction-test φ sur $G(E_v)$, il y a une fonction-test f sur $G(F_v)$ telle que l'on ait

$$(6.1)\qquad \int_{G_x(F_v)\backslash G(F_v)} f(u^{-1}xu)du = \int_{G_x(F_v)\backslash G(E_v)} \varphi(w^{-1}zw)dw$$

pour tout élément x régulier de $G(F_v)$ et tout $z \in G(E_v)$ tels que $x = N_\sigma z$,

$$(6.2)\qquad \int_{G_x(F_v)\backslash G(F_v)} f(u^{-1}xu)du = 0$$

pour tout élément régulier x de $G(F_v)$ tel qu'il n'y ait aucun $z \in G(E_v)$ pour lequel $N_\sigma z = x$.

b) Pour toute fonction-test f sur $G(F_v)$ satisfaisant (6.2), il y a une fonction-test φ sur $G(E_v)$ satisfaisant à (6.1).

La démonstration nécessite la connaissance du comportement des intégrales orbitales au voisinage des points du centre ; elle utilise des résultats d'Harish-Chandra et D. Shelstad aux places archimédiennes, de J. Shalika aux autres places, précisés par Langlands.

On écrit que $\varphi \in \mathcal{D}(G(E_v))$ et $f \in \mathcal{D}(G(F_v))$ sont liées par (6.1) et (6.2) par le symbole

$$(6.3)\qquad \varphi \overset{}{\underset{\sigma}{\leadsto}} f .$$

6.2. Prenons maintenant une place v de F inerte dans E. L'application norme N_{E_v/F_v} se prolonge au sous-groupe diagonal de $GL_2(E_v)$, où sa restriction aux éléments à coefficients dans $F_v^\times$ est l'élévation à la puissance ℓ. Il en résulte qu'on définit un homomorphisme de l'algèbre de Hecke $\mathcal{H}_2(E_v)$ dans l'algèbre de Hecke $\mathcal{H}_2(F_v)$ par le diagramme suivant :

$$\begin{array}{ccc} \mathcal{H}_2(E_v) & \xrightarrow{\sim} & \mathbb{C}[\mathbb{Z}^2]^{\mathfrak{S}_2} \\ \downarrow & & \downarrow \ell \\ \mathcal{H}_2(F_v) & \longrightarrow & \mathbb{C}[\mathbb{Z}^2]^{\mathfrak{S}_2} \end{array} \tag{6.4}$$

On en déduit une application de l'ensemble des caractères de $\mathcal{H}_2(F_v)$ dans l'ensemble des caractères de $\mathcal{H}_2(E_v)$, qui, lue sur les classes de conjugaison semi-simples de $GL(2,\mathbb{C})$, est l'élévation à la puissance ℓ.

PROPOSITION 2 ([1], § 3,4).- a) Si $f \in \mathcal{H}_2(F_v)$ est image de $\varphi \in \mathcal{H}_2(E_v)$ par (6.4), alors $\varphi \underset{\sigma}{\leadsto} f$, pour tout générateur σ du groupe Γ ;

b) si $\pi \in \mathcal{A}_2(F_v)$ est une représentation non ramifiée, alors la représentation non ramifiée $\Pi \in \mathcal{A}_2(E_v)$ de $s(\Pi) = s(\pi)^\ell$ est un relèvement de π.

Le a) nécessite beaucoup de combinatoire sur l'arbre de $GL_2(F_v)$.

6.3. Soit v une place de F décomposée dans E. Alors E_v est un produit de ℓ copies de F_v et $G(E_v)$ un produit de ℓ copies de $G(F_v)$, copies permutées transitivement par Γ. Les représentations admissibles irréductibles de $G(E_v)$ s'écrivent comme produits tensoriels de ℓ représentations admissibles irréductibles de $G(F_v)$, et l'invariance sous l'action de Γ signifie que ces ℓ représentations sont équivalentes.

Le choix d'un générateur σ de Γ définit une norme $N_\sigma : z \mapsto z^{\sigma^{\ell-1}} \dots z^\sigma z$ sur $G(E_v)$; si $z = (z_w)_{w|v}$, alors, pour toute place $w|v$, $N_\sigma z$ est conjugué dans $G(E_v)$ à l'élément $z_{\sigma^{\ell-1}(w)} \dots z_{\sigma(w)} z_w$ de $G(F_v)$.

PROPOSITION 3 ([1] § 6).- a) Soit $\varphi = \bigotimes_{w|v} \varphi_w$ une fonction-test décomposable sur $G(E_v)$; alors, pour toute place $w|v$, la fonction-test sur $G(F_v)$ donnée par le produit de convolution $f = \varphi_{\sigma^{\ell-1}(w)} * \dots * \varphi_{\sigma(w)} * \varphi_w$ vérifie

$$\int_{G_x(F_v)\backslash G(F_v)} f(u^{-1}xu)du = \int_{G_x(F_v)\backslash G(E_v)} \varphi(w^{-\sigma}zw)dw \tag{6.5}$$

, pour tout élément régulier x de $G(F_v)$ et tout $z \in G(E_v)$ tels que $N_\sigma z = x$.

b) Pour $\pi \in \mathcal{A}_2(F_v)$, l'opérateur $\Pi'(\sigma)$ sur le produit tensoriel de ℓ copies de l'espace de π, indexées par les places $w|v$, donné par

$$\Pi'(\sigma) : \bigotimes_{w|v} v_w \longmapsto \bigotimes_{w|v} v_{\sigma^{-1}w}$$

étend la représentation $\Pi = \bigotimes_{w|v} \pi$ au produit semi-direct $G(E_v) \rtimes \Gamma$, et cette extension a un caractère donné par une fonction localement sommable qui satisfait à

(6.6) $\quad \mathrm{Tr}\, \Pi(z)\, \Pi'(\sigma) = \mathrm{Tr}\, \pi(x)$ pour tout élément régulier x de $G(F_v)$ et tout $z \in G(E_v)$ tels que $N_\sigma z = x$.

Lorsque les fonctions-tests φ et f sont comme en a), on écrit encore

(6.7)
$$\varphi \underset{\sigma}{\rightsquigarrow} f .$$

6.4. Soit v une place de F qui ne se décompose pas dans E . Le § 5 de [1] donne, par des démonstrations locales, le théorème 2 de 4.3 sauf lorsque E est quadratique et $\Pi = \pi(\theta, {}^\sigma\theta)$ pour un quasicaractère régulier θ de E_v^* , puis le théorème du relèvement local (théorème 3 de 4.3) sauf lorsque π est supercuspidale, ou Π supercuspidale, ou $\Pi = \pi(\theta, {}^\sigma\theta)$ comme précédemment. Les cas restants seront traités après le relèvement parabolique (global).

6.5. Soient ω un caractère de $\mathbb{A}_F^\times$ trivial sur $F^\times$, $\omega_{E/F}$ son relèvement à $\mathbb{A}_E^\times$ qui est trivial sur $E^\times$, et ω^E la restriction de ω aux normes de $\mathbb{A}_E^\times$. On observe que $F^\times N_{E/F}(\mathbb{A}_E^\times)$ est d'indice ℓ dans $\mathbb{A}_F^\times$. Sur les groupes d'adèles, on choisit la mesure de Tamagawa (cf. Langlands, § 6, dans [1]). On définit pour $\varphi' \in \mathcal{D}(G(\mathbb{A}_E))$ et $f' \in \mathcal{D}(G(\mathbb{A}_F))$, leur projection $\varphi(z) = \int_{\mathbb{A}_E^\times} \varphi'(tz)\, \omega_{E/F}(t)dt$ et $f(x) = \int_{N_{E/F}(\mathbb{A}_E^\times)} f'(sx)\, \omega^E(s)ds$, et on écrit alors

(6.8)
$$\varphi \underset{\sigma,\, \omega}{\rightsquigarrow} f ,$$

si φ' et f' sont décomposables avec $\varphi'_v \underset{\sigma}{\rightsquigarrow} f'_v$ pour toute place v de F .

On considère la représentation de $G(\mathbb{A}_F)$ dans l'espace de Hilbert des fonctions sur $G(F)\backslash G(\mathbb{A}_F)$, qui se transforment sous $N_{E/F}\mathbb{A}_E^\times$ par ω^E et qui sont de carré intégrable modulo ce sous-groupe ; on appelle r sa restriction au spectre discret (voir Gelbart-Jacquet dans [2]). On a de même la représentation de $G(\mathbb{A}_E)$ dans l'espace de Hilbert des fonctions sur $G(E)\backslash G(\mathbb{A}_E)$ qui se transforment sous $\mathbb{A}_E^\times$ par $\omega_{E/F}$ et qui sont de carré intégrable modulo ce sous-groupe ; soit R sa restriction au spectre discret.

Aux § 7 et 8 de [1], Langlands écrit la formule des traces pour l'opérateur

$R(\varphi)\, R'(\sigma)$, pour φ comme ci-dessus et $(R'(\sigma)g)(z) = g(z^{\sigma})$, comme somme de 7 termes invariants par σ-conjugaison sur φ .

THÉORÈME 6 ([1], th. 9.1).- Pour $\varphi \underset{\sigma,\omega}{\rightsquigarrow} f$, alors

a) si E n'est pas quadratique sur F , $\mathrm{Tr}\, R(\varphi)\, R'(\sigma) = \frac{1}{\ell}\, \mathrm{Tr}\, r(f)$;

b) si E est quadratique sur F , $\mathrm{Tr}\, R(\varphi)\, R'(\sigma) + \frac{1}{2}\, \mathrm{Tr}\, \mathrm{Tr}\, S(\varphi)\, S'(\sigma) = \frac{1}{2}\, \mathrm{Tr}\, r(f)$, où S est la somme $\Sigma\, \pi(\theta, {}^{\sigma}\theta)$ sur les caractères réguliers de C_E tels que ${}^{\sigma}\theta\, \theta = \omega_{E/F}$, à conjugaison près par σ .

En jouant sur la liberté dont il dispose sur φ et f , Langlands démontre alors successivement les théorèmes du relèvement parabolique, puis du relèvement local, puis le théorème 4 de 4.4. (Voir une esquisse de la preuve dans [2].)

BIBLIOGRAPHIE

[1] R. P. LANGLANDS - Base change for GL(2), the theory of Saito-Shintani with applications, Notes, I.A.S., Princeton, 1975.

[2] Automorphic forms, Representations, and L-functions, A.M.S. Summer Institute 1977, Corvallis, à paraître.
[contient notamment : Automorphic L-functions (A. BOREL), Number theoretic back-ground (J. TATE), Decomposition of representations into tensor products (D. FLATH), General properties of representations (P. CARTIER), Forms on GL(2) from the analytic point of view (S. GELBART-H. JACQUET), Base change for GL(2) (R. KOTTWITZ, P. GÉRARDIN, J.-P. LABESSE).]

Le relèvement des formes modulaires a été étudié notamment par :

[3] K. DOI, H. NAGANUMA - On the algebraic curves uniformized by arithmetical automorphic functions, Ann. of Math., 86 (1967), 449-460.

[4] K. DOI, H. NAGANUMA - On the functional equation of certain Dirichletseries, Inventiones Math., 9 (1964), 1-14.

[5] G. SHIMURA - Arithmetic theory of automorphic functions, Iwanami Shoten Pub. and Princeton Univ. Press, 1971.

Voir aussi les articles de M. COHEN, S. KUDLA, et D. ZAGIER dans

[6] Modular functions of one variable V, VI, à paraître aux Lecture Notes in Math., (vol. 601 et ?), Springer-Verlag.

La formule des traces tordue, et la formulation du relèvement en termes de représentations apparaissent dans [7] et [8], l'idée du relèvement local vient peut-être de [9] :

[7] H. SAITO - Automorphic forms and algebraic extensions of number fields, L. N. n° 8, Tokyo, 1975.

[8] T. SHINTANI - On liftings of holomorphic automorphic forms, U.S.-Japan Seminar on number Theory, Ann Arbor, Mich., 1975.

[9] T. SHINTANI - Two remarks on irreducible characters of finite general linear groups, J. Math. Soc. Jap., 28 (1976), 396-414.

L'ouvrage de base sur GL(2) est [10], résumé en [11], et expliqué en [12] :

[10] H. JACQUET, R. P. LANGLANDS - Automorphic forms on GL(2), Lecture Notes in Math., vol. 114, Springer-Verlag, 1970.

[11] A. ROBERT - Formes automorphes sur GL(2) (Travaux de H. Jacquet et R. P. Langlands), Sém. Bourbaki, exposé 415, Lecture Notes in Math., vol. 317, Springer-Verlag, 1973.

[12] S. GELBART - Automorphic forms on adèle groups, Ann. of Math. St. 83, Princeton Univ. Press, 1975.

Voir aussi le premier article de P. DELIGNE dans [13], le second étant consacré aux facteurs ε et aux représentations des groupes de Weil :

[13] Modular functions of one variable II, Lecture Notes in Math., vol. 349, Springer-Verlag, 1973.

Le principe de fonctorialité de Langlands se trouve dans [14] et aussi dans [2] et [15] :

[14] R. P. LANGLANDS - Problems in the theory of automorphics forms, in Lecture Notes in Math., vol. 170, Springer-Verlag, 18-86, 1970.

[15] A. BOREL - Formes automorphes et séries de Dirichlet (d'après R.P. Langlands), Lecture Notes in Math., Sém. Bourbaki, exposé 466, vol. 567, Springer-Verlag, 1977.

Les références suivantes, plus l'article de Gelbart dans [6], étudient des cas particuliers du principe de fonctorialité :

[16] S. GELBART, H. JACQUET - A relation between automorphic forms on GL(2) and GL(3), Proc. Nat. Acad. Sci. U.S.A., 1976, 3348-3350.

[17] H. JACQUET - Automorphic forms on GL(2) , II, Lecture Notes in Math., vol.278, Springer-Verlag, 1972.

[18] H. JACQUET, I.I. PIATETSKII-SHAPIRO, J. SHALIKA - Construction of cusp-forms for GL(3) , L.N. n° 16, Univ. of Maryland, 1975.

[19] H. JACQUET, J. SHALIKA - Comparaison des formes automorphes du groupe linéaire, C.R.Acad. Sci. Paris, 284 (1977), 741-744.

[20] J.-P. LABESSE, R.P. LANGLANDS - L-indistinguishability for SL(2) , Preprint I.A.S., Princeton, 1977.

Autres références :

[21] W. CASSELMAN - On somes results of Atkin and Lehner, Math. Ann., 201(1973),301-334

[22] J. CASSELS, A. FROHLICH - Algebraic number theory, Acad. Press., 1967.

[23] R. GODEMENT, H. JACQUET - Zeta functions a simple algebras, Lecture Notes in Math., vol. 260, Springer-Verlag,1970.

[24] I. SATAKE - Theory of spherical functions on reductive algebraic groups over $\mathfrak{p}$-adic fields, Pub. Math. I.H.E.S., 18(1963), 5-69.

[25] J.-P. SERRE - Représentations linéaires des groupes finis, Hermann, Paris, 1967.

Séminaire BOURBAKI 511-01
30e année, 1977/78, n° 511 Novembre 1977

POINTS RATIONNELS DES COURBES MODULAIRES $X_o(N)$

[d'après Barry MAZUR [3], [4], [5]]

par Jean-Pierre SERRE

Le présent exposé fait suite à ceux de 1970 et 1975 ([8], [6]). On conserve les notations de [6]. En particulier :

$\bar{\mathbf{Q}}$ est une clôture algébrique de $\mathbf{Q}$;

N est un nombre premier ;

$Y_o(N)$ est la courbe algébrique sur $\mathbf{Q}$ dont les points paramètrent les couples (E,A) formés d'une courbe elliptique E et d'un sous-groupe A d'ordre N de E ; on a

$$Y_o(N)(\mathbf{C}) = \{z \mid \mathrm{Im}(z) > 0\} / \Gamma_o(N) \ ;$$

$X_o(N)$ est la courbe projective obtenue en compactifiant $Y_o(N)$ par adjonction des " pointes " 0 et ∞ (qui correspondent à des couples (E,A) dégénérés, cf. [1]) ; son corps des fonctions est $\mathbf{Q}(j,j_N)$, où $j = j(z)$ est l'invariant modulaire usuel, et $j_N(z) = j(-1/Nz) = j(Nz)$;

w est l'involution canonique de $X_o(N)$; elle échange les pointes 0 et ∞ , ainsi que les fonctions j et j_N .

§ 1. Résultats

Le plus important est le suivant ([5], th. 1) :

THÉORÈME 1.- *Si le nombre premier* N *n'appartient pas à l'ensemble*

$$\mathfrak{S} = \{2, 3, 5, 7, 11, 13, 17, 19, 37, 43, 67, 163\} ,$$

la courbe modulaire $Y_o(N)$ *n'a aucun point rationnel sur* $\mathbf{Q}$.

Vu la propriété universelle de $Y_o(N)$, ceci équivaut à :

THÉORÈME 1'.- *Soient* E *une courbe elliptique sur* $\mathbf{Q}$ *et* A *un sous-groupe d'ordre* N *de* E *rationnel sur* $\mathbf{Q}$. *On a alors* $N \in \mathfrak{S}$.

Remarques.- 1) Dire que A est rationnel sur $\mathbf{Q}$ équivaut à dire que A , considéré comme sous-groupe de $E(\bar{\mathbf{Q}})$, est stable par $\mathrm{Gal}(\bar{\mathbf{Q}}/\mathbf{Q})$.

2) Lorsque N appartient à $\mathfrak{S}$, la situation est la suivante :

a) pour $N = 2, 3, 5, 7, 13$, la courbe $Y_o(N)$ est unicursale, donc a une infinité de points rationnels ;

b) pour $N = 19, 43, 67, 163$, $Y_o(N)$ a un seul point rationnel, correspondant à une courbe elliptique à multiplications complexes par l'anneau des entiers de $\mathbf{Q}(\sqrt{-N})$;

c) pour $N = 17, 37$, $Y_o(N)$ a deux points rationnels, échangés par l'involution w ;

d) pour $N = 11$, $Y_o(N)$ a trois points rationnels ; l'un d'eux est du type b) ; les deux autres sont du type c).

Avant de donner la démonstration des théorèmes 1 et 1' (ce qui sera l'objet du § 2), en voici quelques applications, tirées de [5] :

THÉORÈME 2.- Il existe une constante C telle que toute courbe elliptique sur $\mathbf{Q}$ soit $\mathbf{Q}$-isogène à au plus C courbes elliptiques (à isomorphisme près).

Cela résulte du th. 1 et d'un théorème de Manin (cf. [8]).

THÉORÈME 3 ([3], [4]).- Si une courbe elliptique sur $\mathbf{Q}$ contient un point rationnel d'ordre premier N , on a $N \leq 7$.

En effet, d'après le th. 1', il suffit de prouver que N est différent de $11, 13, 17, 19, 37, 43, 67, 163$, ce qui est connu (voir par exemple [2]).

Compte tenu du th. IV.1.2 de [2], le th. 3 entraîne :

THÉORÈME 4.- Soient E une courbe elliptique sur $\mathbf{Q}$, et $E_{tor}(\mathbf{Q})$ le sous-groupe de torsion de $E(\mathbf{Q})$. Alors $E_{tor}(\mathbf{Q})$ est isomorphe à l'un des groupes suivants :

$$\mathbf{Z}/m\mathbf{Z} \qquad (m \leq 10 \text{ et } m = 12)$$

$$\mathbf{Z}/2\mathbf{Z} \times \mathbf{Z}/2m\mathbf{Z} \qquad (m \leq 4) .$$

Ces quinze groupes interviennent effectivement : les courbes modulaires correspondantes sont unicursales, cf. [2], p. 217.

Le th. 3, combiné à la prop. 21 de [9], entraîne :

THÉORÈME 5.- Soit E une courbe elliptique sur $\mathbf{Q}$. Si E est semi-stable, et si $N \geq 11$, le groupe de Galois des points de N-division de E est isomorphe à $GL_2(\mathbf{F}_N)$.

L'hypothèse de semi-stabilité signifie que le conducteur de E est sans facteur carré, ou encore que l'on peut représenter E comme une cubique plane dont toutes les réductions modulo p sont non singulières ou ont un point double à tangentes distinctes.

Questions

1) Le th. 2 est-il vrai avec $C = 8$?

2) Le th. 5 reste-t-il valable si l'on remplace les hypothèses

" E est semi-stable" et " $N \geq 11$ "

par

" E n'a pas de multiplications complexes" et " $N \geq 41$ " ?

3) Si M n'est pas premier, est-il vrai que $Y_o(M)$ n'a pas de point rationnel en dehors des cas connus $M = 1, 4, 6, 8, 9, 10, 12, 14, 15, 16, 18, 21, 27$? Compte tenu de [2], et du th. 1, il suffirait de traiter les cinq cas suivants :

$$M = 3.13\,,\ 5.13\,,\ 7.13\,,\ 13^2 \text{ et } 5^3 .$$

4) Pour tout corps de nombres K, existe-t-il un ensemble fini S_K de nombres premiers tel que, si $N \notin S_K$, la courbe $Y_o(N)$ n'ait aucun point rationnel sur K, à part ceux provenant des courbes à multiplications complexes ? Lorsque K est quadratique imaginaire, on trouvera dans [5] un résultat partiel dans cette direction, basé sur un théorème de Goldfeld.

§ 2. Démonstration des théorèmes 1 et 1'

Soit E une courbe elliptique sur $\mathbf{Q}$, munie d'un sous-groupe A rationnel sur $\mathbf{Q}$, d'ordre N. Il nous faut montrer que N appartient à l'ensemble $\mathfrak{S}$ du th. 1.

a) Propriétés de bonne réduction

PROPOSITION 1.- Supposons N différent de $2, 3, 5, 7, 13$. Alors E a potentiellement bonne réduction en tout nombre premier $p \neq 2, N$.

Remarques.- 1) Dire que E a potentiellement bonne réduction en p signifie (cf. [10]) qu'il existe une extension finie du corps p-adique $\mathbf{Q}_p$ sur laquelle E acquiert bonne réduction, ou encore que l'invariant modulaire $j(E)$ de E est p-entier.

2) L'hypothèse $p \neq N$ n'est en fait pas nécessaire, cf. [5]. Il en est de même de $p \neq 2$, sauf lorsque $N = 17$.

Démonstration

Notons x le point de $X_o(N)$ associé à (E,A) ; on a $x \neq 0, \infty$, puisque x n'est pas une "pointe". Soit J la jacobienne de $X_o(N)$, et soit f l'application de $X_o(N)$ dans J définie par $f(P) = \mathrm{cl}((P - (\infty))$.

L'hypothèse faite sur N entraîne que $\dim J \geq 1$, et que f est un plongement. Notons $\pi : J \to \tilde{J}$ la projection de J sur son quotient d'Eisenstein $\tilde{J}$ (cf. [3], [6]) ; soit $\tilde{f}$ l'application composée

$$X_o(N) \xrightarrow{f} J \xrightarrow{\pi} \tilde{J} .$$

Posons $S = \mathrm{Spec}(\mathbf{Z}) - \{2,N\} = \mathrm{Spec}(\mathbf{Z}[1/2N])$. On sait ([1]) que $X_o(N)$ et J (donc aussi $\tilde{J}$, cf. [10]) ont bonne réduction sur S (et même sur $\mathrm{Spec}(\mathbf{Z}) - \{N\}$) , i.e. se prolongent en des schémas projectifs et lisses sur S , que nous noterons $X_o(N)_S$, J_S et $\tilde{J}_S$. Les points x , $f(x)$, $\tilde{f}(x)$ s'interprètent comme des S-sections de ces schémas, et l'on peut parler de leurs valeurs x_p , $f(x_p)$, $\tilde{f}(x_p)$ en un nombre premier $p \neq 2$, N . Supposons alors que E n'ait pas potentiellement bonne réduction en p ; cela équivaut à dire que x_p est égal à l'une des deux pointes 0_p et ∞_p de la fibre de $X_o(N)_S$ en p . Quitte à remplacer x par $w(x)$, on peut supposer que $x_p = \infty_p$, d'où $\tilde{f}(x_p) = 0$. Ainsi, $\tilde{f}(x)$ s'annule en p . Or $\tilde{f}(x)$ appartient au groupe $\tilde{J}(\mathbf{Q})$, qui est fini ([6], th. 2) ; on en tire, par un argument facile (où l'hypothèse $p \neq 2$ intervient), $\tilde{f}(x) = 0$. On a donc

$$\tilde{f}(x) = \tilde{f}(\infty) \quad \text{et} \quad x_p = \infty_p \ ;$$

les deux sections x et ∞ de $X_o(N)_S$ ont même image par $\tilde{f}$ et coïncident en p . Comme le morphisme $\tilde{f} : X_o(N)_S \to \tilde{J}_S$ est non ramifié, au sens de EGA IV.7.3.1 en tout point de la section ∞ ([5], prop. 3.1 - voir Appendice), cela entraîne $x = \infty$ d'après EGA IV.17.4.7. Cette contradiction établit la prop. 1.

b) Action de $\mathrm{Gal}(\bar{\mathbf{Q}}/\mathbf{Q})$ sur A

Cette action est définie par un caractère

$$r : \mathrm{Gal}(\bar{\mathbf{Q}}/\mathbf{Q}) \to \mathbf{F}_N^* = \mathrm{Aut}(A) .$$

Du fait que $\mathbf{F}_N^*$ est abélien, r se factorise à travers

$$\mathrm{Gal}(\bar{\mathbf{Q}}/\mathbf{Q})^{ab} = \mathrm{Gal}(\mathbf{Q}_{cycl}/\mathbf{Q}) ,$$

où Q_{cycl} désigne le corps obtenu par adjonction à $\mathbf{Q}$ de toutes les racines de l'unité. On a

$$\mathrm{Gal}(\mathbf{Q}_{cycl}/\mathbf{Q}) = \prod_p \mathbf{Z}_p^* \ ;$$

si l'on note $r_p : \mathbf{Z}_p^* \to \mathbf{F}_N^*$ la restriction de r à Z_p^* , on a $r_p = 1$ pour presque tout p , et

$$r = \prod_p r_p .$$

PROPOSITION 2.- i) Si $p \neq N$, le caractère r_p est d'ordre 1 , 2 , 3 , 4 ou 6 .

ii) Soit χ le caractère canonique $\mathbf{Z}_N^* \to \mathbf{F}_N^*$. Il existe un entier e , égal à 1 , 2 , 3 , 4 ou 6 , tel que

(*) $(r_N)^e = \chi^c$, avec $0 \leq c \leq e$.

Le caractère χ est celui qui donne l'action de $\mathrm{Gal}(\bar{\mathbf{Q}}/\mathbf{Q})$ sur le groupe μ_N des racines N-ièmes de l'unité.

Démonstration de i)

Du fait que r_p ne dépend que de l'action du groupe d'inertie en p , la question est locale. Si j(E) n'est pas p-entier, E est une "courbe de Tate" sur $\mathbf{Q}_p$ (à torsion quadratique près), et la structure d'une telle courbe montre que r_p est d'ordre ≤ 2 . Si j(E) est p-entier, il résulte de [10], § 2 (voir aussi [9], n° 5.6) que le groupe d'inertie en p opère sur les points de N-division de E à travers un groupe Φ_p d'automorphismes d'une courbe elliptique en caractéristique p ; un tel groupe Φ_p est cyclique d'ordre 1 , 2 , 3 , 4 ou 6 , ou non abélien d'ordre 12 ou 24 ; son image dans $\mathbf{F}_N^*$ est cyclique d'ordre 1 , 2 , 3 , 4 ou 6 .

Démonstration de ii)

L'argument est analogue. Si j(E) n'est pas p-entier, la structure des courbes de Tate montre que $(r_N)^2 = 1$ ou χ^2 . Si j(E) est p-entier, il existe une extension finie de $\mathbf{Q}_p$, d'indice de ramification e égal à 1 , 2 , 3 , 4 ou 6 , sur laquelle E acquiert bonne réduction (du moins si $N \neq 2 , 3$, ce que l'on peut supposer, la prop. 2 étant triviale pour $N < 11$). En appliquant à cette extension la prop. 10 de [9] (ou le cor. 3.4.4 de [7]), on obtient le fait que $(r_N)^e$ est de la forme χ^c , avec $0 \leq c \leq e$.

Remarques.- 1) Le fait que $(r_p)^{12} = 1$ pour $p \neq N$ peut aussi se déduire des propriétés de ramification du revêtement $X_1(N) \to X_o(N)$, cf. [5], § 5.

2) Tout caractère $\mathbf{Z}_N^* \to \mathbf{F}_N^*$ est une puissance du caractère canonique χ , qui est d'ordre $N-1$. On a donc $r_N = \chi^k$, avec $k \in \mathbf{Z}/(N-1)\mathbf{Z}$, et la condition (*) de ii) peut s'écrire :

(*)' $ek \equiv c \pmod{N-1}$, avec $0 \leq c \leq e$.

c) Exploitation de a) et b)

On suppose à partir de maintenant que $N \neq 2 , 3 , 5 , 7 , 13$. Soit p un nombre premier distinct de 2 et de N , et décomposons le caractère r en :

$$r = r_p \varphi_p \quad , \quad \text{où} \quad \varphi_p = r_N \prod_{\ell \neq p,N} r_\ell .$$

Soit K_p l'extension cyclique de $\mathbf{Q}$ associée au noyau de r_p. C'est une sous-extension du corps cyclotomique $\mathbf{Q}(\mu_p)$ de degré égal à l'ordre de r_p. Elle est totalement ramifiée en p. Notons $\mathfrak{p}$ son unique idéal premier de norme p.

PROPOSITION 3.- Sur K_p, la courbe E a bonne réduction en $\mathfrak{p}$.

En effet, la prop. 1 montre que E a potentiellement bonne réduction en $\mathfrak{p}$, et le groupe local Φ_p correspondant ([9], n° 5.6) fixe un point d'ordre N, donc est réduit à $\{1\}$, ce qui entraîne la propriété de bonne réduction cherchée, cf. [10], § 2.

On peut donc parler de la réduction mod. $\mathfrak{p}$ de E ; c'est une courbe elliptique sur $\mathbf{F}_p$. Notons a_p la trace de son endomorphisme de Frobenius. On a l'inégalité de Hasse :

(**) $$|a_p| \leq 2\sqrt{p}$$

et de plus :

PROPOSITION 4.- $$a_p \equiv \varphi_p(p) + p\varphi_p(p)^{-1} \pmod{N} .$$

(On identifie φ_p à un caractère de $\prod_{\ell \neq p} \mathbf{Z}_\ell^*$, ce qui donne un sens à $\varphi_p(p)$.)

Comme $\varphi_p(p) = r_N(p) \prod_{\ell \neq p,N} r_\ell(p)$, et $r_\ell(p)^{12} = 1$ pour $\ell \neq p$, N, on en déduit :

COROLLAIRE.- Avec les notations de (*)', on a

(***) $$a_p \equiv \omega_p p^k + \omega_p^{-1} p^{1-k} \pmod{N} ,$$

où $\omega_p \in \mathbf{F}_N^*$ est tel que $\omega_p^{12} = 1$.

Démonstration de la prop. 4

Soit $G \subset \mathbf{GL}_2(\mathbf{F}_N)$ le groupe de Galois de l'extension de K_p obtenu par adjonction des points de N-division de E. Vu la prop. 3, cette extension est non ramifiée en $\mathfrak{p}$. Soit $\sigma_\mathfrak{p} \in G$ l'élément de Frobenius correspondant. On sait que

$$\mathrm{Tr}(\sigma_\mathfrak{p}) \equiv a_p \pmod{N} .$$

D'autre part, $\sigma_\mathfrak{p}$ agit sur A par homothétie de rapport $\varphi_p(p)$. L'une des valeurs propres de $\sigma_\mathfrak{p}$ est donc $\varphi_p(p)$ et l'autre est $p\varphi_p(p)^{-1}$ puisque $\det(\sigma_\mathfrak{p}) \equiv p \pmod{N}$. D'où

$$\mathrm{Tr}(\sigma_\mathfrak{p}) \equiv \varphi_p(p) + p\varphi_p(p)^{-1} \pmod{N} ,$$

ce qui démontre la proposition.

d) Fin de la démonstration

Revenons aux notations de (*)' : on a $ek \equiv c \pmod{(N-1)}$, avec $e = 1, 2, 3, 4, 6$ et $0 \leq c \leq e$; on en déduit que c est divisible par $\mathrm{pgcd}(e, N-1)$, et le rapport c/e ne peut prendre que les valeurs suivantes :

$c/e = 0$ ou 1

$c/e = 1/3$ ou $2/3$ (si $e = 3$ ou 6 , et $3 \nmid N-1$)

$c/e = 1/2$ (si $e = 4$ et $4 \nmid N-1$) .

(Dans [5], § 5, Mazur remarque que ces cinq valeurs correspondent aux cinq possibilités de [6], th. 6 ; nous n'utiliserons pas ce fait.)

Nous allons examiner successivement ces différents cas :

d_1) Le cas $c/e = 0$ ou 1

Soient $f_{i,p}(X)$, $1 \leq i \leq 4$, les polynômes suivants :

$$f_{1,p}(X) = X + p + 1 \ ;$$

$$f_{2,p}(X) = X^2 + (p-1)^2 \ ;$$

$$f_{3,p}(X) = X^2 + (p+1)X + p^2 - p + 1 \ ;$$

$$f_{4,p}(X) = X^4 - (p^2 + 4p + 1)X^2 + (p^2 + p + 1)^2 \ .$$

Lemme 1.- Supposons E de type d_1) . Alors, pour tout $p \neq 2, N$, il existe $i \in \{1,2,3,4\}$ et $a \in \mathbf{Z}$ tels que $|a| \leq 2\sqrt{p}$ et $N \mid f_{i,p}(a)$.

Démonstration

Puisque $c/e = 0$ ou 1 , on a $ek \equiv 0$ ou $e \pmod{(N-1)}$, et d'après (***), on en déduit

$$a_p \equiv \varepsilon_p + \varepsilon_p^{-1} p \pmod{N} ,$$

où $\varepsilon_p \in F_N^*$ est d'ordre $1, 2, 3, 4, 6$ ou 12 . Supposons par exemple que ε_p soit d'ordre 3 ou 6 , i.e. que

$$\varepsilon_p + \varepsilon_p^{-1} \pm 1 \equiv 0 \pmod{N} .$$

En développant le produit $(a_p - \varepsilon_p - \varepsilon_p^{-1}p)(a_p - \varepsilon_p^{-1} - \varepsilon_p p)$, on voit que

$$a_p^2 \pm (p+1)a_p + p^2 - p + 1 \equiv 0 \pmod{N} ,$$

ce qui montre que N divise $f_{3,p}(\pm a_p)$. D'où le lemme dans ce cas. Lorsque ε_p est d'ordre 1 ou 2 (resp. 4 , resp. 12), on utilise le polynôme $f_{1,p}$ (resp. $f_{2,p}$, resp. $f_{4,p}$).

Il est maintenant facile de conclure. Prenons en effet $p = 3$. La condition $|a| \leq 2\sqrt{p}$ signifie que $a = 0$, ± 1, ± 2, ± 3 ; les valeurs des $f_{i,3}(X)$ en ces entiers sont les nombres

1, 2, 3, 4, 5, 6, 7 ; 4, 5, 8, 13 ; 3, 4, 7, 12, 19, 28 ; 52, 97, 148, 169.

Leurs diviseurs premiers sont 2, 3, 5, 7, 13, 19, 37, 97 qui appartiennent tous à $\mathfrak{S}$, sauf 97. Pour montrer que N ne peut pas être égal à 97, on peut, soit invoquer des résultats connus (cf. [2]), soit recommencer le même calcul pour $p = 5$; on trouve alors pour valeurs des polynômes $f_{i,5}(X)$ les entiers

2, 3, 4, 5, 6, 7, 8, 9, 10 ; 16, 17, 20, 25, 32 ; 12, 13, 16, 21, 28, 37, 48, 61 ; 481, 628, 793, 916, 961,

et l'on constate que 97 ne divise aucun d'eux.

d_2) Le cas $c/e = 1/3$ ou $2/3$ $(3 \nmid N-1)$

Soient $f_{i,p}(X)$, $i = 5, 6$, les polynômes suivants :

$$f_{5,p}(X) = X^3 - 3pX + p^2 + p \ ;$$

$$f_{6,p}(X) = (X^3 - 3pX)^2 + (p^2 - p)^2 \ .$$

Lemme 2.- Supposons E de type d_2). Alors, pour tout $p \neq 2, N$, il existe $i \in \{5,6\}$ et $a \in \mathbf{Z}$ tels que $|a| \leq 2\sqrt{p}$ et $N \mid f_{i,p}(a)$.

Démonstration

On procède comme pour le lemme 1. On a d'après (iii),

$$a_p \equiv \varepsilon_p p^h + \varepsilon_p^{-1} p^{1-h} \quad (\text{mod. } N) \ ,$$

avec $3h \equiv 1$ (mod. $(N-1)$), et $\varepsilon_p^{12} = 1$. D'où :

$$a_p^3 - 3pa_p \equiv \varepsilon_p^3 p + \varepsilon_p^{-3} p^2 \ (\text{mod. } N) \ .$$

Si ε_p^3 est d'ordre 1 (resp. 2, resp. 4), cette congruence montre que N divise $f_{5,p}(-a_p)$ (resp. $f_{5,p}(a_p)$, resp. $f_{6,p}(a_p)$). D'où le lemme.

Comme ci-dessus, on applique le lemme avec $p = 3$. Les valeurs de $f_{5,3}(X)$ et $f_{6,3}(X)$ pour $X = 0, \pm 1, \pm 2, \pm 3$ sont :

2, 4, 12, 20, 22 ; 36, 100, 136 .

Leurs diviseurs premiers sont 2, 3, 5, 11, 17, qui appartiennent tous à $\mathfrak{S}$.

d_3) Le cas $c/e = 1/2$ $(4 \nmid N-1)$

Lemme 3.- Supposons E de type d_3). Alors, pour tout p tel que $2 < p < N/4$, on a $(\frac{p}{N}) = -1$.

Démonstration

On a, d'après (iii),

$$a_p \equiv \varepsilon_p p^h + \varepsilon_p^{-1} p^{1-h} \pmod{N} ,$$

avec $2h = 1 + (N-1)/2$ et $\varepsilon_p^{12} = 1$. D'où :

$$a_p^2 - 2p \equiv (\varepsilon_p^2 + \varepsilon_p^{-2}) p^{1+(N-1)/2} \pmod{N} .$$

Du fait que 4 ne divise pas $N-1$, l'ordre de ε_p divise 6 et celui de ε_p^2 divise 3 . On a donc

$$\varepsilon_p^2 + \varepsilon_p^{-2} \equiv 2 \quad \text{ou} \quad -1 \pmod{N} .$$

Supposons alors que $(\frac{p}{N}) \equiv p^{(N-1)/2}$ soit égal à 1 . Il vient :

$$a_p^2 - 2p \equiv 2p \quad \text{ou} \quad -p \pmod{N} ,$$

d'où $a_p^2 \equiv 4p$ ou $p \pmod{N}$. Si en outre on a $N > 4p$, N est strictement plus grand que $|a_p^2 - 4p|$ et $|a_p^2 - p|$, et la congruence ci-dessus entraîne que a_p^2 est égal à $4p$ ou à p , ce qui est absurde. D'où le lemme.

Lemme 4.- Si $4 \nmid N-1$, et si $(\frac{p}{N}) = -1$ pour tout p tel que $2 < p < N/4$, le nombre de classes du corps $Q(\sqrt{-N})$ est égal à 1 .

Démonstration

L'hypothèse faite sur N équivaut à dire que tout idéal entier du corps $Q(\sqrt{-N})$ dont la norme est impaire et $< N/4$ est engendré par un élément de $\mathbf{Z}$. Distinguons alors deux cas :

α) $N \equiv 3 \pmod{8}$

On a $(\frac{2}{N}) = -1$, de sorte que tout idéal entier de $Q(\sqrt{-N})$ de norme $< N/4$ est principal. D'après le théorème de Minkowski, cela entraîne que le nombre de classes du corps est 1 .

β) $N \equiv -1 \pmod{8}$

Nous allons voir que ce cas est impossible (N étant supposé > 7). Posons en effet $x = (1+\sqrt{-N})/2$ si $N \equiv 7 \pmod{16}$, et $x = (3+\sqrt{-N})/2$ si $N \equiv -1 \pmod{16}$. On vérifie que la norme de x est de la forme $2m$, avec m impair, $1 < m < N/4$. Il en résulte, d'après ce qui a été vu plus haut, que l'idéal (x) est produit d'un idéal de norme 2 par un idéal (a) engendré par un élément a de Z , avec $a > 1$. L'élément x est donc divisible par a , ce qui est absurde puisque $\{1,x\}$ est une base de l'anneau des entiers de $Q(\sqrt{-N})$.

Une fois les lemmes 3 et 4 démontrés, on n'a plus qu'à appliquer le théorème de Heegner-Stark-Baker (cf. [11]) pour conclure que N est égal à $11, 19, 43, 67$ ou 163 ; cela achève la démonstration des théorèmes 1 et 1'.

Remarque.- La démonstration ci-dessus se simplifie notablement si l'on n'a en vue que les th. 3, 4, 5 : les cas d_2) et d_3) n'interviennent pas. Par exemple, dans le cas du th. 3, on suppose que E a un point rationnel d'ordre N, i.e. que le caractère r est trivial. La prop. 3 montre alors que E a bonne réduction en tout $p \neq 2, N$ d'où le fait que N divise $p+1-a_p$ (cf. prop. 4) ; or c'est absurde si $p=3$, car $p+1-a_p$ est compris entre 1 et 7. On a donc $N \in \{2, 3, 5, 7, 13\}$ et le cas $N = 13$ est exclu par un théorème de Blass-Mazur-Tate (voir [2]). D'où $N \leq 7$.

Appendice

Il s'agit de prouver le résultat suivant, utilisé dans la démonstration de la prop. 1 :

THÉORÈME.- Le morphisme $\tilde{f} : X_o(N)_S \to \tilde{J}_S$ est non ramifié en tout point de la section ∞.

Rappelons que $S = \mathrm{Spec}(Z) - \{2,N\}$.

Soit B le noyau de $\pi : J \to \tilde{J}$; c'est une sous-variété abélienne de J. Puisque J a bonne réduction sur S, il en est de même de B ; notons B_S son modèle de Néron. L'injection $B \to J$ se prolonge en un morphisme $B_S \to J_S$ dont l'image est l'adhérence $\bar{B}$ de B dans J_S. Raynaud et Mazur ont démontré que le morphisme $B_S \to \bar{B}$ ainsi défini est un isomorphisme, de sorte que $\tilde{J}_S$ s'identifie au quotient J_S/B_S, et que le morphisme $\pi : J_S \to \tilde{J}_S$ est lisse ; la démonstration utilise le th. 3.3.3 de [7], appliqué à un sous-schéma en groupes fini convenable de B_S (pour plus de détails, voir [5], § 1) ; le fait que $\mathrm{Spec}(S)$ ne contienne pas $p = 2$ est ici essentiel.

Supposons maintenant que $\tilde{f}$ soit ramifié en un point de la section ∞, dont l'image dans S est le nombre premier p. Si l'on convient de noter par un indice p les fibres en p, cela signifie que l'application tangente en ∞_p à $\tilde{f}_p : X_o(N)_p \to \tilde{J}_p$ est nulle. Cette propriété peut se reformuler en termes de formes différentielles (i.e. de formes modulaires de poids 2) :

Notons Ω_p (resp. $\tilde{\Omega}_p$) l'espace des formes invariantes sur J_p (resp.

sur $\tilde{J}_p$) ; du fait que $J_p \to \tilde{J}_p$ est lisse, on peut identifier $\tilde{\Omega}_p$ à un sous-espace de Ω_p , qui lui-même s'identifie à l'espace des formes de première espèce sur $X_o(N)_p$. Si $\omega \in \Omega_p$, on développe ω au voisinage de ∞_p à la manière habituelle (qui garde un sens en caractéristique p , on le sait) :

$$\omega = (a_1(\omega)q + \ldots + a_n(\omega)q^n + \ldots) \frac{dq}{q} .$$

Le fait que la différentielle de $\tilde{f}_p$ soit nulle en ∞_p se traduit par la propriété :

$$a_1(\omega) = 0 \qquad \text{pour tout } \omega \in \tilde{\Omega}_p .$$

Mais $\tilde{\Omega}_p$ est non nul (car $\dim \tilde{J} \geq 1$), et stable par les opérateurs de Hecke. Comme ces opérateurs commutent entre eux, ils ont un vecteur propre commun $\omega \neq 0$ dans $\tilde{\Omega}_p$. Des formules standard permettent alors d'exprimer les $a_n(\omega)$ comme des multiples de $a_1(\omega)$; comme $a_1(\omega)$ est nul, il en est de même de tous les $a_n(\omega)$, et l'on a $\omega = 0$; contradiction !

BIBLIOGRAPHIE

[1] P. DELIGNE et M. RAPOPORT - Les schémas de modules de courbes elliptiques, Lecture Notes in Math. n° 349, p. 143-316, Springer-Verlag, 1973.

[2] D. KUBERT - Universal bounds on torsion of elliptic curves, Proc. London Math. Soc. (3), 33 (1976), p. 193-237.

[3] B. MAZUR - Modular curves and the Eisenstein ideal, Publ. Math. I.H.E.S., 47 (1978), p. 35-193.

[4] B. MAZUR - Rational points on modular curves, Lecture Notes in Math., n° 601, p. 107-148, Springer-Verlag, 1977.

[5] B. MAZUR - Rational Isogenies of Prime Degree, Invent. Math.,44(1978), 129-162.

[6] B. MAZUR et J.-P. SERRE - Points rationnels des courbes modulaires $X_o(N)$, Séminaire Bourbaki, 27e année, 1974/75, exposé 469, Lecture Notes in Math. n° 514, p. 238-255, Springer-Verlag, 1976.

[7] M. RAYNAUD - Schémas en groupes de type (p,...,p), Bull. Soc. Math. France, 102(1974), p. 241-280.

[8] J.-P. SERRE - p-torsion des courbes elliptiques (d'après Y. MANIN), Séminaire Bourbaki, 22e année, 1969/70, exposé 380, Lecture Notes in Math. n° 180, p. 281-294, Springer-Verlag, 1971.

[9] J.-P. SERRE - Propriétés galoisiennes des points d'ordre fini des courbes elliptiques, Invent. Math., 15 (1972), p. 259-331.

[10] J.-P. SERRE and J. TATE - Good reduction of abelian varieties, Ann. of Math., 88 (1968), 492-517.

[11] H. M. STARK - A complete determination of the complex quadratic fields of class-number one, Mich. Math. J., 14 (1967), p. 1-27.

Séminaire BOURBAKI
30e année, 1977/78, n° 512

ÉQUATIONS DIFFÉRENTIELLES ALGÉBRIQUES

par Jean-Louis VERDIER

Des aspects algébriques de la théorie des équations différentielles ont fait ces dernières années l'objet de nombreux travaux.

En étudiant l'équation de Schrödinger à une variable, et à coefficients périodiques, Novikov [12], McKean et Van Moerbeke [10] ont montré que l'étude de certaines de ces équations (nombre fini de zones d'instabilité) se ramenait à la théorie des intégrales abéliennes hyperelliptiques et que ces opérateurs différentiels particuliers étaient caractérisés par le fait qu'ils possédaient une grosse algèbre commutante d'opérateurs différentiels. On peut aussi les caractériser comme solution d'un système hamiltonien en involution.

Kričever dans [5] reprend la question et propose d'étudier systématiquement les algèbres commutatives d'opérateurs différentiels : à de telles algèbres, il associe des courbes algébriques munies de différentes structures, et il établit ainsi un dictionnaire qui fonctionne dans les deux sens dans les bons cas.

Un des aspects les plus intéressants de la théorie est qu'elle permet d'étudier les équations variationnelles associées, par exemple les équations de Korteweg-de Vries, et les équations du type Gordon-Sinus, et de donner des solutions périodiques ou quasi-périodiques de ces équations (solitons).

De bons articles d'exposition ont été écrits sur ce sujet et ont couvert à peu près tous les aspects [2], [7], [8], [11].

Nous ne prétendons pas donner ici un exposé systématique. Nous nous contenterons de faire quelques pas sur le chemin tracé par Kričever. En particulier, tout l'aspect calcul variationnel et système hamiltonien ([3], [4]) qui pourrait faire l'objet d'un autre exposé n'est pas traité ici.

Notre bibliographie est squelettique. Nous renvoyons pour une bibliographie complète aux articles d'exposition déjà cités.

1. Algèbres commutatives d'opérateurs différentiels

Notons $\mathcal{D} = \mathbb{C}\{z\}[D]$, $D = \frac{\partial}{\partial z}$, l'algèbre des opérateurs différentiels en une variable z , à coefficients séries convergentes en z . Soit $L \in \mathcal{D}$ un opérateur d'ordre > 0 et notons $\mathcal{A}$ l'algèbre des opérateurs $M \in \mathcal{D}$ qui commutent à L . L'idée fondamentale et qui n'est pas neuve est d'utiliser $\mathcal{A}$ pour étudier L . Montrons d'abord que $\mathcal{A}$ est commutative. Cela résulte des lemmes suivants :

Lemme 1.- Soient $L = a_o D^\ell + a_1 D^{\ell-1} + \ldots + a_\ell$, $\operatorname{ord} L = \ell > 0$, et $K = b_o D^k + b_1 D^{k-1} + \ldots + b_k$ deux éléments de $\mathcal{D}$ tels que $\operatorname{ord}[K,L] < k+\ell-1$. Alors il existe un $\alpha \in \mathbb{C}$, tel que $b_o^\ell = \alpha a_o^k$. Si de plus a_o et b_o sont des fonctions constantes et si $\operatorname{ord}[K,L] < k+\ell-2$, alors il existe α et $\beta \in \mathbb{C}$ tels que $b_1 = \alpha a_1 + \beta$.

Résulte des équations différentielles qu'on obtient en traduisant les hypothèses.

Lemme 2.- Soient $A \subset \mathcal{D}$ une sous-algèbre commutative et $M \in \mathcal{D}$. Il existe $p \in \mathbb{Z} \cup \{-\infty\}$ tel que pour tout $L \in A$, $\operatorname{ord} L > 0$, on ait $\operatorname{ord}[M,L] = \operatorname{ord} L + p$.

Supposons que A possède des éléments d'ordre > 0 . Posons $p(L) = \operatorname{ord}[M,L] - \operatorname{ord} L$ et $p = \sup p(L)$ pour $L \in \mathcal{A}$ et $\operatorname{ord} L > 0$. La borne supérieure est atteinte car $p(L) \leq \operatorname{ord} M - 1$. Pour $L \in \mathcal{A}$ et $n \in \mathbb{N}$, on a

$$[M,L^n] = \sum_{i=0}^{n-1} L^i[M,L]L^{n-i-1} = n\, L^{n-1}[M,L] + \text{termes d'ordre inférieur. Donc}$$

$p(L^n) = p(L)$. Soit $K \in \mathcal{A}$ tel que $p(K) = p$ et $\operatorname{ord} K = k > 0$. Pour tout $L \in \mathcal{A}$ tel que $\operatorname{ord} L = \ell > 0$, il existe d'après le lemme 1 un $\alpha \in \mathbb{C}$, $\alpha \neq 0$, tel que $L^k = \alpha K^\ell + R$ et $\operatorname{ord} R < k\ell$. On a $\operatorname{ord}[M,R] = p(R) + \operatorname{ord} R < p + k\ell = \operatorname{ord}[M,K^\ell]$. On déduit donc de $[M,L^k] = \alpha[M,K^\ell] + [M,R]$, l'égalité $\operatorname{ord}[M,L^k] = \operatorname{ord}[M,K^\ell]$, d'où $p(L) = p(L^k) = p(K^\ell) = p$.

Il résulte alors du lemme 2 que tout opérateur qui commute à L , commute aux éléments de $\mathcal{A}$ et par suite que $\mathcal{A}$ est commutative.

Nous dirons dans la suite que L est un opérateur elliptique lorsque son coefficient dominant est une fonction de z non nulle en $z = 0$. Lorsque L est elliptique, il résulte du lemme 1 que tous les éléments de $\mathcal{A}$ sont des opérateurs elliptiques.

Nous nous plaçons désormais dans un cadre un peu plus général : $\mathcal{A}$ est une sous-algèbre commutative de $\mathcal{D}$ qui possède un élément d'ordre > 0 . Les sous-algèbres maximales parmi celles-ci sont exactement les algèbres commutantes d'opérateurs d'ordre > 0 . Lorsqu'un élément de $\mathcal{A}$ d'ordre > 0 est elliptique, tous les éléments de $\mathcal{A}$ sont elliptiques. Nous dirons alors que $\mathcal{A}$ est elliptique.

Notons pour $i \in \mathbb{N}$, $\mathcal{A}_i \subset \mathcal{A}$ le sous-espace des opérateurs de degré $\leq i$. On obtient ainsi une filtration croissante de $\mathcal{A}$ et comme $\mathcal{A}_i \cdot \mathcal{A}_j \subset \mathcal{A}_{i+j}$, $\mathcal{A}$ est une algèbre <u>filtrée</u>.

PROPOSITION 1.- a) <u>Pour tout</u> $i \in \mathbb{N}$, $\mathcal{A}_{i+1}/\mathcal{A}_i$ <u>est un espace vectoriel de dimension au plus</u> 1 . <u>L'algèbre</u> $\operatorname{gr}\mathcal{A} = \bigoplus_i \mathcal{A}_{i+1}/\mathcal{A}_i$ <u>est intègre</u>.

b) $\mathcal{A}$ <u>est une algèbre intègre de type fini de dimension</u> 1 .

L'assertion a) résulte du lemme 1 et l'assertion b) est une conséquence de a).

2. <u>Sous-algèbres de $\mathcal{D}$</u>

Notons $\mathcal{E}$ le module des distributions à support dans l'origine. L'espace vectoriel $\mathcal{E}$ a pour base $\delta^{(o)},\dots,\delta^{(i)},\dots$, $i \in \mathbb{N}$, où $\delta^{(o)}$ est la mesure de Dirac et où $\delta^{(i)} = \frac{\partial^i}{\partial z^i}\delta^{(o)}$. Faisons opérer $\mathcal{D}$ à droite sur $\mathcal{E}$ par transposition de sorte que pour tout $\varphi \in \mathcal{O}$ (l'espace des fonctions holomorphes à l'origine), tout $S \in \mathcal{E}$, tout $L \in \mathcal{D}$, on a

$$(2.1) \qquad \langle S.L , \varphi\rangle = \langle S , L\varphi\rangle \ .$$

Pour tout voisinage ouvert de $0 \in \mathbb{C}$, posons $\Gamma(U,\mathcal{E}) = \mathcal{O}(U) \otimes_{\mathbb{C}} \mathcal{E}$ où $\mathcal{O}(U)$ désigne l'espace des fonctions holomorphes sur U . On a $\varinjlim \Gamma(U,\mathcal{E}) = \mathcal{O} \otimes_{\mathbb{C}} \mathcal{E}$. Posons $E = \mathcal{O} \otimes_{\mathbb{C}} \mathcal{E}$.

Soit $L \in \mathcal{D}$. Pour tout t suffisamment proche de $0 \in \mathbb{C}$, notons L_t l'opérateur déduit de L par la translation $z \mapsto z + t$. Soit U un voisinage de 0 dans $\mathbb{C}$ tel que pour tout $t \in U$, L_t soit défini. Pour tout $i \in \mathbb{N}$, l'application $t \mapsto \delta^{(i)}.L_t$ est un élément de $\Gamma(U,\mathcal{E})$. Son germe dans E est noté $\delta^{(i)}L$. On a donc pour t voisin de 0 , l'égalité dans $\mathcal{E}$:

$$(2.2) \qquad \delta^{(i)}L(t) = \delta^{(i)}.L_t \ .$$

On définit ainsi une structure de $\mathcal{D}$-module à droite sur E qui commute aux multiplications à gauche par les éléments de $\mathcal{O}$. On constate immédiatement que l'application

$$(2.3) \qquad \sum \varphi_i(t)\,\delta^{(i)} \longmapsto \sum \varphi_i(z)\,D^i$$

de E dans $\mathcal{D}$ est un isomorphisme du $\mathcal{D}$-module E dans $\mathcal{D}$ considéré comme module à droite sur lui-même. Comme la multiplication à gauche dans $\mathcal{D}$ par $D \in \mathcal{D}$, commute aux multiplications à droite, on en déduit, en transportant par l'isomorphisme (2,3) un homomorphisme de $\mathcal{D}$-modules

(2.4) $$\nabla : E \to E .$$

On a

(2.5) $$\begin{cases} \nabla\delta^{(i)} = \delta^{(i+1)} , & i \in \mathbb{N} , \\ \nabla(\varphi(t)s) = \varphi'(t)s + \varphi(t)\nabla s , & \varphi \in \mathcal{O} , \ s \in E . \end{cases}$$

Nous dirons que ∇ est une $\mathcal{O}$-connexion.

Pour $i \in \mathbb{N}$, notons E_i le sous-$\mathcal{O}$-module de E engendré par les $\delta^{(j)}$, $j \leq i$. On définit ainsi une filtration sur E faisant de E un $\mathcal{O}$-$\mathcal{D}$-module filtré. Pour tout i, on a $\nabla(E_i) \subset E_{i+1}$ et l'application $\mathcal{O}$-linéaire $E_i/E_{i-1} \to E_{i+1}/E_i$ induite par ∇ est un isomorphisme.

En restreignant les opérations de $\mathcal{D}$ sur E à une sous-algèbre $\mathcal{A}$ de $\mathcal{D}$, on obtient :

(ACD 0) Une algèbre commutative filtrée $\mathcal{A}$ telle que $gr(\mathcal{A})$ soit intègre et que $[\mathcal{A}_{i+1} / \mathcal{A}_i : \mathbb{C}] \leq 1$ pour tout i ;

(ACD 1) Un $\mathcal{O} \otimes_{\mathbb{C}} \mathcal{A}$-module filtré : $E_o \subset E_1 \subset \ldots \subset E = \bigcup_i E_i$;

(ACD 2) Une $\mathcal{O}$-connexion $\nabla : E \to E$;

(ACD 3) Un élément $\delta^{(o)} \in E_o$;

et ces objets ont les propriétés suivantes :

(ACD 4) $gr(E) = \oplus E_i / E_{i-1}$ est un $\mathcal{O} \otimes_{\mathbb{C}} gr(\mathcal{A})$-module fidèle ;

(ACD 5) Pour tout $i \in \mathbb{N}$, $\nabla E_i \subset E_{i+1}$;

(ACD 6) E_o est un $\mathcal{O}$-module libre de base $\delta^{(o)}$ et pour tout $i \in \mathbb{N}$ l'application $\mathcal{O}$-linéaire $E_i/E_{i-1} \to E_{i+1}/E_i$ induite par ∇ est un isomorphisme.

PROPOSITION 2.- <u>Soit</u> $(\mathcal{A}, E, \nabla, \delta^{(o)})$ <u>des données comme ci-dessus</u>. <u>Pour tout</u> $f \in \mathcal{A}$, <u>il existe un et un seul opérateur</u> $L_f = \sum a_i(z)D^i \in \mathcal{D}$ <u>tel que</u> $(\sum a_i(t)\nabla^i)\delta^{(o)} = \delta^{(o)}f$. <u>L'application</u> $f \mapsto L_f$ <u>est un isomorphisme d'algèbre filtrée de</u> $\mathcal{A}$ <u>sur une sous-algèbre de</u> $\mathcal{D}$.

La démonstration est laissée au lecteur. Remarquons de plus que le $\mathcal{A}$-module à droite $\mathcal{E} = \mathbb{C} \otimes_{\mathcal{O}} E$ s'identifie au module des distributions de support l'origine.

PROPOSITION 3.- Pour que l'application $f \mapsto L_f$ de $\mathcal{A}$ dans $\mathcal{D}$ décrite dans la prop. 2 ait pour image une sous-algèbre elliptique, il faut et il suffit que la condition suivante soit satisfaite :

(ACD 7) $gr(\mathcal{E})$ est un $gr(\mathcal{A})$-module sans torsion et E est un $\mathcal{O} \otimes_C \mathcal{A}$ -module de type fini.

Démonstration immédiate. Remarquons que la propriété (ACD 7) implique (ACD 4).

Le cas des sous-algèbres commutatives non elliptiques (donc composées d'opérateurs singuliers) est mystérieux pour le rédacteur. En particulier, il peut se produire que E ne soit pas un $\mathcal{O} \otimes_C \mathcal{A}$-module de type fini. Mais on sait que, dans ce cas, il faut distinguer entre les solutions formelles et les solutions convergentes des opérateurs, et comme le module E décrit les solutions formelles des opérateurs de $\mathcal{A}$, il n'est peut être pas adapté à l'étude de ces algèbres.

3. Traduction géométrique

Les objets algébriques introduits dans le n° 2 correspondent à des objets géométriques que nous allons décrire. Il s'agit d'un exercice élémentaire de géométrie algébrique dont nous proposons l'énoncé au lecteur.

Soient U un ouvert de $\mathbf{C}$, voisinage de 0 , X une courbe algébrique complète, irréductible réduite, $C \in X$ un point lisse, M un faisceau cohérent sur $U \times X$ plat sur U , tel que la restriction $\mathcal{M}$ de M à $X = \{0\} \times X$ soit sans torsion. Alors la restriction M_C de M à $U \times C = U$ est localement libre au voisinage de 0 et nous prendrons U assez petit pour que M_C soit localement libre. Appelons structure parabolique sur M le long de $U \times C$, la donnée d'un drapeau maximal de sous-faisceaux

$$0 = F_o(M_C) \subset \ldots \subset F_r(M_C) = M_C .$$

Pour tout $i \in \mathbb{Z}$, notons $\alpha(i)$ l'entier tel que $0 < \alpha(i)r - i \leq r$. Posons $M_i = (\ker(M \to M_C / F_{\alpha(i)r-i}(M_C)))(\alpha(i)(U \times C))$. On obtient ainsi une suite infinie de faisceaux emboîtés

$$\ldots \subset M_o = M \subset M_1 \subset \ldots \subset M_r \subset \ldots .$$

On a $M_i(U \times C) = M_{i+r}$ et M_{i+1} / M_i est un faisceau sur $U \times C$ localement libre de rang 1 . Réciproquement, la donnée d'une suite infinie de faisceaux emboîtés soumise aux conditions ci-dessus définit sur M une structure parabolique en posant $F_i(M_C) = \mathrm{Im}(M_{i-r} \to M_C)$.

Donnons-nous une structure parabolique sur M . Elle induit une structure parabolique sur $\mathcal{M}$. Nous dirons que M muni de sa structure parabolique est une <u>déformation plate à un paramètre de</u> $\mathcal{M}$.

Appelons abusivement U-connexion sur M adaptée à la structure parabolique et notons $\nabla : M \to M$, une application $\mathcal{O}_X$-linéaire $\varinjlim M_i \to \varinjlim M_i$ qui augmente le degré de 1 et telle que $\nabla(as) = a's + a\nabla s$ pour toute fonction holomorphe a sur U . Une telle U-connexion induit des homomorphismes $\mathcal{O}_U$-linéaires $M_i/M_{i-1} \to M_{i+1}/M_i$.

Considérons alors des objets $(X, C, \mathcal{M}, M, \nabla)$ munis des structures et possédant les propriétés suivantes :

(CD 1) X est une courbe algébrique complète irréductible et réduite, et C est un point lisse de X .

(CD 2) $\mathcal{M}$ est un faisceau cohérent sur X muni d'une structure parabolique en C et tel que $h^o(X,\mathcal{M}) = h^1(X,\mathcal{M}) = 0$.

(CD 3) Une famille d'isomorphismes $\Phi \in \bigoplus_0^{r-1} \mathrm{Hom}(\mathcal{M}_i/\mathcal{M}_{i-1}, \mathcal{M}_{i+1}/\mathcal{M}_i)$ où r est le rang générique de $\mathcal{M}$ et une section non nulle σ de $\mathcal{M}_1$ sur X .

(CD 4) M est un germe de déformation plate à un paramètre de $\mathcal{M}$.

(CD 5) ∇ est une $\mathcal{O}$-connexion adaptée à la structure parabolique de M qui induit une famille d'homomorphismes $\mathcal{O}$-linéaires $\Phi_\nabla \in \bigoplus_0^{r-1} \mathrm{Hom}(M_i/M_{i-1}, M_{i+1}/M_i)$ qui prolonge Φ .

(CD 6) Une section s de M_1 qui prolonge σ .

PROPOSITION 4.- <u>Il existe une correspondance biunivoque entre les sous-algèbres elliptiques de</u> $\mathcal{D}$ <u>et les classes d'isomorphismes d'objets</u> $(X, C, \mathcal{M}, M, \nabla)$ <u>comme ci-dessus</u>.

Nous nous bornerons à indiquer la correspondance dans les deux sens. Soit $\mathcal{A} \subset \mathcal{D}$ une sous-algèbre elliptique. Il lui correspond d'après le n° 2 $(\mathcal{A}, E, \nabla, \delta^{(o)})$ soumis aux conditions (ACD i) , $0 \leq i \leq 7$. Posons alors $B = \bigoplus_{i=0}^{\infty} \mathcal{A}_i$, $F_n = \bigoplus_{i=0}^{\infty} F_{n,i}$ où pour tout i , $F_{n,i} = E_{i-1+n}$. On obtient ainsi des modules gradués de type fini (ACD 7) sur l'algèbre graduée $\mathcal{O} \otimes_{\mathbb{C}} B$, des inclusions $\ldots \subset F_n \subset F_{n+1} \subset \ldots$, une $\mathcal{O}$-connexion B-linéaire $\nabla : F \to F$

où $F = \varinjlim F_n$, qui augmente le degré d'une unité, un élément $\delta^{(0)} \in F_{1,0} = E_o$. Notons $m_C \subset B$ l'idéal gradué $(m_C)_i = \mathcal{A}_{i-1}$. Posons $X = \text{Proj } B$, $M_n = \text{Proj } F_n$, $C = \text{Proj } B/m_C$. On a des inclusions $\ldots \subset M_o \subset M_1 \subset \ldots$. On constate que Proj ∇ une $\mathcal{O}$-connexion qui augmente le degré d'une unité, et que $\delta^{(o)}$ définit une section s de M_1 . On pose alors $\mathcal{M} = M/\{0\} \times X$ et $\sigma = s/\{0\} \times X$ et on vérifie les propriétés (CD i) , $1 \leq i \leq 6$.

Réciproquement, soit $(X, C, \mathcal{M}, M, \nabla)$ possédant les propriétés (CD i) , $1 \leq i \leq 6$. D'après les prop. 2 et 3, il suffit de construire $(\mathcal{A}, E, \nabla, \delta^{(o)})$ soumis aux conditions (ACD i) , $0 \leq i \leq 7$. Notons alors $\mathcal{A}$ l'algèbre des fonctions méromorphes sur X et holomorphes sur $X - C$ et r le rang générique de $\mathcal{M}$. Pour tout $i \in \mathbb{N}$, notons $\alpha(i)$ l'entier tel que $0 \leq i - \alpha(i)r < r$. Posons alors $\mathcal{A}_i = \Gamma(X, \mathcal{O}_X(\alpha(i)C))$. On obtient ainsi une algèbre filtrée. Notons $\pi : C \times X \to C$ la première projection, de sorte que pour tout i , $E_{i-1} = \pi_* M_i$ est un $\mathcal{O}$-module de type fini. On a des inclusions $\ldots \subset E_i \subset E_{i+1} \subset \ldots$ et $\pi_* \nabla$ est une $\mathcal{O}$-connexion qui augmente le degré de 1 . Comme $M_i(C) = M_{i+r}$, l'algèbre filtrée $\mathcal{A}$ opère sur le module filtré $E = \varinjlim E_i$ et $\pi_* \nabla$ est $\mathcal{A}$-linéaire. Enfin la section s fournit un élément $\delta^{(o)} \in E_o$. Les propriétés (ACD 6) et (ACD 7) résultent de $h^o(X, \mathcal{M}) = h^1(X, \mathcal{M}) = 0$.

Soient $\mathcal{A}$ une sous-algèbre elliptique de $\mathcal{D}$ et $(X, C, \mathcal{M}, M, \nabla)$ l'objet géométrique correspondant. D'après la construction ci-dessus, $X - C$ est le spectre de l'algèbre $\mathcal{A}$ et $\mathcal{M}/X - C$ est le faisceau associé au $\mathcal{A}$-module $\mathcal{E}$ des distributions à l'origine. Notons $\mathbb{V}(\mathcal{M})$ l'espace vectoriel relatif sur X , associé à $\mathcal{M}$ ($\mathbb{V}(\mathcal{M}) = \text{Spec Sym } \mathcal{M}$) .

PROPOSITION 5.- <u>Soit</u> $x \in X - C$. <u>Notons</u> $\lambda_x : \mathcal{A} \to C$ <u>le caractère</u> $f \mapsto f(x)$. <u>La fibre en</u> x <u>de</u> $\mathbb{V}(\mathcal{M})$ <u>s'identifie à l'espace des fonctions</u> $\varphi \in \mathcal{O}$ <u>tels que pour tout</u> $f \in \mathcal{A}$ <u>on ait</u>

$$f.\varphi = \lambda_x(f)\varphi .$$

Notons C_x le $\mathcal{A}$-module C associé au caractère λ_x . On a $\mathbb{V}(\mathcal{M})_x = \text{Hom}_{\mathcal{A}}(\mathcal{E}, C_x)$. Comme $\text{Hom}_C(\mathcal{E}, C)$ s'identifie aux séries formelles, $\mathbb{V}(\mathcal{M})_x$ s'identifie aux séries formelles φ telles que $f.\varphi = \lambda_x(f)\varphi$ pour tout $f \in \mathcal{A}$ et on sait que ces séries formelles sont nécessairement convergentes car $\mathcal{A}$ est elliptique.

Le fibré à singularité $\mathbb{V}(\mathcal{M})$ est appelé parfois le fibré des <u>fonctions de Bloch</u>.

4. Le théorème de Kričever

Le problème de Kričever consiste à examiner dans quelle mesure les données (CD 1), (CD 2), (CD 3), c'est-à-dire la courbe pointée (X,C), le faisceau $\mathcal{M}$ muni de sa structure parabolique et (Φ,σ) permettent de reconstituer la déformation M, la connexion ∇ et la section s.

Donnons nous donc $(X, C, \mathcal{M}, \Phi, \sigma)$ soumis à (CD i), $1 \leq i \leq 3$. Remarquons tout d'abord que les déformations plates de $\mathcal{M}$ cherchées doivent admettre au voisinage de tout point $x \in X$ différent de C, une $\mathcal{O}$-connexion. Ces déformations sont donc triviales localement sur X. Notons alors $\mathrm{Def}(\mathcal{M})$ le foncteur qui à toute algèbre artinienne A associe l'ensemble des classes d'isomorphismes de déformations plates, triviales localement sur X, de $\mathcal{M}$ sur $(\mathrm{Spec}\, A) \times X$. Pour tout entier k, notons $\mathrm{End}^k \mathcal{M}$ le faisceau des endomorphismes méromorphes de $\mathcal{M}$ qui pour tout i envoie $\mathcal{M}_i$ dans $\mathcal{M}_{i+k}$.

PROPOSITION 6.- a) Le faisceau $\mathcal{M}$ admet une déformation formelle triviale localement sur X et semi-universelle. Cette déformation $(\hat{P}_{\mathcal{M}}, 0)$ est universelle lorsque $h^0(X, \mathrm{End}^0 \mathcal{M}) = 1$.

b) Le schéma $(\hat{P}_{\mathcal{M}}, 0)$ est lisse.

c) La déformation semi-universelle $(\hat{P}_{\mathcal{M}}, 0)$ est algébrisable.

Donnons quelques indications sur la démonstration. Il résulte facilement du critère de Schlessinger que $\mathrm{Def}(\mathcal{M})$ admet une enveloppe, donc est formellement semi-représentable d'après le théorème d'existence de Grothendieck. On calcule aisément l'espace tangent de Zariski à $(\hat{P}_{\mathcal{M}}, 0)$. On a $T^1 = H^1(X, \mathrm{End}^0 \mathcal{M})$. L'assertion b) se vérifie en montrant que pour tout $\xi \in T^1$, il existe une courbe formelle lisse dans $\hat{P}_{\mathcal{M}}$ tangente à ξ. L'assertion c) résulte du théorème de M. Artin.

Il existe donc, d'après la prop. 6, un voisinage ouvert $P_{\mathcal{M}}$ de 0 dans $H^1(X, \mathrm{End}^0 \mathcal{M})$ et une déformation analytique plate de $\mathcal{M}$ sur $P_{\mathcal{M}} \times X$ qui (semi-)représente les germes de déformations de $\mathcal{M}$ triviales localement sur X.

Notons $J_{\mathcal{M}}$ le module local des déformations plates de $\mathcal{M}$ (sans structure parabolique) triviales localement sur X. L'oubli de la structure parabolique fournit une application submersive $p : P_{\mathcal{M}} \to J_{\mathcal{M}}$. Notons $\Delta_{\mathcal{M}}$ le fibré de base $J_{\mathcal{M}}$ des drapeaux de la fibre en C. Le souvenir retrouvé de la structure parabolique fournit une immersion $\iota : P_{\mathcal{M}} \hookrightarrow \Delta_{\mathcal{M}}$.

PROPOSITION 7.- Si $h^0(X, \mathrm{End}\, \mathcal{M}) = h^0(X, \mathrm{End}^0 \mathcal{M})$ et en particulier si

$h^{o}(X, \mathrm{End}\,\mathcal{M}) = 1$, ι <u>est une immersion ouverte</u>.

Considérons la suite exacte $0 \to \mathrm{End}^{o}\mathcal{M} \to \mathrm{End}\,\mathcal{M} \to V_C \to 0$ où $V_C = \mathrm{End}(\mathcal{M}_C)/B_C$ est un $\mathcal{O}_C$-espace vectoriel de rang $\frac{r(r-1)}{2}$. On a donc une suite exacte $0 \to V_C \to H^1(X, \mathrm{End}^{o}\mathcal{M}) \to H^1(X, \mathrm{End}\,\mathcal{M}) \to 0$. L'application $H^1(X, \mathrm{End}^{o}\mathcal{M}) \to H^1(X, \mathrm{End}\,\mathcal{M})$ s'identifie à l'application linéaire tangente à p et V_C s'identifie à l'espace tangent vertical de $\Delta_{\mathcal{M}} \to J_{\mathcal{M}}$,d'où la propositior

Le foncteur $\mathcal{M} \to \overset{r}{\wedge}\mathcal{M}$ (r = rang de $\mathcal{M}$) fournit une application $J_{\mathcal{M}} \to J_{\overset{r}{\wedge}\mathcal{M}}$ d'où par composition une application $\pi : P_{\mathcal{M}} \to J_{\overset{r}{\wedge}\mathcal{M}}$. Cette application est une submersion dont l'application linéaire tangente est l'application $H^1(X, \mathrm{End}^{o}\mathcal{M}) \to H^1(X, \mathrm{End}\overset{r}{\wedge}\mathcal{M})$ déduite de la trace. L'algèbre $\mathrm{End}\overset{r}{\wedge}\mathcal{M}$ est une $\mathcal{O}_X$-algèbre commutative sans torsion génériquement isomorphe à $\mathcal{O}_X$. Donc $\mathrm{End}\overset{r}{\wedge}\mathcal{M}$ est l'algèbre d'un revêtement fini birationnel X' de X et $J_{\overset{r}{\wedge}\mathcal{M}}$ est un ouvert de la jacobienne de X' . En particulier lorsque $r = 1$, $P_{\mathcal{M}}$ est isomorphe à $J_{\mathcal{M}}$ et la déformation est $j \mapsto \mathcal{M} \otimes_{\mathrm{End}\,\mathcal{M}} \mathcal{L}_j$ où $j \mapsto \mathcal{L}_j$ est le faisceau de Poincaré sur $J_{\mathcal{M}} \times X'$.

Notons $pr : P_{\mathcal{M}} \times X \to P_{\mathcal{M}}$ la première projection et M la déformation de $\mathcal{M}$ sur $P_{\mathcal{M}} \times X$. On a une suite exacte de faisceaux :

$$0 \to pr^{*}\Omega^1_{P_{\mathcal{M}}} \otimes M \to \mathcal{P}^1 M \to M \to 0$$

où $\mathcal{P}^1 M$ est le faisceau des 1-jets de sections de M relatifs à la projection $P_{\mathcal{M}} \times X \to X$. Cette suite exacte définit donc un élément de $\mathrm{Ext}^1(P_{\mathcal{M}} \times X ; M, pr^{*}\Omega^1_{P_{\mathcal{M}}} \otimes M)$ et on constate, en tenant compte de la trivialité locale de la variation et de la structure parabolique, que cet élément provient d'une classe $K.S \in H^{o}(P_{\mathcal{M}} \times X ; \mathrm{End}^{o}(M) \otimes pr^{*}\Omega^1_{P_{\mathcal{M}}})$; c'est-à-dire d'une section sur $P_{\mathcal{M}}$ de $R^1 pr_{*}\, \mathrm{End}^{o}(M) \otimes pr^{*}\Omega^1_{P_{\mathcal{M}}}$ faisceau qui s'écrit encore $\mathcal{H}om(T^1_{P_{\mathcal{M}}}, R^1 pr_{*}\, \mathrm{End}^{o} M)$. Donc $K.S$ s'interprète comme un morphisme $T^1_{P_{\mathcal{M}}} \to R^1 pr_{*}\, \mathrm{End}^{o}\mathcal{M}$ et s'appelle le <u>morphisme de Kodaira-Spencer</u>. En chaque point $y \in P_{\mathcal{M}}$, $(K.S)_y$ envoie $T^1_{P_{\mathcal{M}}, y}$ dans $H^1(X, \mathrm{End}^{o} M_y)$ qui est la fibre de $R^1 pr_{*}\, \mathrm{End}^{o}\mathcal{M}$ et en $0 \in P_{\mathcal{M}}$, $(K.S)_o$ est un isomorphisme.

Le morphisme de Kodaira-Spencer mesure l'obstruction à construire une $P_{\mathcal{M}}$-

connexion sur M qui préserve la filtration parabolique (en conservant les degrés) Mais nous cherchons une connexion qui augmente les degrés d'une unité. L'obstruction correspondante se décrit ainsi : on a une suite exacte de faisceaux :

$$0 \to \mathrm{End}^{o} M \to \mathrm{End}^{1} M \to \bigoplus_{1}^{r} \mathrm{Hom}(M_i/M_{i-1}, M_{i+1}/M_i) \to 0 ,$$

d'où une suite exacte

$$\begin{array}{ccccc} \bigoplus_{1}^{r} \mathrm{Hom}(M_i/M_{i-1}, M_{i+1}/M_i) & \xrightarrow{i} & R^1 pr_* \mathrm{End}^{o} M & \longrightarrow & R^1 pr_* \mathrm{End}^1 M \to 0 \\ & & \uparrow {\scriptstyle K.S} & \nearrow {\scriptstyle K.S^1} & \\ & & T^1_P & & \end{array} \tag{4.1}$$

On en déduit un morphisme surjectif $K.S^1 : T^1_{P_{\mathcal{M}}} \to R^1 pr_* \mathrm{End}^1 M$, qui mesure l'obstruction cherchée. Enfin comme $(K.S)_o$ est un isomorphisme, on déduit de (4.1) une application

$$i_o : \bigoplus_{1}^{r} \mathrm{Hom}(\mathcal{M}_i/\mathcal{M}_{i-1}, \mathcal{M}_{i+1}/\mathcal{M}_i) \to T^1_{P_{\mathcal{M}}, 0} ,$$

la donnée (CD 3) fournit alors un élément $i_o(\Phi) \in T^1_{P_{\mathcal{M}}, 0}$.

PROPOSITION 7.- *Soient* U *un voisinage ouvert de* $0 \in \mathbf{C}$ et $\gamma : U \to P$, $\gamma(0) = 0$, *une courbe analytique. Soit* ∇ *une* U-*connexion sur* $\gamma^* M$ *adaptée à la structure parabolique et telle que* $(\Phi_\nabla)_o = \Phi$. *Alors*

1) $(K.S^1) \circ d\gamma = 0$

2) $d\gamma(o)(\frac{\partial}{\partial t}) = i_o(\Phi)$.

Réciproquement, supposons 1) *et* 2) *et supposons de plus que pour tout* $t \in U$, $h^o(X, \mathrm{End}^1 M_t) = h^o(X, \mathrm{End}^1 \mathcal{M})$. *Alors, il existe sur* $\gamma^* M$ *une* U-*connexion* ∇ *adaptée à la structure parabolique et telle que* $(\Phi_\nabla)_o = \Phi$.

La première assertion est claire. Démontrons la réciproque. Il existe sur $\gamma^* M$ une connexion $\tilde{\nabla}$ adaptée et telle $i_o(\Phi_{\tilde{\nabla}})_o = i_o(\Phi)$. De la suite exacte $\mathrm{End}^1 \mathcal{M} \to \bigoplus_{1}^{r} \mathrm{Hom}(\mathcal{M}_i/\mathcal{M}_{i-1}, \mathcal{M}_{i+1}/\mathcal{M}_i) \xrightarrow{i_o} T^1_{P_{\mathcal{M}}, 0}$, on déduit qu'il existe un endomorphisme u de $\mathcal{M}$ qui induit $(\Phi_{\tilde{\nabla}})_o - \Phi$. L'hypothèse supplémentaire implique qu'un tel u est la restriction à X d'un $v \in \mathrm{End}^1 \gamma^* M$. La connexion $\nabla = \tilde{\nabla} - v$ convient.

La condition supplémentaire dans la réciproque de la prop. 7 est automatiquement satisfaite lorsque $R^1 pr_* \mathrm{End}^1 M$ est localement libre sur $P_{\mathcal{M}}$. C'est le cas lorsque $\mathcal{M}$ est de rang 1 . C'est aussi le cas lorsque $h^{o}(X, \mathrm{End}^{1} \mathcal{M})$ prend la valeur minimum 1 , en vertu du théorème de semi-continuité. On a $h^{o}(X, \mathrm{End}^{1} \mathcal{M}) = 1$ lorsque les $\mathcal{M}_i$ sont stables c'est-à-dire que pour tout faisceau cohérent $\mathcal{F} \subset \mathcal{M}_i$, $\mathcal{F} \neq \mathcal{M}_i$, on a

$$\chi(\mathcal{F}) < \mathrm{rg}\,\mathcal{F} \cdot \frac{\chi(\mathcal{M}_i)}{r}$$

[11]. Dans tous ces cas les données (CD i) , $1 \leq i \leq 3$, peuvent être complétées par des constructions (CD i) , $4 \leq i \leq 6$ et par suite donnent naissance à des sous-algèbres elliptiques de $\mathcal{D}$ (prop. 4). Il faut remarquer que ces algèbres ne sont pas en général uniquement déterminées par (CD 1) , (CD 2) , (CD 3) . Elles dépendent essentiellement et en général du choix de $(r-1)$ fonctions analytiques à dérivées $\neq 0$ et par ailleurs arbitraires.

Posons $W = \ker(K.S^1)$. On obtient un sous-faisceau cohérent de $T^1_{P_{\mathcal{M}}}$ qui n'est pas toujours localement libre. Il s'agit, d'après la prop. 7, de trouver des courbes intégrales de cette "distribution" (en un sens généralisé).

PROPOSITION 8.- 1) Lorsque $r > 1$, W est dans l'espace tangent vertical de $\pi : P_{\mathcal{M}} \to J_{\Lambda^r \mathcal{M}}$.

2) Supposons que $h^{o}(X, \mathrm{End}\, \mathcal{M}) = 1$. Soit T_Δ l'espace tangent vertical de $p : P_{\mathcal{M}} \to J_{\mathcal{M}}$. Alors, $W \cap T_\Delta$ est un sous-fibré de T_Δ de rang $r-1$ dont les crochets engendrent T_Δ .

3) Sous les hypothèses de 2), $W/W \cap T_\Delta$ est un sous-faisceau de $p^{*}T_{J_{\mathcal{M}}}$ engendré par une section.

Démontrons 1). Lorsqu'on dispose d'une courbe intégrale γ de W on a sur $\gamma^{*}M$ une connexion adaptée à la structure parabolique de M . On en déduit sur $\Lambda^{r} \gamma^{*}M$ une connexion a priori méromorphe en $U \times C$ mais dont on vérifie qu'elle est holomorphe. Donc la déformation de $\Lambda^{r} \gamma^{*}M$ est triviale. Les démonstrations des assertions 2) et 3) sont laissées au lecteur.

Dans le cas $r > 2$, la distribution W est donc hautement non intégrable.

Dans le cas $r = 2$, et lorsque le genre $g \leq 1$. On peut poursuivre les calculs. On peut aussi donner une description des sous-algèbres elliptiques $\mathcal{A} \subset \mathcal{D}$ engendrées par des opérateurs d'ordre 4 et 6 . En genre $g > 1$, $r = 2$, on ne possède pour le moment aucun résultat plus précis.

Le cas le plus important est le cas $r = 1$. Dans ce cas la structure parabolique est triviale et $P_{\mathcal{M}}$ est un germe d'espace principal homogène sous la Jacobienne $\mathrm{Jac}(X')$ où $X' = \mathrm{Spec\,End}\,\mathcal{M}$. On a $\mathrm{Hom}(\mathcal{M}/\mathcal{M}(-1), \mathcal{M}(1)/\mathcal{M}) = T_C$ l'espace tangent à X en C . En chaque point $y \in P_{\mathcal{M}}$ le sous-espace $W_j \subset T'_{P_{\mathcal{M}}} = H'(X', \mathcal{O}_{X'})$ est engendré par l'image de T_C provenant de la suite exacte

$$T_C \xrightarrow{\omega} H'(X', \mathcal{O}_{X'}) \to H'(X', \mathcal{O}_{X'}(C)) \to 0 .$$

Les trajectoires cherchées sont donc les orbites du sous-groupe à un paramètre de $\mathrm{Jac}(X')$ de vecteur tangent à l'origine $\omega(T_C)$. Soient v une coordonnée locale sur X en C et $\mathcal{W}$ un voisinage de C tel que v ne s'annule pas sur $\mathcal{W} - C$. Pour tout $t \in \mathbb{C}$, notons L_t le faisceau inversible sur X qui possède deux sections génératrices σ_o sur $X - C$ et σ_1 sur $\mathcal{W}$ reliées par la relation $\sigma_o / \mathcal{W} - C = e^{t/v} \sigma_1 / \mathcal{W} - C$. Alors, il résulte de ce qui précède que la déformation cherchée est $t \mapsto \mathcal{M} \otimes L_t$. La connexion provient de l'unique connexion ∇ sur $t \mapsto L_t$ telle que $\nabla \sigma_o = 0$.

Disons que deux sous-algèbres elliptiques $\mathcal{A}$ et $\mathcal{B}$ de $\mathcal{D}$ sont équivalentes si on peut passer de l'une à l'autre par changement de variables et par changement de fonctions $(f \mapsto \varphi.f$ où $\varphi(0) \neq 0)$. Résumons les résultats précédants dans le cas $r = 1$.

THÉORÈME (Kričever).- <u>Il existe une correspondance biunivoque entre les classes d'équivalences de sous-algèbres elliptiques de $\mathcal{D}$ possédant des opérateurs d'ordre premier entre eux et les triples $(X, C, \mathcal{M})$ constitués par une courbe complète irréductible et réduite X , un point lisse $C \in X$, un faisceau cohérent $\mathcal{M}$ sur X sans torsion de rang 1 tel que $h^o(X, \mathcal{M}) = h^1(X, \mathcal{M}) = 0$</u>

En effet, les différentes indéterminations dans la construction des objets (CD i) , $1 \leq i \leq 6$, sont les suivantes :

a) Le paramétrage de la courbe γ . Les changements de paramétrages correspondent aux changements de variables.

b) Le choix de $\phi \in T_C$. Les différents choix correspondent à des changements de variables linéaires.

c) Le choix de la connexion ∇ . Le choix, à isomorphisme de déformation près, est unique sauf lorsque $g = 0$ qui demande un examen particulier.

d) Le choix de la section s. Les changements de sections correspondent aux différents changements de fonctions.

5. Fibré des solutions

Soient $\mathcal{A} \subset \mathcal{D}$ une sous-algèbre elliptique et (X, C, M, ∇, s) l'objet géométrique correspondant. Notons $\delta^{(o)} \in H^o(U \times X, M(U \times C))$ la section d'image $s \in H^o(U, M_1/M)$. Posons $\delta^{(i)} = \nabla^i \delta^{(o)}$. Les sections $\delta^{(i)}$, $0 \leq i \leq r-1$, forment une base locale de $M(U \times C)$ au voisinage de $U \times C$. Soit $x \in X = \{0\} \times X$, $x \neq C$, un point lisse où les sections $\delta^{(i)}$ sont linéairement indépendantes. Alors $\nabla^r \delta^{(o)}$ est une section de $M(U \times C)$ au voisinage de $U \times \{x\}$. Par suite, il existe des fonctions $a_i(t,x)$ telles que

$$\nabla^r \delta^{(o)} = \sum_0^{r-1} a_i(t,x)\, \delta^{(i)} .$$

Les fonctions $a_i(t,x)$ sont méromorphes en (t,x) et pour t fixé, méromorphes en x. Comme $\nabla^r \delta^{(o)} \in M_{r+1}$, les $a_i(x,t)$, $i > 0$, sont holomorphes au voisinage de $U \times C$, et $a_0(t,x)$ possède un pôle simple le long de $U \times C$. Considérons alors l'opérateur différentiel

$$S_x = \frac{\partial^r}{\partial z^r} - \sum_0^{r-1} a_i(z,x) \frac{\partial^i}{\partial z^i} . \tag{5.1}$$

On obtient ainsi un opérateur différentiel en la variable z dépendant méromorphiquement de x.

PROPOSITION 9.- <u>Soit</u> $x \in X$ <u>un point général</u>. <u>Notons</u> $\lambda_x : \mathcal{A} \to \mathbb{C}$ <u>le caractère d'évaluation en</u> $x \in X$. <u>Alors l'espace des fonctions</u> $f \in \mathbb{C}\{z\}$ <u>solutions de</u>

$$Lf = \lambda_x(L) f , \qquad \forall\, L \in \mathcal{A} ,$$

<u>est l'espace des fonctions</u> f <u>telles que</u>

$$S_x f = 0 .$$

Résulte de l'interprétation de $\mathbb{V}(\mathcal{M})$ donnée par la prop. 5.

Soit v une coordonnée locale de X en C. Les fonctions $a_i(x,t)$ ont des développements

$$\begin{cases} a_i(x,t) = \sum_{j=0}^{\infty} b_{i,j}(t) v^j & i > 0 , \\ a_o(x,t) = b_{o,-1}(t) v^{-1} + \sum_{j=0}^{\infty} b_{o,j}(t) v^j , \end{cases} \tag{5.2}$$

où les fonctions $b_{i,j}(t)$ sont holomorphes.

Réciproquement, la connaissance des fonctions $b_{i,j}$ permet de reconstituer l'algèbre $\mathcal{A}$. En effet, si $x \mapsto \alpha(x)$ est une fonction méromorphe sur X holomorphe sur $X - C$, l'opérateur différentiel L_α qu'on lui associe s'obtient en compensant successivement les parties polaires de $\alpha\delta^{(o)}$ par des combinaisons linéaires à coefficients dans $\mathbb{C}\{t\}$ des $\nabla^i \delta^{(o)}$. Par suite, les coefficients de l'opérateur L_α s'exprime, lorsque $b_{o,-1}(t) = 1$ ce qu'on peut toujours réaliser par un changement de la variable t, comme des polynômes en les $b_{i,j}(t)$ et leurs dérivées.

Lorsque $r > 1$, les $a_i(x,t)$ restent, lorsque t varie, dans des systèmes linéaires fixes. Notons $\delta_o^{(i)}$ les sections de $\mathcal{M}$ obtenues en restreignant les sections $\delta^{(i)}$ à $X = \{0\} \times X$. Posons

$$Wr_o = \delta_o^{(o)} \wedge \ldots \wedge \delta_o^{(r-1)} .$$

On obtient ainsi une section de $\overset{r}{\wedge} \mathcal{M}$. Supposons pour simplifier que X soit lisse et notons D_{Wr_o} le diviseur de Wr_o. Pour tout diviseur D sur X notons $\mathcal{L}(D)$ l'espace des fonctions méromorphes dont le diviseur majore $-D$.

PROPOSITION 10.- <u>Il existe une fonction holomorphe</u> $t \mapsto \varphi(t)$, <u>des applications holomorphes</u> $t \mapsto b_i(t,x) \in \mathcal{L}(D_{Wr_o})$, $1 \leq i \leq r-2$, <u>une application holomorphe</u> $t \mapsto b_o(t,x) \in \mathcal{L}(D_{Wr_o} + C)$ <u>et un élément</u> $b(x) \in \mathcal{L}(D_{Wr_o})$ <u>tels que</u>

$$(5.3) \quad \begin{cases} a_{r-1}(t,x) = \dfrac{\varphi'(t)}{\varphi(t) + b(x)} , \\[2ex] a_i(t,x) = \dfrac{b_i(x,t)}{\varphi(t) + b(x)} \\[2ex] a_o(t,x) = \dfrac{b_o(x,t)}{\varphi(t) + b(x)} . \end{cases}$$

Bornons nous à des indications. On a déjà vu que la déformation $\overset{r}{\wedge} M$ de $\overset{r}{\wedge} \mathcal{M}$ est triviale. Il résulte alors des formules de Krammer que le diviseur des $a_i(t)$ est supérieur à un diviseur linéairement équivalent à D_{Wr_o} pour $i > 0$ et $D_{Wr_o} + C$ pour $i = 0$. La forme plus précise (5.3) s'obtient en utilisant la connexion induite par ∇ sur $\overset{r}{\wedge} M$.

Les formules (5.3) permettent de faire des calculs explicites dans certains cas. Dans le cas $r = 1$, l'équation S_x , $x \in X$, s'écrit

$$\frac{\partial}{\partial z} - a(z,x) = 0 .$$

La solution est

$$\psi(z,x) = e^{\int_0^z a(u,x)du} .$$

On a donc

$$a = \psi'/\psi .$$

La fonction ψ s'interprète ainsi. La connexion ∇ donne une U-trivialisation de $M \mid U \times (X - C)$. Soit alors s la section horizontale qui coïncide avec $\delta^{(o)}$ sur $X = \{0\} \times X$. Alors $\delta^{(o)} = \psi s$. Lorsque X est lisse, on peut, utilisant la description précise de la déformation donnée au n° 4, exprimer ψ à l'aide du plongement de X dans sa Jacobienne et de la fonction Θ de cette Jacobienne [8]. On en déduit alors $a(z,x)$ et on obtient ainsi un moyen de calculer explicitement les opérateurs différentiels associés aux fonctions sur X . Des calculs ont été aussi faits lorsque X est rationnelle singulière.

6. Calcul symbolique

Notons $\hat{\mathcal{D}} = \mathbb{C}[[t]][D]$ l'algèbre des opérateurs à coefficients séries formelles. Appelons <u>algèbre symbolique</u> et notons S l'algèbre $\hat{\mathcal{D}}[[I]]$, le symbole I étant soumis aux relations

$$(6.1) \quad \begin{cases} ID = DI = 1 . \\ [I , a(t)] = \sum_{n=1}^{\infty} (-1)^n a^{(n)}(t) I^{n+1} = \sum_{n=1}^{\infty} (-1)^{n+1} I^{n+1} a^{(n)}(t) . \end{cases}$$

Tout élément $\sigma \in S$ s'écrit d'une manière et d'une seule

$$(6.2) \qquad \sigma = \sum_{n >> -\infty} a_n(t) I^n .$$

Pour $\sigma \in S$ écrit sous la forme (6.2), notons $\hat{\sigma}$ la série formelle

$$\hat{\sigma} = \sum_{n >> -\infty} a_n(t) \xi^{-n} .$$

Si $\sigma_1 , \sigma_2 \in S$, on a

$$\widehat{\sigma_1 . \sigma_2} = \hat{\sigma}_1 \circ \hat{\sigma}_2 ,$$

où on pose

$$(6.3) \qquad \hat{\sigma}_1 \circ \hat{\sigma}_2 = \sum_{\alpha=0}^{\infty} \frac{1}{\alpha!} \frac{\partial^\alpha}{\partial \xi^\alpha} \hat{\sigma}_1 . \frac{\partial^\alpha}{\partial t^\alpha} \hat{\sigma}_2 .$$

On reconnait dans (6.3) la loi de composition des symboles. Identifions $\mathcal{D}$ à une sous-algèbre S . Alors, tous les éléments elliptiques de $\mathcal{D}$ sont <u>inversibles</u> dans S .

Soit maintenant $\mathcal{A}$ une sous-algèbre elliptique de $\mathcal{D}$ et (X, C, M, ∇, s) l'objet géométrique associé. L'anneau local $\mathcal{O}_{X,C}$ de X en C est l'ensemble des fractions f/g telles que $f, g \in \mathcal{A}$, $\operatorname{ord} f \leq \operatorname{ord} g$. Par suite, l'anneau $\mathcal{O}_{X,C}$ et même son complété $\hat{\mathcal{O}}_{X,C}$ s'identifient à un sous-anneau de S . Faisons opérer $\mathcal{O} = \mathbb{C}[[t]]$ à gauche sur S et $\hat{\mathcal{O}}_{X,C}$ à droite sur S . On obtient ainsi une structure de $\hat{\mathcal{O}} \otimes_{\mathbb{C}} \hat{\mathcal{O}}_{X,C}$ - module dont on vérifie qu'elle se prolonge naturellement en une structure de $\hat{\mathcal{O}} \hat{\otimes}_{\mathbb{C}} \hat{\mathcal{O}}_{X,C}$ - module. Soit $v \in \hat{\mathcal{O}}_{X,C}$ un générateur de l'idéal maximal. La multiplication par v induit des isomorphismes de S et par suite S est muni d'une structure de $(\hat{\mathcal{O}} \otimes_{\mathbb{C}} \hat{\mathcal{O}}_{X,C})_{(v)}$ - module. La multiplication à gauche par D est une $\hat{\mathcal{O}}$-connexion sur S .

Par ailleurs $(\hat{\mathcal{O}} \hat{\otimes}_{\mathbb{C}} \hat{\mathcal{O}}_{X,C})$ est le complété de l'anneau local de $(\mathcal{O}, C) \in U \times X$. Notons $\hat{M}_{(v)}$ le localisé du complété de M en $(\mathcal{O}, C)$ et $\hat{\nabla}_{(v)}$ la $\mathcal{O}$-connexion déduite de ∇ .

PROPOSITION 11.- <u>Le</u> $(\hat{\mathcal{O}} \hat{\otimes}_{\mathbb{C}} \hat{\mathcal{O}}_{X,C})_{(v)}$ - <u>module</u> S <u>muni de la connexion</u> D <u>est isomorphe à</u> $(\hat{M}_{(v)}, \hat{\nabla}_{(v)})$.

Cette proposition résulte de la construction même de l'objet géométrique associé à $\mathcal{A}$ (n° 3).

En particulier le module S est libre de base $D^{r-1}, D^{r-2}, \ldots, D^0$. Par suite,

$$D^r = \sum_{i=0}^{r-1} a_i(t,v) D^i$$

où $a_i(t,v) \in (\hat{\mathcal{O}} \hat{\otimes}_{\mathbb{C}} \hat{\mathcal{O}}_{X,C})_{(v)}$. Les séries formelles $a_i(t,v)$ ainsi trouvées sont les développements en séries des fonctions $a_i(t,x)$ du n° 5. Cela fournit un algorithme pour calculer ces développements que nous allons expliciter dans le cas $r = 1$.

Soit $L \in \mathcal{A}$ un opérateur de degré $n > 0$ dont le coefficient dominant est 1 . Il existe un élément $L^{1/m} \in S$ du type

$$L^{1/m} = D + \alpha_0(t) + \sum_{i \geq 1} \alpha_i(t) D^{-i}$$

tel que $(L^{1/m})^n = L$. On constate alors que tout élément de S se développe en séries de puissances de $v = (L^{1/m})^{-1}$. On a donc

$$D = \frac{1}{v} + \sum_{0}^{m} b_i(t) v^i .$$

La série formelle

$$a(t,v) = \frac{1}{v} + \sum_{0}^{\infty} b_i(t)\, v^i$$

est le développement en série de la fonction $a(t,x)$ du n° 5. On remarquera que les $b_i(t)$ s'obtiennent à partir d'expressions polynomiales universelles en les coefficients de l'opérateur L et leurs dérivées. De telles expressions appelées <u>hamiltonien</u> apparaissent aussi lorsqu'on calcule le développement asymptotique de la trace de la résolvante. Les <u>hamiltoniens</u> de la résolvante peuvent d'ailleurs se calculer à partir de la fonction $a(t,v)$. Grâce au calcul variationnel de GEL'FAND et DIKII ces hamiltoniens permettent de décrire les variations isospectrales de L [4].

7. Variations isospectrales

Soient $\mathcal{A} \subset \mathcal{D}$ une sous-algèbre elliptique (X, C, M, ∇, s) l'objet géométrique associé, r le rang de M. Appelons spectre de $\mathcal{A}$ le couple formé de la courbe pointée (X,C) et de l'entier r. Lorsque $r > 1$, on a vu que l'ensemble des classes d'équivalence de sous-algèbres ayant même spectre n'est pas en général un objet de type fini. Lorsque $r = 1$, ces classes d'équivalences correspondent aux classes d'isomorphismes de faisceaux $\mathcal{M}$ de rang 1 sur X tels que $h^0(\mathcal{M}) = h^1(\mathcal{M}) = 0$. Ces classes d'isomorphismes sont en correspondance biunivoque avec les points d'une variété algébrique F quasi-projective. Lorsque X est lisse de genre g , F est le complémentaire du diviseur Θ dans la jacobienne des faisceaux inversibles de degré $g-1$ sur X . Dans le cas général F n'est pas lisse (ni même irréductible lorsque X n'est pas de Gorenstein). Mais la jacobienne $\mathrm{Jac}(X)$ des faisceaux inversibles de degré 0 opère sur F . Les orbites de cette opération sont lisses et nous allons étudier ces orbites. Plus généralement, sans hypothèse sur le rang de M , nous allons étudier les familles algébriques de sous-algèbres elliptiques de $\mathcal{D}$ obtenues en faisant agir la jacobienne de X sur (X, C, M, ∇, s) .

Interprétons les points de $\mathrm{Jac}\, X$ comme des faisceaux inversibles J munis d'un générateur j de leurs fibres en C . Il existe un ouvert de Zariski $H_{\mathcal{M}} \subset \mathrm{Jac}\, X$ tel que pour tout $J \in H_{\mathcal{M}}$, $(X, C, M \otimes J, \nabla \otimes \mathrm{id}_J, s \otimes j)$ possède les propriétés (CD i) , $1 \leq i \leq 6$, du n° 3. Donc pour tout $J \in H_{\mathcal{M}}$, on a un plongement

$$L(J) : \Gamma(X - C, \mathcal{O}_X) \to \mathcal{D}$$

qui à une fonction f méromorphe sur X, holomorphe sur $X - C$ associe l'opérateur différentiel $L(J, f)$. Lorsqu'on fixe f, on obtient une application de $H_{\mathcal{M}}$ dans $\mathcal{D}$ et on note $d_J L(J, f)$ la différentielle de cette application. On a alors :

PROPOSITION 12.- Il existe une section algébrique $J \mapsto V(J) \in \Omega^1_{Jac(X)} \otimes_C \mathcal{D}$ telle que pour tout $f \in \Gamma(X - C, \mathcal{O}_X)$ on ait

$$d_J\, L(J,f) = [V(J), L(J,f)] ,$$

et telle que de plus

$$d_J\, V(J) = [V(J), V(J)] .$$

Cette proposition résulte d'une description précise de la section $V(J)$ que nous allons donner maintenant.

Les suites exactes de faisceaux $0 \to \mathcal{O}_X \to \mathcal{O}_X(nC) \to \mathcal{O}_X(nC)/\mathcal{O}_X \to 0$ fournissent en passant à la cohomologie et à la limite inductive sur n, une application de $\hat{K}_C$ sur $H^1(X, \mathcal{O}_X)$ où $\hat{K}_C$ est le complété en C du corps des fonctions de X.

A tout $w \in \hat{K}_C$, on associe donc un élément de $H^1(X, \mathcal{O}_X)$, c'est-à-dire un champ de vecteurs tangents θ_w sur $Jac(X)$.

Par ailleurs, soit $J \in H_{\mathcal{M}}$ et identifions $\hat{K}_C$ à son image dans S (n° 6) par le plongement défini par $(X, C, M \otimes J, \nabla \otimes id_J, s \circ j)$. On a

$$W = \alpha_0(t)D^{nr} + \dots + \alpha_{nr}(t) + \sum_{n>0} \beta_n(t) I^n \tag{7.1}$$

où $-n$ est la valuation de W. Notons $[w]_J$ l'opérateur $\sum_{i=0}^{nr} \alpha_i(t)\, D^i$. C'est la partie entière du symbole associé à W.

PROPOSITION 13.- a) Pour tout $f \in \Gamma(X - C, \mathcal{O}_X)$, on a

$$d_J\, L(J,f)(\theta_w) = -[[w]_J, L(J,f)] .$$

b) Pour tout w^1 et $w^2 \in \hat{K}_C$, on a

$$[[w^2]_J, [w^1]_J] = d_J[w^1]_J(\theta_{w^2}) - d_J\, [w^2]_J(\theta_{w^1})$$

La proposition 12 s'en déduit en prenant une famille finie $w_1, \dots, w_g$ telle que les θ_{w_i} forment une base de $H^1(X, \mathcal{O}_X)$ et en posant $V(J)(\theta_{w_i}) = -[w_i]_J$.

Donnons des indications sur la démonstration de a); celle de b) est analogue. Quitte à changer M on peut supposer que $J = \mathcal{O}_X$. Comme il s'agit de calculer une dérivée première, le calcul se fait sur $(U \times X)[\varepsilon] = U \times X \times \mathrm{Spec}(\mathbb{C}[\varepsilon]/\varepsilon^2)$. On a une déformation $J[\varepsilon]$ sur $X[\varepsilon]$ du faisceau $\mathcal{O}_X$, munie d'une section σ au voisinage de C telle que $\sigma/C[\varepsilon] = 1$. Cette déformation correspond à la suite exacte $0 \to \mathcal{O}_X \to J[\varepsilon] \to \mathcal{O}_X \to 0$ d'invariant $\theta_w \in H^1(X,\mathcal{O})$. La variation de M considérée est alors $M \otimes J[\varepsilon]$. Au voisinage de $(U \times C)[\varepsilon]$ cette variation est trivialisable mais c'est la trace de la section $d^o \in H^o((U \times X)[\varepsilon], M[\varepsilon]_1)$ qui varie. On vérifie qu'on a, au voisinage de $(U \times C)[\varepsilon]$,

$$d^o = \delta^{(o)} \otimes \sigma + \varepsilon\left(\delta^{(o)}w - \sum_{o}^{nr} \alpha_i(t)\delta^{(i)}\right)\otimes \sigma \tag{7.2}$$

où les $\alpha_i(t)$ sont ceux de la formule (7.1), $\delta^{(o)}$ est la section de M_1 qui induit s et $\delta^{(i)} = \nabla^i \delta^{(o)}$. Soit $f \in \Gamma(X - C, \mathcal{O}_X)$. Il existe un opérateur différentiel $L(f) + \varepsilon L'(f) \in \mathcal{D}[\varepsilon]$, tel que dans $S[\varepsilon]$, on ait

$$(L(f) + \varepsilon L'(f))d^o = d^o f .$$

En reportant (7.2) on obtient

$$\begin{cases} d^o f = L(f)\,\delta^{(o)} \otimes \sigma + \varepsilon\left(\delta^{(o)}wf - [w]\,L(f)\,\delta^{(o)}\right)\otimes\sigma \\ (L(f) + \varepsilon L'(f))d^o = L(f)\,\delta^{(o)} \otimes \sigma + \varepsilon\left(L'(f)\,\delta^{(o)} + \delta^{(o)}fw - L(f)[w]\delta^{(o)}\right)\otimes\sigma \end{cases}$$

d'où

$$L'(f) = [L(f), [w]] ,$$

ce qu'il fallait démontrer.

Soit $f \in \Gamma(X - C, \mathcal{O}_X)$ de valuation $-n$ à l'infini et $L(J,f) \in \mathcal{D}$ l'opérateur associé. Pour tout entier $p > 0$, il existe un élément $f^{p/n} \in \hat{K}_C$ tel que $(f^{p/n})^n = f^p$. Dans l'algèbre symbolique S, on a $f = L(J,f)$ par suite $f^{p/n} = L(f)^{p/n}$ d'où $[f^{p/n}] = [L(f)^{p/n}]$. Il résulte de la prop. 13 que pour tout $g \in \Gamma(X - C, \mathcal{O}_X)$, on a

$$d_J\, L(J,g)\,(\theta_{f^{p/n}}) = -[[L(J,f)^{p/n}], L(J,g)] ,$$

d'où pour $f = g$

$$d_J\, L(J,f)\,(\theta_{f^{p/n}}) = -[[L(J,f)^{p/n}], L(J,f)] . \tag{7.3}$$

L'équation (7.3) est appelée l'équation de Korteweg-de Vries généralisée. Elle ne fait intervenir que les coefficients de l'opérateur $L(J,f)$. Les relations qu'elle impose aux coefficients sont des équations aux dérivées partielles non linéaires.

Comme on a indiqué par ailleurs des moyens de construire des familles d'opérateurs vérifiant (7.3), on a donc décrit des moyens de construire des solutions de ces équations. Lorsque $r = 1$, des calculs explicites permettent d'exprimer ces solutions en termes de fonctions Θ associées aux jacobiennes des courbes.

8. Développements. Résultats voisins et analogues

Pour terminer, signalons que Kričever a étendu la théorie au cas des opérateurs différentiels matriciels [6] et que dans [1] on commence à étendre le dictionnaire aux équations aux dérivées partielles à deux variables. Pour étudier le cas de l'équation de Schrödinger à une variable à coefficients périodiques sans propriété d'algébricité, McKean et Trubowicz ont introduit des courbes analytiques non compactes munies d'une donnée de croissance à l'infini [9].

Pour les équations aux différences finies, Mumford et van Moerbeke ont établi un dictionnaire analogue à celui présenté ici (cf. [11]). Enfin en caractéristique $p > 0$, il existe aussi un dictionnaire du même type découvert par Drinfeld (cf. [11]).

Enfin signalons qu'une partie des résultats de Kričever qui ne concerne pas les variations isospectrales a été découverte par J.-L. Burchnall, T. W. Chaundy et H. F. Baker de 1922 à 1931. Cette référence [13] était tombée dans l'oubli (*)

(*) Alinéa ajouté le 6 octobre 1978.

BIBLIOGRAPHIE

[1] B.A. DUBROVIN, I.M. KRIČEVER, S.P. NOVIKOV - The Schrödinger equation in a periodic field and Riemann surfaces, Dokl. Akad. Nauk SSSR, tome 229 (1976), n°1. Translation Soviet Math. Dokl., vol. 17 (1976), n° 4.

[2] B.A. DUBROVIN, V.B. MATVEEV, S.P. NOVIKOV - Non linear equations of Korteweg-de Vries type, finite zone linear operators, and abelian varieties, Russian Math. Survey, 31:1 (1976), 59-146 from Uspekhi Mat. Nauk, 31:1 (1976), 55-136.

[3] I.M. GEL'FAND, L.A. DIKII - Asymptotic behaviour of the resolvent of Sturm-Liouville equations and the algebra of the Korteweg-de Vries equations, Russian Math. Survey, 30:5 (1975), 77-113 from Uspekhi Mat. Nauk, 30:5 (1975), 67-100.

[4] I.M. GEL'FAND, L.A. DIKII - Fractional powers of operators and Hamiltonian systems, Fonct. Anal. and its Appl., vol. 10, n° 4, oct.-déc. 1976, Transl. April 1977.

[5] I.M. KRIČEVER - Algebraic-geometric construction of the Zaharov-Sabat equations and their periodic solutions, Dokl. Akad. Nauk SSSR, tome 227 (1976), n°2. Translation Soviet Math. Dokl., vol. 17 (1976), n° 2, 394-397.

[6] I.M. KRIČEVER - Algebraic curves and commuting matricial differential operators, Fonct. Anal. and it Appl., vol. 10, n° 2, April-June 1976.

[7] Yu.I. MANIN - Aspects algébriques de la théorie des équations différentielles, Itogi Nauki, à paraître.

[8] V.B. MATVEEV - Abelian functions and solitons, Instytut Fizyki Teoretycznej, Preprint n° 373, Wroclaw, June 1976.

[9] H.P. McKEAN, E. TRUBOWITZ - Hill's operator and hyperelliptic function theory in the presence of infinitely many branch points, Comm. Pure and Appl. Math., 29 (1976), 143-226.

[10] H.P. McKEAN, P. VAN MOERBEKE - The spectrum of Hill's equation, Inventiones Math., 30 (1975), 217-274.

[11] D. MUMFORD - An algebro-geometric construction of commuting operators and of solutions to the Toda lattice equation, Korteweg-de Vries equation and related non linear equations, Proceedings of the Kyoto conference on algebraic geometry, Jan. 1978, à paraître.

[12] S.P. NOVIKOV - Periodic problem for the Korteweg-de Vries equation I, Funktsional'. Analiz i Ego Prilozhen, 9, n° 1, (1975), 65-66. Translation in Funct. Anal., Jan. 1975, 236-246.

[13] J.-L. BURCHNALL and T. W. CHAUNDY - Commutative Ordinary differential operators, Proc. London Math. Soc. ser. 2, vol. 21, p. 420-440, (1922).

- Commutative Ordinary differential operators, Proc. Roy. Soc. A, vol. 118, p. 557-583, (1928).

- Commutative Ordinary Differential operators II - The Identity $P^n = Q^m$, Proc. Roy. Soc. A, vol. 134, p. 471-485, (1931).

H. F. BAKER, F.R.S. - Note on the Foregoing paper, "Commutative Ordinary Differential Operators", by J.-L. BURCHNALL and J. W. CHAUNDY, Proc. Roy. Soc. A, vol. 118, p. 584-593, (1928).

Séminaire BOURBAKI 513-01
30e année , 1977/78, n° 513 Février 1978

LOGIQUE, CATÉGORIES ET FAISCEAUX

[d'après F. LAWVERE et M. TIERNEY]

par Pierre CARTIER

A Alexander Grothendieck,
pour son 50e anniversaire .

§ 1. Introduction (*)

1.1. La logique "classique" a été codifiée pour plus de deux millénaires par Aristote dans son ouvrage Τό Ὄργανον. Par une analyse de la pratique des sciences mathématiques et de l'argumentation juridique , il met en évidence le caractère hypothétique des jugements , comportant nécessairement hypothèse et conclusion . Le rôle de la logique est d'étudier les règles de déduction par lesquelles , à partir de certains jugements vrais (ou acceptés comme tels par l'interlocuteur) , on peut en fabriquer de nouveaux . Le modèle de ces règles resta longtemps le syllogisme , qui sous sa forme la plus simple ("barbara") se traduit ainsi :

	Tout B est C
(or)	Tout A est B
(donc)	Tout A est C

Une fois admis le principe du tiers-exclu ("toute assertion est vraie ou fausse") , on est aussi conduit à cette extraordinaire création de l'esprit chicanier des Grecs : le raisonnement par l'absurde .

L'analyse classique confond les relations des types " A appartient à B " et " A est contenu dans B " . Les logiciens du 19e siècle découvrent progressivement que la logique aristotélicienne est une logique des classes , maniant les relations que nous notons $A \subset B$ et $A \cap B = \emptyset$, ainsi que leurs négations . Peu à peu , on s'enhardit à traîter de relations plus complexes entre classes , et à créer un véritable calcul logique (voir [14] , chapitre 2 , pour une mise au point moderne) . Mais on rencontre

(*) Je remercie vivement F. Lawvere et J. Bénabou pour leurs indications et les documents qu'ils m'ont communiqués lors de la préparation de cet exposé .

ici une difficulté assez subtile : en effet , dans une assertion du type

$$(A \subset B) \Longrightarrow (A \subset C)$$

par exemple , on doit distinguer les notions voisines d'implication logique ($\Longrightarrow$) et d'inclusion des classes ($\subset$) . De même , le mode de déduction appelé "modus ponens" (de A et A $\Longrightarrow$ B , on a le droit de conclure à B) oblige à séparer plusieurs niveaux d'implication , comme il est illustré de manière burlesque dans l'apologue "Achille et la Tortue" de Lewis Carroll . Frege [13] fait la remarque fondamentale qu'il ne suffit pas qu'un jugement soit formulé d'une manière grammaticalement correcte pour qu'il soit vrai ; il invente un nouveau signe à ce propos : pour lui $\vdash$ A signifie que l'on affirme A comme vrai . On doit à Gentzen [12] et à son calcul des séquents la distinction définitive entre l'affirmation A $\vdash$ B d'un jugement hypothétique d'hypothèse A et de conclusion B , et une implication "interne" conçue comme opérateur dans l'ensemble des "formules logiques" . Il met aussi en évidence que le maniement des règles de déduction présuppose un résidu irréductible de logique extérieur au système formel .

1.2. Frege et Peano imposent la distinction entre les relations $x \in A$ et $A \subset B$ et Peano invente les signes nécessaires . Frege [13] découvre aussi l'importance des quantificateurs . Avec Cantor et Dedekind , on s'enhardit à considérer comme un tout la classe des objets satisfaisant à une propriété donnée et à introduire cette classe comme sujet dans des jugements d'un ordre supérieur . Cantor va si loin qu'il considère tout objet mathématique comme un ensemble , au moins jusqu'à la découverte des antinomies , telles celle de Russell sur l'ensemble des x tels que $x \notin x$. Si la seule relation primitive est $\in$, il faut donc abandonner l'illusion que toute propriété définit un ensemble légitime .Deux solutions ont été offertes à cette difficulté : Russell restreint la portée de la relation $\in$ au moyen des types , de sorte que l'on n'a plus le droit d'écrire $x \notin x$. Zermelo , Fraenkel et leurs successeurs délimitent par axiomes le champ des relations "collectivisantes" qui définissent des ensembles . Un système intermédiaire (d'ailleurs équivalent à celui de Zermelo-Fraenkel) est celui de von Neumann , Gödel et Bernays qui ne retiennent que deux types : ensembles et classes .

Mais cette axiomatisation de la théorie des ensembles laisse ouverts deux énormes problèmes , concernant l'axiome du choix et l'hypothèse du continu . Gödel [45] démontre en 1940 leur non-contradiction , grâce à l'emploi du modèle interne de la théorie des ensembles fourni par les ensembles "constructibles" . Il faut attendre 1963 pour apprendre de Cohen [44] que ces deux axiomes sont indépendants des axiomes non controversés . Cohen invente à ce propos la méthode du "forcing" : elle consiste à introduire un ensemble indéterminé a d'entiers (positifs) , et pour chaque entier n d'étudier la classe des assertions qui sont forcées par la connaissance du segment $a \cap [0,n]$ de a . On est ainsi amené à codifier une logique qui se développe au fur et à mesure qu'on obtient des informations supplémentaires (réflétant d'ailleurs le développement réel des connaissances) . Si le principe du tiers-exclu reste vrai à la limite , on dispose à chaque étape finie de relations vraies , fausses ou indéterminées . Il est remarquable que les règles de déduction ainsi obtenues soient pratiquement identiques à celles que Heyting [19] et Kripke ont formulées en traduisant la philosophie "intuitionniste" de Brouwer .

Une variante de la méthode de Cohen est due à Scott et Solovay [48,50] . Elle consiste à supposer qu'une relation cesse d'être vraie ou fausse , mais qu'elle est susceptible de valeurs logiques intermédiaires , appartenant à une algèbre de Boole . Cette démarche est familière dans le calcul des probabilités , où depuis Kolmogoroff on interprète cette algèbre au moyen des parties mesurables de l'espace Ω où les Dieux jouent aux dés (il est remarquable que Boole a introduit le calcul qui porte son nom pour exprimer les raisonnements probabilistes).

1.3. Une ligne de développements bien différente est issue des travaux de Mac Lane et Eilenberg sur les catégories . Après le succès spectaculaire des méthodes catégoriques en Algèbre , Topologie et Géométrie algébrique , il était naturel de chercher à inclure la théorie des ensembles elle-même dans ce cadre . C'est ce qu'entreprend Lawvere à partir de 1963 , sur l'instigation d'Eilenberg . Lawvere propose en 1964 un nouveau système d'axiomes pour la catégorie des ensembles [1,2] , puis découvre la signification logique de la relation d'adjonction entre foncteurs [3,4] et étend de manière importante le rôle des quantificateurs [5] .

A peu près au même moment , Grothendieck [23,24] pousse jusqu'à ses conséquences ultimes l'idée des surfaces de Riemann , et réalise que la "topologie" d'une variété algébrique X réside , non seulement dans ses ouverts au sens de Zariski , mais aussi dans les variétés algébriques étalées sur X . Il étend à cette situation nouvelle la technique des faisceaux , dont l'usage était bien établi en Géométrie Algébrique grâce à Cartan et Serre . Grothendieck développe une vaste théorie des "topologies" sur une catégorie , et des catégories de faisceaux qui leur sont associées . Il baptise topos ces dernières , et remarque qu'elles sont l'objet fondamental , ce que justifie Giraud [26] en caractérisant axiomatiquement les topos .

Une des idées-clé de Grothendieck est celle de "famille de variétés algébriques".

Lawvere [5,6,7] réalise progressivement la synthèse de cette idée avec celle d'ensembles variables , rencontrée dans la logique intuitionniste , le forcing ou le calcul des probabilités . Acceptant le slogan de Grothendieck selon lequel la catégorie des faisceaux sur un espace topologique a les "mêmes" propriétés que celle des ensembles "constants" , il tire de son axiomatique des ensembles et de la définition des topos par Giraud une nouvelle définition des topos qui a l'avantage d'être absolue et de ne pas s'inscrire à l'intérieur d'une théorie des ensembles préétablie . Son axiomatique est progressivement simplifiée et conduit à la théorie élémentaire des topos qui se développe rapidement entre 1969 et 1975 . Un des avantages de cette théorie est que chaque topos contient automatiquement un objet Ω qui joue le rôle d'ensemble des valeurs logiques , et qu'il n'est plus nécessaire de l'imposer de l'extérieur comme dans les modèles booléiens de Scott et Solovay . Du coup , la logique intuitionniste des types apparaît comme la norme naturelle dans les topos ; il n'est pas fortuit que l'ensemble des ouverts d'un espace topologique ait la structure d'une algèbre des propositions au sens de Brouwer-Heyting .

Ce nouveau point de vue suggère que l'on peut réaliser des modèles non orthodoxes de la théorie des ensembles en combinant l'usage des faisceaux avec la technique des ultraproduits . C'est ce que démontre Tierney [53] en donnant une nouvelle version , plus compréhensible , de la démonstration par Cohen de l'indépendance de l'hypothèse du continu . La démonstration de Tierney laissait ouverte la question des rapports entre la théorie des topos et les théories orthodoxes des ensembles , mais cette lacune est rapidement comblée par Cole [51] , Mitchell [39] et Osius [52] par usage d'un artifice ancien de Mostowski [47] .

1.4. Eilenberg et Mac Lane ont souvent insisté sur l'importance des raisonnements par diagrammes , qui évitent le recours à la notion d'élément et gardent un sens dans toute catégorie . Malheureusement , des arguments simples se transforment souvent en de monstrueux diagrammes qui envahissent les pages imprimées . Par un étrange retour des choses, les éléments ont été réhabilités récemment . Dans des versions successivement affinées , Mitchell [39] , Osius [40,41] et Bénabou [36] ont proposé un "langage interne" des topos qui permet l'interprétation de toute relation de la logique des types à l'intérieur d'un topos donné . S'appuyant sur les idées de Bénabou , Coste [37] a montré que la logique intuitionniste (révisée sur un point concernant les variables libres) était la logique adéquate à ce type de modèle en démontrant un théorème de complétude . Un des avantages de cette méthode est de remplacer des constructions assez compliquées dans des faisceaux par des raisonnements "ensemblistes" élémentaires .

Il semble que la théorie des topos a maintenant atteint une certaine stabilité, comme en témoigne la parution récente du premier ouvrage [31] entièrement consacré à ce sujet. On va essayer dans la suite de cet exposé de décrire la théorie telle qu'elle apparaît aujourd'hui. Il faudra d'abord décrire la logique intuitionniste.

§ 2. Outils de la logique

2.1. Algèbres de Heyting et de Boole [17], [22]

Rappelons qu'un treillis est un ensemble ordonné T où deux éléments arbitraires a,b ont une borne supérieure $a \vee b$ et une borne inférieure $a \wedge b$. On a les relations suivantes dans T

(1) $a \vee a = a \quad , \quad a \vee b = b \vee a \quad , \quad a \vee (b \vee c) = (a \vee b) \vee c$

(2) $a \wedge a = a \quad , \quad a \wedge b = b \wedge a \quad , \quad a \wedge (b \wedge c) = (a \wedge b) \wedge c$

(3) $a \wedge (a \vee b) = a \vee (a \wedge b) = a .$

Inversement, si l'on s'est donné deux opérations $\vee$ et $\wedge$ dans un ensemble T satisfaisant aux relations (1), (2) et (3), c'est un treillis dans lequel la relation d'ordre est définie par

(4) $a \leq b \iff a = a \wedge b \iff a \vee b = b .$

Un treillis est dit distributif s'il satisfait aux deux relations équivalentes suivantes

(5) $a \wedge (b \vee c) = (a \wedge b) \vee (a \wedge c) \quad , \quad a \vee (b \wedge c) = (a \vee b) \wedge (a \vee c) .$

Une algèbre de Heyting est un treillis H possédant un plus petit élément 0 et un plus grand élément 1, muni d'une opération $\longrightarrow$ telle que les relations $a \wedge b \leq c$ et $a \leq (b \longrightarrow c)$ soient équivalentes. Il y a unicité de 0, 1 et de l'opération $\longrightarrow$, et une algèbre de Heyting est un treillis distributif. Pour tout a dans H, notons a' l'élément $a \longrightarrow 0$ de H. On a alors les relations

(6) $a \leq a'' \quad , \quad a \wedge a' = 0$

et l'application $a \longmapsto a'$ est décroissante, d'où aussitôt $a' = a'''$.

Une algèbre de Boole B est une algèbre de Heyting dans laquelle on a $a = a''$, ou ce qui revient au même $a \vee a' = 1$. Il revient au même de supposer que B est un treillis distributif, et qu'à chaque élément a de B, on peut associer un élément a' tel que $a \wedge a' = 0$ et $a \vee a' = 1$; il y a alors unicité de a'. Une structure d'algèbre de Boole sur un ensemble B équivaut à une structure d'anneau booléien, c'est-à-dire dans lequel on a l'identité $a^2 = a$. Les éléments 0 et 1 sont les mêmes pour les deux structures, et l'on a identiquement $a \wedge b = ab$. Les autres opérations sont reliées de la manière suivante :

(7) $$a + b = (a \wedge b') \vee (a' \wedge b)$$

(8) $$a \vee b = a + b + ab \quad , \quad a' = 1 + a \quad .$$

Soit H une algèbre de Heyting . Un <u>opérateur modal</u> dans H est une application j de H dans H satisfaisant aux relations

(9) $$j(1) = 1 \quad , \quad j(j(a)) = j(a) \quad , \quad j(a \wedge b) = j(a) \wedge j(b) \quad .$$

Si l'on a de plus $j(a) \leq a$ pour tout a dans H , l'ensemble H_j des a dans H tels que $j(a) = a$ est une algèbre d'Heyting , où la borne inférieure de a et b est $a \wedge b$, et leur borne supérieure est $j(a \vee b)$, tandis que l'opération $\longrightarrow$ est donnée par $j(a \longrightarrow b)$. Dans toute algèbre de Heyting , l'application $a \longmapsto a''$ est un opérateur modal , et l'ensemble des a tels que $a = a''$ est une algèbre de Boole .

Toute algèbre de Heyting H se plonge dans une algèbre de Boole au sens suivant : il existe une algèbre de Boole B et un opérateur modal j dans B tel que $j(a) \leq a$ et que H soit égal à l'algèbre de Heyting B_j . Si l'on suppose de plus que H engendre l'algèbre de Boole B (comme anneau par exemple) , alors il y a unicité de (B,j) (voir [20]).

2.2. <u>Représentation topologique des algèbres de Boole</u> [18] , [48 , chap.2]

Soit B une algèbre de Boole , considérée comme anneau booléien . Soit S le <u>spectre</u> de B , c'est-à-dire l'ensemble des homomorphismes d'anneau de B dans le corps à deux éléments $\mathbb{F}_2$. Si u est un homomorphisme de B dans un corps K , on a $u(B) \subset \{0,1\}$ puisque tout élément a de B satisfait à $a^2 = a$, donc K est de caractéristique 2 et u prend ses valeurs dans le sous-corps $\mathbb{F}_2$ de K . Or B est un anneau commutatif , et 0 est le seul élément nilpotent de B ; d'après des théorèmes connus d'algèbre , l'intersection des noyaux des éléments de S est réduite à 0 . Pour tout a dans B , soit [a] l'ensemble des u dans S tels que $u(a) = 1$. Il existe alors sur S une (unique) topologie d'espace compact totalement discontinu telle que l'application $a \longmapsto [a]$ soit un isomorphisme de B sur l'algèbre de Boole formée des parties ouvertes et fermées de S (théorème de représentation de Stone) .

Un treillis T est dit <u>complet</u> si toute partie de T possède une borne supérieure, donc aussi une borne inférieure . Un treillis distributif complet est automatiquement une algèbre de Heyting . On parlera donc d'algèbre de Heyting complète , et en particulier d'algèbre de Boole complète .

Soit X un espace topologique et soit $\mathcal{U}$ l'ensemble de ses parties ouvertes .

Pour la relation d'inclusion , $\underset{\sim}{U}$ est une algèbre de Heyting complète , avec $a \wedge b = a \cap b$, $a \vee b = a \cup b$ et où a' est l'intérieur du complémentaire de a dans X . D'après la fin du n° 2.1 , l'ensemble des ouverts a de X tels que $a = a''$ (c'est-à-dire égaux à l'intérieur de leur adhérence) est une algèbre de Boole complète . En particulier , si B est une algèbre de Boole , l'ensemble $\hat{B}$ des parties du spectre S de B qui sont égales à l'intérieur de leur adhérence est une algèbre de Boole complète , et B est isomorphe à une sous-algèbre de Boole de $\hat{B}$.

On dit qu'une algèbre de Boole B satisfait à la <u>condition de chaîne dénombrable</u> si toute partie I de B telle que $a \wedge b = 0$ pour a,b distincts dans I est dénombrable . C'est le cas si B se compose de parties ouvertes d'un espace compact X qui possède une mesure de Radon de support X .

2.3. <u>Adjonction dans les ensembles ordonnés</u>

La notion d'adjonction dans les ensembles ordonnés est un cas particulier d'une notion générale pour les catégories . L'importance de ce cas particulier a été mise en évidence par Lawvere [3,4] .

Soient T et T' deux ensembles ordonnés , $f : T \to T'$ et $g : T' \to T$ deux applications . On dit que f est <u>adjointe à gauche</u> de g , et g <u>adjointe à droite</u> de f , si la relation $f(t) \leq t'$ équivaut à $t \leq g(t')$ quels que soient t dans T et t' dans T' . Cette relation se note $f \dashv g$ ou $g \vdash f$. Une application f de T dans T' a au plus une adjointe à droite .

Sous les hypothèses précédentes , on a $t \leq gf(t)$ pour t dans T et $fg(t') \leq t'$ pour t' dans T' ; on en déduit $fgf = f$ et $gfg = g$, et l'application gf de T dans T est idempotente d'image $T_1 = g(T')$; de même , l'application fg de T' dans T' est idempotente , d'image $T_1' = f(T)$. Comme les applications f et g sont croissantes , elles induisent des isomorphismes réciproques d'ensembles ordonnés

$$T_1 \underset{g_1}{\overset{f_1}{\rightleftarrows}} T_1' \quad .$$

Si deux éléments t_1 et t_2 de T ont une borne supérieure $t_1 \vee t_2$, alors $f(t_1)$ et $f(t_2)$ ont une borne supérieure dans T' , et l'on a

$$f(t_1 \vee t_2) = f(t_1) \vee f(t_2) \quad \text{pour } t_1, t_2 \text{ dans } T . \tag{10}$$

On établit de manière analogue la relation

$$g(t_1' \wedge t_2') = g(t_1') \wedge g(t_2') \quad \text{pour } t_1', t_2' \text{ dans } T' . \tag{11}$$

Donnons des exemples d'adjonction :

a) Soit H une algèbre de Heyting , et posons $T = T' = H$; fixons a dans

H . Si l'on pose

(12) $$f(x) = a \wedge x \quad , \quad g(x') = a \Rightarrow x' \ ,$$

la définition de l'opération $\Rightarrow$ se traduit par $f \dashv g$.

b) Soit toujours H une algèbre de Heyting et soit H^{op} l'ensemble ordonné obtenu en renversant la relation d'ordre dans H . Alors l'application $a \mapsto a'$ de H dans H^{op} est adjointe à gauche de l'application $a \mapsto a'$ de H^{op} dans H . Les propriétés élémentaires des algèbres de Heyting découlent aussitôt des propriétés générales de l'adjonction appliquées aux exemples a) et b) .

c) Pour tout ensemble X , on note $\underset{\sim}{P}(X)$ l'ensemble des parties de X ordonné par inclusion . C'est une algèbre de Boole complète (*) . Soit $f : X \to Y$ une application , et soit $f^* : \underset{\sim}{P}(Y) \to \underset{\sim}{P}(X)$ l'application qui à toute partie B de Y associe son image réciproque par f dans X . De même , l'opération d'image directe est une application $f_* : \underset{\sim}{P}(X) \to \underset{\sim}{P}(Y)$. On a alors $f_* \dashv f^*$.

d) Sous les hypothèses de c) , on définit comme suit une application $f_!$ de $\underset{\sim}{P}(X)$ dans $\underset{\sim}{P}(Y)$ telle que $f_! \vdash f^*$: pour toute partie A de X , on note $f_!(A)$ l'ensemble des éléments y de Y tels que A contienne toute la fibre de f au-dessus de y .

Dans les exemples c) et d) , Lawvere écrit $\exists_f$ pour f_* et $\forall_f$ pour $f_!$ à cause du lien étroit qui existe entre ces opérations et les quantificateurs (cf.page 135).

§ 3. Logique intuitionniste

3.1. Logique des propositions

Rappelons les caractéristiques d'une théorie mathématique formalisée . Tout d'abord , on a un prologue composé de déclarations qui spécifient que certains symboles sont des variables , d'autres des constantes et attribuent un type à chacun d'eux (il est d'usage de postuler une infinité de variables pour chaque type ; la méthode proposée ici , qui évite certaines difficultés logiques , se rapproche des langages de programmation du type ALGOL) . On fixe ensuite des règles de production qui permettent de définir les formules de la théorie , puis les axiomes et les règles de déduction qui permettent de démontrer des théorèmes . Nous adoptons ici la présentation de Gentzen [12] par les séquents .

(*) Un opérateur modal j dans $\underset{\sim}{P}(X)$ tel que $j(A) \subset A$ n'est autre qu'une topologie $\underset{\sim}{T}$ dans X , ou plutôt l'application qui associe à toute partie de X son intérieur pour $\underset{\sim}{T}$. Dans ces conditions , $\underset{\sim}{P}(X)_j$ est l'algèbre de Heyting formée des ouverts de X pour $\underset{\sim}{T}$.

La logique des propositions comporte un nombre indéterminé de variables , toutes d'un même type , dit <u>logique</u> et noté λ , et des constantes V , F , $\vee$, $\wedge$, $\neg$, $\Longrightarrow$ dont voici les types

V , F	type λ
$\neg$	type $\lambda \longrightarrow \lambda$
$\vee$, $\wedge$, $\Longrightarrow$	type $\lambda \times \lambda \longrightarrow \lambda$.

Les formules (logiques) sont toutes de type λ , et sont définies par les règles de production suivantes :

a) toute variable ou toute constante de type λ est une formule ;

b) si A est une formule , alors $\neg A$ est une formule ;

c) si A et B sont des formules , il en est de même de $(A \vee B)$, $(A \wedge B)$ et $(A \Longrightarrow B)$.

Voici la signification de ces règles . Les formules sont des suites de signes , qui sont les variables et constantes déclarées ci-dessus et les parenthèses (et) . Une <u>construction</u> est une suite Σ de telles suites , chacune de ces suites X étant soit une variable ou une constante de type λ (règle a) , soit obtenue en préfixant $\neg$ à une suite A qui la précède dans Σ (règle b) , soit obtenue comme une juxtaposition du type $(A \vee B)$, etc... où A et B précèdent X dans Σ (règle c) . Une formule est une suite qui apparaît comme la dernière d'une construction , qui est dite la vérifier . On notera que nous ne cherchons pas à définir ce qu'est une suite de symboles , ni une suite de telles suites !

Voici maintenant les axiomes :

<u>Tautologies</u> : $F \vdash A$, $A \vdash V$, $A \vdash A$

<u>Négation</u> : $\neg A \vdash (A \Rightarrow F)$, $(A \Rightarrow F) \vdash \neg A$.

Enfin , les règles de déduction sont les suivantes :

<u>Syllogisme</u> :

$$\frac{A \vdash B \ , \ B \vdash C}{A \vdash C}$$

<u>Conjonction</u> :

$$\frac{A \vdash (B \wedge C)}{A \vdash B} \qquad \frac{A \vdash (B \wedge C)}{A \vdash C} \qquad \frac{A \vdash B \ , \ A \vdash C}{A \vdash (B \wedge C)}$$

<u>Disjonction</u> :

$$\frac{(A \vee B) \vdash C}{A \vdash C} \qquad \frac{(A \vee B) \vdash C}{B \vdash C} \qquad \frac{A \vdash C \ , \ B \vdash C}{(A \vee B) \vdash C}$$

<u>Implication</u> :

$$\frac{(A \wedge B) \vdash C}{A \vdash (B \Rightarrow C)} \qquad \frac{A \vdash (B \Rightarrow C)}{(A \wedge B) \vdash C} \ .$$

Un <u>séquent</u> est une suite de symboles de la forme $A \vdash B$, où A et B sont des formules . Une <u>démonstration</u> est une suite D de séquents , dont chacun X est un axiome ou résulte d'une règle de déduction : si l'on applique par exemple le syllogisme , X est de la forme $A \vdash C$ et il est précédé dans D de deux séquents de la forme $A \vdash B$ et $B \vdash C$. Un <u>théorème</u> est un séquent qui apparaît comme le dernier d'une démonstration , qui en constitue la preuve . Un théorème de la forme $V \vdash A$ s'écrit plus simplement sous la forme $\vdash A$, et l'on dit alors que la formule A est <u>valide</u> .

La logique des propositions que l'on vient de décrire est dite "intuitionniste" . Pour obtenir la logique classique (ou booléienne) , il faut ajouter l'axiome de double négation $\neg\neg A \vdash A$, qui entraîne le tiers-exclu $\vdash (A \vee \neg A)$.

Le lecteur aura remarqué l'analogie des axiomes et règles de déduction ci-dessus avec les règles de calcul dans une algèbre de Heyting . De manière plus précise , supposons qu'on ait introduit des variables $x_1,\ldots,x_n$ de type λ ; disons que deux formules A et B sont équivalentes si l'on a prouvé les deux théorèmes $A \vdash B$ et $B \vdash A$. Les opérations définies dans l'ensemble des formules par $\vee$, $\wedge$, $\neg$ et $\Longrightarrow$ sont compatibles avec cette relation d'équivalence , et définissent sur l'ensemble $H(x_1,\ldots,x_n)$ des classes d'équivalence de formules une structure d'algèbre de Heyting ; la classe de F (resp. V) est l'élément 0 (resp. 1) de cette algèbre de Heyting ; si a (resp. b) est la classe de la formule A (resp. B) , la relation $a \leq b$ signifie que le séquent $A \vdash B$ est un théorème . En un sens évident , $H(x_1,\ldots,x_n)$ est l'algèbre de Heyting libre en les générateurs $x_1,\ldots,x_n$; d'après [20] , elle a une infinité d'éléments .

La logique classique conduit de manière analogue à la construction de l'algèbre de Boole libre $B(x_1,\ldots,x_n)$ à n générateurs , dont les éléments peuvent s'interpréter comme les 2^{2^n} applications de $\mathbb{F}_2 \times \ldots \times \mathbb{F}_2$ (n facteurs) dans $\mathbb{F}_2$.

3.2. <u>Logique des prédicats</u>

En plus des variables et constantes logiques introduites au n° 3.1 , nous admettons maintenant des variables de type <u>individu</u> (noté i dans la suite) . De plus , on introduit des constantes de deux espèces :

— constantes de fonctions , de type $i^n \to i$, où l'entier $n \geq 0$ dépend de la constante ; pour $n = 0$, on a simplement une constante de type i ;

— prédicats de type $i^n \to \lambda$ (même remarque sur n) , parmi lesquels le prédicat d'égalité = de type $i^2 \to \lambda$.

Les formules sont réparties en <u>termes</u> de type i et en <u>relations</u> de type λ . Les règles de production comprennent d'abord les règles a) , b) et c) du n° 3.1 qui s'appliquent uniquement à des relations et fournissent des relations . De plus :

d) toute variable ou toute constante de type i est un terme ;

e) soient $T_1,\dots,T_n$ des termes ; si f est une constante de fonction de type $i^n \longrightarrow i$ et p un prédicat de type $i^n \longrightarrow \lambda$, alors $f(T_1,\dots,T_n)$ est un terme et $p(T_1,\dots,T_n)$ une relation (on écrit $T = T'$ au lieu de $=(T,T')$).

Nous laisserons au lecteur le soin de définir la substitution de termes $T_1,\dots,T_n$ à des variables $x_1,\dots,x_n$ de type i dans un terme ou une relation F , le résultat étant noté $F(T_1|x_1,\dots,T_n|x_n)$.

Les règles de raisonnement comprennent d'abord les règles du n° 3.1 appliquées à des relations ; on a de plus les axiomes d'égalité et la règle de substitution :

Egalité :

$$\vdash x = x$$

$$T = T' \vdash S(T|x) = S(T'|x) \ , \quad T = T' \vdash A(T|x) \Rightarrow A(T'|x)$$

Substitution :

$$\frac{A \vdash B}{A(T|x) \vdash B(T|x)}$$

où x est une variable de type i , où A , B sont des relations et S, T , T' des termes .

On peut formaliser de cette manière les théories algébriques usuelles (groupes , anneaux , algèbres de Lie ,...) . Par exemple , la théorie des groupes contient une constante e de type i , une constante de fonction s de type $i \longrightarrow i$ et une constante de fonction m de type $i^2 \longrightarrow i$ et trois axiomes spécifiques

$$\vdash m(m(x,y),z) = m(x,m(y,z))$$

$$\vdash (m(x,s(x)) = e) \wedge (m(s(x),x) = e)$$

$$\vdash (m(x,e) = x) \wedge (m(e,x) = x) \ ,$$

où x , y et z sont des variables (distinctes) de type i . Introduisons des variables $x_1,\dots,x_n$ de type i , et disons que deux termes T et T' sont équivalents si $T = T'$ est une formule valide de la théorie des groupes . Comme dans le cas des algèbres de Heyting ou de Boole , on montre que l'ensemble des classes d'équivalence de termes est le groupe libre $G(x_1,\dots,x_n)$ construit sur $x_1,\dots,x_n$.

Introduisons maintenant les quantificateurs $\forall$ et $\exists$ et la notion de variable libre dans une relation . Ceci se fait au moyen des règles suivantes :

f) si $T_1,\dots,T_n$ sont des termes et p un prédicat de type $i^n \longrightarrow \lambda$, toute variable intervenant dans $p(T_1,\dots,T_n)$ est libre et il n'y en a pas d'autre ;

g) si A et B sont des relations , une variable est libre dans $\neg A$ (resp. $A \vee B$, etc...) si elle est libre dans A (resp. dans A ou dans B) et il n'y en a pas d'autre ;

h) si x est une variable libre dans une relation p , alors $\forall x(p)$ et $\exists x(p)$ sont des relations où sont déclarées libres toutes les variables libres dans p à l'exception de x .

Nous laisserons au lecteur le soin de généraliser ce qui précède au cas où l'on a plusieurs types d'individus , et définir les types libres d'une relation .

Les axiomes et règles de déduction sont ceux énoncés précédemment , aux réserves suivantes près :

1) dans le syllogisme et la conjonction , tout type qui est libre dans la ligne du haut doit apparaître comme l'un des types libres dans la ligne du bas ;

2) la tautologie $A \vdash V$ et l'axiome d'égalité $\vdash x = x$ sont remplacés par la règle suivante

$$A \vdash (x_1 = x_1) \wedge \ldots \wedge (x_k = x_k)$$

où $x_1,\ldots,x_k$ sont des variables d'individus dont les types contiennent exactement tous les types libres dans la relation A .

Il faut ajouter les règles de déduction pour les quantificateurs :

<u>Universel</u> : $\dfrac{A \vdash B}{A \vdash \forall x(B)}$ $\qquad$ $\dfrac{A \vdash \forall x(B)}{A \vdash B}$

<u>Existentiel</u> : $\dfrac{B \vdash A}{\exists x(B) \vdash A}$ $\qquad$ $\dfrac{\exists x(B) \vdash A}{B \vdash A}$,

où A et B sont des relations , et où la variable d'individu x est libre dans B , mais non dans A .

La logique des prédicats (ou logique du premier ordre) peut s'étendre en une <u>logique des types</u> (ou logique d'ordre supérieur) . Sans entrer dans les détails d'une description formelle , disons qu'on a une hiérarchie de types engendrée par la règle de production : si t , $t_1,\ldots,t_n$ sont des types , il en est de même de $t_1 \times \ldots \times t_n \to t$. On a alors vraiment le droit de considérer par exemple $\vee$ comme un individu de type $\lambda \times \lambda \to \lambda$. La nouveauté est le <u>principe d'abstraction</u> suivant qui conduit au calcul de λ-conversion de Church [10] :

i) si f est une formule de type s contenant une variable libre x de type t , alors $\lambda_x f$ est une formule de type $t \to s$, où x n'est plus une variable libre . Autrement dit , on a le droit de considérer une fonction de la forme $x \mapsto f(x)$, définie par une formule , comme un individu du type approprié ; on peut en particulier introduire des prédicats variables , des prédicats de prédicats , etc... On renvoie le lecteur au traîté de Curry [11] pour le développement de ces idées sous le nom de logique combinatoire .

3.3. Modèles d'une théorie

Tout groupe explicitement construit est un modèle de la théorie des groupes . Dans un tel groupe , on dispose en effet d'un ensemble G , d'un élément $\overline{e}$ de G et de deux applications $\overline{m} : G \times G \to G$ et $\overline{s} : G \to G$. Soit T un terme de la théorie des groupes construit à partir de e , m et s et de variables $x_1,\dots,x_n$. En "interprétant" e comme $\overline{e}$,... , et $x_1,\dots,x_n$ comme des éléments variables de G , on associe à T une application $\overline{T}$ de G^n dans G . Si T et T' sont deux termes construits à partir de ces mêmes variables $x_1,\dots,x_n$, la relation R égale à $T = T'$ est interprétée comme l'ensemble $\overline{R}$ des éléments $(g_1,\dots,g_n)$ de G^n tels que l'on ait $\overline{T}(g_1,\dots,g_n) = \overline{T'}(g_1,\dots,g_n)$. A partir de là , on peut interpréter des relations plus compliquées , à $A \wedge B$ correspondant par exemple $\overline{A} \cap \overline{B}$. Dire que G est un groupe signifie que , pour toute relation A à n variables qui est un axiome de la théorie des groupes , on a $\overline{A} = G^n$. On a alors $\overline{A} = G^n$ pour toute formule valide A de la théorie , comprenant n variables .

On définit de manière analogue la notion de modèle pour toute théorie qui s'exprime dans la logique des prédicats : il est décrit par la donnée d'un ensemble de base X_i pour chaque type d'individu i , d'une application $\overline{f} : X_{i_1} \times \dots \times X_{i_n} \to X_i$ pour toute constante de fonction de type $i_1 \times \dots \times i_n \to i$ et d'une partie $\overline{p}$ de $X_{i_1} \times \dots \times X_{i_n}$ pour tout prédicat de type $i_1 \times \dots \times i_n \to \lambda$. Comme précédemment , l'interprétation d'un terme donne une fonction et celui d'une relation donne une partie d'un ensemble $X_{i_1} \times \dots \times X_{i_n}$. Précisons l'interprétation des quantificateurs : si par exemple la relation A contient deux variables libres x et y de types respectifs i et j , alors $\exists x(A)$ s'interprète en $f_*(\overline{A})$ et $\forall x(A)$ en $f_!(\overline{A})$ où $\overline{A}$ est la partie de $X_i \times X_j$ qui interprète A et f est la projection de $X_i \times X_j$ sur le deuxième facteur. On postule que l'interprétation de chaque axiome spécifique de la théorie est la partie pleine du produit correspondant d'ensembles X_i , et il en est alors de même pour toute formule valide .

Scott et Solovay ont généralisé la notion de modèle en celle de <u>modèle booléien</u> . En plus des ensembles X_i , on se donne une algèbre de Boole complète $\underset{\sim}{B}$; l'interprétation des prédicats est modifiée , au prédicat p de type $i_1 \times \dots \times i_n \to \lambda$ correspondant une application $\overline{p}$ de $X_{i_1} \times \dots \times X_{i_n}$ dans $\underset{\sim}{B}$. Cela revient en fait à traîter le type logique λ sur le même plan que les types d'individus , et à considérer les opérateurs logiques $\vee$, $\wedge$, $\neg$, $\Longrightarrow$ comme des constantes de fonctions du type approprié , qui seront interprétées comme les opérations de Boole dans $\mathbf{B} = X_\lambda$. Avec les notations ci-dessus , la relation $\exists x(A)$ s'interprète comme l'application $y \mapsto \sup[\bar{A}(x,y) \mid x \in X_i]$ et de même $\forall x(A)$ s'interprète comme l'application $y \mapsto \inf[\bar{A}(x,y) \mid x \in X_i]$ de X_j dans $\mathbf{B}$. On dit qu'une relation A est <u>validée</u> dans le modèle M (notation $\vdash_M A$) si $\bar{A}$ est la fonction constante de valeur 1 . On postule que tout axiome explicite de la théorie est validé dans le modèle M et il en sera de même de toute formule valide .

Nous avons admis implicitement que l'on utilisait la logique classique . On peut procéder de manière analogue en logique intuitionniste en remplaçant l'algèbre de Boole complète $\mathbf{B}$ par une algèbre de Heyting complète $\mathbf{H}$. Classiquement , on n'admet que les modèles où chacun des ensembles X_i est non vide ; en logique intuitionniste , un ensemble peut être partiellement vide , et cette restriction n'est plus tenable , et c'est pourquoi nous avons dû amender les règles de déduction à la page 134.

§ 4. Catégories et faisceaux

4.1. Topos élémentaires

Un topos élémentaire $\mathbf{T}$ est une catégorie où est défini le produit cartésien $X \times Y$ de deux objets X et Y , munie d'un objet final noté 1 , et dans laquelle on a associé à tout objet X un objet $\mathbf{P}(X)$ et un monomorphisme $\varepsilon_X : \Sigma_X \to X \times \mathbf{P}(X)$ satisfaisant à la propriété universelle suivante :

(Top) <u>Etant donnés deux objets X et Y et un monomorphisme $i : S \to X \times Y$, il existe un morphisme $u : Y \to \mathbf{P}(X)$ et un seul pour lequel il existe un carré cartésien</u>

$$\begin{array}{ccc} S & \xrightarrow{\ i\ } & X \times Y \\ {\scriptstyle j}\downarrow & & \downarrow {\scriptstyle I_X \times u} \\ \Sigma_X & \xrightarrow{\ \varepsilon_X\ } & X \times \mathbf{P}(X) \end{array}$$

<u>Réciproquement</u> , u <u>étant donné</u> , <u>il existe un monomorphisme</u> i <u>et un carré cartésien comme ci-dessus</u> .

Intuitivement , on doit considérer $\mathbf{P}(X)$ comme l'ensemble des parties de X et Σ_X comme le graphe de la relation d'appartenance restreinte à $X \times \mathbf{P}(X)$.

La structure d'un topos est extrêmement riche ; elle permet en particulier l'interprétation des relations de la logique intuitionniste des prédicats . Tout d'abord , on appelle <u>élément global</u> (ou section) d'un objet X de $\mathbf{T}$ tout morphisme de 1 dans X , et <u>sous-objet</u> de X tout morphisme de 1 dans $\mathbf{P}(X)$. Soit $i : S \to X$ un monomorphisme ; faisant $Y = 1$ dans l'axiome (Top), on obtient un morphisme de 1 dans $\underset{\sim}{P}(X)$, c'est-à-dire un sous-objet de X qu'on appelle l'image de i. En particulier, l'image de l'identité $I_X : X \longrightarrow X$ est un sous-objet de X, qu'on note $\ulcorner X \urcorner$. Posons $\Omega = \underset{\sim}{P}(1)$. Echangeant les rôles de X et Y dans l'axiome (Top), on associe à tout sous-objet Z de X un morphisme $\varphi_Z : X \longrightarrow \Omega$, qu'on appelle le <u>morphisme caractéristique de</u> Z. Réciproquement, tout morphisme φ de X dans Ω est le morphisme caractéristique d'un sous-objet de X, qu'on appelle l'<u>extension de</u> φ et qu'on note $[x \in X | \varphi(x)]$.

Pour tout objet X de $\underset{\sim}{T}$, le morphisme diagonal $\Delta_X : X \longrightarrow X \times X$ est un monomorphisme, et le morphisme caractéristique de son image sera noté $=_X$. De même, on note $\in_X$ le morphisme caractéristique de l'image de $\varepsilon_X : \Sigma_X \longrightarrow X \times \underset{\sim}{P}(X)$. Si f et g sont deux morphismes de X dans un même objet Y, le morphisme composé $X \xrightarrow{(f,g)} Y \times Y \xrightarrow{=_Y} \Omega$ est le morphisme caractéristique d'un sous-objet de X qu'on appelle l'<u>égalisateur</u> de la paire (f,g). L'existence d'égalisateurs dans $\underset{\sim}{T}$ montre que l'on peut y définir les produits fibrés.

On définit ensuite les opérateurs logiques dans l'objet Ω, qui joue le rôle d'objet des valeurs logiques. La définition de V, $\wedge$ et $\Longrightarrow$ est particulièrement simple. Tout d'abord, le morphisme $V_X : X \longrightarrow \Omega$ est le morphisme caractéristique du sous-objet $\ulcorner X \urcorner$ de X et $V = V_1$. Le morphisme $\wedge$ de $\Omega \times \Omega$ dans Ω est le morphisme caractéristique de l'égalisateur des morphismes $I_\Omega \times V_\Omega$ et $V_\Omega \times I_\Omega$ de $\Omega \times \Omega$ dans $\Omega \times \Omega$. Enfin, le morphisme $\Longrightarrow$ de $\Omega \times \Omega$ dans Ω est le morphisme caractéristique de l'égalisateur des morphismes p_1 et $\wedge$ de $\Omega \times \Omega$ dans Ω, où p_1 est la première projection du produit $\Omega \times \Omega$.

L'étape suivante est la définition d'opérations entre les objets du type $\underset{\sim}{P}(X)$. Soit $f : X \longrightarrow Y$ un morphisme. L'axiome (Top) établit une correspondance bijective entre morphismes de Y dans $\underset{\sim}{P}(X)$ et morphismes de $X \times Y$ dans Ω ; par les arguments fonctoriels usuels, on en déduit que $\underset{\sim}{P}$ est un foncteur contravariant, autrement dit on associe à f un morphisme $f^* = \underset{\sim}{P}(f)$ de $\underset{\sim}{P}(Y)$ dans $\underset{\sim}{P}(X)$. On construit ensuite des morphismes f_* et $f_!$ de $\underset{\sim}{P}(X)$ dans $\underset{\sim}{P}(Y)$ qui ont les mêmes propriétés formelles que dans le cas ensembliste (cf. page 130). L'image de f est un sous-objet de Y ; on peut le définir comme le composé $f_* \ulcorner X \urcorner : 1 \longrightarrow \underset{\sim}{P}(Y)$. On notera aussi

$\{\cdot\}$ le morphisme de X dans $\underset{\sim}{P}(X)$ qui correspond par l'axiome (Top) au morphisme diagonal $\Delta_X : X \longrightarrow X \times X$.

Pour interpréter une formule de la logique des prédicats , on doit associer à chaque type i en jeu un objet X_i de $\underset{\sim}{T}$, avec en particulier $X_\lambda = \Omega$; à chaque constante de fonction de type $i_1 \times \ldots \times i_n \longrightarrow i$ est associée un morphisme de $X_{i_1} \times \ldots \times X_{i_n}$ dans X_i , et à chaque prédicat p de type $i_1 \times \ldots \times i_n \longrightarrow \lambda$ un morphisme de $X_{i_1} \times \ldots \times X_{i_n}$ dans Ω . Les opérateurs logiques $\vee , \wedge , \ldots$ seront interprétés comme les opérateurs de même nom dans Ω . Une constante de type i sera interprétée comme un élément global de X_i . On supposera que , pour tout type i en jeu , on a deux prédicats $=_i$ et $\in_i$ qui seront interprétés au moyen de $=_{X_i}$ et $\in_{X_i}$ respectivement . Puisque nous disposons des opérations f_* et $f_!$, on pourra interpréter les quantificateurs comme dans le cas ensembliste (cf. page 135). En conclusion , l'interprétation d'une relation A dans laquelle les variables libres sont $x_1,\ldots,x_n$ de types respectifs $i_1,\ldots,i_n$ sera dans la catégorie $\underset{\sim}{T}$ un morphisme $\bar{A}$ de $X_{i_1} \times \ldots \times X_{i_n}$ dans Ω ; par exemple , si x et y sont deux variables de type λ , l'interprétation de la relation $x = x \wedge y$ est le morphisme $\Longrightarrow$ de $\Omega \times \Omega$ dans Ω . Le cas des termes est analogue . Enfin , toute relation étant interprétée comme un morphisme à valeur dans Ω , c'est le morphisme caractéristique d'un sous-objet que l'on appelle l'<u>extension de la relation</u> en question .

On peut maintenant appliquer au topos $\underset{\sim}{T}$ tous les théorèmes de la logique des prédicats . Par exemple , si A et B sont deux relations , et que l'on a prouvé $A \vdash B$ et $B \vdash A$, alors les extensions de A et B seront égales dans $\underset{\sim}{T}$. On pourra ainsi prouver que Ω se comporte comme un objet en "algèbre de Heyting" , de même que $\underset{\sim}{P}(X)$ pour tout objet X de $\underset{\sim}{T}$; l'ensemble des sous-objets de X est une vraie algèbre de Heyting .

Les méthodes précédentes peuvent être utilisées , non seulement pour prouver des égalités de morphismes dans la catégorie $\underset{\sim}{T}$, mais aussi pour en construire . Par exemple , soit A une relation comportant deux variables libres x , y de types respectifs i , j ; si la formule

$$(\forall x \exists y(A)) \wedge \forall x \forall y \forall y'((A \wedge A(y'|y)) \Longrightarrow y = y')$$

est valide , il existera dans $\underset{\sim}{T}$ un morphisme $f : X_i \longrightarrow X_j$ tel que $\bar{A}$ soit le morphisme caractéristique de l'image du monomorphisme (I_{X_i}, f) de X_i dans $X_i \times X_j$ (le "graphe de f ") . En interprétant de manière convenable la formule précédente où l'on prendrait pour A un prédicat variable du type convenable , on peut définir le sous-objet Y^X de $\underset{\sim}{P}(X \times Y)$ formé des "applications" de X dans Y . En particulier , on peut identifier $\underset{\sim}{P}(X)$ à Ω^X .

En conclusion , les topos permettent une très vaste extension de la notion de modèle . L'objet Ω étant un objet comme un autre dans $\underset{\sim}{T}$, on peut traiter sur pied d'égalité les termes et les relations , et en particulier les modèles booléiens sont des modèles comme les autres dans le cadre des topos . Les relations permises dans un topos comportent la relation d'appartenance , mais limitée par une restriction de types , puisque l'on a une telle relation $\in_X$ entre X et $\underset{\sim}{P}(X)$ pour chaque objet X de T .

4.2. <u>Faisceaux</u>

Jusqu'à présent , nous n'avons pas donné d'exemple de topos . Le premier exemple est fourni par "la" catégorie des ensembles $\underset{\sim}{S}$ (cf. la conclusion, § 5). Soient maintenant $\underset{\sim}{C}$ une petite catégorie et $\underset{\sim}{T}$ la catégorie $\underset{\sim}{S}^{\underset{\sim}{C}^{op}}$ des foncteurs contravariants de $\underset{\sim}{C}$ dans $\underset{\sim}{S}$. Par exemple , on pourra considérer la catégorie $\underset{\sim}{C}$ associée de la manière usuelle à un ensemble ordonné I , les objets étant les éléments de I , et les morphismes les paires (i,j) d'éléments de I avec $i \leq j$. Plus particulièrement encore , on pourra prendre pour I l'ensemble ordonné par inclusion des parties ouvertes d'un espace topologique X ; alors $\underset{\sim}{T}$ sera la catégorie des préfaisceaux sur X .

Pour passer de là aux faisceaux , nous aurons besoin d'une construction due à Lawvere et Tierney [34] . Soit $\underset{\sim}{T}$ un topos quelconque . Un <u>opérateur modal</u> dans $\underset{\sim}{T}$ est un morphisme $j : \Omega \longrightarrow \Omega$ satisfaisant aux relations

(13) $\qquad jV = V \quad , \quad jj = j \quad , \quad j(x \wedge y) = jx \wedge jy$

où $V : 1 \longrightarrow \Omega$ est le "vrai" et où x,y désignent les deux projections de $\Omega \times \Omega$ dans Ω conformément aux principes généraux d'interprétation des relations . On notera l'analogie avec la formule (9) de la page 128. D'ailleurs j induit un opérateur modal au sens de la page 128 dans l'algèbre de Heyting des sous-objets d'un objet X quelconque de $\underset{\sim}{T}$.

Fixons j . On note J l'égalisateur de la paire (j,V_Ω) et Ω_j l'égalisateur de la paire (j,I_Ω) . On dira qu'un monomorphisme $u : X \longrightarrow Y$ est fermé (resp. dense) s'il existe un carré cartésien

$$\begin{array}{ccc} X & \xrightarrow{u} & Y \\ \downarrow & & \downarrow \\ \Omega_j & \longrightarrow & \Omega \end{array} \qquad \text{(resp.} \qquad \begin{array}{ccc} X & \xrightarrow{u} & Y \\ \downarrow & & \downarrow \\ J & \longrightarrow & \Omega \end{array} \qquad) .$$

Associant aux monomorphismes leur image , on voit que l'on peut définir les notions de sous-objet fermé et de sous-objet dense d'un objet X .

On note $\underset{\sim}{T}_j$ la sous-catégorie pleine de $\underset{\sim}{T}$ formée des objets F satisfaisant à la condition suivante :

(Faisc) Si u : X ⟶ Y est un monomorphisme dense , et v : X ⟶ F un morphisme quelconque , il existe un unique morphisme x : Y ⟶ F tel que v = xu .

Alors $\underset{\sim}{T}_j$ est un topos , le produit /cartésien/ dans $\underset{\sim}{T}_j$ étant celui de $\underset{\sim}{T}$ restreint aux objets de $\underset{\sim}{T}_j$. Le foncteur d'inclusion de $\underset{\sim}{T}_j$ dans $\underset{\sim}{T}$ a un adjoint à gauche $a : \underset{\sim}{T} \longrightarrow \underset{\sim}{T}_j$ qu'on peut construire comme suit . Comme on a jj = j et que Ω_j est l'égalisateur de (j, I_Ω) , on peut factoriser j en $\Omega \xrightarrow{j'} \Omega_j \longrightarrow \Omega$; on considère alors le morphisme composé $u : X \xrightarrow{\{\cdot\}} \Omega^X \xrightarrow{j'^X} \Omega_j^X$; l'objet a(X) est alors l'adhérence de l'image I de u , à savoir l'unique sous-objet fermé de Ω_j^X dans lequel I soit dense . On montre ensuite que le foncteur a satisfait à un calcul de fractions , et qu'il est donc exact .

Revenons au cas où $\underset{\sim}{T}$ est de la forme $\underset{\sim}{S}^{\underset{\sim}{C}^{op}}$. L'objet Ω de $\underset{\sim}{T}$ est le foncteur de $\underset{\sim}{C}^{op}$ dans $\underset{\sim}{S}$ qui à chaque objet U de $\underset{\sim}{C}$ associe l'ensemble des cribles dans U , c'est-à-dire [26] l'ensemble des sous-foncteurs du foncteur représentable $h_U : \underset{\sim}{C}^{op} \rightarrow \underset{\sim}{S}$. On montre alors sans difficulté que la donnée d'un opérateur modal $j : \Omega \longrightarrow \Omega$ dans $\underset{\sim}{T}$ revient à celle d'une topologie J sur la catégorie $\underset{\sim}{C}$ au sens de Grothendieck et Giraud [24,26] . Le topos $\underset{\sim}{T}_j$ est alors le topos des faisceaux sur le site $(\underset{\sim}{C}, J)$, et le foncteur a est celui qui associe à tout préfaisceau le faisceau correspondant au sens de Grothendieck . Autrement dit , un topos au sens de Grothendieck est un topos au sens de Lawvere et Tierney , mais la réciproque est fausse .

Plus particulièrement , soit $\underset{\sim}{C}$ la catégorie associé à l'ensemble ordonné des ouverts d'un espace topologique X . Le préfaisceau Ω associe à toute partie ouverte U de X l'ensemble des classes héréditaires F de parties ouvertes de U (F est dite héréditaire si les relations $V \subset V'$ et $V' \in F$ entraînent $V \in F$) . Définissons le morphisme $j : \Omega \longrightarrow \Omega$ comme la famille des applications $j_U : \Omega(U) \longrightarrow \Omega(U)$ ainsi définies : si F est une classe héréditaire de parties ouvertes de U , alors $j_U(F)$ est l'ensemble des parties ouvertes de U qui sont contenues dans la réunion d'une famille d'ouverts appartenant à F . Avec cette définition , $\underset{\sim}{T}_j$ est la catégorie des faisceaux sur X au sens usuel [28] .

§ 5. Conclusion

Nous venons de décrire les parties les plus fondamentales de la théorie des topos. Il convient de la préciser en ajoutant de nouveaux axiomes qui assurent par exemple le caractère booléien de la logique interne. On peut alors obtenir des topos qui se rapprochent de plus en plus de "la" théorie des ensembles classique. De fait, on peut montrer que celle-ci est aussi "forte" qu'une théorie des topos convenablement restreinte [51,52].

La construction des faisceaux, sous la forme générale décrite au n° 4.2 permet de construire une large classe de topos, et une construction analogue à celle des ultraproduits permet de rendre ces topos booléiens. Chacun de ces topos fournit un modèle de la théorie des ensembles élémentaire à la Lawvere [1,2], et c'est cette liberté accrue qui permet de démontrer facilement l'indépendance de l'hypothèse du continu (ou de l'axiome du choix).

Esquissons une construction qui est une variante de celle de Cohen [44] ou de Tierney [53]. En termes catégoriques, l'hypothèse du continu généralisée est l'inexistence de deux monomorphismes non inversibles $X \rightarrow Y \rightarrow \underset{\sim}{P}(X)$. Considérons alors un espace topologique S et un ultrafiltre Φ sur S auquel appartiennent les parties ouvertes et denses de S . Nous disons qu'un faisceau $\mathfrak{F}$ sur S est <u>parfait</u> s'il satisfait à la propriété suivante :

(P) <u>Etant donnés deux ouverts</u> U <u>et</u> V <u>de</u> S <u>avec</u> $U \subset V \subset \bar{U}_3$ <u>toute section de</u> $\mathfrak{F}$ <u>sur</u> U <u>se prolonge de manière unique en une section de</u> $\mathfrak{F}$ <u>sur</u> V .

Etant donnés deux faisceaux $\mathfrak{F}$ et $\mathcal{G}$ et deux morphismes u et v de $\mathfrak{F}$ dans $\mathcal{G}$, disons que u et v sont <u>équivalents</u> s'il existe un ouvert U appartenant à Φ tel que u et v coïncident au-dessus de U .

La catégorie des faisceaux parfaits sur S et des classes d'équivalence de morphismes est alors un modèle $\mathcal{M}$ de la théorie élémentaire des ensembles. Pour contredire l'hypothèse du continu dans $\mathcal{M}$, on choisit pour S un espace compact totalement discontinu de la forme $\{0,1\}^I$ où I a la puissance du continu. Alors l'algèbre de Boole formée des parties ouvertes et fermées de S a la puissance du continu, mais satisfait à la condition de chaîne dénombrable car il existe une mesure de support S , par exemple le produit des mesures $\frac{1}{2}\delta_0 + \frac{1}{2}\delta_1$ sur les facteurs $\{0,1\}$. Soit alors X_o un faisceau constant sur S de fibre F dénombrable et Y_o le faisceau constant de fibre $\underset{\sim}{P}(F)$. On a des monomorphismes $X_o \rightarrow Y_o \rightarrow \underset{\sim}{P}(X_o)$ évidents. Ils sont non inversibles, le premier de manière évidente, et le second parce que le faisceau constant X a beaucoup de sous-faisceaux non constants (*). Les faisceaux X_o et Y_o ne sont pas parfaits, mais

(*) On peut même prouver que le <u>faisceau</u> des épimorphismes de Y_o dans X_o (resp. $\underset{\sim}{P}(X_o)$ dans Y_o) est vide.

il est facile de prouver que la catégorie des faisceaux parfaits est une sous-catégorie réflexive de celle de tous les faisceaux. On prend alors pour X (resp. Y) le faisceau parfait "enveloppe" de X_o (resp. Y_o). On obtient deux monomorphismes non inversibles $X \rightarrow Y \rightarrow \underset{\sim}{P}(X)$ qui contredisent dans le modèle l'hypothèse du continu.

Pour contredire l'axiome du choix, il faut considérer des faisceaux où opère un groupe.

BIBLIOGRAPHIE COMMENTÉE

Pour une bibliographie exhaustive sur le sujet , on pourra consulter le livre de Johnstone [31] . Nous mentionnons d'abord les principaux articles de Lawvere , de lecture difficile , mais passionnante :

[1] F.W. LAWVERE - An elementary theory of the category of sets , Proc. Nat. Acad. Sci. U.S.A., 52(1964) , p. 1506-1511.

[2] ---- An elementary theory of the category of sets , notes polycopiées , 43 pages , Université de Chicago , 1964.

[3] ---- Adjointness in foundations , Dialectica, 23(1969) , p. 281-296.

[4] ---- Equality in hyperdoctrines and comprehension schema as an adjoint functor , Symposia Pure Maths., vol. XVII , Amer. Math. Soc. , 1970 , p. 1-14.

[5] ---- Quantifiers and sheaves , Actes du Congrès Intern. des Math., Nice , 1970 , vol. I , p. 329-334.

[6] ---- Continuously variable sets : algebraic geometry = geometric logic , in Bristol Logic Colloquium '73 , North Holland , 1975 , p. 135-156.

[7] ---- Variable quantities and variable structures in topoi , in Algebra , Topology and Category Theory (Ed. A. Heller et M. Tierney) , Academic Press , 1976 , p. 101-131.

De plus , Lawvere est l'éditeur des comptes-rendus de deux colloques , pour lesquels il a écrit deux introductions fort intéressantes :

[8] Toposes , algebraic geometry and logic , Lecture Notes in Maths., vol.274 , Springer , 1972.

[9] Model theory and topoi , Lecture Notes in Maths., vol. 445 , Springer , 1975 .

Voici maintenant quelques ouvrages de référence sur la logique mathématique :

[10] A. CHURCH - The calculi of lambda conversion , Annals of Math. Studies , 6 , Princeton University Press , 1941.

[11] H. CURRY , R. FEYS et W. CRAIG - Combinatory Logic , vol. I , North Holland , 1958.

[12] G. GENTZEN - Collected Papers (M. Szabo édit.) , North Holland , 1969.

[13] J. van HEIJENOORT - Frege and Gödel (Two fundamental texts in mathematical logic), Harvard University Press , 1970.

[14] D. HILBERT et W. ACKERMANN - Grundzüge der theoretischen Logik , 5e édit. , Springer , 1967.

[15] S. KLEENE - Introduction to Metamathematics , van Nostrand , 1952.

[16] Y. MANIN - A course in Mathematical Logic , Springer , 1977.

Pour les algèbres de Boole , treillis , etc... , voici quelques ouvrages de base :

[17] G. BIRKHOFF - Lattice theory , Colloquium Publ. , vol. XXV , 3e édit. , Amer. Math. Soc. , 1967.

[18] P. HALMOS - Lectures on Boolean algebras , van Nostrand , 1963.

[19] A. HEYTING - Intuitionism . An introduction , North Holland , 1956.

[20] J. McKINSEY et A. TARSKI - On closed elements in closure algebras , Ann. of Maths, 47(1946) , p. 122-162.

[21] R. SIKORSKI - Boolean algebras , Springer , 1964.

[22] H. RASIOWA et R. SIKORSKI - The mathematics of metamathematics , Monografie Mat. vol. 41 , Varsovie , 1963.

Pour la théorie des faisceaux au sens de Grothendieck , et des catégories qui leur sont associées , consulter :

[23] M. ARTIN - Grothendieck topologies , notes polycopiées , Harvard , 1962.

[24] M. ARTIN , A. GROTHENDIECK et J.L. VERDIER - Théorie des topos et cohomologie étale des schémas (SGA 4) , Lecture Notes in Maths., vol. 269 , Springer , 1972.

[25] J. GIRAUD - Classifying topos , dans [8] , p. 43-56.

[26] ---- Analysis Situs [d'après Artin et Grothendieck] , Sém. Bourbaki 1962/3 , exposé 256 , 11 pages , Benjamin , 1966.

[27] M. HAKIM - Topos annelés et schémas relatifs , Springer , 1972.

[28] R. GODEMENT - Topologie algébrique et théorie des faisceaux , Hermann , 1958.

La théorie élémentaire des topos fait l'objet des ouvrages et articles suivants :

[29] J. BÉNABOU et J. CELEYRETTE - Généralités sur les topos de Lawvere et Tierney , Sém. Bénabou , Université Paris-Nord , 1971.

[30] P. FREYD - Aspects of topoi , Bull. Austr. Math. Soc., 7(1972) , p. 1-76 et 467-480 .

[31] P. JOHNSTONE - Topos theory , London Math. Soc. vol. 10 , Academic Press , 1977.

[32] A. KOCK et C. MIKKELSEN - Topos theoretic factorization of non-standard analysis, Lecture Notes in Maths., vol. 369 , Springer , 1974 , p. 122-143.

[33] A. KOCK et G. WRAITH - Elementary toposes , Aarhus Lecture Notes , vol. 30 , 1971.

[34] M. TIERNEY - Axiomatic sheaf theory : some constructions and applications , in Categories and Commutative Algebra , C.I.M.E. III Ciclo 1971 , Edizioni Cremonese , 1973 , p. 249-326.

[35] ---- Forcing topologies and classifying topoi , in Algebra , Topology and Category Theory (éd. A. Heller et M. Tierney) , Academic Press , 1976 , p. 211-219.

Le "langage interne des topos" est mis au point dans les travaux suivants :

[36] J. BÉNABOU - Catégories et logiques faibles , Journées sur les Catégories , Oberwolfach , 1973.

[37] M. COSTE - Logique d'ordre supérieur dans les topos élémentaires , Sém. Bénabou , Université Paris-Nord , 1973/4.

[38] J. LAMBEK - Deductive systems and categories , I : Math. Systems Theory , 2(1968) , p. 287-318 ; II : Lecture Notes in Maths., vol.86 , Springer , 1969 , p. 76-122; III : in [8] , p. 57-82.

[39] W. MITCHELL - Boolean topoi and the theory of sets , Journ. Pure and Applied Alg., 2(1972) , p. 261-274.

[40] G. OSIUS - Logical and set theoretical tools in elementary topoi , in [9] , p. 297-346.

[41] ---- A note on Kripke-Joyal semantics for the internal language of topoi , in [9] , p. 349-354.

[42] H. VOLGER - Logical categories , semantical categories and topoi , in [9] , p. 87-100.

Voici un échantillon d'ouvrages où sont traités les problèmes axiomatiques de la théorie des ensembles :

[43] P. BERNAYS et A. FRAENKEL - Axiomatic set theory , North Holland , 1968.

[44] P. COHEN - Set theory and the continuum hypothesis , Benjamin , 1966.

[45] K. GÖDEL - The consistency of the axiom of choice and the generalized continuum-hypothesis with the axioms of set theory , 4e édit. , Princeton University Press , 1958.

[46] R. JENSEN - Modelle der Mengenlehre , Lecture Notes in Maths., vol. 37 , Springer , 1967.

[47] A. MOSTOWSKI - An undecidable arithmetical statement , Fund. Math., 36(1949) , p. 143-164.

[48] J. ROSSER - Simplified independence proofs (Boolean valued models of set theory), Academic Press , 1969.

[49] P. SAMUEL - Modèles booléiens et hypothèse du continu , Sém. Bourbaki 1966/7 , exposé 317 , 12 pages , Benjamin , 1968.

[50] D. SCOTT - A proof of the independence of the continuum hypothesis , Math. Systems Theory , 1(1967) , p. 89-111.

Voici enfin les références fondamentales pour l'application de la théorie des topos aux problèmes axiomatiques de la théorie des ensembles :

[51] J. COLE - Categories of sets and models of set theory , Proc. Bertrand Russell Memorial Logic Conference , Uldum 1971 , Leeds 1973 , p. 351-399.

[52] G. OSIUS - Categorical set theory : a characterization of the category of sets , Journ. Pure and Applied Alg., 4(1974) , p. 79-119.

[53] M. TIERNEY - Sheaf theory and the continuum hypothesis , in [8] , p. 13-42.

Séminaire Bourbaki
30e année, 1977/78, n° 514

Sphères Polyédriques Flexibles dans E^3, d'après Robert CONNELLY

Nicolaas H. KUIPER

> Les figures solides égales sont celles qui sont comprises par des plans semblables, égaux en grandeur et en nombre.
> (Euclide, le onzième livre des éléments, Définition 10.)

1 - Introduction

Soit M une surface, munie d'un morphisme f de M dans l'espace euclidien E^3. Les surfaces, ou plus précisement les morphismes, (M,f_o) et (M,f_1) sont isométriques, si la longueur des courbes tracées sur M est la même pour f_o et f_1. Une flexion à un paramètre de (M,f_o) est une famille $f_t (0 \leq t < 1)$ de morphismes isométriques. C'est une vraie flexion si elle ne provient pas d'un mouvement euclidien global g_t de E^3, $f_t = g_t \circ f_o$, c'est-à-dire s'il y a dans M deux points tels que la distance de leurs images varie. On dit que la surface (M,f_o) est flexible si elle admet une vraie flexion. Ce schéma de définition est utilisé dans divers contextes, en particulier les suivants :

a) M est un polyèdre, et f_t est un plongement linéaire sur chaque face,

b) M est différentiable et f_t est différentiable à dérivée injective.

(Nous supprimerons souvent f de la notation (M,f) et écrirons seulement M.)

En 1813 Cauchy a obtenu une démonstration très astucieuse du

Théorème de Cauchy. Si toute face naturelle d'une surface polyédrique convexe

M est maintenue rigide, la surface est inflexible. De plus chaque isométrie de M sur une autre surface convexe M' provient d'un mouvement de E^3. Si toutes les faces de M sont des triangles, la surface triangulée M est inflexible, si et seulement si son 1-squelette est inflexible. Quelques fautes dans la démonstration de Cauchy ont été signalées par Hadamard et Steinitz, et corrigées. Voir [2, 8, 17].

En ne se limitant pas à des plongements d'une surface M dans E^3, mais en admettant toutes les applications $M \to E^3$ linéaires injectives sur chaque simplexe d'une triangulation de M, on a plus de chance de trouver une flexibilité dans cette classe plus étendue. C'est ce que BRICARD (1897) a fait pour l'octaèdre, une triangulation à six sommets de la sphère S^2. Il a trouvé tous les octaèdres flexibles. Ses trois types "d'octaèdres articulés" ne sont pas des sphères plongées ni même immergées [3].

R. CONNELLY de l'Université Cornell à Ithaca, s'est attaqué au problème de la flexibilité en 1973. Il a retrouvé les octaèdres flexibles de Bricard et en a déduit en 1975 [5] des immersions polyédriques de S^2 flexibles, puis finalement en 1977 [7] le plongement flexible, que nous présentons au chapitre 2.

Les surfaces polyédriques fermées dans E^3, dont on sait qu'elles sont inflexibles, sont rares en dehors des surfaces convexes.

H. GLUCK [10] a démontré que presque tout plongement ou immersion polyédrique de S^2 dans E^3 est inflexible. Nous présentons sa théorie en chapitre 3 et nous en déduisons la flexibilité globale à k paramètres de presque tout disque polyédrique triangulé à bord $k+3$ - gonal. Connelly a encore obtenu quelques surfaces fermées non convexes inflexibles, qui sont des suspensions géométriques [6]. Nous y ajoutons un exemple presque convexe au § 3.2. [Voir aussi [18]]

A. D. ALEXANDROV [2] a démontré l'existence et l'unicité à congruence près d'une surface convexe polyédrique isométrique à une surface polyédrique métrique donnée abstraite si les angles à chaque sommet ont une somme $\leq 2\pi$ (c'est-à-dire si la courbure intrinsèque n'est pas négative. Il en a ensuite déduit par approximation les mêmes conclusions pour les surfaces convexes différentiables. Par conséquent, les surfaces de différentiabilité de classe C^2 strictement convexes (à courbure $K > 0$) sont inflexibles même dans la classe de toutes les surfaces C^2. Nous ne pouvons pas rappeler ici la vaste activité dans le domaine de l'isométrie des surfaces plongées dans E^3, qui a depuis suivi ces recherches en U.R.S.S. Voir [2, 9, 16].

Nos connaissances sur la flexibilité des surfaces fermées non convexes différentiables de E^3 sont toujours maigres. On verra ci-dessous que la flexibilité est grande pour les plongements de classe de différentiabilité C^1. Un plongement f d'une surface fermée M à métrique ds^2 dans l'espace euclidien à métrique ds_E^2 est court si la métrique induite est $f^*(ds_E^2) \leq ds^2$. Avec les méthodes de Kuiper [13,14], qui utilisait les idées de Nash, on peut construire une C^0-approximation d'une C^∞ isotopie arbitraire f_t de C^∞ plongements courts par une C^1 flexion, c'est-à-dire une C^1 isotopie g_t de C^1 plongements isométriques. Une telle approximation existe par exemple pour f_t égale à la multiplication géométrique à facteur t, $0 < \varepsilon \leq t \leq 1$ d'une sphère de rayon un par rapport à son centre en E^3.

Pour les plongements de classe C^2 les courbures extrinsèques sont définies et elles devraient garantir l'inflexibilité. Mais les preuves sont rares. Les remarques suivantes contiennent des problèmes non résolus.

Remarque 1 : On ne connait aucune surface différentiable fermée ou immergée de classe C^2 dans E^3, qui soit flexible.

De plus :

Remarque 2 : On ne connait aucune surface Riemannienne de classe C^∞ qui admette un plongement ou immersion isométrique flexible, différentiable - C^∞ par morceaux triangulaires flexible.

En dehors des surfaces convexes, Alexandrov [1] a démontré que les surfaces fermées analytiques à courbure absolue totale minimale (tight surfaces) dans E^3,

$$\frac{1}{2\pi}\int |K d\sigma| = 4 - \chi$$

χ étant la caractéristique d'Euler Poincaré, sont inflexibles dans la classe des surfaces analytiques. Nirenberg a généralisé ce théorème et obtenu une inflexibilité pour certaines surfaces C^∞ et "tight", malheureusement sous des conditions "forcées". [Voir [15]]

Remarque 3 : On ne peut pas confirmer l'inflexibilité d'aucune autre C^2 -surface fermée non convexe de E^3.

2. - Surface flexible de Robert Connelly.

2.1 La construction en géométrie élémentaire que nous reproduisons ici donne des sphères polyedriques flexibles plongées dans l'espace euclidien E^3.

Lemme - Tout 4-gone aba'b' dans E^3, à côtés opposés égaux, $\overline{ab} = \overline{a'b'}$ et $\overline{ba'} = \overline{b'a}$, est symétrique par rapport à un axe α, perpendiculaire aux segments aa' et bb' et les coupant dans leurs milieux respectifs, p et q. Ceci est clair pour le parallélogramme de la figure 1b). Si $p \neq q$ (fig 1a) et c)), on prend pour α la droite pq. La congruence des triangles aa'b et a'ab' entraîne l'égalité de $\overline{pb}$ et $\overline{pb'}$. Par conséquent dans le triangle bb'p les droites α = pq et bb' sont orthogonales. Le même argument vaut pour α et aa'. La symétrie est exprimée par une rotation d'angle π autour de α.

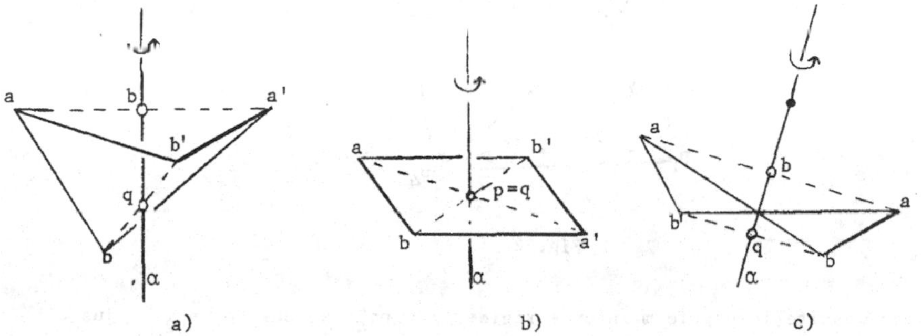

Fig. 1

2.2 Soit $p_1 \ldots p_n$ un n-gone de E^3, étant entendu que $p_i \neq p_{i+1}$ (i modulo n). Soit p un point en dehors des droites $p_i p_{i+1}$, i = 1,...,n. La configuration des triangles $pp_i p_{i+1}$ est appelée une n-pyramide et notée $p(p_1, \ldots, p_n)$. C'est l'image d'un 2-disque triangulé, par un morphisme f, linéaire et injectif sur chaque triangle. La n-pyramide est dite plongée si f est globalement injectif. Les 3-pyramides ne sont pas flexibles, mais la plupart des n-pyramides, $n \geq 4$, le sont évidemment. Il nous faut l'exemple suivant

<u>Lemme</u> - <u>Une 4-pyramide $C = p(p_1,p_2,p_3,p_4)$ plongée, plate et convexe, pour laquelle p_1, p et p_3 ne sont pas colinéaires, est flexible dans E^3</u> .

<u>Démonstration</u> : Soit C dans un plan horizontal π , et soit p et p_4 (ou p et p_2) sur des <u>côtés</u> différents de la droite p_1p_3 (fig. 2).

Coupons la pyramide suivant p_4p , et relevons les triangles pp_1p_4 et pp_3p_4 autour de pp_1 et pp_3 dans des positions pp_1p_4' et pp_3p_4'' , telles que

$$\overline{p_2p_4'} = \overline{p_2p_4''} = \overline{p_2p_4} - t^2 \quad , \quad t \geq 0 \quad .$$

Les triangles p_2pp_4' et p_2pp_4'' ont leurs trois côtés respectifs égaux et ils sont congruents.

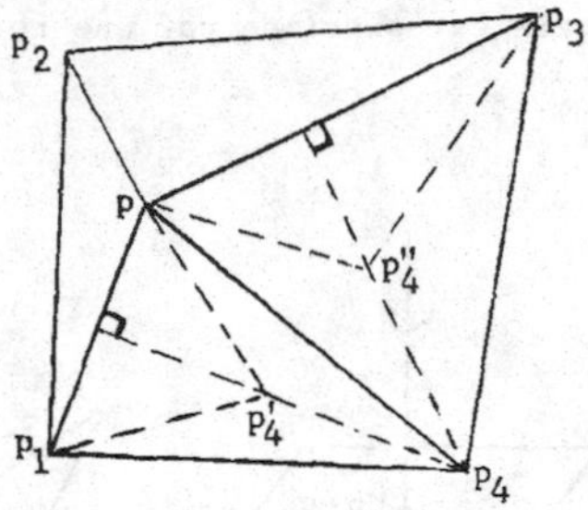

Fig. 2

Relevons ensuite la partie maintenue rigide $p_3p_2pp_4''$ autour de pp_2 , jusqu'à la coïncidence de pp_4'' avec pp_4' . Nous avons ainsi une flexion de la 4-pyramide, à paramètre $t \geq 0$.

2.3 - <u>Octaèdres flexibles</u>.

Prenons un point $c \in E^3$ en dehors de l'axe de symétrie d'un 4-gone $aba'b'$ à côtés opposés égaux (lemme 1.1, fig. 3b)). En général, la pyramide $C = c(a,b,a',b')$ est flexible selon des positions C_t qui dépendent d'un paramètre t . Le bord (a,b,a',b') a pour axe de symétrie α_t . Sans restriction on peut fixer cet axe dans une position verticale. Soit C'_t la pyramide symétrique de C_t par rapport à α_t . Les pyramides isométriques C_t et C'_t ont en commun le bord $(aba'b')_t$. Flexant ensemble ils déterminent la flexion d'un octaèdre (du type I de Bricard). [Dans la figure 3b) on peut voir également l'hexagone flexible abca'b'c' à côtés et angles constants].

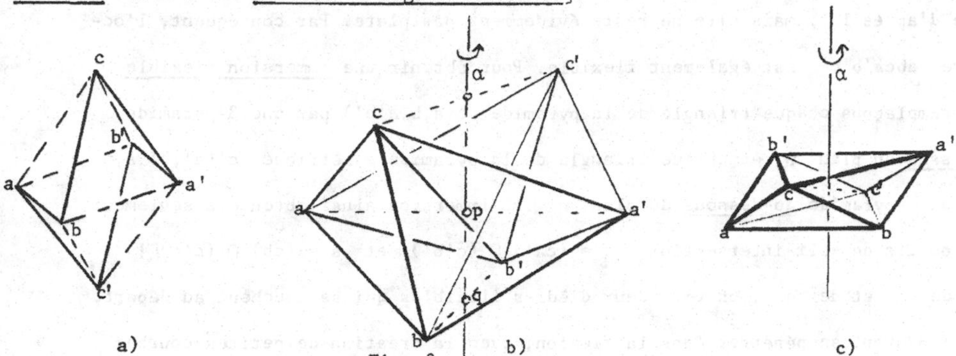

Fig. 3

Dans la figure 3b) la pyramide c(aba'b') est plongée, mais la pyramide a(bcb'c') ne l'est pas. Aucun voisinage du point a dans la surface de l'octaèdre n'est plongé homéomorphiquement sur un 2-disque ouvert, de sorte que l'octaèdre n'est pas une sphère plongée ni même immergée.

Comme Connelly [5] l'a observé, la théorie générale des immersions linéaires par morceaux de Haefliger-Poenaru [12] permet de conclure à l'existence d'une modification linéaire par morceaux de l'octaèdre, à l'intérieur de chaque triangle d'ou résulte une immersion flexible. Nous n'utilisons pas cette méthode.

Il est impossible d'obtenir de cette façon un plongement flexible, car on constate que les bords de certains triangles dans le 1-squelette de l'octaèdre sont enlacés, si disjoints. On ne peut pas les remplir sans créer des points d'intersection.

2.4 - Un octaèdre flexible bien choisi.

L'octaèdre construit ci-dessus devient plat dans un plan horizontal π , si aba'b' est un parallélogramme horizontal et si c est choisi à l'intérieur en dehors des diagonales comme dans la fig 3c). La pyramide c(aba'b') est flexible d'après 1.2, mais elle ne reste évidemment pas plate. Par conséquent, l'octaèdre abca'b'c' est également flexible. Pour obtenir une immersion flexible nous remplaçons chaque triangle de la pyramide c(a,b,a'b') par une 3-pyramide au-dessus du plan π et chaque triangle de la pyramide symétrique c'(a',b',a,b) par une 3-pyramide au-dessous du plan π . L'immersion ainsi obtenue a seulement deux points de self-intersection, $r = (ca') \cap (c'b')$ et $s = (cb) \cap (c'a)$! Près de r et de s , on voit deux dièdres flexibles qui se touchent au départ, et qui peuvent se pénétrer dans la flexion, avec la création de petites courbes fermées d'intersection.

Pour obtenir une telle immersion convenable il n'est pas nécessaire de modifier tous les triangles. Dans la fig 4 nous n'avons pas modifié les triangles a'bc' et ab'c . Nous obtenons ainsi, une immersion flexible d'une sphère triangulée à douze sommets seulement.

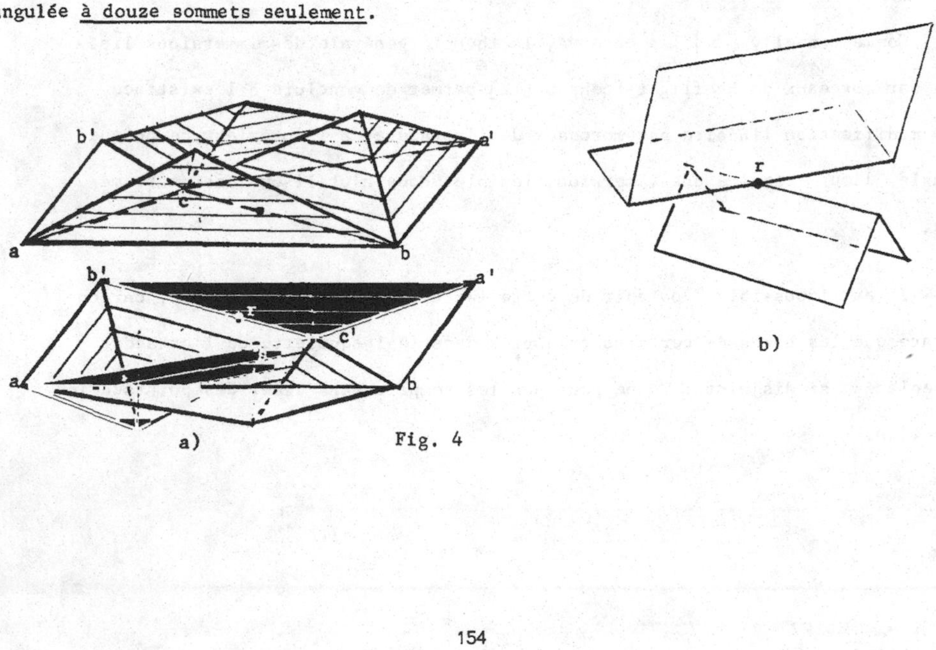

a) b)

Fig. 4

Pour obtenir un plongement, Connelly a réussi à faire une petite fossette dans un des dièdres flexibles proche de r et de s, évitant ainsi l'intersection.

2.5 - La construction d'une fossette dans un dièdre flexible.

Avec le 4-gone plat de la fig. 1c) nous prenons en fig. 5b), un point c sur la droite cm qui coupe orthogonalement le plan μ du cercle circonscrit de $(aba'b')$ dans son centre m. Le point m est sur l'axe de symétrie $\alpha = pq$. Le point c' est choisi symétrique à c par rapport à α. Ainsi nous obtenons encore un autre octaèdre flexible du type I de Bricard. Le 4-gone $(abab')_t$ reste plat, étant dans le plan médian de c_t et $c_{t'}$:

$$\overline{a_t c_t} = \overline{b_t c_t} = \ldots = \overline{a'_t c'_t} = \overline{b'_t c'_t} \quad .$$

Il est permis de choisir au départ $c = c' = m$ comme dans la fig. 5a), car les points c et c' se séparent dans la flexion et atteignent des positions comme dans la fig 5b). Nous allons coller à l'octaèdre un dièdre sur la droite $a'_t b'_t$, où ses deux demi-plans, par c_t et par c'_t, ont leur bord commun. Enlevons ensuite les triangles $c_t a'_t b'_t$ et $c'_t a'_t b'_t$ à l'exception des côtés $c_t a'_t$, $c_t b'_t$, $c'_t a'_t$ et $c'_t b'_t$, et nous avons la fossette désirée. [L'angle du dièdre "avec fossette" peut varier entre 0 et 2π dans la flexion].

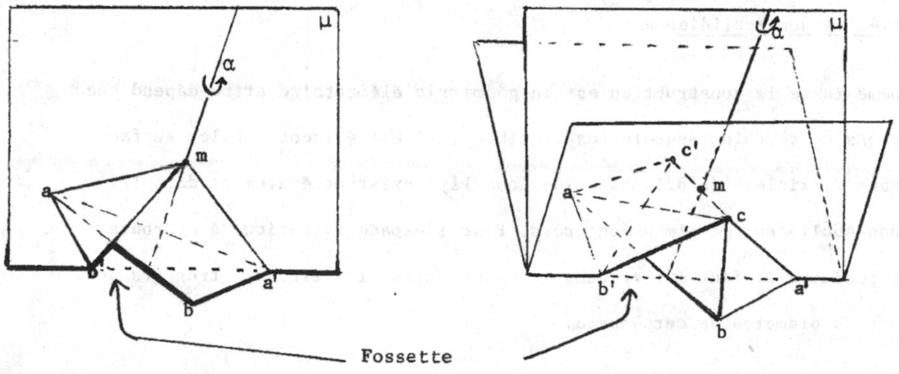

Fig. 5

2.6 - Fin de la construction.

Une surface avec fossette construite en 2.5 est obturée près de r et une autre près de s sur les dièdres en-dessus du plan horizontal π de la sphère immergée de 1.4, et la sphère polyédrique plongée flexible est construite. Les fossettes évitent la self-intersection.

Dans la flexion de l'immersion 1.4 les dièdres s'éloignent l'un de l'autre pour $t > 0$, à un des deux points r et s . Il suffit donc de faire une seule obturation pour obtenir une flexion de plongement, $0 < t$.

Remarque 4.- Nous avons obtenu une sphère plongée et flexible triangulée à 18 sommets. Un exemple à 11 sommets est donné dans [19]. Klaus Steffen a obtenu une sphère flexible à 9 sommets. Ce nombre 9 est peut-être le minimum possible.

Remarque 5 : En collant à notre modèle une surface fermée quelconque suivant un triangle et en enlevant l'intérieur du triangle, on obtient une surface flexible orientable de topologie quelconque.

Remarque 6 : On peut vérifier que la flexion de Connelly laisse invariant le volume compris dans la surface. Ceci est-il vrai pout toute flexion d'une surface polyédrique fermée?

2.7 - Géométrie non-euclidienne.

Comme toute la construction est en géométrie élémentaire et ne dépend que des positions de certain 1-squelettes flexibles, il est évident que les surfaces polyédriques flexibles (de Bricard et de Connelly) existent également dans les espaces non-euclidiens de dimension trois. Pour l'espace elliptique à courbure constante positive il faut éviter dans la construction les figures très grandes par rapport au diamètre de cet espace.

3. Sur un théorème de Herman Gluck.

3.1. Théorème. Soit T une réunion connexe de simplexes de dimension ≤ 2 dans $\mathbb{R}^{e_o}$, chacun étant tendu par un, deux ou trois des vecteurs a_i de base. Le 0-squelette de T est $T_o = \{a_o, \ldots, a_{e_o}\}$. Soit e_1 le nombre des 1-simplexes (côtés) $a_i a_j$. Ils constituent le 1-squelette T_1. Soit e_2 le nombre des 2-simplexes (faces). Nous étudions les morphismes $f : T \to E^3$ de T dans l'espace euclidien E^3, qui sont linéaires et injectifs sur chaque simplexe de T. Etant donné T, f est déterminé par sa restriction à T_o. L'image de T_o est

$$f(T_o) = (p_1, \ldots, p_{e_o}) = P \in (\mathbb{R}^3)^{e_o} \tag{1}$$

Avec les définitions du chapitre 1 nous constatons que deux morphismes f_o et $f : T \to E^3$ sont isométriques si et seulement si

$$\Phi(P) = \Phi(P_o) \ [\in \mathbb{R}^{e_1}] \tag{2}$$

où $\Phi(P)$ est défini par ses composantes, une pour chaque côté $\alpha = (ij)$ de T,

$$\Phi_{ij}(P) = \|p_i - p_j\|^2 \tag{2'}$$

Une courbe différentiable P_t, dans la variété algébrique (2) représente une flexion f_t de f_o, et chaque flexion différentiable de f_o est obtenue ainsi. On peut restreindre la classe des isométries en ajoutant les équations linéaires qui expriment que le barycentre de T_o, ou le barycentre d'une face $p_1p_2p_3$, ne varie pas

$$\varphi(P) = \Sigma_i p_i \in \mathbb{R}^3 \tag{3}$$

respectivement

$$\varphi^{\dagger}(P) = \Sigma_{i=1}^{3} p_i \in \mathbb{R}^3 \tag{3†}$$

On peut encore restreindre la classe des isométries en ajoutant trois équations qui expriment que le "moment d'inertie" de la position P par rapport à P_o, sur T_o respectivement sur $p_1 p_2 p_3$ s'annule :

$$\psi(P) = \Sigma_i \, p_{oi} \times (p_i - p_{oi}) = 0 \in \mathbb{R}^3 \tag{4}$$

resp.
$$\psi^{\dagger}(P) = \Sigma_{i=1}^{3} \, p_{oi} \times (p_i - p_{oi}) = 0 \in \mathbb{R}^3 \tag{4†}$$

Posons
$$\Psi(P) = (\Phi(P) \, , \, \varphi(P), \, \psi(P)) \in \mathbb{R}^{e_1+6} \tag{5}$$

Nous ne poursuivons pas le cas analogue $\Psi^{\dagger}(P)$.

Une isométrie au sens restreint entre f et f_o est donnée par

$$\Psi(P) = \Psi(P_o) \, .$$

Evidemment, toute courbe analytique P_t non constante dans la variété algébrique (d'isométrie restreinte)

$$\Psi(P) = \Psi(P_o) = \text{constant}, \tag{6}$$

représente une vraie flexion f_t de f_o, les flexions qui proviennent d'un mouvement global de E^3 étant exclues par les six équations supplémentaires

$$\varphi(P) = \varphi(P_o) \; , \; \psi(P) = \psi(P_o) \, . \tag{7}$$

Donc f est flexible si et seulement si P n'est pas isolé dans (6).

Une condition nécessaire pour que P_t détermine une flexion est

$$\frac{d}{dt} \, \Phi(P_t) = 0 \, , \tag{8}$$

$$\frac{1}{2} \frac{d}{dt} \, \|p_i - p_j\|^2 = (p_i - p_j) \cdot \left(\frac{dp_i}{dt} - \frac{dp_j}{dt} \right) = 0 \tag{8'}$$

Une flexion infinitésimale de P est un vecteur $V = (v_1, \ldots, v_{e_o}) \in (\mathbb{R}^3)^{e_o}$ qui satisfait aux e_1 équations linéaires correspondantes.

$$(p_i - p_j) \, (v_i - v_j) = 0 \tag{9}$$

Une <u>vraie flexion infinitésimale</u> de P est un vecteur $V \neq 0$ qui satisfait à (9) et à (voir (3), (4), (7))

$$\Sigma_i v_i = 0 \quad \text{et} \quad \Sigma_i p_i \times v_i = 0 \tag{10}$$

Son existence est nécessaire pour l'existence d'une vraie flexion de $f : V$ au point P_t est la première dérivée non nulle de P_t par rapport à t.

Les $e_1 + 6$ équations linéaires (9) et (10) sont résumées dans l'<u>équation d'une vraie flexion infinitésimale</u> V :

$$L(P)\, V = 0 \tag{11}$$

Notons que la $(e_1 + 6) \times (3e_o)$-matrice $L(P)$ est une fonction linéaire de $P \in (\mathbb{R}^3)^{e_o}$.

On n'a pas trouvé de méthode générale pour étudier la question de la solubilité de (11). Gluck a trouvé la méthode spéciale pour les 2-sphères que nous présentons ci-dessous. Rappelons qu'une triangulation d'une surface M, fermée ou à bord, est un homéomorphisme $\tau : T \to M$ d'un complexe simplicial T. La caractéristique d'Euler est

$$\chi = \chi(T) = \chi(M) = e_o - e_1 + e_2 \ .$$

Si la surface triangulée M est fermée, on a

$$2e_1 = 3e_2 \quad \text{et} \quad e_1 = 3(e_o - \chi) \ .$$

Pour le cas de la sphère, on a

$$\chi = 2 \quad \text{et} \quad e_1 + 6 = 3e_o \ ,$$

et <u>la matrice</u> $L(P)$ <u>de</u> (11) <u>est carrée</u>. Une vraie flexion infinitésimale $V \neq 0$ existe si et seulement si le déterminant s'annule

$$\det L(P) = 0 \tag{12}$$

Pour la triangulation $\tau : T \to S^2$, et dans la notation ci-dessus, soit U l'ouvert

$$U = \{P : \det L(P) \neq 0\} \subset \mathbb{R}^{3e_o} \tag{13}$$

Un <u>théorème de Steinitz</u> [17] confirme que, pour toute triangulation de la sphère, il existe une surface polyédrique strictement convexe dont les faces naturelles donnent cette triangulation.

Soit $U_C \subset \mathbb{R}^{3e_o}$ l'ouvert de toutes les surfaces strictement convexes pour un T donné.

Nous rappelons dans la section suivante 3.2, la variante du théorème de Cauchy, qui confirme qu'une telle surface polyédrique triangulée est infinitésimalement inflexible. Par conséquent

$$U_C \subset U \tag{14}$$

Comme U_C n'est pas vide, il s'ensuit que U n'est pas vide non plus, et

$$\{P : \det L(P) = 0\}$$

est une sous-variété algébrique propre de $(\mathbb{R}^3)^{e_o}$. Il s'ensuit le

<u>Théorème de Gluck</u> [10] . <u>Presque toutes (voir (13)) les sphères polyédriques à faces triangulaires dans</u> E^3 <u>sont infinitésimalement inflexibles</u>.

3.2. Une variante infinitésimale du théorème de Cauchy (Dehn [8], Alexandrov [2], Gluck [10]).

Définition. Une n-pyramide $C = p(p_1,\dots,p_n)$, plongée dans l'espace euclidien E^3 est pointue s'il existe un plan de support π , tel que $\pi \cap C = p$. La n-pyramide est strictement convexe s'il existe pour chaque côté pp_i, $i = 1,\dots n_1$ un plan de support π_i , tel que $\pi_i \cap C = pp_i$. Un des côtés de la surface est dit intérieur. Soit C_t une flexion différentiable d'une pyramide plongée $C = p(p_1,\dots,p_n)$. La dérivée de l'angle dièdre sur le côté pp_i sera β_i . Supposons que dans l'ordre cyclique $\beta_1,\dots,\beta_n, \beta_1$, les nombres différents de zéro, donnent N_p changements de signes. Evidemment N_p est pair.

Lemme 1 de Cauchy. Le nombre N_p est $N_p \geq 2$ pour une pyramide pointue, et $N_p \geq 4$ pour une pyramide strictement convexe.

Esquisse de démonstration. Faisons la comparaison entre $C = C_0$ et $C' = C_t$ pour t petit. Plaçons les deux pyramides dans des positions telles que $p' = p$, $p_1' = p_1$ et $p_n' = p_n$. Coupons la pyramide $p'(p_1',\dots,p_n')$ suivant $p'p_1'$ et plions (rotation g_i) successivement pour $i = 1,2,\dots,n$, la pyramide $p(p_i',\dots,p_n', p_1')$ autour de $p'p_i' = pp_i$ jusqu'à la coincidence de p_{i+1}' avec p_{i+1} .

Dans la fig. 6 nous voyons les opérations avec l'oeil en p. Une position intermédiaire est suggérée. La face $p'\, p_n'\, p_1'$ est donc assujettie respectivement à des rotations $g_1,\dots$ et g_n autour de $pp_1,\dots$ et pp_n , dont le produit est évidemment l'identité

$$id = g_n\, g_{n-1},\dots,g_2\, g_1$$

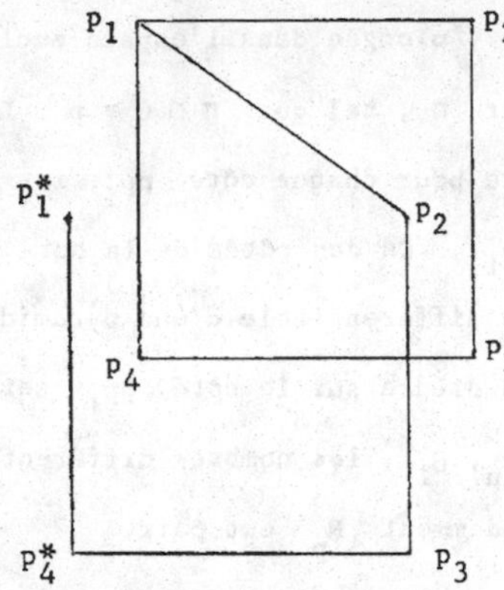

Fig. 6

Dans la limite $t \to 0$ nous obtenons des rotations infinitésimales qui sont des vecteurs $\omega_i(p_i - p)$ avec

$$\Sigma_i \; \omega_i(p_i - p) = 0 \tag{15}$$

On peut supposer que les nombres ω_i et les nombres θ_i du lemme sont resp. de même signe. Pour une pyramide pointue les vecteurs $\omega_i(p_i - p)$ sont tous du même côté du plan de support si les ω_i sont de même signe $(N_p = 0)$: leur somme n'est pas nulle. Cette contradiction (15) donne $N_p \geq 2$. Si la pyramide est strictement convexe et $N_p = 2$, il existe un plan par p qui sépare les vecteurs où $\omega_i > 0$ de ceux où $\omega_i < 0$. Les vecteurs $\omega_i(p_i - p)$ sont tous du même côté de ce plan et de nouveau la somme n'est pas nulle : $N_p \geq 4$.

<u>Lemme 2 de Cauchy</u>. Soit L dans S^2 un graphe fini à e_0 sommets, e_1 côtés <u>curvilinéaires</u> non-circulaires, qui divise $S^2 - L$ en e_2 "faces". Soit $e_{2,k}$ le nombre de faces à k côtés. Supposons $e_{2,2} = 0$, Marquons les côtés avec $+$ ou $-$ arbitrairement. Soit N_p le nombre des changements de signe autour du sommet p . Nous supposons aussi, en ajoutant éventuellement des côtés, mais pas

de sommets, qu'un côté n'est jamais deux fois sur la même face. Dans ce cas

$$\Sigma N_p = N \leq 4e_o - 8$$

Esquisse de démonstration. On a, si C est le nombre de composantes de L,

$$e_o - e_1 + e_2 = 1+C \geq 2 ,$$

$$2e_1 = \Sigma_k k\, e_{2,k} \quad \text{et} \quad e_2 = \Sigma_k e_{2,k} .$$

Donc, si on compte les changements de signes par face :

$$\Sigma_p N_p = N \leq 2e_{2,3} + 4e_{2,4} + 4e_{2,5} + 6e_{2,6} + 6e_{2,7} + \dots$$

$$\leq \Sigma_k (2k-4) e_{2,k} = 4e_1 - 4e_2 \leq 4e_o - 8 .$$

Théorème de Cauchy Dehn Alexandrov. Une surface polyédrique strictement convexe à faces naturelles rigides est infinitésimalement inflexible.

Esquisse de preuve. Dans une vraie flexion infinitésimale on marque + resp. - les côtés dont l'angle dièdre intérieur a une dérivée positive resp. négative par rapport à t . Avec les lemmes 1 et 2 on trouve la contradiction :

$$N_p \geq 4 , \; N \geq 4e_o , \; N \leq 4e_o - 8 .$$

Remarque 7: La grande différence entre $4e_o$ et $4e_o - 8$ permet quelques (≤ 3) sommets à pyramide non strictement convexe, mais néanmoins pointue, sans modifier la conclusion. Par exemple, en remplaçant $p_1p_2p_3 \cup p_1p_2p_4$ par $p_3p_4p_1 \cup p_3p_4p_2$ dans la surface convexe à faces triangulaires de la fig. 7a, on obtient une surface non convexe infinitésimalement inflexible (fig 7b).

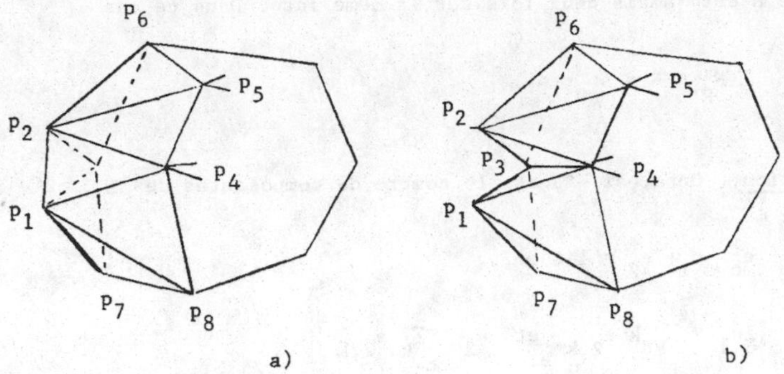

Fig. 7. Surfaces inflexibles

Nous pouvons aussi déduire par cette méthode le résultat d'Alexandrov, à savoir que l'inflexibilité infinitésimale d'un polyèdre convexe reste valable si on admet des sommets supplémentaires sur les côtés naturels de la surface polyédrique convexe.

Remarque 8. CONNELLY a démontré (à paraître) que chaque triangulation linéaire par morceaux d'un polyèdre convexe est inflexible (pas infinitésimalement inflexible). On peut donc admettre des sommets dans l'intérieur des faces naturelles et la surface reste inflexible, même en admettant les surfaces non convexes dans la flexion. Connelly démontre l'inflexibilité infinitésimale d'ordre deux, ce qui suffit.

3.3. Théorème de flexion globale. Soit $\tau : T \to S^2$ une triangulation d'une 2-sphère Reprenons les notations de 3.1. Si det $L(P) \neq 0$, les équations (11) sont linéairement indépendantes. Nous enlevons une arête $\alpha = (ij)$ de T_1 et les intérieurs des deux triangles adjacents. Il reste la triangulation

$$\tau : T^{\alpha} \to M$$

d'un disque triangulé à bord 4-gonal.

Théorème 3.3. Presque tout disque triangulé à bord 4-gonal admet une vraie flexion globale donnée par $P(t)$, une courbe algébrique dans $(\mathbb{R}^3)^{e_o}$.

Preuve. Comme nous avons enlevé une arête, une des $3e_o$ équations (11) est supprimée. Si det $L(P) \neq 0$, le rang du système restant, $L^{\alpha}(P)V = 0$, est $3e_o-1$ et il existe, à un facteur -1 près, précisément un vecteur unitaire $V(P)$, solution de $L^{\alpha}(P)V = 0$. L'intégration sur l'ouvert $U = \{P : \det L(P) \neq 0\}$ du champ de vecteurs $V(P)$, donne des flexions P_t . De plus les vecteurs $V(P)$ sont dans U les uniques vecteurs tangents aux variétés algébriques $\Phi^{\alpha}(P) =$ constant Par conséquent, toute partie connexe dans U d'une telle variété est une courbe algébrique. Ces courbes constituent un 1-feuilletage algébrique (d'isométrie restreint) de U . En particulier comme $U_C \subset U$:

Théorème 3.3 A. Si on supprime une arête du 1-squelette d'un polyèdre convexe (e.g. icosaèdre) à faces naturelles triangulaires, la charpente qui reste est flexible (algébrique). Voir Fig. 8 a).

Remarque: Cette flexibilité continue est aussi déductible du théorème de réalisation unique d'Alexandrov mentionné au chapitre 1.

Une généralisation du théorème 3.3 est le

Théorème 3.3 B. L'ensemble de toutes les isométries restreintes de presque tous les disques polyédriques à faces triangulées et à bord k+3-gonal dans E^3 est une variété algébrique réelle de dimension k : Ce disque admet une flexion à k paramètres. L'ensemble de ces feuilles algébriques donne un feuilletage algébrique de $U \subset (\mathbb{R}^3)^{e_o}$.

Remarque 9. Soit $\tau : T \to D$ une triangulation d'un disque à bord 4-gonal. Supposons que tout triangle du 1-squelette de T a son intérieur dans T . Est-il vrai que la flexion du théorème 3.3 fait varier en général tous les angles diédriques de la surface ?

Fig. 8

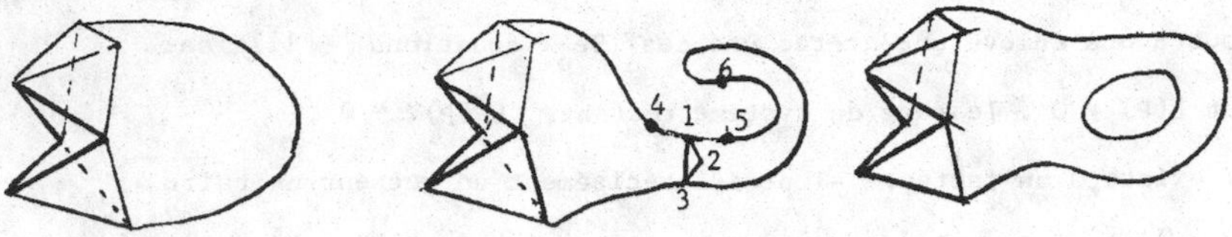

a) flexible b) en général flexible c) inconnu

Remarque 10. Le disque suggéré dans la fig. 8a) est globalement flexible, celui de la fig. 8b) est "en général" flexible mais la partie droite du triangle $p_1p_2p_3$ de la charpente équivaut à une sphère plongée et elle est en général inflexible. Par conséquent si on introduit une arête rigide p_5p_6 cela ne change rien, tandis qu'une arête rigide p_4p_6 peut rendre la configuration inflexible.

Remarque 11. Soit $\tau : T \to M$ une triangulation du tore, chaque triangle du 1-squelette ayant son intérieur dans T . Ce tore dans E^3 est-il en général inflexible? Le serait-il encore si on faisait un trou k-gonal, où $k \leq 9$?(Voir fig. 8c))

Remarque 12. Les théorèmes de ce chapitre sont-ils valables en géométrie non euclidienne ? [Voir [16].]

References:

[1] A. D. Alexandrov, On a class of closed surfaces, Recueil Math.(Moscow) 4 (1938), 69-77.

[2] A. D. Alexandrov, Konvexe Polyeder, Akad Verlag. Berlin (1958).

[3] R. Bricard, Mémoire sur la théorie de l'octaèdre articulé, J. Math. Pures Appl. (5), 3 (1897), 113-148.

[4] A. L. Cauchy, Sur les polygônes et polyèdres, Second Mémoire, J. Ecole Polytechnique, 19 (1813), 87-98.

[5] R. Connelly, An immersed polyhedral surface which flexes, Indiana University Math. J., 25 (1976), 965-972.

[6] R. Connelly, The rigidity of suspensions, to appear in the Journal of Differential Topology.

[7] R. Connelly, A counter example to the rigidity conjecture for polyhedra, Publ. Math. I.H.E.S. 47 (1978), 333-338.

[8] M. Dehn, Uber die Starrheit Konvexer Polyeder Math. Ann. 77 (1916) 466-473.

[9] N. W. Efimov, Flächenverbiegung im Grossen, Akad. Verlag, Berlin 1978.

[10] H. Gluck, Almost all simply connected closed surfaces are rigid, Lecture Notes in Math. 438, Geometric Topology, Springer-Verlag (1975), 225-239.

[11] B. Grünbaum, Lectures on lost mathematics, chapter II. Unpublished.

[12] A. Haefliger et V. Poenaru, La classification des immersions combinatoires, Publ. Math. I.H.E.S. 23 (1964) 651-667.

[13] N. H. Kuiper, On C^1-isometric embeddings, Indag. Math. XVII, (1954) 545-556 and 683-689.

[14] N. H. Kuiper, Isometric and short embeddings, Indag. Math. 1 XXI, (1959), 11-25.

[15] L. Nirenberg, Rigidity of a class of closed surfaces. Non linear problems. University of Wisconsin Press (1963), 177-193.

[16] A. U. Pogorelov, Extrinsic geometry of convex surfaces, Translation of Math. Monographs 35 A.M.S.(1973).

[17] E. Steinitz und M. Rademacher, Vorlesungen uber die Theorie der Polyeder, Springer Verlag (1934).

[18] W. Whiteley, Infinitesimally rigid polyhedra, Preprint Univ. Quebec.

[19] Calendrier 1979, Springer-Verlag.

[20] Pour la science, may 1978, p. 10-12.

Institut des Hautes Etudes Scientifiques
91440 Bures-sur-Yvette - France

DOUBLE SUSPENSION D'UNE SPHÈRE D'HOMOLOGIE

[d'après R. EDWARDS]

par François LATOUR

§ 1. Introduction

Pour tout espace topologique X , on appelle suspension de X et on note ΣX le quotient du cylindre $[0,1] \times X$ obtenu en écrasant $\{0\} \times X$ (resp. $\{1\} \times X$) en un point appelé pôle sud (resp. pôle nord). La suspension p-ième de X , définie par $\Sigma^p X = \Sigma(\Sigma^{p-1} X)$, s'identifie au joint $S^{p-1} * X$, quotient de $S^{p-1} \times [0,1] \times X$ obtenu en identifiant en un point $\{y\} \times \{0\} \times X$ pour y dans S^{p-1} et $S^{p-1} \times \{1\} \times \{x\}$ pour x dans X (exemple $\Sigma^p S^n$ est homéomorphe à S^{p+n}).

Si V^n est une variété topologique compacte de dimension n et si ΣV est une variété, la considération de l'homologie locale en un pôle montre que $\tilde{H}_*(V^n) \simeq H_*(R^n, R^n - \{0\})$ et donc que V^n est une sphère d'homologie (i.e. variété topologique ayant même homologie (entière) que la sphère de même dimension). De plus si $n \geq 2$, l'homogénéité de la variété ΣV au voisinage d'un pôle, permet de modifier l'homotopie conique à zéro d'un lacet de V de sorte que le pôle ne soit plus atteint durant l'homotopie et assure donc que V est 1-connexe, donc que V est une sphère d'homotopie. Si V^n est une sphère d'homotopie de dimension $n \geq 4$, on sait que ΣV^n est homéomorphe à S^{n+1} (conjecture de Poincaré si $n \geq 5$ et argument de Siebenmann pour $n = 4$).

Pour que la double suspension d'une variété compacte V^n soit une variété, un raisonnement d'homologie locale montre qu'il est nécessaire que V soit une sphère d'homologie. Se pose alors le

<u>Problème de la double suspension</u>

<u>Pour toute sphère d'homologie V^n de dimension n , $\Sigma^2 V^n$ est-elle homéomorphe à S^{n+2} ?</u>

Ce problème a été posé par Milnor en 1961 parmi les cinq plus importants problèmes de la topologie. La solution de la conjecture de Poincaré en dimension ≥ 5 ramène le problème à montrer que $\Sigma^2 V^n$ est une variété topologique car $\Sigma^2 V^n$ est 1-connexe et a l'homologie de S^{n+2} .

Il existe en toute dimension ≥ 3 des sphères d'homologie non simplement connexe, par exemple en dimension 3 la sphère de Poincaré $P^3 = SO_3 / A_5$, le groupe alterné A_5 étant considéré comme le groupe des isométries directes de icosaèdre régulier, c'est aussi le bord de W^4, plombage de Kervaire-Milnor, variété parallélisable de signature 8 .

Une première conséquence de la solution affirmative du problème de la double suspension est d'exhiber des triangulations de S^n ou de $\mathbb{R}^n$ $(n \geq 5)$ qui ne sont pas des triangulations de variétés PL ; en effet, si V^n $(n \geq 3)$ est une sphère d'homologie PL non simplement connexe, $\Sigma^2 V^n$ a une triangulation telle que le link de chaque point du cercle de suspension est équivalent à ΣV qui n'est même pas homéomorphe à S^{n+1} .

En 1969, Siebenmann [10] a montré que la double suspension de toute sphère d'homotopie de dimension n est homéomorphe à S^{n+2} et a montré que s'il existe une sphère d'homologie X^3 bord d'une variété parallélisable de signature 8 et dont la double suspension est homéomorphe à S^5 , alors toute variété topologique orientable de dimension 5 est triangulable comme complexe simplicial (pas forcément comme variété PL).

En 1975, R. Edwards a donné des exemples de sphères d'homologie de dimension 3 dont la double suspension est homéomorphe à S^5 et a résolu le problème de la double suspension en dimension ≥ 4 en utilisant le fait que toute sphère d'homologie de dimension ≥ 4 borde une variété contractile.

En 1976, R. Edwards et J. Cannon ont, indépendamment, ramené le problème de la double suspension à un problème d'approximation par homéomorphismes (voir plus loin). R. Edwards a résolu le problème de la triple suspension. Matumoto et Galewski-Stern ont montré que toute variété topologique de dimension ≥ 5 est triangulable comme complexe simplicial s'il existe une sphère d'homologie X^3 bordant une variété parallélisable de signature 8 , dont le double pour la somme connexe borde une variété acyclique et dont la double suspension est homéomorphe à S^5 .

En février 1977, J. Cannon [1] a découvert le role de la propriété de disjonction des disques et a montré un cas particulier du théorème d'approximation suffisant pour résoudre le problème de la double suspension.

En juillet 1977, Edwards [3] a démontré le théorème d'approximation en toute généralité. C'est sa démonstration que nous suivons ici.

§ 2. Problème d'approximation par homéomorphismes

Dans la suite, tous les espaces seront au moins métrisables séparables. Soit (M,d) un espace métrique dont les boules fermées sont compactes (par exemple M variété topologique). Soit $f : M \longrightarrow M'$ une application continue surjective et propre (c'est-à-dire fermée et $f^{-1}(y)$ compact pour tout y de M' ou de façon équivalente l'image réciproque de tout compact est compacte).

On définit la singularité de f, $\Sigma f = \{x \in M / f^{-1}fx \neq \{x\}\}$, f est ouverte au voisinage de tout point de $M - \Sigma f$ car f est surjective et fermée, donc f induit un homéomorphisme de $M - \Sigma f$ sur $M' - f\Sigma f$. Posons $\Sigma_a f = \{x \in M / \operatorname{diam} f^{-1}fx \geq a\}$, comme f est propre, $\Sigma_a f$ est fermé, donc $\Sigma_a f$ est σ-compact (réunion dénombrable de compacts) donc aussi Σf et $f\Sigma f$.

On dit que $f : M \longrightarrow M'$ est <u>approximable par homéomorphismes</u> si pour tout $\varepsilon > 0$, il existe un homéomorphisme $g : M \longrightarrow M'$ avec

$$d'(f(x),g(x)) < \varepsilon \qquad \forall x \in M .$$

On dit qu'un <u>homéomorphisme</u> h <u>de</u> M <u>est un</u> ε-<u>rétrécissement pour</u> f <u>si</u>

$$d'(f.h(x),f(x)) < \varepsilon \qquad \forall x \in M$$

$$\operatorname{diam}(hf^{-1}y) < \varepsilon \qquad \forall y \in M' .$$

<u>Critère de rétrécissement de Bing</u>

<u>Avec les hypothèses précédentes, pour que f soit approximable par homéomorphismes, il suffit que, pour tout $\varepsilon > 0$, il existe des ε-rétrécissements pour f.</u>

Pour une démonstration voir [8], disons simplement que pour montrer la suffisance, on construit à partir des rétrécissements une application $k : M \longrightarrow M$ telle que $\{k^{-1}(x) / x \in M\} = \{f^{-1}(y) / y \in M'\}$ et que $f.k^{-1} : M \rightarrow M'$ est un homéomorphisme approximant f.

COROLLAIRE.- <u>Soit $f : M \longrightarrow M'$ comme précédemment tel que pour tout $\varepsilon > 0$, il existe $f' : M' \longrightarrow M''$ surjection propre avec $\operatorname{diam}(f'^{-1}(z)) < \varepsilon$, pour tout z de M'' et $f' \circ f$ admettant des ε-rétrécissements, alors f est approximable par homéomorphismes.</u>

On dit que $X \subset M$ est <u>cellulaire</u> si $X = \bigcap_j B_j$ où $B_j \subset \mathring{B}_{j-1}$ est une suite de voisinages de X dans M tous homéomorphes à la boule D^n.

On dit que l'espace X <u>est cellulique</u> s'il existe un plongement de X dans une variété topologique sans bord M dont l'image est cellulaire ; d'une façon équivalente [6], X est cellulique si, pour un plongement (et donc pour tous) $X \hookrightarrow Y$ où Y est un ANR (rétracte absolu de voisinages), on a la propriété suivante :

$\forall\, U$ voisinage de X dans Y, $\exists\, V$ voisinage de X dans U tel que l'inclusion $V \hookrightarrow U$ est homotope à une application constante.

Tout ANR contractile est cellulique.

On dit que $f : M \to Q$ est un <u>quotient cellulique</u> si f est surjective propre et pour tout y de Q, $f^{-1}(y)$ est cellulique.

Dans la catégorie des ANR localement compacts, on a la caractérisation [6] des quotients celluliques comme étant les équivalences d'homotopie propres héréditaires : pour tout ouvert U de Q, $f|_{f^{-1}U} : f^{-1}U \to U$ est une équivalence d'homotopie propre.

De plus les quotients celluliques sont stables par limite uniforme.

Siebenmann a démontré [11] que tout quotient cellulique $f : M \to Q$ est approximable par homéomorphismes si M et Q sont des variétés topologiques sans bord de dimension ≥ 5.

Les variétés topologiques de dimension ≥ 5 possèdent, par position générale [5], la propriété suivante :

On dit que M <u>possède la propriété de disjonction des disques</u> (P.D.D.) si, pour tout $\varepsilon > 0$ et toutes applications $f : D^2 \to M$, $g : D^2 \to M$, il existe $f' : D^2 \to M$, $g' : D^2 \to M$ respectivement ε-homotopes à f et g avec $f'(D^2) \cap g'(D^2) = \emptyset$.
(ε-homotopie signifie l'existence d'une homotopie f_t entre f et f' avec $d(f_t(x),f(x)) < \varepsilon \ \forall x \in D^2 \ \forall t \in [0,1]$.)

<u>Théorème d'approximation d'Edwards</u>
<u>Soit $f : M \to Q$ un quotient cellulique où M est une variété topologique sans bord de dimension ≥ 5 et où Q est un ANR vérifiant la PDD ; alors f est approximable par homéomorphismes.</u>

§ 3. <u>Voir le problème de la double suspension comme un problème d'approximation</u>

Commençons par une description utile des suspensions p-ième d'un espace compact.

Il existe un foncteur covariant noté ^ de la catégorie des espaces avec action de $\mathbb{Z}^p$ avec quotient compact et applications équivariantes dans la catégorie des espaces compacts tel que $\hat{X}$ contient X et $\hat{X} - X$ est homéomorphe à S^{p-1}.

On construit $\hat{X}$ de la façon suivante : on identifie $\mathbb{R}^p$ avec $\operatorname{Int} D^p$ par l'homéomorphisme $\rho(x) = \dfrac{x}{1 + \|x\|}$; soit K un compact de X tel que

$X = \bigcup_{g \in \mathbb{Z}^p} g\mathring{K}$, soient $z \in S^{p-1}$ et V un voisinage de z dans D^p , on pose

$$V_X(z) = \left(\bigcup_{g \in \mathbb{Z}^p \cap \rho^{-1} V} g\mathring{K} \right) \cup (V \cap S^{p-1}) \subset \hat{X} = X \cup S^{p-1} .$$

Les $V_X(z)$ et les ouverts de X forment une base de voisinage d'une topologie sur $\hat{X}$ qui ne dépend pas du choix de K .

Il est clair que, si Y est compact et si $Y \times \mathbb{R}^p$ a l'action naturelle de $\mathbb{Z}^p$

$$(Y \times \mathbb{R}^p)^{\wedge} = \Sigma^p Y .$$

Soit V^n une sphère d'homologie, écrivons $V^n = V_o \bigcup_{\partial V_o = S^{n-1}} D^n$, V_o est un disque d'homologie donc est stablement parallélisable. Soient $c_o : V_o \longrightarrow D^n$ l'application qui écrase le complément d'un collier de $\partial V_o = S^{n-1}$ dans V_o et $c : V \longrightarrow S^n$ l'application qui s'en déduit.

Si $n \geq 3$, $p \geq 1$ et $p + n \geq 5$, on peut faire la chirurgie [5] sur la variété topologique stablement parallélisée $V_o \times I^p$ sans toucher le bord pour obtenir une variété topologique W_o^{n+p} contractile ayant même bord de $V_o \times I^p$, il existe donc une équivalence d'homotopie

$$g_o : W_o \longrightarrow D^n \times I^p$$

telle que

$$g_o|\partial W_o : V_o \times \partial I^p \cup S^{n-1} \times I^p \longrightarrow D^n \times \partial I^p \cup S^{n-1} \times I^p \quad \text{soit} \quad c_o \times \text{Id} \cup \text{Id} \times \text{Id}$$

Le théorème du h-cobordisme assure que si W_o et W'_o sont deux telles variétés, il existe un homéomorphisme de W_o sur W'_o étendant l'identité sur le bord $\partial W_o = \partial(V_o \times I^p) = \partial W'_o$.

L'application g_o s'étend par l'identité en une équivalence d'homotopie

$$g : W = W_o \bigcup_{S^{n-1} \times I^p} D^n \times I^p \longrightarrow S^n \times I^p$$

et $g|_{\partial W} : V \times \partial I^p \longrightarrow S^n \times \partial I^p$ est $c \times \text{Id}$.

Soit q le revêtement universel $\mathbb{R}^p \longrightarrow T^p = S^1 \times \ldots \times S^1 = \mathbb{R}^p / \mathbb{Z}^p$.

Soit $\bar{W}$ le quotient de W obtenu en identifiant $(x,y) \in V \times \partial I^p$ avec $(x,y') \in V \times \partial I^p$ si $q(y) = q(y')$; l'application g définit une application

$$\bar{g} : \bar{W} \longrightarrow S^n \times q(I^p) = S^n \times T^p .$$

Soit U obtenu à partir de $W \times \mathbb{Z}^p$ en identifiant les bords $V \times \partial I^p \times \alpha$ $(\alpha \in \mathbb{Z}^p)$ de la même façon qu'on identifie les bords de $I^p \times \mathbb{Z}^p$ pour obtenir $\mathbb{R}^p$; on a un revêtement $\pi : U \longrightarrow \bar{W}$ or U est simplement connexe comme W puisque V est connexe, donc π est universel ; de plus, on a une application $G : U \longrightarrow S^n \times \mathbb{R}^p$ recouvrant $\bar{g}$ et G est une équivalence d'homologie puisque $V \hookrightarrow W$ est une équivalence d'homologie, les applications G et $\bar{g}$ sont donc des équivalences d'homotopie, donc [5] il existe un homéomorphisme $h : \bar{W} \longrightarrow S^n \times T^p$ homotope à $\bar{g}$

et qui induit des homéomorphismes

$$H : U \longrightarrow S^n \times \mathbb{R}^p \quad \text{et} \quad \hat{H} : \hat{U} \longrightarrow (S^n \times \mathbb{R}^p)^\wedge = S^{n+p} .$$

Cas où $p = 1$ et $n \geq 4$

On considère un collier $V \times [-\varepsilon,\varepsilon]$ autour de $V^n = \partial(W \times 0) \cap \partial(W \times 1) \subset U$ et soient K_+ et K_- les deux composantes de $U - V \times]-\varepsilon,\varepsilon[$, K_+ est homéomorphe à la réunion des images de $W \times j$ ($j \geq 1$) dans U et K_- à celle des images de $W \times j$ ($j \leq 0$) ; soient $\hat{K}_+$ et $\hat{K}_-$ les adhérences de K_+ et K_- dans $\hat{U}$, ce sont les compactifiés d'Alexandroff de K_+ et K_- et le raisonnement indiqué plus bas utilisant l'unicité de W_o montre que $\hat{K}_+$ et $\hat{K}_-$ sont contractiles. On obtient un quotient cellulique $f : S^{n+1} \longrightarrow \Sigma^1 V^n$ en identifiant S^{n+1} à $\hat{U}$ par $\hat{H}^{-1}$ puis en écrasant $\hat{K}_+$ sur le pôle nord et $\hat{K}_-$ sur le pôle sud.

Cas où $p = 2$ et $n \geq 3$

Pour $r \in \mathbb{Q} - \{0\}$, soit R_r^ε la demi-droite fermée de $\mathbb{R}^2$ enveloppe convexe de $\mathbb{Z}^2 \cap \{(x,y) \in \mathbb{R}^2 \; y = rx \text{ et } \varepsilon x > 0\}$ où $\varepsilon = \pm 1$, soient $R_o^+ = \{(x,0) \in \mathbb{R}^2 / x \geq 0\}$, $R_o^- = \{(x,0) \in \mathbb{R}^2 / x \leq -1\}$ et $R_\infty^\varepsilon = \{(0,y) \in \mathbb{R}^2 / \varepsilon y \geq 1\}$, on obtient ainsi une suite dénombrable $\{R_j\}$ de demi-droites de $\mathbb{R}^2$ dont la réunion contient $\mathbb{Z}^2$.

Soient H_j des voisinages tubulaires de $V \times R_j \subset V \times \mathbb{R}^2$ d'épaisseur bornée et tous disjoints ; soit $\hat{H}_j$ l'adhérence de H_j dans $\widehat{V \times \mathbb{R}^2} = \Sigma^2 V$, il est clair que $\hat{H}_j$ est le compactifié d'Alexandroff de H_j , $\hat{H}_j = H_j \cup \{x_j\}$ avec $x_j \in S^1 = \Sigma^2 V - (V \times \mathbb{R}^2)$ et que le quotient $\Sigma^2 V / \{\hat{H}_j = x_j\}$ est homéomorphe à $\Sigma^2 V$.

Pour chaque $\alpha \in \mathbb{Z}^2$ tel que $\alpha \in R_j$, soit I_α^2 un petit carré centré en α dans $\mathbb{R}^2$ tel que $V \times I_\alpha^2 \subset \mathring{H}_j$. On modifie $V \times \mathbb{R}^2$ en remplaçant chanque $V \times I_\alpha^2$ par un exemplaire W_α de W grâce à l'identification manifeste $\partial W = V \times \partial I^2 = V \times \partial I_\alpha^2$. Il est clair que l'espace U' ainsi obtenu possède une action de $\mathbb{Z}^2$ et est un homéomorphe à U par un homéomorphisme équivariant.

Soient K_j l'image dans U de la modification de $H_j \subset V^2 \times \mathbb{R}^2$ et $\hat{K}_j$ l'adhérence de K_j dans $\hat{U}$, on a $\hat{K}_j = K_j \cup \{x_j\}$ et un homéomorphisme

$$\hat{U} / \{\hat{K}_j = x_j\} = \Sigma^2 V / \{\hat{H}_j = x_j\} \simeq \Sigma^2 V .$$

Comme $\hat{U}$ est homéomorphe à S^{n+2} , on obtient une surjection propre $f : S^{n+2} \longrightarrow \Sigma^2 V$ dont les contre-images de point non triviales sont homéomorphes aux $\hat{K}_j$.

Or tous les $\hat{K}_j$ sont homéomorphes au compactifié de la chaîne $K = W \times 0 \cup W \times 1 \cup \ldots$ où on identifie la partie $V \times 1 \times I$ de $V \times \partial I^2 \subset \partial(W \times j)$

avec la partie $V \times 0 \times I$ de $\partial(W \times (j+1))$. D'après l'unicité de W_o, on a un homéomorphisme de $W \times 0 \cup W \times 1$ sur $W \times 1$ qui est l'identité sur la partie $V \times 2 \times I$ de $\partial(W \times 0 \cup W \times 1)$ (qu'on a identifié avec $\partial(V \times [0,2] \times I)$ et qui est homotope à l'identité de $W \times 0 \cup W \times 1$ parmi les applications qui sont l'identité sur $V \times 2 \times I$. On a donc un homéomorphisme de K fixe sur $W \times 2 \cup W \times 3 \cup \ldots$ homotope à 1_K et d'image $W \times 1 \cup W \times 2 \cup \ldots$; par répétition, on obtient une contraction de $\hat{K}$ et donc $f : S^{n+2} \longrightarrow \Sigma^2 V$ est un quotient cellulique.

Lemme 1.- Soit V^n une variété compacte connexe, si $p \geq 2$ et $p+n \geq 5$, $\Sigma^p V^n$ possède la PDD.

Démonstration

Soient $f : I^2 \longrightarrow \Sigma^p V^n$ et Q_j la suite de quadrillage de I^2 de maille $1/2^j$ et $\varepsilon > 0$; comme $\Sigma^p V^n - S^{p-1}$ est dense et localement connexe par arcs, on peut construire par récurrence une suite $f_j : I^2 \longrightarrow \Sigma^p V$ telle que

f_j est $\varepsilon/2^j$ - homotope à f_{j-1} ;

$f_j(S^{p-1})$ est contenu dans les carrés ouverts de Q_j.

Il est clair que $f' = \lim f_j$ est ε-homotope à f et que $f'^{-1}(S^{p-1})$ est de dimension ≤ 0.

Soient f et $g : D^2 \longrightarrow \Sigma^p V$ telles que $A = f^{-1}(S^{p-1})$ et $B = g^{-1}(S^{p-1})$ sont de dimension ≤ 0. Soient A_o et B_o deux sous-ensembles denses de S^{p-1} disjoints et de dimension 0 $(p \geq 2)$. Sur $f^{-1}(S^{p-1} \times cV^n)$, écrivons $f = (f_1, f_2)$ de même $g = (g_1, g_2)$ sur $g^{-1}(S^{p-1} \times cV^n)$; on peut ε-homotoper f_1 au voisinage de A en f'_1 avec $f'_1(A) \subset A_o$ et g_1 au voisinage de B en $g'_1(B) \subset A_o$; on obtient f' et $g' : D^2 \longrightarrow \Sigma^p V$ ε-homotopes à f et g telles que $f'(D^2) \cap S^{p-1} \subset A_o$ et $g'(D^2) \cap S^{p-1} \subset B_o$, l'intersection $f'(D^2) \cap g'(D^2)$ est donc dans la variété topologique $\Sigma^p V^n - S^{p-1}$ et comme $p+n \geq 5$ par position générale, on peut rendre f' et g' d'images disjointes.

On peut donc utiliser le théorème d'approximation pour montrer

Théorème de la double suspension (Cannon, Edwards)

La double suspension de toute sphère d'homologie de dimension n est homéomorphe à S^{n+2}.

§ 4. Machine à rétrécir

A partir de maintenant, les variétés topologiques seront sans bord sauf mention du contraire.

Dans ce paragraphe, on démontre un cas très particulier du théorème d'approximation dont on déduira finalement le résultat général.

Commençons par quelques définitions, en particulier la notion de dimension de plongement d'un σ-compact dans une variété topologique qui, pour les problèmes de mise en position générale, remplace la notion de dimension d'un polyèdre dans une variété PL .

On dit que $X \subset Y$ est <u>LCC^k</u> <u>(localement k-co-connexe)</u> si, pour tout y de Y et tout voisinage U de y dans Y, il existe un voisinage V de y dans U tel que toute application $S^j \longrightarrow V-X$ pour $j \leq k$ est homotope à zéro dans $U-X$. Si $Y-X$ est dense dans Y, alors $X \subset Y$ est LCC^k si et seulement si, pour tout $\varepsilon > 0$, toute application $f : K \longrightarrow Y$ où K est un polyèdre de dimension $\leq k$ est ε-homotope à $f' : K \longrightarrow Y$ avec $f'(K) \cap X = \emptyset$.

On dit que $L \subset M$ où M est une variété topologique, est un <u>polyèdre localement apprivoisé</u> s'il existe une triangulation $K \xrightarrow{\alpha} L$ de L telle que, pour tout x de L, il existe une carte locale de M en x : $U \xrightarrow{\varphi} \mathbb{R}^m$ avec $\varphi.\alpha$ linéaire par morceaux.

Soit X un σ-compact de la variété topologique M de dimension m, on dit que

$$\dim \mathrm{pl}\, X \leq k$$

<u>(dimension de plongement de</u> X) si pour tout polyèdre localement apprivoisé $L^\ell \subset M$ avec $\dim L = \ell \leq m-k-1$ et tout $\varepsilon > 0$, il existe une ε-isotopie h_t de M à support dans un ε-voisinage de $L \cap X$ telle que $h_0 = 1_M$ et

$$h_1(L) \cap X = \emptyset .$$

Si $X' \subset X$, on a $\dim \mathrm{pl}\, X' \leq \dim \mathrm{pl}\, X$; on a la relation $\dim X \leq \dim \mathrm{pl}\, X$ où $\dim X$ est la dimension de recouvrement de X [4]. Si $m \geq 5$ et $\dim X \leq m-3$, il y a équivalence entre $\dim X = \dim \mathrm{pl}\, X$ et X est LCC^1 dans M [2] (si $\dim X = k \leq m-3$ et X est LCC^1 alors X est LCC^{m-k-1} et le résultat se montre en modifiant par engouffrement la petite homotopie de disjonction de L avec X en une isotopie ambiante).

Il existe un espace universel pour les sous-espaces de $\dim \mathrm{pl} \leq k$ de la variété M généralisant l'espace de Nöbeling [4] :

Soit $N^k(\mathbb{R}^m) = \{x \in \mathbb{R}^m$ qui ont au plus k coordonnées rationnelles$\}$, $\mathbb{R}^m - N^k(\mathbb{R}^m) = \{x \in \mathbb{R}^m$ qui ont au moins $k+1$ coordonnées rationnelles$\}$ est une réunion dénombrable d'hyperplans de dimension $m-k-1$.

Soit $\{\varphi_\alpha : \mathbb{R}^m \longrightarrow M\}$ un atlas dénombrable et localement fini de M, on pose $N^k(M) = M - \bigcup_\alpha \varphi_\alpha(\mathbb{R}^m - N^k(\mathbb{R}^m))$; $M - N^k(M)$ est une réunion dénombrable de polyèdres localement apprivoisés B_j et B_j est une réunion disjointe de disques D^{m-k-1}.

PROPOSITION 1 [2].- <u>Soit</u> M <u>une variété topologique</u> ; $N^k(M)$ <u>est de</u> $\dim \mathrm{pl} \leq k$ <u>et pour tout</u> σ-<u>compact</u> $X \subset M$, <u>il y a équivalence entre</u> :

1) $\dim \mathrm{pl}\, X \leq k$;

2) pour tout $\varepsilon > 0$, il existe une ε-isotopie h_t de M avec $h_1(X) \subset N^k(M)$.

Lemme de rétrécissement dénombrable

Soit $f : M^m \to Q$ un quotient cellulique où M est une variété topologique de dimension ≥ 5 tel que les $f^{-1}(y)$ non triviaux forment une suite Y_j de sous-espaces de dimension de plongement $\leq m - 3$ et $\operatorname{diam} Y_j \xrightarrow[j\to\infty]{} 0$ localement. Alors f est approximable par homéomorphismes.

On dit que $\operatorname{diam} Y_j \to 0$ localement si, pour tout ensemble A relativement compact, la sous-suite des Y_j contenues dans A a des diamètres tendant vers zéro.

La démonstration de ce lemme va occuper le reste du paragraphe. Comme Y_j est cellulique, que $\operatorname{codim} \mathrm{pl}\, Y_j \geq 3$ et $m \geq 5$, on montre par engouffrement [7] et [9] que Y_j est cellulaire et donc individuellement chaque Y_j est rétrécissable, la difficulté est de rétrécir simultanément le nombre localement fini de Y_j de diamètre $\geq \varepsilon$ sans étirer les autres Y_j au-dessus de ε . Le lemme de rétrécissement dénombrable découle visiblement du critère de Bing et du lemme suivant

Lemme 2.- Dans la situation précédente, pour tout i et tout $\varepsilon > 0$, il existe dans l'ε-voisinage de Y_i un voisinage ouvert U de Y_i saturé (i.e. $Y_j \subset U$ dès que $Y_j \cap U \neq \emptyset$) et un homéomorphisme $h : M \to M$ à support contenu dans U tel que

$$\operatorname{diam}(h(Y_j)) < \varepsilon \qquad \forall\, Y_j \subset U .$$

Plan de la machine à rétrécir

Soient $Y \subset M^m$ un compact cellulique de codimension de plongement ≥ 3 (donc cellulaire puisque $m \geq 5$) et U un voisinage ouvert de Y dans M . On peut trouver une carte $\varphi : \mathbb{R}^m \to M$ dont l'image est dans U telle que $Y \subset \varphi(\overset{\circ}{B}{}^m)$ et $\varphi(0) \notin Y$; par position générale, on peut modifier un peu φ de sorte que la projection radiale Y' de $\varphi^{-1}Y$ sur ∂B vérifie $\dim \mathrm{pl}\, Y' \leq \dim \mathrm{pl}\, Y$ et donc $X = \varphi(\text{cône sur } Y')$ a une $\dim \mathrm{pl} \leq 1 + \dim \mathrm{pl}\, Y$. A partir de dorénavant on simplifie l'écriture en identifiant $\mathbb{R}^m$ et son image $\varphi(\mathbb{R}^m)$.

Soit O_q une suite de voisinages fermés de Y' dans ∂B^m , $O_{q+1} \subset \operatorname{Int} O_q$ et $Y' = \bigcap O_q$. Soit $N_q = \text{Cône}((1 + \frac{1}{q})O_q) \cup \frac{1}{q} B^m$ où tA est l'image par l'homothétie de rapport t de l'ensemble $A \subset \mathbb{R}^m$, N_q est une suite de voisinages fermés de X avec $N_{q+1} \subset \operatorname{Int} N_q$ et $X = \bigcap N_q$.

Soient $p \geq 2$ et α une suite croissante $p \leq \alpha(1) < \alpha(2) < \ldots < \alpha(p)$. On va construire un homéomorphisme $h_\alpha : M \to M$ de support dans $N_{\alpha(1)}$ de la façon suivante :

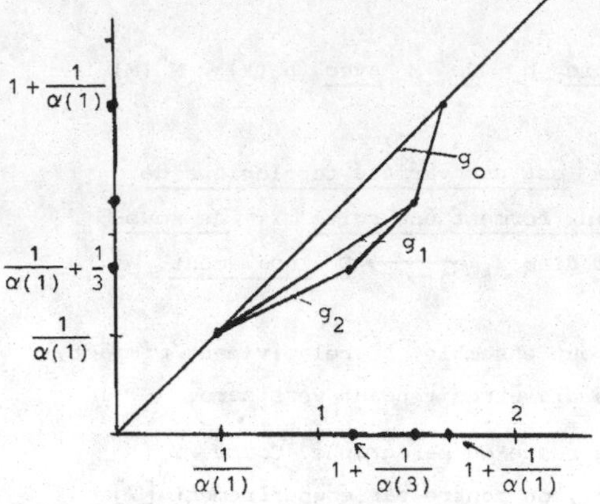

Soit g_{p-1} la fonction linéaire par morceaux croissante de $[0,2]$ sur lui-même dont le graphe a au plus $p+1$ points anguleux aux points de coordonnées respectives :

$$\begin{matrix} 1/\alpha(1) & 1+\frac{1}{\alpha(p)} & 1+\frac{1}{\alpha(p-1)} & ,\dots & 1+\frac{1}{\alpha(1)} \\ 1/\alpha(1) & \frac{1}{\alpha(1)}+\frac{1}{p} & \frac{1}{\alpha(1)}+\frac{2}{p} & & \frac{1}{\alpha(1)}+1 . \end{matrix}$$

Soit g_{p-2} obtenue en supprimant le point $(1+\frac{1}{\alpha(p)}, \frac{1}{\alpha(1)}+\frac{1}{p})$ et g_{p-i} obtenue à partir de g_{p-i+1} en supprimant le point $(1+\frac{1}{\alpha(p-i+2)}, \frac{1}{\alpha(1)}+\frac{i-1}{p})$ de sorte que $g_o = \mathrm{Id}$. Soit $K(t,s)$, $0 \leq t \leq 2$, $0 \leq s \leq p-1$ l'homotopie entre g_o et g_{p-1} qui, sur le segment $s \in [k-1, k]$, est l'homotopie linéaire entre g_{k-1} et g_k.

Si $s \in [k-2, k]$ et t et $t' \in [0, 1+\frac{1}{\alpha(k)}]$ avec $t \leq t'$, on a

$$0 \leq K(t',s) - K(t,s) \leq t' - t + \frac{2}{p}$$

puisque $K(t,s)$ est de pente ≤ 1 dans $[0, 1+\frac{1}{\alpha(k+2)}]$.

Si s, $s' \in [k-2, k]$ et $t \in [0,2]$, on a $|K(t,s) - K(t,s')| < \frac{2}{p}$, donc si t, $t' \in [0, 1+\frac{1}{\alpha(k)}]$, s, $s' \in [k-2, k]$, on a

$$|t' - t - (K(t',s') - K(t,s))| < \frac{4}{p} .$$

Cette inégalité est encore vérifiée, si on permet $s \in [k, p-1]$ et $t \in [1+\frac{1}{\alpha(k+2)}, 1+\frac{1}{\alpha(k)}]$, car alors $K(t,s) = K(t,k)$.

Soit $\varphi : \partial B^m \to [0,p-1]$ telle que $\varphi(\partial B^m - O_{\alpha(1)}) = 0$ et $\varphi(O_{\alpha(k)} - \mathrm{Int}\, O_{\alpha(k+1)}) = [k-1, k]$. On définit $h_\alpha : M \to M$ comme étant l'identité hors de $2B^m$, envoyant O sur O et

$$h_\alpha(tx) = K(t,\varphi(x)).x \qquad \text{si } x \in \partial B^m \text{ et } t \in]0,2] .$$

h_α est radiale, pousse vers l'origine, il est clair que $h_\alpha(X) \subset \frac{2}{p} B^m$ et si x, $y \in N_{\alpha(k-1)} - \mathrm{Int}\, N_{\alpha(k+1)}$, on a $d(h_\alpha(x), h_\alpha(y)) < d(x,y) + \frac{4}{p}$ où d est la distance euclidienne de $2B^m$ en effet, $x = tu$, $y = t'u'$, $s = \varphi(u)$, $s' = \varphi(u')$, $x' = h_\alpha(x) = K(t,s)u$, $y' = K(t',s')u'$ et si $t \leq t'$ en posant $x'' = (t - t' + K(t',s'))u$, on a $d(x,x'') = d(y,y')$ donc $d(x'',y') \leq d(x,y)$, or

$$d(x',x'') = |t' - t - (K(t',s') - K(t,s))| < \frac{4}{p} \quad \text{d'après la construction de } K$$

donc l'homéomorphisme h_α n'augmente pas trop le diamètre euclidien des connexes qui ne rencontrent qu'une seule des $\mathrm{Fr}\ N_{\alpha(i)}$.

La métrique euclidienne et la métrique induite par M étant équivalentes, le résultat précédent se traduit par

Lemme de la machine

Etant donné Y , X , N_q comme précédemment, pour tout $\varepsilon > 0$, il existe $\delta > 0$ et $p \geq 2$ tels que, pour toute machine à rétrécir à p-étages construite sur le plan précédent, on a

$$\operatorname{diam} h_\alpha(X) < \varepsilon$$

et pour tout connexe C de M de diamètre $< \delta$ et ne rencontrant au plus qu'une seule $\mathrm{Fr}\ N_{\alpha(i)}$

$$\operatorname{diam} h_\alpha(C) < \varepsilon .$$

Construction de la machine à rétrécir lorsque $m \geq 2y+2$, $y = \sup_j \dim \mathrm{pl}\ Y_j$

On appelle Y_o le Y_j à rétrécir et on se donne $\varepsilon > 0$, on choisit U_o ε-voisinage saturé de Y_o tel que $Y_j \subset U_o$ et $j \neq 0$ implique $\operatorname{diam} Y_j < \varepsilon$; on ne considère plus que les Y_j qui sont dans U_o . La condition $m \geq 2y + 2$ assure qu'on peut construire le cône X_o de sorte que $X_o \cap Y_j = \emptyset$ pour $j > 0$; soient N_q la suite de voisinages de X comme précédemment et soient δ et p donnés par le lemme de la machine.

Il existe j_1 tel que $\operatorname{diam} Y_j < \delta$ si $j \geq j_1$ puisque $Y_j \subset U_o$, on choisit $\alpha(1) \geq p$ de sorte que $Y_j \cap N_{\alpha(1)} = \emptyset$ pour $j < j_1$ et que $\beta_1 = \mathrm{dist}(\mathrm{Fr}\ N_{\alpha(1)}, X_o) < \delta$.

Il existe j_2 tel que $\operatorname{diam} Y_j < \delta_1 \leq \frac{1}{2} \beta_1$ si $j \geq j_2$ et on choisit $\alpha(2) > \alpha(1)$ de sorte que $N_{\alpha(2)}$ est dans le δ_1-voisinage de X_o et $Y_j \cap N_{\alpha(2)} = \emptyset$ pour $j < j_2$, alors $\mathrm{dist}(\mathrm{Fr}\ N_{\alpha(1)}, \mathrm{Fr}\ N_{\alpha(2)}) > \delta_1$ donc aucun Y_j ne peut couper à la fois $\mathrm{Fr}\ N_{\alpha(1)}$ et $\mathrm{Fr}\ N_{\alpha(2)}$; en continuant ainsi, on obtient une machine à rétrécir bien positionnée par rapport aux Y_j qui produit le rétrécissement cherché.

Le cas général utilise l'énoncé

LR_k : Dans la situation du lemme 2 et pour tout fermé K de M avec $\dim \mathrm{pl}\ K \leq k$ et pour tout $\varepsilon > 0$, il existe dans l'ε-voisinage de Y_i un voisinage ouvert saturé U de Y_i et un homéomorphisme h de M à support dans U tel que

$$\operatorname{diam}(h(Y_j)) < \varepsilon \qquad \text{dès que } h(Y_j) \cap U \cap K \neq \emptyset .$$

Démonstration du lemme en utilisant LR_{m-2}

Soit $\varepsilon > 0$, on choisit U_o voisinage saturé de Y_o contenu dans l'ε-voisinage de Y_o et tel que diam $Y_j < \varepsilon$ si $Y_j \subset U_o$ et $j \neq 0$, on ne considère plus que les Y_j contenus dans U_o ; on construit le cône X_o avec dim pl $X_o \leq m-2$ et la suite de voisinages N_q comme précédemment et soient $\delta > 0$, $p \geq 2$ donnés par le lemme de la machine.

Soit j_1 tel que diam $Y_j < \delta$ pour $j > j_1$; pour $j \leq j_1$, on choisit des voisinages saturés disjoints U_j de Y_j avec $U_j \subset U_o$ et diam $U_j < \varepsilon$, LR_{m-2} assure l'existence d'un homéomorphisme h_j à support dans U_j tel que

$$h_j(Y_k) \cap U_j \cap X_o \neq \emptyset \Longrightarrow \text{diam } h_j(Y_k) < \delta .$$

Soient h^1 la composée des homéomorphismes à support disjoints h_j et $Y^1 = h^1(Y_k)$; on a

$$Y_j^1 \cap X_o \neq \emptyset \Longrightarrow \text{diam } Y_j^1 < \delta \qquad \forall j > 0$$

$$\text{diam } Y_j^1 < \varepsilon \qquad \forall j > 0 .$$

Il y a un nombre fini de Y_j^1 de diamètre $\geq \delta$ et ils sont disjoints de X_o, on peut donc choisir $\alpha(1) \geq p$ tel que

$$Y_j^1 \cap N_{\alpha(1)} \neq \emptyset \Longrightarrow \text{diam } Y_j^1 < \delta \quad \text{pour} \quad j > 0$$

et

$$\delta_1 = \text{dist}(\text{Fr } N_{\alpha(1)}, X_o) < \delta .$$

En rétrécissant comme précédemment au voisinage du nombre fini de Y_j^1 de diamètre $\geq \delta_1$, on trouve un homéomorphisme h^2 tel qu'en posant $Y_k^2 = h^2(Y_k^1)$, on ait

$$Y_k^2 \cap X_o \neq \emptyset \Longrightarrow \text{diam } Y_k^2 < \delta_1 \qquad \forall k > 0 ,$$

donc aucun des Y_j^2 ne coupe à la fois $\text{Fr } N_{\alpha(1)}$ et X_o. On peut choisir $\alpha(2) > \alpha(1)$ tels que

$$Y_j^2 \cap \text{Fr } N_{\alpha(1)} \neq \emptyset \Longrightarrow Y_2^j \cap N_{\alpha(2)} = \emptyset$$

donc aucun des Y_j^2 ne coupe à la fois $\text{Fr } N_{\alpha(1)}$ et $\text{Fr } N_{\alpha(2)}$; en continuant le procédé, on construit une machine à rétrécir bien positionnée par rapport aux Y_j^p qui construit le rétrécissement cherché.

L'énoncé LR_k se démontre par récurrence (le début de la récurrence s'établit comme dans le cas $m \geq 2y+2$). Par position générale, on construit le cône X_o tel que $K \cap X_o \subset Z_o \subset Z$ où Z est un sous-cône de X avec dim pl $Z \leq k+m-2-m+1 = k-1$ et où Z_o est un tronc de cône ne contenant pas le sommet. On utilise LR_{k-1} pour construire comme précédemment une machine à rétrécir d'âme Z qui fournit un homéomorphisme h à support dans U_o tel que

$$h(X_o) \subset Z - Z_o \quad \text{donc} \quad h(Y_o) \cap K = \emptyset$$

et

$$h(Y_j) \cap U_o \cap K \neq \emptyset \Longrightarrow \text{diam } Y_j < \varepsilon \qquad \text{pour} \quad j > 0 .$$

§ 5. Quelques cas particuliers

1) Cas où codim pl $\Sigma f \geq 3$ et $\dim f\Sigma f = 0$

PROPOSITION 2.- Soit $f : M \to Q$ un quotient cellulique où M est une variété topologique de dimension ≥ 5 telle que Codim pl $\Sigma f \geq 3$ et $\dim f\Sigma f = 0$. Alors f est approximable par homéomorphismes.

Remarque.- On peut comme pour les autres propositions de ce paragraphe montrer que f est majorant-approximable par homéomorphismes c'est-à-dire que pour toute majorante $\varepsilon : Q \to]0,\infty[$ continue, il existe un homéomorphisme $g : M \to Q$ tel que

$$d'(f(x),g(x)) < \varepsilon(f(x)) \qquad \forall\, x \in M .$$

Démonstration

La méthode est de construire pour chaque $\varepsilon > 0$ une suite Y_j d'espaces cellulaires compacts disjoints de M avec codim pl $Y_j \geq 3$, $\operatorname{diam} f\, Y_j < \varepsilon$, $\operatorname{diam} Y_j \to 0$ localement et $\Sigma f \subset \bigcup_j Y_j$.

En posant alors $Q' = M/\{Y_j\}$ et $f' : Q \to Q'$ l'application de passage au quotient, on a $\operatorname{diam}(f'^{-1}z) < \varepsilon$ et $f'.f : M \to Q'$ est un quotient cellulique vérifiant le lemme de rétrécissement dénombrable, f est donc approximable par le corollaire du critère de Bing.

On construit d'abord une famille particulière de voisinages de $\Sigma_{1/k}f$: il existe un ensemble dénombrable d'indices $J = J_1 \cup J_2 \cup \ldots$ (réunion disjointe) et pour $j \in J_1 \cup \ldots \cup J_i$, il existe des variétés compactes connexes à bord N_i^j disjointes formant une famille localement finie telle que

1) $N_i = \bigcup_j N_i^j$ est un voisinage de $\Sigma_{1/i} f$ et pour tout j, il existe $x_i^j \in \Sigma_{1/i} f$ tel que $N_i^j \subset V_{1/i-1}(x_i^j)$ et $\operatorname{diam} f(N_i^j) < \varepsilon$,

2) Si $j \in J_1 \cup \ldots \cup J_{i-1}$, N_i^j est inclus dans $\operatorname{Int} N_{i-1}^j$ et l'inclusion est homotope à zéro,

3) $\operatorname{diam} N_i^j < 1/i$ si $j \in J_i$.

La construction de N_i^j se fait par récurrence, supposons-la réalisée pour $k < i$. Comme $f^{-1}(y)$ est cellulaire, il admet des voisinages variétés PL et la condition $\dim f\Sigma f = 0$ permet de construire une famille dénombrable localement finie X_i^j, $j \in K_i$, de variétés compactes connexes à bord vérifiant la condition 1, la condition 2 étant remplacée par :

2') chaque X_i^j voisinage d'un point de $\Sigma_{1/i-1} f$ est contenue et est nulle homotope dans un N_{i-1}^k,

et la condition 3) étant vérifiée pour les X_i^j ne rencontrant pas $\Sigma_{1/i-1} f$.

On définit alors N_i^j pour $j \in J_1 \cup \ldots \cup J_{i-1}$ en connexifiant les différents X_i^{ℓ} contenus dans N_{i-1}^j par des tubes assez fins qui évitent $\Sigma_{1/i}f$ (codim $\Sigma_{1/i}f \geq 3$) . Soit J_i l'ensemble d'indice des X_i^j ne coupant pas $\Sigma_{1/i-1}f$, on définit N_i^j pour $j \in J_i$ en enlevant de X_i^j des petits voisinages des intersections des tubes qu'on vient de construire avec X_i^j .

Pour $j \in J_k$, on pose $Y_j = \bigcap_{i \geq k} N_i^j$, il est clair que diam $Y_j \longrightarrow 0$ localement d'après 3) que diam $fY_j < \varepsilon$ d'après 1), que Y_j est cellulique d'après 2) et que codim pl $Y_j \geq 3$ car $Y_j - \Sigma f$ est une réunion dénombrable d'intervalles plongés de façon localement plate.

2) Cas où codim pl $\Sigma f \geq 3$

PROPOSITION 3.- Soit $f : M \longrightarrow Q$ un quotient cellulique où M est une variété topologique de dimension ≥ 5 , Q un ANR et codim pl $\Sigma f \geq 3$. Alors f est approximable par homéomorphismes.

Démonstration

Il existe une filtration de Q par des σ-compacts

$$Q = P^q \supset P^{q-1} \supset \dots \supset P^2 \supset P^1 \supset P^0$$

telle que dim $P^j \leq j$ et dim $P^j - P^{j-1} \leq 0$. On construit P^{j-1} en prenant les frontières d'une base dénombrable de voisinages de P^j .

Supposons par récurrence que $\Sigma f \cap f^{-1}P^{j-1} = \emptyset$ et soit $\varepsilon > 0$; soient $P_1^j \subset P_2^j \subset \dots \subset P^j = \bigcup P_k^j$ une filtration de P^j par des compacts.

On va construire une suite convergente d'approximations f_k de f telles que $\Sigma f_k \cap f_k^{-1} P_k^j = \emptyset$, la limite $f' = \lim f_k$ sera alors un quotient cellulique mais il faut imposer un contrôle pour assurer que codim pl $\Sigma f' \geq 3$ et que $\Sigma f' \cap f'^{-1} P^j = \emptyset$.

$$\begin{array}{ccc} M & \xrightarrow{\ f\ } & Q \\ & {\scriptstyle g_1}\searrow \quad \nearrow{\scriptstyle g_2} & \\ & M_1 & \end{array}$$

Pour construire f_1 , on considère la factorisation où $M_1 = M/\{f^{-1}y \ / \ y \in P_1^j\}$, il est clair que g_1 et g_2 sont des quotients celluliques, $g_1\Sigma g_1 \subset P_1^j - P^{j-1}$ considéré par g_2^{-1} comme dans M_1 donc $g_1\Sigma g_1$ est de dimension 0 et comme codim pl $\Sigma g_1 \geq 3$, g_1 est $\varepsilon/4$ - approximable par un homéomorphisme g_1' . Soit $f_1' = g_2 g_1' : M \longrightarrow Q$, c'est un quotient cellulaire injectif au-dessus de $P_1^j \cup P^{j-1}$; de plus, $\Sigma f_1 = g_1'^{-1}(g_1(\Sigma f - f^{-1}P_1^j))$ et $g_1'^{-1}g_1$ est un homéomorphisme sur $M - f^{-1}P_1^j$ qui est un voisinage ouvert de $\Sigma f - f^{-1}P_1^j$ donc codim pl $\Sigma f_1 \geq 3$, comme codim pl$(\Sigma f - f^{-1}P_1^j)$. On peut donc trouver une petite isotopie α_t de M telle que $\alpha_1(B_1) \cap \Sigma f_1' = \emptyset$ (où B_k est la filtration de $M - N^{m-3}(M)$) et on pose $f_1 = f_1' . \alpha_1$.

En raisonnant de la même façon avec une approximation majorante sur la variété $M - (B_1 \cup f_1^{-1}P_1^j)$ et par récurrence, on construit une suite f_k de quotients cellu-liques $f_k : M \longrightarrow Q$ telle que

1) $d'(f_k(x), f_{k-1}(x)) \leq \varepsilon_k(x) = \mathrm{Min}(\frac{\varepsilon}{2^k}, \frac{1}{3^k}\mathrm{dist}(f_{k-1}(x), f_{k-1} B_{k-1} \cup P_{k-1}^j)$,

donc en particulier $f_k(x) = f_{k-1}(x)$ au-dessus de $f_{k-1}B_{k-1} \cup P_{k-1}^j$.

2) $\Sigma f_k \cap (B_k \cup f_k^{-1}(P_k^j \cup P^{j-1})) = \emptyset$ et codim pl $\Sigma f_k \geq 3$.

Soit f' le quotient cellulique $\lim_k f_k$ la majorante 1) assure que $\Sigma f' \cap (f'^{-1}P^j \cup M - N^{m-3}(M)) = \emptyset$ et donc codim pl $\Sigma f' \geq 3$.

3) Cas où $\overline{f\Sigma f}$ est LCC^1 dans Q

PROPOSITION 4.- Soit $f : M \longrightarrow Q$ un quotient cellulique où M est une variété topologique de dim ≥ 5 , Q un ANR, et $\overline{f\Sigma f}$ est LCC^1 dans Q et est de dimension $<$ dim Q , alors f est approximable par homéomorphismes.

Démonstration

On se ramène au cas où codim pl $\Sigma f \geq 3$ en construisant une suite d'homéomorphismes α_j de M telle que $\alpha_j(B_j) \cap \Sigma f = \emptyset$ et que $f_j = f \circ \alpha_j$ est une approximation convergente de f ; on a $f_j\Sigma f_j = f\Sigma f$ mais $f' = \lim f_j$ a la propriété $\Sigma f' \subset N^{m-3}(M)$ donc codim pl $\Sigma f' \geq 3$.

Il suffit de construire $\alpha_1 : M \rightarrow M$, la construction des autres α_j étant similaire.

Soient $u_o : B_1 \hookrightarrow M$ et $v_o = fu_o : B_1 \rightarrow Q$ comme $\overline{f\Sigma f}$ est LCC^1 dans Q et que $Q - \overline{f\Sigma f}$ est ouvert dense et que $\dim B_1 = 2$, il existe une ε-homotopie v_t telle que $v_1(B_1) \subset Q - \overline{f\Sigma f}$. Comme $f : M - f^{-1}\overline{f\Sigma f} \longrightarrow Q - \overline{f\Sigma f}$ est un homéomorphisme, il existe $u_1 : B_1 \rightarrow M_o = M - f^{-1}\overline{f\Sigma f}$ avec $v_1 = fu_1$. On peut [2] approximer u_1 dans la variété M_o en un plongement LCC^1 u_2 ε-homotope à u_1 et $v_2 = fu_2$ est ε-homotope à v_1 . Comme f est une équivalence d'homotopie héréditaire, il existe une homotopie u_t entre les deux plongements LCC^1 u_o et u_2 tels que $f.u_t$ est une 2ε-homotopie entre v_o et v_2 . Par position générale, si $\dim M \geq 6$ ou par engouffrement radial si $\dim M = 5$, il existe une isotopie α_t de M telle que $\alpha_o = \mathrm{Id}$, $\alpha_1(B_1) \subset M_o$ et $d'(f\alpha_t(x), f(x)) < 2\varepsilon$ $\forall x \in M$.

§ 6. Utilisation de la PDD et fin de la démonstration

Lemme 3.- Soit Q un espace métrique complet possédant la PDD, pour tout $\varepsilon > 0$ et toute application $f : D^2 \longrightarrow Q$, il existe un plongement $f' : D^2 \longrightarrow Q$ ε-homotope à f .

Preuve. Soient $\{B_j\}$ et $\{B'_j\}$ deux suites de disques plongés de façon PL dans D^2 telles que

$B_j \cap B'_j = \emptyset,\ \forall\, x, y \in D^2 ,\ x \neq y\ \exists\, j$ avec $x \in B_j$ et $y \in B'_j$.

Supposons construite une suite $f_o = f,\ f_1, \dots, f_{i-1} : D^2 \to Q$ telle que

1) pour $j \leq k \leq i-1$ $\quad f_k(B_j) \cap f_k(B'_j) = \emptyset$

2) pour $k \leq i-1$ $\quad f_k$ est ε_k homotope à f_{k-1} où

$$\varepsilon_k < \frac{1}{2} \operatorname{Min}(\varepsilon_{k-1}, \operatorname{dist}(f_{k-1}(B_j), f_{k-1}(B'_j)), j \leq k-1)$$

On peut trouver $g : B_i \to Q$ et $g' : B'_i \to Q$ avec $g(B_i) \cap g(B'_i) = \emptyset$ et ε_i-homotopes à $f_{i-1}|B_i$ et $f_{i-1}|B'_i$ respectivement avec $\varepsilon_i < \frac{1}{2} \operatorname{Min}(\varepsilon_{i-1}, \operatorname{dist}(f_{i-1}(B_j), f_{i-1}(B'_j)), j \leq i-1)$; ces homotopies se prolongent à D^2 et on obtient $f_i : D^2 \to Q$ ε_i-homotope à f_{i-1}, $f_i(B_i) \cap f_i(B'_i) = \emptyset$ par construction, $f_i(B_j) \cap f_i(B'_j) = \emptyset$ pour $j < i$ d'après le choix de ε_i ; il est clair que $\{f_i\}$ converge vers f' ε-homotope à f et que f' est injective.

COROLLAIRE 1.- Avec les hypothèses précédentes, dans l'espace des applications de D^2 dans Q avec la topologie compacte ouverte, il existe un ensemble dénombrable dense formé de plongements.

COROLLAIRE 2.- Soient Q un ANR possédant la PDD, $X \subset Q$, LCC^1 dans Q avec $Q - X$ dense. Pour tout $\varepsilon > 0$ et tout $f : D^2 \to Q$, il existe un plongement f' ε-homotope à f avec $f'(D^2)$ LCC^1 dans Q et disjoint de X.

Démonstration

Soit $\{h_j\}$ une suite d'applications de D^2 dans Q dense dans $\mathcal{C}(D^2, Q)$. Dans la construction précédente, on impose en plus que $f_i(D^2) \cap X = \emptyset$ et $f_i(D^2) \cap h'_i(D^2) = \emptyset$ où h'_i est ε_i-homotope à h_i et où on impose en plus $\varepsilon_i < \frac{1}{2} \operatorname{Min}(\operatorname{dist}(f_{i-1}(D^2), h'_{i-1}(D^2)), \operatorname{dist}(f_{i-1}(D^2), X))$; alors $f' = \lim f_i$ est un plongement d'image Y disjoint de X et des $h'_j(D^2)$ et $\{h'_j\}$ est dense ; il en résulte que Y est LCC^1 dans Q : en effet, pour tout y de Q et tout voisinage U de y, il existe un voisinage V de y dans U tel que l'inclusion $V \hookrightarrow U$ est homotope à une constante puisque Q est ANR. Toute application $\alpha : S' \to V - Y$ se prolonge en $\beta : D^2 \to U$ qui est approximable par un h'_j ; comme Q est ANR, pour tout $\eta > 0$, β est alors η-homotope à un h'_j et $h'_j(D^2) \subset U - Y$.

Démonstration du théorème d'approximation

Soient $\mathfrak{A}$ et $\mathfrak{B}$ deux sous-ensembles dénombrables denses de $C(D^2, Q)$ formés de plongements, les images des plongements de $\mathfrak{A}$ étant disjointes des images de tous les plongements de $\mathfrak{B}$. Soient A et B la réunion des images des éléments de $\mathfrak{A}$ et $\mathfrak{B}$ respectivement, A et B sont des σ-compacts disjoints de dimension 2.

En raisonnant comme pour la prop. 3, pour la paire (Q,A), on trouve une filtration par des σ-compacts P_o^j avec en plus $\dim(P_o^j \cap A) \leq \dim A - (q-j)$, donc $P_o^{q-3} \cap A = \emptyset$, posons $P^j = P_o^j \cup B$ pour $j \geq 2$. On obtient une filtration $Q = P^q \supset P^{q-1} \supset \ldots \supset P^2$ telle que

1) $\dim P^j \leq j$, $\dim(P^j - P^{j-1}) \leq 0$ et $\dim(Q - P^j) \leq q - j - 1$.

2) Tout σ-compact de P^{q-3} est LCC^1 dans Q (on adapte la démonstration du corollaire 2 puisque $P^{q-3} \cap A = \emptyset$.

3) Tout σ-compact de $Q - P^2$ est LCC^1 dans Q (car $(Q - P^2) \cap B = \emptyset$).

On utilise cette filtration pour se ramener au cas où codim pl $\Sigma f \geq 3$.

<u>La première étape</u> est d'approximer f en f' avec $\Sigma f' \cap f'^{-1}P^2 = \emptyset$, on raisonne comme dans la prop. 3 avec une famille croissante de compacts P_k^2 recouvrant P^2 et à chaque pas élémentaire, on va utiliser la prop. 4 et non le cas de dimension 0. Il suffit d'indiquer le premier pas.

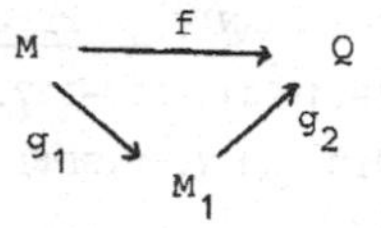

Soient $M_1 = M/\{f^{-1}(y) / y \in P_1^2\}$ et la factorisation

on a $\Sigma g_1 = \Sigma f \cap f^{-1}P_1^2$, donc $g_1 \Sigma g_1 \subset P_1^2 \subset M_1$,

où on a identifié $g_1(f_1^{-1}P_1^2)$ avec P_1^2 grâce à g_2, donc $\overline{g_1\Sigma g_1} \subset P_1^2$ et est de dimension ≤ 2 et $\overline{g_1\Sigma g_1}$ est LCC^1 dans M_1, en effet, $g_2(\overline{g_1\Sigma g_1})$ est LCC^1 dans Q puisque compact contenu dans P^{q-3} et $\overline{g_1\Sigma g_1} \subset M_1 - \Sigma g_2$, or g_2 est une équivalence d'homotopie héréditaire et est ouverte au voisinage de tout point de $M_1 - \Sigma g_2$, donc g_2^{-1} transporte les compacts de $Q - g_2\Sigma g_2$, LCC^1 dans Q en compacts de $M_1 - \Sigma g_2$, LCC^1 dans M_1. La prop. 4 permet d'approximer g_1 par un homéomorphisme et f par f_1 injective au-dessus de P_1^2.

On est donc ramené à étudier $f : M \to Q$ avec $f\Sigma f \subset Q - P^2$, donc $f\Sigma f$ est LCC^1 dans Q, on va approximer f par f' possédant les mêmes propriétés mais en plus codim pl $\Sigma f' \geq 3$.

La méthode est analogue à celle de la prop. 4, si ce n'est qu'il faut garder le contrôle de $\Sigma f \cap f^{-1}P^2 = \emptyset$ et qu'on raisonne avec $f\Sigma f$ au lieu de $\overline{f\Sigma f}$, on utilise le corollaire 2 pour construire directement dans Q une ε-homotopie entre $v_o = f.u_o : B_1 \to Q$ et $v_1 : B_1 \to Q - f\Sigma f$ plongement LCC^1 dans Q, $u_1 = f^{-1}v_1 : B_1 \to M - \Sigma f$ est alors un plongement LCC^1 dans M d'après la remarque de la première étape et on raisonne comme dans la prop. 4.

A la fin de cette étape, on arrive à codim pl $\Sigma f \geq 3$ et on applique la prop. 3.

BIBLIOGRAPHIE

[1] J. CANNON - Shrinking cell like decompositions of manifolds Codimension three, Preprint.

[2] R. EDWARDS - Demension theory I. Geometric topology, Lecture Notes in Math., 438 (1975), Springer-Verlag

[3] R. EDWARDS - Approximating certain cell like maps by homeomorphisms, Preprint.

[4] W. HUREWICZ and H. WALLMAN - Dimension theory, Princeton Maths. series, vol. 4, 1941, Princeton Univ. Press.

[5] R. KIRBY and L. SIEBENMANN - Foundational Essays on topological manifolds, smoothings and triangulations, Princeton Univ. Press. 1977.

[6] R. LACHER - Cell-like mappings and their generalizations, Bull. Amer. Math. Soc., 83 (1977), 495-553.

[7] D. MAC-MILLAN - A criterion for cellularity in a manifold, Ann. of Math., 79(1964), 327-327.

[8] A. MARIN and Y. VISETTI - A general proof of Bing's shrinkability criterion, Proc. Amer. Math. Soc., 53 (1975), 501-507.

[9] L. SIEBENMANN - On detecting euclidean spaces homotopically among topological topological manifolds, Inventionnes Math., 6 (1968), 245-261.

[10] L. SIEBENMANN - Are non-triangulable manifolds triangulable ? Topology of Manifolds, Markham Chicago, (1970), 77-84.

[11] L. SIEBENMANN - Approximating cellular maps by homeomorphisms, Topology 11 (1972), 271-294.

Séminaire BOURBAKI 516-01
30e année, 1977/78, n° 516 Février 1978

HOMOTOPIE DES ESPACES DE CONCORDANCES
[d'après F. WALDHAUSEN]

par Jean-Louis LODAY

§ 1. Introduction et résultats

Soient M une variété différentielle compacte et Diff(M) son groupe de difféomorphismes (muni de la topologie C^{∞}). Le calcul des groupes d'homotopie de Diff(M) se scinde, lorsque la dimension de M est grande, en deux problèmes. L'un consiste à calculer des groupes de chirurgie, l'autre à calculer des groupes d'homotopie d'espaces de concordances. Par définition l'espace des concordances (ou pseudo-isotopies) $C_{Diff}(M)$ de la variété M est le sous-espace de $Diff(M \times I)$ formé des difféomorphismes dont la restriction à $M \times 0 \cup \partial M \times I$ est l'identité.

Encore récemment, on n'avait que peu de résultats sur l'homotopie de cet espace : dans [6], Cerf a montré que $\pi_0(C_{Diff}(M)) = 0$ lorsque M est simplement connexe et $\dim M \geq 5$. Puis, Hatcher et Wagoner [12], Volodine [23] et K. Igusa [14] ont généralisé les techniques de Cerf pour calculer $\pi_i(C_{Diff}(M))$ lorsque $i = 0$ ou 1 en termes de K groupes. On va montrer comment, par des techniques de géométrie et de topologie algébrique, on peut calculer certains groupes d'homotopie de $C_{Diff}(M)$ à l'aide de la K-théorie algébrique des anneaux de groupes. Dans certains cas, les calculs peuvent être menés jusqu'à leur terme, par exemple :

Soit D^n la boule de dimension n . Si $0 \leq i < \frac{n-25}{6}$, on a

$$\pi_i(C_{Diff}(D^n)) \otimes \mathbb{Q} = K_{i+2}(\mathbb{Z}) \otimes \mathbb{Q} = \begin{cases} \mathbb{Q} & \text{si } i = 3, 7, \ldots 4k-1, \ldots \\ 0 & \text{sinon.} \end{cases}$$

Ce passage des groupes de concordances à la K-théorie algébrique se fait en plusieurs étapes :

a) Par stabilisation sur la dimension de la variété, Hatcher [10] et Burghelea-Lashof [30] ramènent l'étude de C_{Diff} à celle d'un foncteur d'homotopie Wh_{Diff} de la catégorie des CW-complexes dans celle des espaces de lacets infinis. Le lien entre ces deux foncteurs est donné par le théorème de stabilité suivant : pour toute variété différentielle M compacte et connexe, on a un isomorphisme

$$\pi_i(C_{Diff}(M)) \xrightarrow{\approx} \pi_{i+2}(Wh_{Diff}(M)) \qquad \text{lorsque } 0 \leq i < \frac{n-25}{6} .$$

On a des définitions analogues dans le cas semi-linéaire (= PL) et on note C_{PL}

et Wh_{PL} les foncteurs correspondants.

b) On applique les méthodes récentes de topologie algébrique à l'espace $Wh_{PL}(X)$ pour construire un espace de lacets infini $A(X)$ appelé K-théorie algébrique de l'espace X (Waldhausen [26]). Cet espace est une "approximation" de $Wh_{PL}(X)$ au sens suivant :

THÉORÈME 1.- Il existe une application naturelle $A(X) \longrightarrow Wh_{PL}(X)$ dont la fibre homotopique est une théorie d'homologie généralisée.

Ceci signifie que les foncteurs $X \longmapsto \pi_i$ (fibre) satisfont aux axiomes de Eilenberg-Steenrod, excepté à l'axiome de dimension.

c) Les résultats dans le cadre différentiable sont obtenus en comparant les foncteurs Wh_{PL} et Wh_{Diff} (Morlet, Burghelea-Lashof [4,5,18]). Le théorème 1 entraîne :

THÉORÈME 2.- La fibre homotopique de l'application de stabilisation

$$A(X) \longrightarrow A^S(X) = \lim_{\overrightarrow{n}} \Omega^n \widetilde{A}(\Sigma^n(X \cup pt))$$

a même type d'homotopie que $Wh_{Diff}(X)$.

Ici Ω désigne l'espace des lacets, Σ la suspension et $\widetilde{A}(X)$ la fibre de $A(X) \longrightarrow A(pt)$.

d) Enfin, on compare l'espace $A(X)$ à la K-théorie algébrique de Quillen. L'intérêt de l'espace $A(X)$ par rapport à l'espace $Wh_{PL}(X)$ réside en partie dans le résultat suivant :

THÉORÈME 3 (cf. [25]).- Soient π un groupe discret et $B\pi$ son classifiant. On a des isomorphismes

$$\pi_i(A(B\pi)) \otimes \mathbb{Q} \approx K_i(\mathbb{Z}[\pi]) \otimes \mathbb{Q}$$

et

$$\pi_i(A^S(B\pi)) \otimes \mathbb{Q} \approx K_i^S(\mathbb{Z}[\pi]) \otimes \mathbb{Q}, \qquad i \geq 1.$$

Dans ces expressions $K_i(\Lambda)$ (resp. $K_i^S(\Lambda)$) désigne la K-théorie algébrique de Quillen (resp. stabilisée en un sens convenable) de l'anneau Λ.

Ainsi tout calcul sur la K-théorie des anneaux de groupes fournit des renseignements sur les groupes d'homotopie des espaces de concordances. Le cas particulier de $M = D^n$ énoncé ci-dessus se déduit immédiatement du calcul des groupes $K_i(\mathbb{Z}) \otimes \mathbb{Q}$ (Borel [2]) et $K_i^S(\mathbb{Z}) \otimes \mathbb{Q}$ (Farrell et Hsiang [8]).

Les étapes géométriques a) et c) sont rapidement passées en revue dans le § 2. L'essentiel de l'article est consacré au travail de Waldhausen qui a été annoncé dans [25] et qui paraîtra dans [26]. Dans le § 3, on trouve une version originale de la "bar-construction" menant à la définition de l'espace A(X) . Puis, on énonce les différents lemmes techniques nécessaires à la démonstration du théorème 1 et on effectue la comparaison avec la K-théorie algébrique. Enfin, on calcule $\pi_i(C_{Diff}(D^n)) \otimes \mathbb{Q}$. Le § 4 contient quelques démonstrations en particulier celle du "théorème d'additivité" (voir 3.1). Les applications aux groupes de difféomorphismes sont énoncées au § 5.

Je remercie Waldhausen pour ses explications et pour avoir mis son manuscrit à ma disposition.

§ 2. Des résultats de Waldhausen aux espaces de concordances

2.1. Homotopie simple supérieure

Une application simple $f : X \longrightarrow Y$ entre deux polyèdres X et Y est, par définition, une application semi-linéaire (= PL) telle que $f^{-1}(y)$ soit contractile (et non vide) pour tout point $y \in Y$. Cette notion a été introduite par M. M. Cohen [7] (sous le nom de "contractible mapping"). Cohen montre qu'une application simple est une équivalence d'homotopie simple au sens de J.H.C. Whitehead [28]. Les applications simples sont stables par composition, cette propriété permet de définir pour tout polyèdre donné fini X une catégorie $\underline{\underline{C}}(X)$ de la façon suivante. Les objets de $\underline{\underline{C}}(X)$ sont les polyèdres finis Y qui contiennent X comme rétracte par déformation. Les morphismes de $\underline{\underline{C}}(X)$ sont les applications simples dont les restrictions à X sont l'identité. Le résultat principal de [10] est une version paramétrée du théorème du h-cobordisme :

PROPOSITION 1 (Hatcher).- *Soit M^n une variété PL compacte connexe de dimension n $(n \geq 5)$. Il existe une application $C_{PL}(M^n) \longrightarrow \Omega|\underline{\underline{C}}(M^n)|$ qui est k-connexe lorsque $n \geq 3k + 8$.*

On a désigné par $|\underline{\underline{C}}(M)|$ le classifiant de la catégorie $\underline{\underline{C}}(M)$ c'est-à-dire la réalisation géométrique de son nerf [22].

Exercice.- Montrer que $\pi_1(C_{PL}(M)) \approx Wh_1(\pi_1 M)$, i.e. le groupe de Whitehead (algébrique) du groupe fondamental de M .

La proposition 1 montre qu'il est naturel de considérer l'espace $\mathcal{C}_{PL}(M) = \varinjlim_k C_{PL}(M \times I^k)$. On a alors une équivalence d'homotopie

$\mathcal{C}_{PL}(M) \sim \Omega|\underline{\underline{C}}(M)|$. A cause du décalage d'indice entre les groupes d'homotopie des espaces de concordances et la K-théorie algébrique (voir l'introduction), il est préférable de travailler avec un double délaçage de $\mathcal{C}_{PL}(M)$ noté $Wh_{PL}(M)$ et appelé espace de Whitehead PL de la variété M . On a $\pi_o(Wh_{PL}(M)) = 0$,

$\pi_1(Wh_{PL}(M)) = Wh_1(\pi_1 M)$ et $\pi_{i+2}(Wh_{PL}(M)) \approx \pi_i(C_{PL}(M))$ si $0 \leq i << \dim M$. De manière analogue au cas PL, on pose $\mathcal{C}_{Diff}(M) = \varinjlim_k C_{Diff}(M \times I^k)$. L'espace de Whitehead différentiable de M, noté $Wh_{Diff}(M)$ est un double délaçage (connexe) de $\mathcal{C}_{Diff}(M)$ tel que $\pi_1(Wh_{Diff}(M)) = Wh_1(\pi_1 M)$. L'isomorphisme $\pi_i(C_{Diff}(M)) \xrightarrow{\approx} \pi_{i+2}(Wh_{Diff}(M))$ si $i < \frac{\dim M - 25}{6}$ se démontre en se ramenant au cas PL (cf. [4] et [10]).

2.2. Passage du cas semi-linéaire au cas différentiable

Dans cette section, on suppose que l'espace $A(X)$ a été construit et on admet le théorème 1. On va démontrer le théorème 2.

Hatcher [11] et Burghelea-Lashof [30] ont montré que Wh_{PL} et Wh_{Diff} sont des foncteurs d'homotopie de la catégorie des variétés compactes (PL ou différentiables) dans la catégorie des espaces de lacets infinis. Par un argument classique, on étend ces foncteurs à la catégorie des CW-complexes (localement finis).

Soit F l'un des foncteurs d'homotopie A, Wh_{PL}, Wh_{Diff}. On note $\widetilde{F}$ le <u>foncteur réduit</u> et F^S le <u>foncteur stabilisé</u>. Par définition, $\widetilde{F}(X)$ est la fibre homotopique de $F(X) \to F(pt)$ et $F^S(X) = \varinjlim_n \Omega^n \widetilde{F}(\Sigma^n(X \cup pt))$. L'application $\widetilde{F}(Y) \to \Omega\, \widetilde{F}(\Sigma Y)$ utilisée pour définir F^S s'obtient en examinant l'application induite sur les fibres (verticales par exemple) dans le diagramme :

$$\begin{array}{ccc} F(Y) & \longrightarrow & F(\text{cône } Y) \\ \downarrow & & \downarrow \\ F(\text{cône } Y) & \longrightarrow & F(\Sigma Y) \end{array} .$$

Le diagramme ci-dessous est obtenu par stabilisation

$$\begin{array}{ccccc} Wh_{Diff}(X) & \longrightarrow & Wh_{PL}(X) & \longleftarrow & A(X) \\ \downarrow & & \downarrow & & \downarrow \\ Wh^S_{Diff}(X) & \longrightarrow & Wh^S_{PL}(X) & \longleftarrow & A^S(X) \end{array} .$$

Une version "fibrée" de la théorie du lissage a permis à Burghelea et Lashof [4] de montrer que la fibre homotopique de $Wh_{Diff}(X) \to Wh_{PL}(X)$ est une théorie d'homologie généralisée en X. Par stabilisation cette fibre est donc inchangée. Ainsi le carré de gauche est cartésien à homotopie près. Le théorème 1 affirme que la fibre de/ ~~l'application~~ $A(X) \to Wh_{PL}(X)$ est une théorie d'homologie généralisée. Donc, par le même argument, le carré de droite est cartésien à homotopie près. Ainsi, les fibres des applications verticales sont homotopiquement équivalentes. Or, le lemme de disjonction de C. Morlet ([18], [5]) implique que l'espace $Wh^S_{Diff}(X)$ est contractile (voir [11]). Il s'en suit que la fibre de $A(X) \to A^S(X)$ est homotopiquement équivalente à $Wh_{Diff}(X)$. Le théorème 2 est démontré.

Remarque.- L'étude de l'espace des concordances topologiques, i.e. dans la catégorie des variétés topologiques et homéomorphismes, se ramène à celle de C_{PL} d'après [15]. (Voir aussi Burghelea-Lashof, Trans.A.M.S., 196(1974), 1-50.)

§ 3. K-théorie algébrique des espaces [25], [26]

3.1. Une version sophistiquée de la "bar-construction"

La définition de l'espace $A(X)$ repose sur une construction originale qui associe un ensemble simplicial à une catégorie "munie de cofibrations". Une catégorie avec cofibrations est une (petite) catégorie $\underline{\underline{C}}$ munie d'une sous-catégorie $co(\underline{\underline{C}})$ dont les morphismes sont appelés cofibrations et qui satisfait aux axiomes suivants :

(I) $\underline{\underline{C}}$ possède un objet nul noté 0,

(II.1) les isomorphismes de $\underline{\underline{C}}$ sont des cofibrations,

(II.2) pour tout objet A de $\underline{\underline{C}}$ la flèche $0 \to A$ est une cofibration,

(II.3) la catégorie $co(\underline{\underline{C}})$ est stable par changement de cobase, c'est-à-dire que tout diagramme de $\underline{\underline{C}}$ du type $\begin{array}{ccc} \bullet & \rightarrowtail & \bullet \\ \downarrow & & \\ \bullet & & \end{array}$, où la flèche $\rightarrowtail$ est une cofibration, possède une somme amalgamée et la flèche verticale de droite qui en résulte est une cofibration.

Un foncteur entre catégories munies de cofibrations est dit exact s'il respecte 0 et les cofibrations, et envoie les sommes amalgamées de l'axiome (II.3) sur des sommes amalgamées.

Pour tout entier n, on désigne par $[n]$ l'ensemble ordonné $\{0 < 1 < \ldots < n\}$. La catégorie $\underline{Mor}[n]$ a pour objets les paires (i,j) satisfaisant à $0 \leq i \leq j \leq n$. Il y a un morphisme et un seul $(i,j) \to (i',j')$ lorsque $i \leq i'$ et $j \leq j'$.

DÉFINITION.- *Soit $\underline{\underline{C}}$ une catégorie avec cofibrations. L'ensemble $S_n\underline{\underline{C}}$ est formé des foncteurs $A : \underline{Mor}[n] \to \underline{\underline{C}}$, $(i,j) \mapsto A_{i,j}$ qui vérifient*

(i) $A_{i,i} = 0$ pour tout i,

(ii) pour tout triple $i \leq j \leq k$, le morphisme $A_{i,j} \rightarrowtail A_{i,k}$ est une cofibration et le carré ci-dessous est cocartésien

$$\begin{array}{ccc} A_{i,j} & \longrightarrow & A_{j,j} \\ \downarrow & & \downarrow \\ A_{i,k} & \longrightarrow & A_{j,k} \end{array}$$

On note $S.\underline{\underline{C}}$ l'ensemble simplicial dont le terme de degré n est $S_n\underline{\underline{C}}$.

Remarque.- Un élément de $S_n\underline{\underline{C}}$ est, grosso modo, la donnée d'une suite de cofibrations $0 \rightarrowtail A_{0,1} \rightarrowtail \dots \rightarrowtail A_{0,n}$, plus des choix $A_{j,k}$ pour les quotients $A_{i,k}/A_{i,j}$, qui ne sont définis, a priori, qu'à isomorphisme près. De plus, tous ces choix doivent être compatibles entre eux. L'opérateur face $d_i : S_n\underline{\underline{C}} \longrightarrow S_{n-1}\underline{\underline{C}}$ consiste alors à oublier l'objet $A_{0,i}$ si $i \neq 0$ et à quotienter par $A_{0,1}$ si $i = 0$.

Exemples.- 1) Soit $\underline{\underline{C}}$ la catégorie des ensembles finis pointés. On choisit les injections pour cofibrations. La réalisation géométrique de $S.\underline{\underline{C}}$ est alors l'espace des lacets infini $\Omega^{\infty-1}S^{\infty}$ (ici S = sphère) [22].

2) Soit $\underline{\underline{C}}$ une catégorie exacte au sens de Quillen [21]. On choisit les monomorphismes admissibles pour cofibrations. On a alors $|S.\underline{\underline{C}}| \sim |Q\underline{\underline{C}}|$ où Q désigne la construction de Quillen décrite dans [21].

Ainsi, la construction $S.$ généralise la construction Q en s'appliquant à une classe plus vaste de catégories. En contre-partie, il semble que $S.$ ne possède pas toutes les propriétés de Q . Néanmoins le théorème 2 de [21] reste vrai (théorème d'additivité). Avant d'en donner l'énoncé, nous avons besoin d'une définition. La suite $A \rightarrowtail C \twoheadrightarrow B$ de $\underline{\underline{C}}$ est dite exacte si $A \rightarrowtail C$ est une cofibration et si B est la somme amalgamée $B \cup_A 0$. Soient $\underline{\underline{A}}$ et $\underline{\underline{B}}$ deux sous-catégories avec cofibrations de $\underline{\underline{C}}$. La catégorie $\underline{\underline{E}}(\underline{\underline{C}}\,;\underline{\underline{A}},\underline{\underline{B}})$ dont les objets sont les suites exactes de $\underline{\underline{C}}$ avec $A \in \mathrm{Ob}\,\underline{\underline{A}}$ et $B \in \mathrm{Ob}\,\underline{\underline{B}}$ est munie naturellement de cofibrations (voir § 4, pour plus de précisions). Les foncteurs d'oubli $s : \underline{\underline{E}}(\underline{\underline{C}}\,;\underline{\underline{A}},\underline{\underline{B}}) \longrightarrow \underline{\underline{A}}$ et $q : \underline{\underline{E}}(\underline{\underline{C}}\,;\underline{\underline{A}},\underline{\underline{B}}) \longrightarrow \underline{\underline{B}}$ sont exacts et induisent des applications simpliciales $S.s$ et $S.q$.

THÉORÈME D'ADDITIVITÉ.- L'application simpliciale

$$S.s \times S.q : S.\underline{\underline{E}}(\underline{\underline{C}}\,;\underline{\underline{A}},\underline{\underline{B}}) \longrightarrow S.\underline{\underline{A}} \times S.\underline{\underline{B}}$$

induit une équivalence d'homotopie sur les réalisations géométriques.

La démonstration sera donnée au § 4.

Par définition, la catégorie $\underline{\underline{S}}_n\underline{\underline{C}}$ a pour objet les éléments de $S_n\underline{\underline{C}}$, c'est-à-dire les foncteurs $\underline{\mathrm{Mor}}[n] \rightarrow \underline{\underline{C}}$ satisfaisant à certaines propriétés, et elle a pour morphismes les transformations naturelles de foncteurs. On note $\underline{\underline{S}}.\underline{\underline{C}}$ la catégorie simpliciale correspondante.

Une catégorie avec cofibrations et équivalences d'homotopie faible $\underline{\underline{C}}$ est une catégorie avec cofibrations munie d'une sous-catégorie $w\underline{\underline{C}}$ (dont les morphismes sont appelés équivalences d'homotopie faible) satisfaisant aux axiomes :

(III.1) les isomorphismes sont des équivalences d'homotopie faible ,

(III.2) si dans le diagramme commutatif de $\underline{\underline{C}}$

$$\begin{array}{ccccc} B & \leftarrowtail & A & \longrightarrow & C \\ \downarrow \wr & & \downarrow \wr & & \downarrow \wr \\ B' & \leftarrowtail & A' & \longrightarrow & C' \end{array}$$

les flèches horizontales de gauche sont des cofibrations et les flèches verticales des équivalences d'homotopie faible , alors la flèche induite sur les sommes amalgamées $B \cup_A C \xrightarrow{\sim} B' \cup_{A'} C'$ est une équivalence d'homotopie faible.

On écrira souvent pour abréger <u>w-équivalence</u> au lieu de équivalence d'homotopie faible.

Si la catégorie avec cofibrations $\underline{\underline{C}}$ est munie de w-équivalences $w\underline{\underline{C}}$, il en est de même de la catégorie $\underline{\underline{S}}_n\underline{\underline{C}}$. On note $w\underline{\underline{S}}_n\underline{\underline{C}}$ la sous-catégorie des w-équivalences de $\underline{\underline{S}}_n\underline{\underline{C}}$. Si l'on choisit pour w-équivalences les isomorphismes, on a une équivalence d'homotopie $|S.\underline{\underline{C}}| \sim |w\underline{\underline{S}}.\underline{\underline{C}}|$ (la démonstration n'est pas tout à fait triviale). Le théorème d'additivité est encore valable lorsque $S_\bullet$ est remplacé par $wS_\bullet$. La démonstration se fait en prenant en neuf ([n] , $w\underline{\underline{C}}_k\underline{\underline{C}}$) et en appliquant le théorème d'additivité (première version).

3.2. <u>L'espace</u> A(X) <u>et la fibration</u> h(X ; A(pt)) $\longrightarrow$ A(X) $\longrightarrow$ $Wh_{PL}(X)$

Soit X un ensemble simplicial. La catégorie $\underline{\underline{R}}(X)$ a pour objets les triplets (Y,r,i) où Y est un ensemble simplicial, $r : Y \twoheadrightarrow X$ une rétraction et $i : X \rightarrowtail Y$ une section de r . De plus, on suppose que $Y \dot{-} i(X)$ n'a qu'un nombre fini de simplexes non dégénérés. Un morphisme de (Y,r,i) dans (Y',r',i') est une application simpliciale $f : Y \longrightarrow Y'$ telle que $f \circ i = i'$ et $r = r' \circ f$. L'objet nul de $\underline{\underline{R}}(X)$ est (X , id_X , id_X) . Pour cofibrations, on choisit les morphismes f qui sont des applications injectives. On sera amené à travailler avec deux choix différents de w-équivalences. Le premier est la sous-catégorie $h\underline{\underline{R}}(X)$ ayant pour morphismes les applications f dont la réalisation géométrique est une <u>équivalence d'homotopie</u> (relativement à l'inclusion mais <u>pas</u> à la projection). Le second choix est la sous-catégorie $s\underline{\underline{R}}(X)$ ayant pour morphismes les applications f dont la réalisation géométrique est <u>simple</u> (voir 2.1).

Avant de passer à la définition de l'espace A(X) , il nous faut savoir comment rendre homotopiquement invariant un foncteur F des ensembles simpliciaux dans les ensembles simpliciaux. Soit Δ^k le k-simplexe simplicial standard et $X^{\Delta^k} = \mathrm{Hom}(\Delta^k , X)$. La diagonale $(k \longmapsto F(X^{\Delta^k})_k)$ est l'ensemble simplicial cherché, que l'on note $F(X^{\Delta^\cdot})$. En effet, le foncteur $X \longmapsto F(X^{\Delta^\cdot})$ transforme homotopies simpliciales en homotopies simpliciales et, si F est un foncteur d'homotopie, $F(X) \longrightarrow F(X^{\Delta^\cdot})$ est une équivalence d'homotopie.

DÉFINITION.- Pour tout ensemble simplicial X <u>l'espace de</u> K-<u>théorie algébrique de</u> X <u>est</u> $A(X) = \Omega|h\underline{\underline{S}}.\underline{\underline{R}}(X^{\Delta^\cdot})|$.

Soit $\underline{\underline{R}}^h(X)$ la sous-catégorie pleine de $\underline{\underline{R}}(X)$ formée des objets acycliques, c'est-à-dire des objets (Y,r,i) dont la réalisation géométrique de i est une équivalence d'homotopie. Par restriction $\underline{\underline{R}}^h(X)$ est une catégorie avec cofibrations qu'on peut munir des deux sortes de w-équivalences suivantes :

$$h\underline{\underline{R}}^h(X) = \underline{\underline{R}}^h(X) \cap h\underline{\underline{R}}(X) \quad \text{et} \quad s\underline{\underline{R}}^h(X) = \underline{\underline{R}}^h(X) \cap s\underline{\underline{R}}(X) .$$

Une application simple est une équivalence d'homotopie [7], d'où des foncteurs d'oubli :

$$s\underline{\underline{R}}(X) \longrightarrow h\underline{\underline{R}}(X) \quad \text{et} \quad s\underline{\underline{R}}^h(X) \longrightarrow h\underline{\underline{R}}^h(X) .$$

<u>Lemme</u> 1.- <u>Le carré ci-dessous est homotopiquement cartésien</u> (<u>sur les classifiants</u>) :

$$\begin{array}{ccc} s\underline{\underline{S}}.\underline{\underline{R}}^h(X^{\Delta^\cdot}) & \longrightarrow & h\underline{\underline{S}}.\underline{\underline{R}}^h(X^{\Delta^\cdot}) \\ \downarrow & & \downarrow \\ s\underline{\underline{S}}.\underline{\underline{R}}(X^{\Delta^\cdot}) & \longrightarrow & h\underline{\underline{S}}.\underline{\underline{R}}(X^{\Delta^\cdot}) \end{array} .$$

Dans ce diagramme les flèches verticales sont induites par l'inclusion $\underline{\underline{R}}^h(X) \longrightarrow \underline{\underline{R}}(X)$ et les flèches horizontales par l'oubli : (applications simples) $\longmapsto$ (équivalences d'homotopie) . Ce lemme est une conséquence du théorème d'additivité. Sa démonstration sera évoquée au § 4.

<u>Lemme</u> 2.- <u>L'espace</u> $|h\underline{\underline{S}}.\underline{\underline{R}}^h(X^{\Delta^\cdot})|$ <u>est contractile.</u>

Pour tout n , la catégorie $h\underline{\underline{S}}_n\underline{\underline{R}}^h(X)$ admet un objet initial. Le lemme 2 résulte alors du lemme de réalisation (voir 4.1).

<u>Lemme</u> 3.- <u>L'espace</u> $|s\underline{\underline{S}}.\underline{\underline{R}}(X^{\Delta^\cdot})|$ <u>est une théorie d'homologie généralisée.</u>

La démonstration de ce lemme utilise d'une part le théorème d'additivité et d'autre part quelques généralités dans le cadre des Γ-espaces de Segal [22] et Anderson [1].

<u>Lemme</u> 4.- <u>L'espace</u> $|s\underline{\underline{S}}.\underline{\underline{R}}^h(X^{\Delta^\cdot})|$ <u>a le type d'homotopie de</u> $Wh_{PL}(X)$.

Ce lemme nécessite une variante technique du théorème du h-cobordisme paramétré (voir § 2.1). Cette variante consiste à remplacer les polyèdres par des ensembles simpliciaux.

Le théorème 1 énoncé dans l'introduction résulte immédiatement des lemmes 1 à 4. Remarquons que l'espace $Wh_{PL}(pt)$ est contractile d'après le théorème du h-cobordisme stable et la construction du cône d'Alexander. Il s'en suit que la fibre de $A(X) \longrightarrow Wh_{PL}(X)$ est la théorie d'homologie généralisée associée à l'espace de lacets infini $A(pt)$.

3.3. Comparaison avec la K-théorie algébrique de Quillen

Pour tout anneau Λ , l'espace de K-théorie algébrique $K(\Lambda)$ admet plusieurs définitions. L'une d'elles utilise la construction Q déjà mentionnée [21], une autre la construction "+" : $K(\Lambda) = K_o(\Lambda) \times BGL(\Lambda)^+$ (cf. [20] et [16]). On va donner une définition de $A(X)$ utilisant la construction "+" . Afin de comparer les espaces $A(X)$ et $K(\mathbb{Z}[\pi_1 X])$ (voir le théorème 3 dans l'introduction), on est amené à définir la K-théorie d'un anneau simplicial. On termine cette section par les versions stabilisées de ces différents espaces.

Soit X un ensemble simplicial connexe pointé. On note $G = GX$ le groupe simplicial de Kan dont la réalisation géométrique est l'espace des lacets de X . La catégorie $\underline{\underline{U}}(X)^n_k$ est construite de la façon suivante. Un objet est un G-ensemble simplicial (à gauche) pointé Y tel que

- Y est G-libre, i.e. $g.y = y$ si et seulement si $g = 1$ ou $y = *$;
- il y a une équivalence d'homotopie $|EX \times_G Y| \simeq |X| \vee \bigvee_{j=1}^{k} S^n_j$ rel. $|X|$.

Dans ces expressions, EX désigne l'espace total du G-fibré principal universel et $\bigvee_{j=1}^{k} S^n_j$ est un bouquet de k-sphères de dimension n . Les morphismes de la catégorie $\underline{\underline{U}}(X)^n_k$ sont les G-applications qui sont des équivalences d'homotopie (pas forcément des G-équivalences d'homotopie).

On a clairement des applications de suspension $\underline{\underline{U}}(X)^n_k \longrightarrow \underline{\underline{U}}(X)^{n+1}_k$ et de stabilisation $\underline{\underline{U}}(X)^n_k \longrightarrow \underline{\underline{U}}(X)^n_{k+1}$. Si on pose $\underline{\underline{U}}(X) = \varinjlim_{n,k} \underline{\underline{U}}(X)^n_k$, on constate que $\pi_1|\underline{\underline{U}}(X)| = GL(\mathbb{Z}[\pi_1 X])$. On peut alors appliquer à $|\underline{\underline{U}}(X)|$ la construction "+" relativement au sous-groupe des commutateurs du groupe fondamental.

PROPOSITION 2.- <u>On a une équivalence d'homotopie</u> $A(X) \xrightarrow{\simeq} |\underline{\underline{U}}(X)|^+$.

Cette proposition est l'analogue de l'équivalence "+" = Q démontrée dans [9].

Soit $\Lambda.$ un anneau simplicial. Le sous-ensemble simplicial $\widehat{GL}_n(\Lambda.)$ de l'anneau de matrices $M_n(\Lambda.)$ est formé des éléments dont l'image dans $M_n(\pi_o(\Lambda.))$ est inversible. C'est un monoïde simplicial pour la multiplication des matrices. Par définition, on pose $\widehat{GL}(\Lambda.) = \varinjlim_n \widehat{GL}_n(\Lambda.)$. Le classifiant $B\widehat{GL}(\Lambda.)$ de ce monoïde simplicial est connexe et son groupe fondamental est isomorphe à $\pi_1(BGL(\pi_o\Lambda.)) = GL(\pi_o\Lambda.)$. On peut donc appliquer la construction "+" de Quillen. Rappelons que l'application naturelle $B\widehat{GL}(\Lambda.) \to B\widehat{GL}(\Lambda.)^+$ abélianise le groupe fondamental et induit un isomorphisme en homologie. Remarquons que si la structure simpliciale de l'anneau est triviale, on retrouve l'espace $K(\Lambda)$ (au π_o près).

DÉFINITION.- L'espace de K-théorie algébrique de $\Lambda.$ est $K(\Lambda.) = K_o(\pi_o\Lambda.) \times B\widehat{GL}(\Lambda.)^+$.

Les résultats suivants sont utiles pour les calculs (voir [25]).

Lemme 5.- Soit $f : \Lambda. \to \Lambda'.$ un homomorphisme d'anneaux simpliciaux induisant un isomorphisme sur le π_o . Soit $\mathcal{C}$ une classe de Serre de groupes abéliens. Si l'application f est k-connexe modulo $\mathcal{C}$, alors l'application $f_* : K(\Lambda.) \longrightarrow K(\Lambda'.)$ est $(k+1)$-connexe modulo $\mathcal{C}$.

Par exemple, soit X un ensemble simplicial connexe. L'homomorphisme d'anneaux simpliciaux $\mathbb{Z}[GX] \to \mathbb{Z}[\pi_1 X]$ induit une application $K(\mathbb{Z}[GX]) \longrightarrow K(\mathbb{Z}[\pi_1 X])$. Lorsque $X = B\pi$ cette application est une équivalence d'homotopie.

Le foncteur qui associe à tout G-ensemble (simplicial) pointé le G-module libre (simplicial) ayant un générateur par élément (différent du point-base) de l'ensemble définit une application $|\underline{U}(X)| \longrightarrow B\widehat{GL}(\mathbb{Z}[GX])$.

Lemme 6.- L'application $|\underline{U}(X)|^+ \longrightarrow B\widehat{GL}(\mathbb{Z}[GX])^+$ est une équivalence d'homotopie rationnelle.

Une voie suggestive de penser à la K-théorie algébrique de l'espace X est de remplacer l'anneau simplicial $\mathbb{Z}[GX]$ par l'espace $\Omega^\infty S^\infty(\Omega X)$ qui est un "anneau à homotopie près". De ce point de vue la construction de l'espace classifiant de $\widehat{GL}(\Omega^\infty S^\infty \Omega X)$ entraîne des difficultés techniques non triviales, voir [19]. Sous cet angle, le lemme 6 résulte du lemme 5 (généralisé aux anneaux à homotopie près) et de l'équivalence d'homotopie rationnelle $\Omega^\infty S^\infty \longrightarrow \pi_o(\Omega^\infty S^\infty) = \mathbb{Z}$ (J.-P. Serre).

En définitive, l'application composée

$$A(X) \xrightarrow{\simeq} |\underline{U}(X)|^+ \longrightarrow K(\mathbb{Z}[GX]) \longrightarrow K(\mathbb{Z}[\pi_1 X])$$

est une équivalence d'homotopie rationnelle lorsque $X = B\pi$. C'est la première assertion du théorème 3.

En ce qui concerne la seconde assertion de ce théorème, nous nous contenterons de décrire les foncteurs K^s . Considérons $K(\Lambda[GX])$ comme un foncteur en X . D'après le lemme 5, c'est un foncteur d'homotopie, on peut donc poser

$$K^S(\Lambda[GX]) = \varinjlim_n \Omega^n \widetilde{K}(\Lambda[G\Sigma^n(X \cup pt)]) \qquad \text{(voir 2.2).}$$

L'application de stabilisation $K(\Lambda[GX]) \to K^S(\Lambda[GX])$ est délicate à définir car $X \cup pt$ n'est pas connexe. Par définition la K-théorie algébrique stabilisée $K^S(\Lambda)$ de l'anneau Λ est l'espace $K^S(\Lambda[G(pt)])$. Dans ce cas l'application de stabilisation est la composée :

$$K(\Lambda) \longrightarrow \Omega\widetilde{K}(\Lambda[t,t^{-1}] \xrightarrow{\sim} \Omega\widetilde{K}(\Lambda[GS^1]) \longrightarrow K^S(\Lambda) ,$$

où $\Lambda[t,t^{-1}]$ est l'anneau des polynômes Laurentiens et où la première flèche est décrite dans le § 2.3 de [16].

<u>Remarque</u>.- La torsion de Whitehead [28] d'une équivalence d'homotopie est un élément du groupe de Whitehead $Wh_1(\pi)$. En termes de K-théorie, on a la suite exacte $0 \to h_1(B\pi ; \underline{\underline{K}}_{\mathbb{Z}}) \to K_1(\mathbb{Z}[\pi]) \to Wh_1(\pi) \to 0$, où $\underline{\underline{K}}_{\mathbb{Z}}$ désigne le spectre associé à l'espace de lacets infini $K(\mathbb{Z})$. Pour le calcul de $\pi_o(C_{Diff}(M))$, Hatcher et Wagoner [12] ont été amenés à construire (algébriquement) un groupe $Wh_2(\pi_1 M)$ et j'ai montré dans [16] que la suite $h_2(B\pi ; \underline{\underline{K}}_{\mathbb{Z}}) \to K_2(\mathbb{Z}[\pi]) \to Wh_2(\pi) \to 0$ est exacte. En fait, on construit une application λ qui donne naissance à une fibration

$$(*) \qquad h(B\pi ; \underline{\underline{K}}_{\mathbb{Z}}) \xrightarrow{\lambda} K(\mathbb{Z}[\pi]) \longrightarrow Wh(\pi) .$$

On constate alors que $\pi_i(Wh(\pi)) = Wh_i(\pi)$ pour $i = 1, 2$. De plus, K. Igusa [14] a, semble-t-il, montré que le groupe $\pi_3(Wh(\pi_1 M))$ est un quotient de $\pi_1(C_{Diff}(M))$. C'est cette fibration (*) que Waldhausen généralise dans le théorème 1. On a alors un diagramme commutatif

$$\begin{array}{ccccc} h(X ; A(pt)) & \longrightarrow & A(X) & \longrightarrow & Wh_{PL}(X) \\ \downarrow & & \downarrow & & \downarrow \\ h(B\pi ; \underline{\underline{K}}_{\mathbb{Z}}) & \longrightarrow & K(\mathbb{Z}[\pi]) & \longrightarrow & Wh(\pi) \end{array} \qquad \pi = \pi_1 X ,$$

dont les flèches verticales sont des isomorphismes rationnels lorsque $X = B\pi$.

3.4. <u>Homotopie rationnelle de</u> $C_{Diff}(D^n)$

Les théorèmes 2 et 3 ramènent le calcul des groupes d'homotopie rationnels de $Wh_{Diff}(pt)$ au calcul des groupes $K_i(\mathbb{Z}) \otimes \mathbb{Q}$ et $K_i^S(\mathbb{Z}) \otimes \mathbb{Q}$. Dans [2], Borel a effectivement calculé $K_i(\mathbb{Z}) \otimes \mathbb{Q}$, soit

$$\pi_i(A(pt)) \otimes \mathbb{Q} = K_i(\mathbb{Z}) \otimes \mathbb{Q} = \begin{cases} \mathbb{Q} & \text{si} \quad i = 0 , \\ \mathbb{Q} & \text{si} \quad i = 5, 9, \ldots 4k+1, \ldots \\ 0 & \text{sinon.} \end{cases}$$

Restent à calculer les groupes $\pi_i(A^S(pt)) \otimes \mathbb{Q} = K_i^S(\mathbb{Z}) \otimes \mathbb{Q}$. Dans [25], Waldhausen montre que, modulo un lemme démontré depuis par Farrell et Hsiang [8], ce groupe est nul sauf pour $i = 0$ où il vaut $\mathbb{Q}$. La démonstration du lemme en question utilise les méthodes de A. Borel. Voici son énoncé :

Lemme.- Soit $M_n(\mathbb{Q})$ le groupe additif des $n\times n$-matrices rationnelles sur lequel $GL_n(\mathbb{Z})$ opère par conjugaison. Alors l'homomorphisme trace $M_n(\mathbb{Q}) \longrightarrow \mathbb{Q}$ induit un isomorphisme $\varinjlim_n H_*(GL_n(\mathbb{Z}), M_n(\mathbb{Q})) \longrightarrow \varinjlim_n H_*(GL_n(\mathbb{Z}), \mathbb{Q})$.

Il suffit alors d'appliquer le théorème de stabilité (voir 2.1) pour conclure.

COROLLAIRE.- Pour $0 \leq i < \frac{n-25}{6}$, on a

$$\pi_i(C_{Diff}(D^n)) \otimes \mathbb{Q} = K_{i+2}(\mathbb{Z}) \otimes \mathbb{Q} = \begin{cases} \mathbb{Q} & \text{si } i = 3, 7, \ldots 4k-1, \ldots \\ 0 & \text{sinon.} \end{cases}$$

§ 4. Le théorème d'additivité et ses conséquences

La catégorie des ensembles finis ordonnés $[n]$ et applications croissantes au sens large est notée Δ .

4.1. Lemmes multisimpliciaux

A tout ensemble simplicial $X.$ on peut associer une catégorie $\underline{\underline{Sub}}(X.)$ dont les objets sont les couples (x,n) avec $x \in X_n$. Un morphisme de (x,n) dans (x',n') est la donnée d'une application croissante au sens large $u : [n] \rightarrow [n']$ telle que $X(u)(x') = x$. Le nerf de $\underline{\underline{Sub}}(X.)$ est la subdivision barycentrique de $X.$; leurs réalisations géométriques sont donc homéomorphes. Toute définition et propriété sur les catégories peut donc se transposer aux ensembles simpliciaux par le foncteur $\underline{\underline{Sub}}$. Ainsi, la fibre à gauche d'une application simpliciale $f : X \rightarrow Y$ au-dessus d'un n-simplexe y est le produit fibré dans le diagramme

$$\begin{array}{ccc} f/y & \longrightarrow & X \\ \downarrow & & \downarrow f \\ \Delta^n & \longrightarrow & Y \end{array} .$$

Ici Δ^n est le n-simplexe standard et $\Delta^n \rightarrow Y$ est l'application caractéristique de y . On laisse au lecteur le soin de traduire en termes simpliciaux les théorèmes A et B de Quillen [21].

On aura besoin à plusieurs reprises des lemmes suivants dont on pourra trouver les démonstrations dans [29] et [24].

Lemme de réalisation.- Soit $X.. \longrightarrow Y..$ une application bisimpliciale. On suppose que pour tout n l'application $X_{n.} \longrightarrow Y_{n.}$ est une équivalence d'homotopie. Alors $X.. \longrightarrow Y..$ est une équivalence d'homotopie.

Lemme de réalisation fibrée.-Soit $X.. \longrightarrow Y.. \longrightarrow Z..$ une suite d'applications bisimpliciales dont la composée est constante. On suppose que, pour tout n ,

<u>la suite</u> $X_{n\cdot} \longrightarrow Y_{n\cdot} \longrightarrow Z_{n\cdot}$ <u>est une fibration homotopique</u>. <u>Si les espaces</u> $Z_{n\cdot}$ <u>sont connexes</u>, <u>alors la suite</u> $X_{\cdot\cdot} \longrightarrow Y_{\cdot\cdot} \longrightarrow Z_{\cdot\cdot}$ <u>est une fibration homotopique</u>.

4.2. <u>Le théorème d'additivité</u>

Rappelons les hypothèses en les précisant. Soient $\underline{\underline{C}}$ une catégorie avec cofibrations, $\underline{\underline{A}}$ et $\underline{\underline{B}}$ deux sous-catégories avec cofibrations de $\underline{\underline{C}}$. Par définition, $\underline{\underline{F}}_1\underline{\underline{C}}$ est la sous-catégorie pleine de $\underline{\underline{\mathrm{Mor}}}\ \underline{\underline{C}}$ dont les objets sont les cofibrations $(C \rightarrowtail C')$ de $\underline{\underline{C}}$. Une cofibration de $\underline{\underline{F}}_1\underline{\underline{C}}$ est un morphisme $(C \rightarrowtail C') \longrightarrow (D \rightarrowtail D')$ tel que $C \rightarrowtail D$ et $D \cup_C C' \rightarrowtail D'$ soient des cofibrations de $\underline{\underline{C}}$. Si on fixe un choix pour le quotient C'/C , on obtient une catégorie équivalente notée $\underline{\underline{F}}_1^{+}\underline{\underline{C}}$. Par définition, $\underline{\underline{E}}(\underline{\underline{C}}\,;\underline{\underline{A}}\,,\underline{\underline{B}})$ est le produit fibré dans le diagramme

$$\begin{array}{ccc} \underline{\underline{E}}(\underline{\underline{C}}\,;\underline{\underline{A}}\,,\underline{\underline{B}}) & \longrightarrow & \underline{\underline{F}}_1^{+}\underline{\underline{C}} \\ \downarrow & & \downarrow \\ \underline{\underline{A}} \times \underline{\underline{B}} & \longrightarrow & \underline{\underline{C}} \times \underline{\underline{C}} \end{array} \qquad \begin{array}{c} (C \rightarrowtail C') \\ \downarrow \\ (C\,,C'/C)\ . \end{array}$$

On veut montrer que $S.s \times S.q : S.\underline{\underline{E}}(\underline{\underline{C}}\,;\underline{\underline{A}}\,,\underline{\underline{B}}) \longrightarrow S.\underline{\underline{A}} \times S.\underline{\underline{B}}$ est une équivalence d'homotopie.

<u>Première réduction</u>. Soient $*$ l'unique O-simplexe de $S.\underline{\underline{A}}$ et $S.s/*$ la fibre à gauche de l'application simpliciale S.s au dessus de $*$ dans le diagramme commutatif

$$\begin{array}{ccccc} S.s/* & \longrightarrow & S.\underline{\underline{E}}(\underline{\underline{C}}\,;\underline{\underline{A}}\,,\underline{\underline{B}}) & \longrightarrow & S.\underline{\underline{A}} \\ \downarrow & & \downarrow & & \downarrow {=} \\ S.\underline{\underline{B}} & \longrightarrow & S.\underline{\underline{B}} \times S.\underline{\underline{A}} & \longrightarrow & S.\underline{\underline{A}}\ , \end{array}$$

les flèches verticales extrêmes sont des équivalences d'homotopie. Il suffit donc de montrer que la suite horizontale du haut est une fibration pour démontrer le théorème d'additivité. Pour cela, nous allons appliquer la version simpliciale du théorème B de Quillen à $S.s$.

<u>Deuxième réduction</u>. Soit t un morphisme de (A',n) vers (A'',m) dans $\underline{\underline{\mathrm{Sub}}}(S.\underline{\underline{A}})$ (A' est donc un n-simplexe de $S.\underline{\underline{A}}$, c'est-à-dire un foncteur $\underline{\underline{\mathrm{Mor}}}[n] \longrightarrow \underline{\underline{A}}$, etc...). Il nous faut montrer que l'application induite $t_* : S.s/A' \longrightarrow S.s/A''$ est une équivalence d'homotopie. Puisqu'il existe toujours un morphisme (dans $\underline{\underline{\mathrm{Sub}}}(S.\underline{\underline{A}})$) de $(*,O)$ vers (A',n) , il suffit de montrer que tous les morphismes de ce type induisent une équivalence d'homotopie.

<u>Troisième réduction</u>. Soit $v_i : [O] \longrightarrow [n]\ ,\ O \longmapsto i$ qui définit $v_{i*} : S.s/_* \longrightarrow S.s/A'$. On montrera à l'étape suivante que si $i = n$, cette application est une injection sur un rétracte par déformation. Le composé de cette rétraction avec v_{i*}

$$S.s/* \xrightarrow{v_{i*}} S.s/A' \longrightarrow Im(v_{n*})$$

est encore une équivalence d'homotopie. Il est donc ainsi de v_{i*}.

Fin de la démonstration. Pour montrer que $v_n : [0] \to [n]$, $0 \mapsto n$ induit une injection sur un rétracte par déformation, on va exhiber explicitement une homotopie $(S.s/A') \times \Delta^1 \longrightarrow S.s/A'$ dont la restriction en $\{0\} \subset \Delta^1$ est l'identité de $S.s/A'$ et dont la restriction en $\{1\} \subset \Delta^1$ se factorise à travers $S.s/*$ par v_{n*}.

Soient X et Y deux ensembles simpliciaux. Une manière agréable de décrire une homotopie $X \times \Delta^1 \to Y$ est la suivante. Soit $\Delta/[1]$ la fibre à gauche de id_Δ au-dessus de l'objet $[1]$. Les objets de cette catégorie sont les applications $[n] \to [1]$ de Δ. Notons X' (resp. Y') le composé de X (resp. Y) : $\Delta \to$ Ens avec le foncteur oubli : $\Delta/[1] \to \Delta$. Une transformation de foncteurs entre X' et Y' fournit une homotopie $X \times \Delta^1 \to Y$.

Le cas que nous examinons est $X = Y = S.s/A'$. Soit $z : [n] \to [1]$ un objet de $\Delta/[1]$. On va lui associer une application $z_* : S_n s/A' \to S_n s/A'$. Un élément de $S_n s/A'$ est la donnée de $\alpha = (u : [m] \to [n], A \rightarrowtail B \twoheadrightarrow C)$ avec $u^*(A') = A$. Définissons $t : [n] \times [1] \longrightarrow [n]$ par $t(j,0) = j$ et $t(j,1) = n$. L'élément $z_*(\alpha) = (\bar{u} : [m] \to [n], \bar{A} \rightarrowtail \bar{B} \twoheadrightarrow \bar{C})$ de $S_n s/A'$ est défini de la façon suivante. Tout d'abord $\bar{u} = t \circ (u \times z)$ et $\bar{A} = \bar{u}^*(A')$. Cette dernière égalité est nécessaire pour obtenir un élément de $S_n s/A'$. Le diagramme ci-dessous est une somme amalgamée dans la catégorie $\underline{\underline{S_m E}}(\underline{\underline{C}}\,;\underline{\underline{A}}\,,\underline{\underline{B}})$ et définit la suite exacte $\bar{A} \rightarrowtail \bar{B} \twoheadrightarrow \bar{C}$:

$$\begin{array}{ccc} (A \overset{id}{\rightarrowtail} A \twoheadrightarrow 0) & \rightarrowtail & (A \rightarrowtail B \twoheadrightarrow C) \\ \downarrow & & \downarrow \\ (\bar{A} \overset{id}{\rightarrowtail} \bar{A} \twoheadrightarrow 0) & \longrightarrow & (\bar{A} \rightarrowtail \bar{B} \twoheadrightarrow \bar{C}). \end{array}$$

On laisse au lecteur le soin de vérifier que l'on a bien défini une transformation naturelle. L'homotopie qui s'en déduit joint l'identité (car $t(j,0) = j$) à une application se factorisant par v_{n*} (car $t(j,1) = n$). Ce qui achève la démonstration du théorème d'additivité.

4.3. La fibration générique

Les équivalences d'homotopie faible $w\underline{\underline{C}}$ utilisées dans le lemme 1 satisfont à l'axiome du cylindre et l'axiome d'extension que nous allons décrire maintenant. On dit qu'une catégorie $\underline{\underline{C}}$ avec cofibrations possède un foncteur cylindre si on s'est donné un foncteur exact $T : \underline{\text{Mor}}\ \underline{\underline{C}} \longrightarrow \underline{\underline{C}}$, $(f : A \to B) \longmapsto T(f)$, ainsi que des transformations naturelles $j_1 : A \longrightarrow T(f)$, $j_2 : B \longrightarrow T(f)$, $p : T(f) \longrightarrow B$ telles que

(i) $p \circ j_1 = f$,

(ii) $p \circ j_2 = id_B$,

(iii) $p : T(0 \longrightarrow B) \xrightarrow{=} B$,

(iv) la transformation naturelle $(A \xrightarrow{f} B) \mapsto (j_1 \vee j_2 : A \vee B \longrightarrow T(f))$ est un foncteur exact $\underline{\underline{\mathrm{Mor}}}\ \underline{\underline{C}} \longrightarrow \underline{\underline{F}}_1\underline{\underline{C}}$.

Supposons que $\underline{\underline{C}}$ soit muni de w-équivalences $w\underline{\underline{C}}$. On dit alors que $w\underline{\underline{C}}$ satisfait à l'axiome du cylindre si, d'une part j_2 et p sont des w-équivalences, et si d'autre part j_1 est une w-équivalence dès que f l'est. On suppose en outre que T respecte les w-équivalences.

La catégorie $w\underline{\underline{C}}$ satisfait à l'axiome d'extension si, pour tout diagramme commutatif

$$\begin{array}{ccccc} A & \rightarrowtail & B & \twoheadrightarrow & B/A \\ \alpha\downarrow & & \beta\downarrow & & \downarrow\gamma \\ A' & \rightarrowtail & B' & \twoheadrightarrow & B'/A' \end{array} ,$$

dont les lignes sont exactes, γ est une w-équivalence dès que α et β sont des w-équivalences.

On note $\underline{\underline{C}}^w$ la sous-catégorie pleine de $\underline{\underline{C}}$ dont les objets C vérifient : la flèche $0 \longrightarrow C$ est une w-équivalence. $\underline{\underline{C}}^w$ est une catégorie avec cofibrations et w-équivalences.

Lemme (la fibration générique).- Soit $\underline{\underline{C}}$ une catégorie avec cofibrations munie de deux sous-catégories d'équivalences d'homotopie faibles $v\underline{\underline{C}}$ et $w\underline{\underline{C}}$ telles que $v\underline{\underline{C}} \subset w\underline{\underline{C}}$. On suppose que $w\underline{\underline{C}}$ (mais pas forcément $v\underline{\underline{C}}$) satisfait aux axiomes du cylindre et d'extension. Alors le carré

$$\begin{array}{ccc} v\underline{\underline{S}}.\underline{\underline{C}}^w & \longrightarrow & w\underline{\underline{S}}.\underline{\underline{C}}^w \\ \downarrow & & \downarrow \\ v\underline{\underline{S}}.\underline{\underline{C}} & \longrightarrow & w\underline{\underline{S}}.\underline{\underline{C}} \end{array}$$

est cartésien à homotopie près.

Remarque.- On a bien à faire à une fibration car l'espace $|w\underline{\underline{S}}.\underline{\underline{C}}^w|$ est contractile.

Ce lemme est une conséquence du théorème d'additivité ; voici le principe de sa démonstration. Pour tout foncteur exact $\underline{\underline{A}} \longrightarrow \underline{\underline{B}}$ entre catégories avec cofibrations, on peut définir une construction $\underline{\underline{S}}.$ relative (analogue à la "one-sided bar construction"). On note $\underline{\underline{S}}.(\underline{\underline{B}}, \underline{\underline{A}})$ cette nouvelle catégorie simpliciale avec cofibrations. Si $\underline{\underline{A}}$ et $\underline{\underline{B}}$ sont munies de v-équivalences et que le foncteur $\underline{\underline{A}} \longrightarrow \underline{\underline{B}}$ est compatible avec ces v-équivalences, alors $\underline{\underline{S}}.(\underline{\underline{A}}, \underline{\underline{B}})$ est munie de v-équivalences. Le point important à remarquer est que le foncteur exact $\underline{\underline{E}}(\underline{\underline{S}}_m(\underline{\underline{B}}, \underline{\underline{A}}) ; \underline{\underline{B}}, \underline{\underline{S}}_m\underline{\underline{A}}) \longrightarrow \underline{\underline{S}}_m(\underline{\underline{B}}, \underline{\underline{A}})$, qui associe à une suite exacte son terme du milieu, est une équivalence de catégories. Par conséquent, la suite

$$v\underline{\underline{S}}.\underline{\underline{B}} \longrightarrow v\underline{\underline{S}}.\underline{\underline{S}}_m(\underline{\underline{B}}, \underline{\underline{A}}) \longrightarrow v\underline{\underline{S}}.\underline{\underline{S}}_m(\underline{\underline{A}})$$

est une fibration homotopique (scindée). On applique le lemme de réalisation fibrée pour montrer que la suite

$$v\underline{\underline{S}}.\underline{\underline{B}} \longrightarrow v\underline{\underline{S}}.\underline{\underline{S}}.(\underline{\underline{B}}, \underline{\underline{A}}) \longrightarrow v\underline{\underline{S}}.\underline{\underline{S}}.(\underline{\underline{A}})$$

est une fibration homotopique. La fibration générique en résulte en prenant pour $\underline{\underline{A}}$ et $\underline{\underline{B}}$ des catégories convenables, construites à l'aide des w-équivalences.

Le lemme 1 du § 3.2 est un cas particulier du lemme de la fibration générique. Il suffit de prendre pour $\underline{\underline{C}}$ la catégorie $\underline{\underline{R}}(X^{\Delta^n})$ munie des équivalences d'homotopie faible $v\underline{\underline{C}} = s\underline{\underline{R}}(X^{\Delta^n})$ et $w\underline{\underline{C}} = h\underline{\underline{R}}(X^{\Delta^n})$; puis, on applique le lemme de réalisation fibrée. Notons que $h\underline{\underline{R}}(X)$ satisfait bien à l'axiome du cylindre et pratiquement à l'axiome d'extension (il y a une petite pathologie à cause des groupes fondamentaux ; on s'en débarrasse par un argument de suspension).

§ 5. Homotopie des groupes de difféomorphismes

Le calcul de l'homotopie des espaces de concordances a d'importantes conséquences pour le calcul de l'homotopie des groupes de difféomorphismes. Les résultats ci-dessous ont été annoncés par Farrell et Hsiang [8] (voir aussi [3] et [13]).

Soient D^n la boule de dimension n et Σ^n une n-sphère d'homotopie différentiable. Pour $0 \leq i < \frac{n}{6} - 7$, on a :

$$\pi_i(\mathrm{Diff}(D^n,\partial)) \otimes \mathbb{Q} = \begin{cases} \mathbb{Q} & \text{si } n \text{ est impair et } i = 4k-1, \\ 0 & \text{sinon}. \end{cases}$$

$$\pi_i(\mathrm{Diff}(\Sigma^n)) \otimes \mathbb{Q} = \begin{cases} 0 & \text{si } i \neq 4k-1, \\ \mathbb{Q} & \text{si } n \text{ pair et } i = 4k-1, \\ \mathbb{Q} \oplus \mathbb{Q} & \text{si } n \text{ impair et } i = 4k-1. \end{cases}$$

On a aussi des résultats intéressants dans le cas d'une variété M^n asphérique (c'est-à-dire $\pi_i(M^n) = 0$ si $i \neq 1$).

Si la variété M^n fermée orientable et asphérique satisfait aux conjectures 1 et 2 ci-dessous, alors, pour $0 < i < \frac{n}{6} - 7$, on a :

$$\pi_i(\mathrm{Diff}(M^n)) \otimes \mathbb{Q} = \begin{cases} \text{centre}(\pi_1 M^n) \otimes \mathbb{Q} & \text{si } i = 1 \\ \bigoplus_{j=1}^{\infty} H_{i+1-4j}(M^n, \mathbb{Q}) & \text{si } i > 1 \text{ et } n \text{ impair}, \\ 0 & \text{si } i > 1 \text{ et } n \text{ pair}. \end{cases}$$

CONJECTURE 1.- L'application de chirurgie [27]

$$[M^n \times D^i, \partial ; G/\mathrm{Top}, *] \otimes \mathbb{Q} \longrightarrow L_{n+i}(\pi_1 M^n) \otimes \mathbb{Q}$$

est un isomorphisme.

Cette conjecture est une version forte de la conjecture de Novikov.

CONJECTURE 2.- L'homomorphisme de [16]

$$\lambda_* \otimes \mathrm{id}_{\mathbb{Q}} : h_*(M^n ; \underline{\underline{K}}_{\mathbb{Z}}) \otimes \mathbb{Q} \longrightarrow K_*(\mathbb{Z}[\pi_1 M^n]) \otimes \mathbb{Q}$$

est un isomorphisme.

Il a déjà été question de l'homomorphisme λ dans la remarque du § 3.3, il sera étudié en détail dans [17]. Cette conjecture est la version linéaire de la conjecture de Novikov. Elle a été démontrée par Waldhausen pour une large classe de groupes [24].

Les conjectures 1 et 2 ont été démontrées en particulier pour les variétés résolubles et les variétés riemanniennes plates [8].

BIBLIOGRAPHIE

[1] D. W. ANDERSON - Chain functors and homology theories, Symp. Algebraic Topology, Lecture Notes in Math., 249 (1971), Springer-Verlag.

[2] A. BOREL - Stable real cohomology of arithmetic groups, Ann. Sc. Ec. Norm. Sup. t. 7 (1974), 235-272.

[3] D. BURGHELEA and R. LASHOF - The homotopy structure of the group of automorphisms of manifolds in stability ranges and some new functors, polycopié.

[4] D. BURGHELEA and R. LASHOF - Stability of concordances and the suspension homomorphism, Ann. of Math., 105(1977), 449-472.

[5] D. BURGHELEA, R. LASHOF and M. ROTHENBERG - Groups of automorphisms of manifolds, Lecture Notes in Math., 473 (1975), Springer-Verlag.

[6] J. CERF - La stratification naturelle des espaces de fonctions différentiables réelles et le théorème de la pseudo-isotopie, Pub. Math. I.H.E.S., 39 (1970), 5-173.

[7] M. M. COHEN - Simplicial structures and transverse cellularity, Ann. of Math., 85 (1967), 218-245.

[8] T. FARRELL and W. C. HSIANG - On the rational homotopy groups of the diffeomorphism groups of discs, spheres and aspherical manifolds, Proc. Symp. Pure Math., vol. 32 (1978) [Amer. Math. Soc. Summer Institute Stanford, 1976].

[9] D. GRAYSON (after D. QUILLEN) - Higher algebraic K-theory II, Lecture Notes in Math., 551 (1976), 217-240, Springer-Verlag.

[10] A. HATCHER - Higher simple homotopy theory, Ann. of Math., 102 (1975), 101-137.

[11] A. HATCHER - Concordance spaces, higher simple homotopy theory and applications, Proc. Symp. Pure Math., vol. 82 (1978) [Amer. Math. Soc. Summer Institute Stanford, 1976].

[12] A. HATCHER and J. WAGONER - Pseudo-isotopies of compact manifolds, Astérisque n° 6, (1973), Soc. Math. de France.

[13] W. C. HSIANG - On $\pi_i(\mathrm{Diff}(M^n))$, polycopié.

[14] K. IGUSA - Postnikov invariants and pseudo-isotopy, polycopié.

[15] R. KIRBY and L. SIEBENMANN - Foundational essays on topological manifolds, smoothing and triangulations, Ann. of Math. Studies, Princeton, 88.

[16] J.-L. LODAY - K-théorie algébrique et représentations de groupes, Ann. Sc. Ec. Norm. Sup., t. 9 (1976), 309-377.

[17] J.-L. LODAY - K-théorie algébrique des anneaux de groupes, en préparation.

[18] C. MORLET - Plongements et automorphismes de variétés, Cours Peccot 1969 (épuisé)

[19] P. MAY - A_∞ -ring spaces and algebraic K-theory, polycopié.

[20] D. QUILLEN - Cohomology of groups, Actes Congrès Intern. Math., t.2 (1970), 47-51.

[21] D. QUILLEN - Higher algebraic K-theory I, Lecture Notes in Math., 341 (1973), 85-147, Springer-Verlag.

[22] G. SEGAL - Categories and cohomology theories, Topology, 13 (1974), 293-312.

[23] I. A. VOLODINE - Groupes de Whitehead et pseudo-isotopie généralisés, Uspekhi Mat. Nauk, 27:5 (1972), 229-230 [en russe].

[24] F. WALDHAUSEN - Algebraic K-theory of generalized free products, Ann. of Math. à paraître.

[25] F. WALDHAUSEN - Algebraic K-theory of topological spaces I, Proc. Symp. Pure Math., vol. 32 (1978) [Amer. Math. Soc. Summer Institute, Stanford, 1976]

[26] F. WALDHAUSEN - Algebraic K-theory of topological spaces, en préparation.

[27] C. T. C. WALL - Surgery on compact manifolds, Academic Press, 1970.

[28] J. H. C. WHITEHEAD - Simple homotopy types, Amer. J. Math., 72 (1950), 1-57.

[29] M. ZISMAN - Suite spectrale d'homotopie et ensembles simpliciaux, Publ. de l'Université de Grenoble (1975).

[30] D. BURGHELEA and R. LASHOF - Automorphisms of manifolds a survey, Proc. Symp. Pure Math., vol. 32.

Séminaire BOURBAKI 517-01
30e année, 1977/78, n° 517 Février 1978

FIBRÉS HOLOMORPHES DONT LA BASE ET LA FIBRE SONT DES ESPACES DE STEIN

par Geneviève POURCIN

1. Introduction

En 1953, J.-P. Serre pose le problème suivant ([27]) : l'espace total d'un fibré holomorphe dont la base et la fibre sont des espaces de Stein est-il de Stein ? Une réponse affirmative a été donnée dans de nombreux cas particuliers, notamment lorsque la fibre est un ouvert de $\mathbb{C}$ ou un domaine borné convenable de $\mathbb{C}^n$; mais c'est seulement en 1977 que H. Skoda ([33]) construit un fibré holomorphe admettant pour base un ouvert de $\mathbb{C}$, pour fibre $\mathbb{C}^2$ et sur lequel toute fonction pluri-sous-harmonique est constante sur les fibres, donnant ainsi un cas où la réponse à la question de J.-P. Serre est négative. Nous nous proposons de donner un aperçu de ces résultats.

Tous les espaces analytiques que l'on considère sont dénombrables à l'infini.

Soient X un espace analytique et A un ensemble de fonctions analytiques sur X. Pour tout compact K de X on appelle A-enveloppe convexe de K dans X, notée $\hat{K}^A$, l'ensemble des points x de X vérifiant pour tout élément f de A

$$|f(x)| \leq \sup_{y \in K} |f(y)| .$$

On dit que X est A-convexe si pour tout compact K la A-enveloppe convexe $\hat{K}^A$ est compacte. On dit que X est A-séparable si les éléments de A séparent les points de X. Enfin, on note $O(X)$ l'espace des fonctions analytiques sur X. L'espace X est de Stein si et seulement si, il est $O(X)$-séparable et $O(X)$-convexe.

Toute surface de Riemann non compacte est de Stein ([4]) ; les sous-espaces analytiques de $\mathbb{C}^n$ sont de Stein et on obtient ainsi tous les espaces de Stein pour lesquels la dimension de l'espace tangent de Zariski en chaque point est bornée par un nombre fixe ([22]). Enfin, un espace X est de Stein si et seulement si pour tout faisceau analytique cohérent $\mathcal{F}$ sur X et tout $q > 0$, on a $H^q(X, \mathcal{F}) = 0$ (cf. [8], [28]).

Soit F un espace analytique ; un fibré holomorphe de fibre F est la donnée d'un morphisme d'espaces analytiques $p : Y \longrightarrow B$ vérifiant la condition suivante : pour tout point b de B, il existe un voisinage ouvert U de b et un isomorphisme $\gamma : p^{-1}(U) \longrightarrow U \times F$ satisfaisant à $q \circ \gamma = p$ où $q : U \times F \longrightarrow U$ désigne la première projection.

Le problème posé est donc le suivant : soit $Y \longrightarrow B$ un fibré holomorphe de fibre F ; on suppose que B et F sont de Stein ; est-ce que Y est de Stein ?

2. Le contre-exemple de H. Skoda

On utilise de façon essentielle le théorème suivant dû à P. Lelong et dont la démonstration est une extension aux polydisques de $\mathbb{C}^n$ du théorème des trois cercles de Hadamard. Pour tout $z = (z_1, \ldots, z_n) \in \mathbb{C}^n$, on note $\|z\| = \max_i |z_i|$.

THÉORÈME 2.1 ([20] Théorème 6.5.4 et [33]).- Soient Ω un ouvert connexe de $\mathbb{C}^p$ et $V : \Omega \times \mathbb{C}^n \longrightarrow \mathbb{R}$ une fonction pluri-sous-harmonique (p.s.h.) non constante sur au moins une fibre de la projection $\Omega \times \mathbb{C}^n \longrightarrow \Omega$. Pour tout ouvert ω relativement compact dans Ω et tout nombre positif r soit

$$M(V,\omega,r) = \sup_{\substack{x \in \bar{\omega} \\ \|z\| \leq r}} V(x,z) .$$

(i) $M(V,\omega,r)$ est une fonction convexe strictement croissante de $\operatorname{Log} r$.

(ii) Pour tout couple (ω_1, ω_2) d'ouverts relativement compacts de Ω, il existe des constantes positives σ et τ ne dépendant que de Ω, ω_1, ω_2 et une constante r_o dépendant de V telle que, pour tout $r \geq r_o$, on ait

$$M(V,\omega_1,r) \leq M(V,\omega_2,r^{\sigma})$$

$$M(V,\omega_2,r) \leq M(V,\omega_1,r^{\tau}) .$$

Supposons que Ω contienne l'origine de $\mathbb{C}^p$ et pour tout R positif, notons ω_R le polydisque de $\mathbb{C}^p$ de centre 0 et de rayon R.

a) Pour R assez petit, $M(V,\omega_R, r)$ est une fonction convexe de $(\operatorname{Log} R, \operatorname{Log} r)$; en effet si, pour tout (z,z') dans $\mathbb{C}^2$ vérifiant $\|z\| \leq R$ et $\|z'\| \leq r$, on pose

$$h(z,z') = \sup_{\substack{(\xi,\eta) \in \mathbb{C}^p \times \mathbb{C}^n \\ \|(\xi,\eta)\| \leq 1}} V(z\xi, z'\eta) = M(V,\omega_R, r) ,$$

la fonction h est p.s.h. et ne dépend que de $(|z|,|z'|)$; alors la fonction p.s.h. $(u,v) \longmapsto h(e^u, e^v)$ ne dépend que de $(\operatorname{Re} u, \operatorname{Re} v)$ et sa restriction à $\mathbb{R}^2$ est donc convexe ([20], 2.3.3). On en déduit aisément (i).

b) Démontrons (ii) : on se ramène facilement au cas où ω_1 et ω_2 sont deux polydisques concentriques de rayons respectifs R_1 et R_2 vérifiant $R_1 < R_2$; soient ρ et λ deux réels positifs vérifiant $\rho > R_2$ et

$$\lambda \operatorname{Log} R_1 + (1 - \lambda) \operatorname{Log} \rho = \operatorname{Log} R_2 .$$

On déduit alors de a) l'inégalité :

$$M(V,\omega_{R_2},r^\lambda) \le \lambda M(V,\omega_{R_1},r) + (1-\lambda)\, M(V,\omega_\rho,1)$$
$$\le M(V,\omega_{R_1},r) + (1-\lambda)\,(M(V,\omega_\rho,1) - M(V,\omega_{R_1},r)) .$$

Si V est non constante sur une fibre au-dessus de ω_{R_1}, $M(V,\omega_{R_1},r)$ tend vers l'infini avec r et pour r assez grand on obtient après avoir posé $\sigma = 1/\lambda$

$$M(V,\omega_{R_2},r) \le M(V,\omega_{R_1},r^\sigma) \qquad \text{q.e.d.}$$

2.2. Soient $N \ge 1$ et B un ouvert connexe de $\mathbb{C}$ dont le groupe fondamental Π est un groupe libre à n générateurs $\alpha_1,\ldots,\alpha_N$; on note $\widetilde{B}$ le revêtement universel de B. Soient G un groupe d'automorphismes de $\mathbb{C}^n$, $\varphi : \Pi \longrightarrow G$ un homomorphisme et $Y \xrightarrow{p} B$ le fibré holomorphe de groupe G naturellement associé à φ (tout élément α de Π opère sur $\widetilde{B} \times \mathbb{C}^n$ par $\alpha.(b,z) = (\alpha.b\,,\varphi(\alpha).z)$; Y est le quotient de $\widetilde{B} \times \mathbb{C}^n$ par l'action de Π et p l'application déduite de la projection $\widetilde{B} \times \mathbb{C}^n \longrightarrow \widetilde{B}$).

Il y a correspondance biunivoque entre les fonctions p.s.h. sur Y et les fonctions p.s.h. sur $\widetilde{B} \times \mathbb{C}^n$ invariantes sous l'action de Π.

Si h est un élément de Π et $V : \widetilde{B} \times \mathbb{C}^n \longrightarrow \mathbb{R}$ une fonction p.s.h. invariante sous l'action de Π, on note V_h la fonction p.s.h. définie sur $\widetilde{B} \times \mathbb{C}^n$ par $V_h(b,z) = V(b\,,\varphi(h).z)$.

PROPOSITION 2.2.1.- _Soit_ $V : \widetilde{B} \times \mathbb{C}^n \longrightarrow \mathbb{R}$ _une fonction_ p.s.h. _invariante sous l'action de_ Π _et non constante sur au moins une fibre_. _Soit_ ω _un ouvert relativement compact dans_ $\widetilde{B}$ _et_ $h_1,\ldots,h_q$ _des éléments de_ Π .

Alors, il existe une constante strictement positive σ _indépendante de_ V _et_ $r_o \ge 0$ _tels que, pour tout_ $r \ge r_o$, _on ait_

$$\sup_{1\le j\le q} M(V_{h_j},\omega,r) \le M(V,\omega,r^\sigma) .$$

Démonstration

Si f et g sont deux fonctions positives définies sur R^+, nous dirons que f et g sont équivalentes s'il existe $\sigma > 0$, $\tau > 0$ et $r_o \ge 0$ tels que, pour tout r supérieur à r_o , on ait :

$$f(r) \le g(r^\sigma)$$
$$g(r) \le f(r^\tau)$$

et on note alors $f \sim g$. Pour tout j dans $\{1,\ldots,q\}$, on déduit de (2.1 (ii))

$$M(V,\omega,r) \sim M(V\,,h_j^{-1}(\omega)\,,r)$$

et

$$M(V,\omega,r) \sim M(V_{h_j},\omega\,,r) ,$$

d'où la proposition.

Soient V , ω , $H = \varphi\{h_1,\ldots,h_q\}$ comme dans (2.2) ; pour tout r désignons

D_r le polydisque fermé de $\mathbb{C}^n$ de centre 0 et de rayon r et par r_H le rayon du plus grand polydisque contenu dans la $\mathcal{O}(\mathbb{C}^n)$-enveloppe convexe de $\bigcup_{j\in\{1,\dots,q\}} \varphi(h_j)(D_r)$. On a alors ([16] Théorème 4.3.4) :

$$\sup_{\substack{b\in\overline{\omega} \\ z\in D_{r_H}}} V(b,z) \leq \sup_{\substack{b\in\overline{\omega} \\ z\in \bigcup_j \varphi(h_j)(D_r)}} V(b,z) .$$

Il résulte alors de la proposition 2.2.1 l'existence d'une constante strictement positive σ indépendante de V et d'une constante positive r_o telles que, pour tout $r \geq r_o$, on ait :

$$M(V,\omega,r_H) \leq M(V,\omega,r^\sigma) .$$

Alors, pour tout $r \geq r_o$, on déduit de (2.1 (i)) l'inégalité $r_H \leq r^\sigma$. On a donc la

PROPOSITION 2.2.2.- Les notations sont celles de (2.2). S'il existe sur Y une fonction p.s.h. non constante sur au moins une fibre, alors pour tout sous-ensemble fini H de Π il existe des constantes $\sigma > 0$ et $r_o \geq 0$ telles que l'on ait pour tout $r \geq r_o$

$$r_H \leq r^\sigma .$$

r_H est donc une fonction de r à croissance au plus polynomiale.

2.3. Le contre-exemple

On prend $n = 2$; soient h_1 , h_2 , h_3 , h_4 les automorphismes de $\mathbb{C}^2$ définis par

$$h_j(z_1,z_2) = (z_1,z_2 e^{a_j z_1}) \qquad j = 1 ,\dots, 4$$

avec $a_1 = 1$, $a_2 = -1$, $a_3 = i$, $a_4 = -i$.

On vérifie aisément que $\bigcup_{1\leq j\leq 4} h_j(D_r)$ contient la marmite :

$$\{(w_1,w_2) \in \mathbb{C}^2 \mid |w_1| = r , |w_2| \leq re^{r\sqrt{2}/2}\} \cup \{(w_1,w_2) \in \mathbb{C}^2 \mid |w_1|\leq r , |w_2| \leq re^{-r}\} .$$

L'enveloppe d'holomorphie de $\bigcup_{1\leq j\leq 4} h_j(D_r)$ contient donc le polydisque

$$\{(w_1,w_2)\in\mathbb{C}^2 \mid |w_1| \leq r , |w_2| \leq re^{r\sqrt{2}/2}\} .$$

Soient alors les quatre automorphismes h_5 , h_6 , h_7 , h_8 de $\mathbb{C}^2$ définis par

$$h_j(z_1,z_2) = h_{j-4}(z_2,z_1) \qquad 5 \leq j \leq 8 .$$

L'enveloppe d'holomorphie de $\bigcup_{1\leq j\leq 8} h_j(D_r)$ contient le polydisque de rayon moyenne géométrique $re^{r\sqrt{2}/4}$ ([16] théorème 2.4.3) ; donc si on pose $H = \{h_j \mid 1 \leq j \leq 8\}$, on obtient

$$r_H \geq re^{r\sqrt{2}/4} .$$

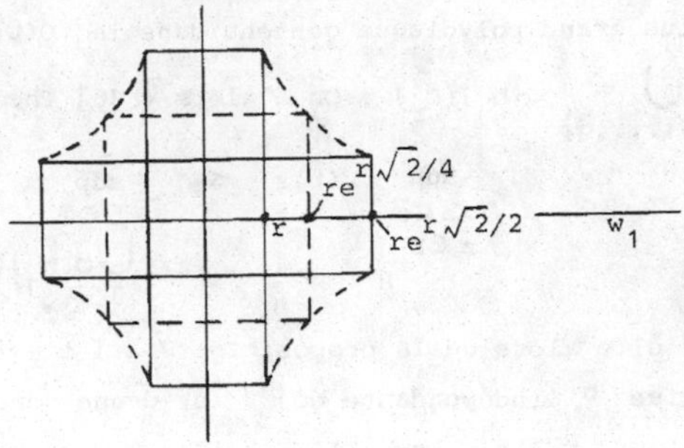

Il résulte alors de (2.3) que tout fibré holomorphe sur B dont le groupe structural contient H ne possède pas de fonctions p.s.h. non constante sur les fibres. On remarque de plus que pour obtenir un tel fibré il suffit de prendre N = 2 , pour G le groupe engendré par les automorphismes g_1 et g_2 de $\mathbb{C}^2$ définis par

$$g_1(z_1,z_2) = (z_1,z_2e^{z_1})$$

$$g_2(z_1,z_2) = (iz_2,z_1)$$

et de définir φ par $\varphi(\alpha_i) = g_i$, i = 1 , 2 . En effet, le groupe G contient alors les automorphismes h_j définis ci-dessus.

Autres contre-exemples

J.-P. Demailly ([9]) a depuis montré que si B est la couronne $\{z\in \mathbb{C} \mid r_1 < |z| < r_2\}$ et G le groupe engendré par l'automorphisme algébrique g de $\mathbb{C}^2$ défini par $g(z_1,z_2) = (z_1 , z_1^k - z_2)$ alors l'espace total du fibré $Y \longrightarrow B$ associé est de Stein si et seulement si on a $k \leq \exp(2\pi^2 / \mathrm{Log}(r_2/r_1))$.

J.-P. Demailly a aussi construit un contre-exemple où la base B est simplement connexe.

3. Cas où la réponse au problème de Serre est positive

Nous allons maintenant exposer les principaux cas où l'on peut donner une réponse affirmative au problème posé.

C'est évidemment le cas des fibrés vectoriels : soit $Y \rightarrow B$ un fibré vectoriel ; pour tout b dans B , toute forme linéaire sur la fibre Y_b provient d'une section globale du fibré dual de $Y \rightarrow B$ ([8] théorème B) ; on en déduit aisément que si B est de Stein il en est de même de Y .

Y. Matsushima et A. Morimoto ([21]) donnent en 1960 une réponse affirmative dans le cas où le groupe structural du fibré est un groupe de Lie complexe connexe, puis K. Stein ([35]) en 1961 dans le cas où la fibre est de dimension zéro. Bien que le cas où la fibre est un domaine borné quelconque de $\mathbb{C}^n$, $n \geq 2$, ne soit pas encore résolu, de nombreux travaux ont été entrepris dans ce sens ; c'est ce problème que nous allons aborder maintenant en exposant tout d'abord les résultats de G. Fischer ([11] [12] [13]) qui introduisit en 1970 la notion d'espace de Banach-Stein.

3.1. Espaces de Banach-Stein

Soit F un espace analytique ; on munit O(F) de la topologie de la convergence uniforme sur les compacts ; c'est alors un espace de Fréchet. De plus, pour tout automorphisme φ de F , on note $\varphi^* : O(F) \longrightarrow O(F)$ l'application définie par $\varphi^*(u) = u \circ \varphi$.

DÉFINITION 3.1.1.- On dit que F est un espace de Banach-Stein, s'il existe un espace de Banach A et une injection linéaire continue $i : A \longrightarrow O(F)$ satisfaisant aux conditions suivantes : (i) F est i(A)-séparable et pour toute suite (y_n) de F sans point adhérent il existe $f \in i(A)$ vérifiant $\sup |f(y_n)| = +\infty$.
(ii) Pour tout automorphisme φ de F , i(A) est stable par φ^* et φ^* induit un endomorphisme de A (noté encore φ^*).
(iii) Pour tout espace analytique S et tout S-automorphisme Φ de $S \times F$, l'application $\tilde{\Phi} : S \longrightarrow L(A)$ définie par $\tilde{\Phi}(s) = (\Phi_s)^*$ est analytique (On note Φ_s l'automorphisme de F défini par restriction de Φ à $\{s\} \times F$).

On remarque que si F est un domaine borné de $\mathbb{C}^n$, la condition 3.1.1 (iii) est vérifiée, car il résulte de ([7]) que tout S-automorphisme de $S \times F$ est localement constant sur S .

THÉORÈME 3.1.2 (G. Fischer [13] et Ancona-Speder [1]).- Soit $Y \xrightarrow{p} B$ un fibré holomorphe dont la base B est un espace de Stein et dont la fibre F est un espace de Banach-Stein. Alors Y est un espace de Stein.

Démonstration

Soit A un espace de Banach vérifiant les conditions 3.1.1 ; on peut alors associer de façon naturelle au fibré $Y \longrightarrow B$ un fibré vectoriel banachique $V_A \longrightarrow B$ de fibre A (les ouverts trivialisants sont les mêmes pour les deux fibrés et si U et V sont deux tels ouverts et $\gamma : U \cap V \longrightarrow Aut(F)$ un changement de cartes du fibré Y alors l'application $\tilde{\gamma} : U \cap V \longrightarrow L(A)$ définie par $\tilde{\gamma}(s) = (\gamma(s))^*$ est un changement de cartes du fibré V_A).

La démonstration du théorème utilise alors de façon essentielle le résultat suivant dû à L. Bungart qui a généralisé au faisceau des germes de sections d'un fibré vectoriel banachique le théorème B de H. Cartan.

PROPOSITION 3.1.3 ([6]).- Soient E un fibré vectoriel banachique sur un espace de Stein B et $\mathcal{E}$ le faisceau des germes de sections de E . Soit T un sous-

<u>espace analytique fermé de</u> B . <u>Alors l'application de restriction</u> $H^o(B, \mathcal{E}) \longrightarrow H^o(T, \mathcal{E})$ <u>est surjective</u>.

On déduit aisément des hypothèses et de 3.1.3 que Y est O(Y)-séparable. Montrons que Y est O(Y)-convexe, et pour cela, que pour toute suite (y_n) de Y sans point adhérent il existe une fonction analytique sur Y satisfaisant à $\sup_n |f(y_n)| = +\infty$. Si la suite $(p(y_n))$ n'admet pas de point adhérent dans B, cela résulte du fait que B est de Stein. On se ramène donc au cas où tous les $p(y_n)$ sont dans un même ouvert trivialisant U et où on a $\lim_n p(y_n) = b_o$.

On munit l'espace vectoriel $\Gamma = H^o(B, V_A)$ des sections globales du fibré V_A d'une structure de Fréchet induisant la topologie de la convergence uniforme sur les compacts et pour tout G dans Γ, on note $\hat{G}$ l'image de G par l'application linéaire continue naturelle de Γ dans O(Y).

On considère alors la suite (B_r) de fermés de Γ définie par

$$B_r = \{G \in \Gamma \mid \sup_n |\hat{G}(y_n)| \leq r\}$$

et on montre que, pour tout r, le complémentaire de B_r est dense dans Γ ; le théorème résulte alors du théorème de Baire. On vérifie aisément qu'il suffit de montrer que, pour tout p, tout voisinage de O dans Γ rencontre $\complement B_r$.

<u>Lemme</u> 3.1.4.- <u>Soient</u> W <u>un voisinage de</u> O <u>dans</u> Γ <u>et</u> b_o <u>un point de</u> B . <u>Il existe un voisinage</u> U <u>de</u> b_o <u>et un voisinage</u> N <u>de la section nulle de la restriction</u> $V_{A|U}$ <u>du fibré</u> V_A <u>au-dessus de</u> U <u>vérifiant la condition suivante</u> :

<u>pour tout</u> b <u>dans</u> U <u>et tout</u> v <u>dans</u> $N \cap p^{-1}(b)$, <u>il existe un élément</u> $G_{b,v}$ <u>de</u> W <u>vérifiant</u> $G_{b,v}(b) = v$.

Soient $g : U \times A \longrightarrow V_{A|U}$ une carte au voisinage de b_o, $\pi : U \times B \longrightarrow B$ la projection et Δ la diagonale de $U \times B$. On note $\mathbf{L}(A, \pi^*V_A)$ le fibré vectoriel banachique sur $U \times B$ des applications linéaires continues de A dans π^*V_A ; g définit une section de ce fibré au-dessus de Δ qui se prolonge par (3.1.3) en une section globale G ; la section G vérifie pour tout b dans U et tout f dans A

$$G(b,b)(f) = g(b,f)$$

et l'élément $G_{b,g(b,f)}$ de Γ défini par $G_{b,g(b,f)}(b') = G(b,b')(f)$ dépend continuement de (b,f) et linéairement de f d'où le lemme.

<u>Fin de la démonstration du théorème</u>

Fixons r et un voisinage W de O dans Γ ; soient U et N vérifiant (3.1.4) et tels qu'il existe une carte $\gamma : Y_{|U} \longrightarrow U \times F$, une carte $g : U \times A \longrightarrow V_{A|U}$ et $\varepsilon > 0$ satisfaisant à $g(U \times \{f \in A \mid \|f\|_A < \varepsilon\}) \subset N$. Enfin, notons $q : U \times F \longrightarrow F$ la projection. On déduit de la A-convexité de F l'existence d'un élément f de A vérifiant

$$\sup_n |f(q \circ \gamma(y_n))| = +\infty$$

et

$$\|f\|_A < \varepsilon \ ,$$

soit alors n vérifiant $p(y_n) \in U$ et $|f(q \circ \gamma(y_n))| > r$; il suffit alors d'appliquer le lemme 3.1.4 à $b = p(y_n)$ et $v = g(p(y_n), f)$ pour obtenir l'existence d'un élément G de W satisfaisant à

$$|\hat{G}(y_n)| > r \ .$$

3.2. Exemples d'espaces de Banach-Stein

Soit D un domaine de $\mathbb{C}^n$ possédant une distance d invariante par les automorphismes de D ; soit z_o dans $\mathbb{C} - D$, on considère alors l'espace de Banach A défini par

$$(*) \qquad A = \{f \in \mathcal{O}(D) \mid \sup_{z \in D} |f(z)| e^{-d(z,z_o)} < +\infty\} \ ,$$

il vérifie 3.1.1 (ii).

Utilisant la pseudo-distance de Carathéodory ([17]), N. Sibony ([29], [30]) et A. Hirschowitz ([15]) ont montré que tout espace analytique c-fortement complet est de Banach-Stein (on dit qu'un espace Y est c-fortement complet si les fonctions holomorphes bornées séparent les points de Y et si tout ensemble borné pour la métrique de Carathéodory est relativement compact dans Y). C'est le cas notamment des domaines bornés homogènes de $\mathbb{C}^n$, des domaines strictement pseudo-convexes à frontière $\mathcal{C}^2$, des polyèdres généralisés, des produits, intersections et sous-variétés de tels domaines.

N. Sibony et A. Hirschowitz ont utilisé ce résultat pour donner une réponse affirmative au problème de Serre dans le cas où la fibre est un ouvert de $\mathbb{C}$; Y. T. Siu en a simultanément donné une très élégante démonstration ; c'est celle que nous allons exposer.

THÉORÈME 3.2.1 (Y. T. Siu [31]).- Tout ouvert connexe de $\mathbb{C}$ est un espace de Banach-Stein.

Démonstration

Dans le cas $D = \mathbb{C}$, il suffit de prendre pour espace A l'espace des fonctions polynômiales de degré inférieur ou égal à 1 . Supposons désormais D différent de $\mathbb{C}$. On va définir sur D un écart d invariante par les automorphismes et telle que l'espace A défini par (*) contienne pour tout a dans $\mathbb{C} - D$ les fonctions f et g définies par $f(z) = z - a$ et $g(z) = 1/(z - a)$; il en résulte immédiatement que D est A-séparable et A-convexe. Enfin, le revêtement universel de D étant soit $\mathbb{C}$ soit le disque unité, on vérifie aisément la condition 3.1.1 (iii).

Définition de d : on sait que si $f : D_o \longrightarrow \mathbb{C}$ est une fonction holomorphe injective sur le disque unité de $\mathbb{C}$, alors l'image de f contient le disque de centre $f(0)$ et de rayon $(1/4)\,|f'(0)|$ (Théorème de Koebe-Biberbach [3]). On pose alors pour tout z dans D

$$a(z) = \inf_{\substack{f : D_o \longrightarrow D \\ f(o)=z \\ f \text{ holomorphe injective}}} \frac{1}{|f'(o)|^2}$$

et on note $\delta_D(z)$ la distance de z au complémentaire de D ; on a alors

$$(**) \qquad a(z) \geq 1/(4\delta_D(z))^2 .$$

Soit alors h_D la métrique définie par $h_D(z) = 16\, a(z)\, dz \otimes d\bar{z}$ et d la distance associée à h_D ; cette métrique est invariante par les automorphismes de D et on déduit aisément de (**) que, pour tout couple (z_1,z_2) de points de D, on a

$$(***) \qquad d(z_1,z_2) \geq \operatorname{Log}(\delta_D(z_1)/\delta_D(z_2)) .$$

Soient a dans $\mathbb{C} - D$ et f la fonction définie par $f(z) = z - a$; on pose $D' = \mathbb{C} - \{a\}$ et on note d' la distance associée à $h_{D'}$; on a $d \geq d'$ et $\delta_{D'} \geq \delta_D$; on obtient alors pour tout z dans D

$$d'(z_o, z) \geq \operatorname{Log}(\delta_{D'}(z)/\delta_{D'}(z_o)) = \operatorname{Log} \frac{|z-a|}{|z_o - a|}$$

et

$$|f(z)|e^{-d'(z,z_o)} \leq |f(z)| \frac{|z_o - a|}{|z-a|} = |z_o - a| < +\infty ,$$

la fonction f est donc dans A. Enfin, il résulte immédiatement de (***) que la fonction g définie par $g(z) = 1/(z-a)$ est dans A.

COROLLAIRE 3.2.2 ([31]).- Soit $Y \xrightarrow{p} B$ un fibré holomorphe dont la base B est de Stein et dont la fibre est un ouvert U de $\mathbb{C}$. Alors Y est un espace de Stein.

Démonstration

On se ramène aisément au cas où la fibre a toutes ses composantes connexes isomorphes à un même ouvert V de $\mathbb{C}$; il existe alors un revêtement $B' \xrightarrow{f} B$ et un fibré holomorphe $Y \xrightarrow{p'} B'$ de fibre V vérifiant $f \circ p' = p$. Le corollaire résulte alors du fait que B' est de Stein ([35]) et du théorème 3.2.1.

Remarque.- J.-L. Stehlé ([34]) a remarqué que si F est un espace de Banach-Stein, il existe sur F une fonction φ continue strictement p.s.h. propre et peu perturbée par les automorphismes de F, i.e. telle que pour tout automorphisme g de F la fonction $\varphi \circ g - \varphi$ soit bornée : il suffit de poser :

$$\varphi(x) = \operatorname{Log}\left[\sup_{\substack{f \in A \\ \|f\|_A \leq 1}} |f(x)| \right] .$$

Généralisant un résultat de K. Konigsberger ([18]), J.-L. Stehlé a montré que si Y ⟶ B est un fibré holomorphe dont la base est de Stein et dont la fibre admet une fonction continue strictement p.s.h. propre et peu perturbée par les automorphismes, alors Y est de Stein.

3.3. Espaces hyperconvexes

On sait qu'un espace analytique est de Stein si et seulement s'il admet une fonction continue strictement p.s.h. et propre (R. Narasimhan [23]). On dit qu'un espace de Stein est hyperconvexe s'il admet une fonction p.s.h. propre et négative. Cette notion a été introduite par J.-L. Stehlé qui a donné une réponse affirmative à la question de Serre dans le cas où la fibre est hyperconvexe. ([34])

THÉORÈME (3.3) (K. Diederich et E. Fornaess [10]).- Soit X une variété de Stein ; soit D un domaine relativement compact pseudo-convexe à frontière C^2 dans X. Alors D est hyperconvexe.

Comme on vérifie aisément que le produit de deux espaces hyperconvexes est hyperconvexe, que l'intersection de deux sous-espaces ouverts hyperconvexes d'un espace analytique est hyperconvexe, on obtient ainsi une réponse affirmative au problème posé dans de nombreux cas.

3.4 Domaine de $\mathbb{C}^n$ dont le premier nombre de Betti est nul

Les domaines de $\mathbb{C}^n$ pour lesquels nous avons pu conclure vérifiaient certaines conditions analytiques ou des conditions de régularité de la frontière ([10], [25]). Dans le dernier résultat que nous allons mentionner la seule restriction imposée à la fibre est de nature topologique.

THÉORÈME 3.4.1 (Y. T. Siu [32]).- Soit Y ⟶ B un fibré holomorphe dont la base B est de Stein et dont la fibre F est un ouvert borné de Stein de $\mathbb{C}^n$ vérifiant $H^1(F, \mathbb{C}) = 0$. Alors Y est de Stein.

Donnons les idées essentielles de la démonstration. Les changements de cartes étant localement constants sur la base ([7]), on se ramène tout d'abord comme dans ([35]) au cas où B est un ouvert d'un espace $\mathbb{C}^k$: en effet les fibrés de base B et de fibre F sont classés par $\mathrm{Hom}(\Pi_1(B), \mathrm{Aut}\, F)/\mathrm{Aut}\, F$, le groupe Aut F opérant par automorphismes intérieurs, et si B est un sous-espace analytique de $\mathbb{C}^k$ c'est un rétracte par déformation d'un de ces voisinages et on peut prendre ce voisinage de Stein ([23]). On se ramène de plus comme dans (3.2.2) au cas où F est connexe.

Soient donc F un domaine borné de Stein $\mathbb{C}^n$, B un ouvert de Stein de $\mathbb{C}^k$ et $Y \xrightarrow{p} B$ un fibré holomorphe de fibre F . Soient enfin $(z_1,\dots,z_n)$ les coordonnées de $\mathbb{C}^n$ et $(w_1,\dots,w_k)$ les coordonnées de $\mathbb{C}^k$.

Condition (V)

On dit qu'un champ de vecteurs holomorphe sur Y est vertical s'il est tangent aux fibres de p.

On dit que le fibré $Y \xrightarrow{p} B$ vérifie la condition (V) si, pour tout b dans B et tout isomorphisme analytique $i : p^{-1}(b) \longrightarrow F$, il existe un n-champ de vecteurs vertical sur Y dont la restriction à $p^{-1}(b)$ est $i^*(\frac{\partial}{\partial z_1} \wedge \dots \wedge \frac{\partial}{\partial z_n})$

Les deux étapes essentielles de la démonstration du théorème 3.4.1 sont les deux lemmes suivants.

Lemme 1.- Supposons que le fibré $Y \xrightarrow{p} B$ vérifie la condition (V). Soient b_o un point de B et (a_q) une suite de $p^{-1}(b_o)$ sans points adhérents. Alors il existe une fonction p.s.h. continue ℓ sur Y vérifiant $\sup_q \ell(a_q) = +\infty$.

Lemme 2.- Si F est un domaine borné de $\mathbb{C}^n$ vérifiant $H_1(F, \mathbb{C}) = 0$, alors le fibré $Y \longrightarrow B$ vérifie la condition (V).

Démonstration du lemme 1

Soit $\gamma : U \times F \longrightarrow p^{-1}(U)$ une carte du fibré sur un voisinage U de b_o. Il existe n éléments $f_1,\dots,f_n$ de $\mathcal{O}(Y)$ vérifiant, pour tout i,

$f_i \circ \gamma(b_o, (z_1,\dots,z_n)) = z_i$ et tels que le morphisme

$\theta = (w_1,\dots,w_k, f_1,\dots,f_n) : Y \longrightarrow \mathbb{C}^{k+n}$ soit fini ([32] § 2.4). On note Z l'hypersurface de ramification de θ. Soit alors $\widetilde{B} \xrightarrow{\chi} B$ le revêtement universel de B ; le pull-back $\widetilde{Y} = \widetilde{B} \times F$ de Y par χ est de Stein et si $\rho : \widetilde{Y} \longrightarrow Y$ désigne la projection naturelle, $\widetilde{Y} - \rho^{-1}(Z)$ est de Stein. Soit d la fonction distance du domaine de Riemann $Y - Z \longrightarrow \mathbb{C}^{k+n}$; l'espace $\widetilde{Y} - \rho^{-1}(Z)$ étant de Stein, la fonction $-\mathrm{Log}\, d$ est p.s.h. sur $Y - Z$ (Théorème d'Oka [14]-IX-D).

D'autre part, soit v un n-champ de vecteurs vertical sur Y dont la restriction à $p^{-1}(b_o)$ coïncide avec $\gamma_*(\frac{\partial}{\partial z_1} \wedge \dots \wedge \frac{\partial}{\partial z_n})$ et soit g l'élément de $\mathcal{O}(Y)$ défini par

$$g = \langle df_1 \wedge \dots \wedge df_n , v \rangle .$$

On pose alors, pour tout y dans $Y - Z$

$$h(y) = -\mathrm{Log}\, d(y) + 3\,\mathrm{Log}|g(y)| .$$

On a $\sup_q h(a_q) = +\infty$, car par construction $\mathrm{Log}|g|$ reste borné sur la suite (a_q) et d vérifie $\lim_q d(a_q) = 0$. On va maintenant vérifier que, pour tout z_o dans Z, on a

$$(*) \qquad \lim_{y \to z_o} h(y) = -\infty ,$$

ce qui permet de prolonger h en une fonction p.s.h. sur Y et alors la fonction $\ell = e^h$ est la fonction continue p.s.h. cherchée.

On peut se borner au cas où z_o est un point régulier de Z ; alors au voisinage de z_o et dans un système convenable de coordonnées locales le morphisme θ s'exprime par

$$\theta(y) = \theta(y_1,\ldots,y_{k+n}) = (y_1^s , y_2 ,\ldots, y_{k+n}) ,$$

avec $s \geq 2$, le point z_o étant l'origine des coordonnées. Alors la fonction g s'écrit

$$g(y) = s\, y_1^{s-1}\, k(y)$$

où k est une fonction holomorphe au voisinage de z_o . On en déduit l'existence de deux constantes positives M et C vérifiant pour tout y dans $Y - Z$ assez voisin de z_o

$$|g(y)|^2 \leq M s^2 \cdot |y_1|^{2s-2} \leq M s^2 \, |y_1|^s$$

$$|y_1|^s \leq C\, d(y) ,$$

d'où (*).

<u>Démonstration du lemme 2</u>

Pour tout automorphisme g de F , on note D_g le jacobien de g ; c'est un élément de $\mathcal{O}(F)^*$ et il résulte de l'hypothèse faite sur F que l'on peut choisir une détermination de $\operatorname{Log} D_g$ sur F ; soit y_o un point de F fixé dans tout ce qui suit, on note f_g la détermination de $\operatorname{Log} D_g$ qui vérifie $f_g(y_o) = \operatorname{Log} | D_g(y_o) |$.

On va définir sur F un écart d telle que si A désigne l'espace de Banach des fonctions analytiques f sur F vérifiant

$$\sup_{y \in F} \frac{|f(y)|}{1 + d(y,y_o)} < +\infty ,$$

alors A est stable par les automorphismes de F et contient pour tout automorphisme g la fonction f_g .

Il suffit de considérer la pseudo métrique qui, pour tout y dans F , induit sur l'espace tangent $T_y F$ la longueur

$$\| u \| = \sup_{g \in \operatorname{Aut} F} \frac{1}{1 + |f_g(y_o)|} \left| \left\langle \frac{dD_g(y)}{g} , u \right\rangle \right|$$

([32] § 3.3 - 3.7). Enfin, on note $E \longrightarrow B$ le fibré vectoriel banachique de fibre A associé au fibré $Y \rightarrow B$ (3.1) et $\mathcal{E}$ le faisceau des germes de sections de E .

Vérifions la condition (V) : soient b_o un point de B et $\mathcal{U} = \{U_i\}_{i \in I}$ un recouvrement de B par des ouverts convexes tel que b_o soit dans un seul ouvert U_i noté U_o . Pour tout i , soit $\gamma_i : p^{-1}(U_i) \longrightarrow U_i \times F$ une carte du fibré $Y \rightarrow B$ au-dessus de U_i ; soient (g_{ij}) les changements de cartes et

$p_{ij} : U_i \cap U_j \times F \longrightarrow F$ la projection. Pour tout couple (i,j), on considère l'application

$$s_{ij} = f_{g_{ij}} \circ p_{ij} \circ \gamma_i : p^{-1}(U_i \cap U_j) \longrightarrow \mathbb{C} \ ,$$

et au-dessus de $U_i \cap U_j \cap U_k$, on pose $c_{ijk} = 1/2i\pi \ (s_{ij} + s_{jk} + s_{ki})$. Il résulte de la définition des s_{ij} que (c_{ijk}) définit un 2-cocycle à valeurs entières sur B ; on note c sa classe dans $H^2(B,\mathbb{Z})$. L'espace B étant de Stein, c est la classe de Chern d'un fibré en droites L sur B que l'on peut représenter par un élément de $Z^1(\mathcal{U}, \mathcal{O}_B^*)$ de la forme $(e^{t_{ij}})$ vérifiant pour tout triplet (i,j,k)

$$s_{ij} + s_{jk} + s_{ki} = 2i\pi \ (t_{ij} \circ p + t_{jk} \circ p + t_{k\ell} \circ p) \ .$$

Pour tout i et tout j, on pose alors $s'_{ij} = s_{ij} - 2i\pi \ (t_{ij} \circ p)$ et on obtient ainsi un 1-cocycle (s'_{ij}) du faisceau $\mathcal{E}$. Il résulte alors de $H^1(\mathcal{U}, \mathcal{E}) = 0$ ([6]) l'existence d'une cochaîne $(s_i) \in \prod_i H^0(U_i, \mathcal{E})$ vérifiant $s'_{ij} = s_i - s_j$ et on vérifie aisément que l'on peut imposer de plus

$$(*) \qquad s_o(b_o) = 0 \ .$$

On note $\widetilde{s}_i$ l'élément de $\mathcal{O}(p^{-1}(U_i))$ défini par s_i. Soit alors $\omega = dz_1 \wedge \ldots \wedge dz_n$ et pour tout i

$$\omega_i = e^{\widetilde{s}_i} \gamma_i^* \omega \ ,$$

on vérifie alors que l'on a sur $p^{-1}(U_i \cap U_j)$

$$(**) \qquad \omega_i = e^{2i\pi(t_{ij} \circ p)} \omega_j \ .$$

L'espace B étant de Stein, le fibré L admet une section globale non nulle en b_o ; il résulte alors de (*) et (**) l'existence d'un champ de vecteurs vertical sur Y induisant sur $p^{-1}(b_o)$ le champ $\gamma_o^*(\frac{\partial}{\partial z_1} \wedge \ldots \wedge \frac{\partial}{\partial z_n})$.

BIBLIOGRAPHIE

[1] A. ANCONA, J. P. SPEDER - Espaces de Banach-Stein, Ann. Sc. Norm. Sup. Pisa, 25 (1971), 683-690.

[2] A. ANDREOTTI, R. NARASIMHAN - Oka's Heftunglemma and the Levi problem for complex spaces, Trans. Amer. Math. Soc., 111 (1964), 345-366.

[3] H. BEHNKE, F. SOMMER - Theorie der funktionen einer complexen veränderlichen 3, Auflage, Springer-Verlag, 1965.

[4] H. BEHNKE, K. STEIN - Entwicklung analitischer funktionen auf Riemanschen flächen, Math. Ann., 120 (1948), 430-461.

[5] L. BUNGART - Holomorphic functions with values in locally convex spaces and applications to integral formulas, Trans. Amer. Math. Soc., 111 (1964), 317-344.

[6] L. BUNGART - On analytic fiber bundles I, Topology, 7 (1968), 55-68.

[7] H. CARTAN - Les transformations du produit topologique de deux domaines bornés, Bull. Soc. Math. de France, 64 (1936), 37-48.

[8] H. CARTAN - Funzioni e varietà complesse, Faisceaux analytiques cohérents, C.I.M.E., 1964.

[9] J.-P. DEMAILLY - Différents exemples de fibrés holomorphes non de Stein, Sém. P. Lelong, 1976/77.

[10] K. DIEDERICH, J. FORNAESS - Pseudoconvex domains, bounded strictly p.s.h. exhaustion functions, Inventionnes Math., 39 (1977), 129-141.

[11] G. FISCHER - Holomorph-vollständige Faserbundel, Math. Ann., 180 (1969), 341-348.

[12] G. FISCHER - Hilbert spaces of holomorphic functions on bounded domains, Manuscripta Math., 3 (1970), 305-314.

[13] G. FISCHER - Fibrés holomorphes au-dessus d'un espace de Stein, Espaces analytiques, Bucarest, Acad. Rep. Soc. Roumanie, 1971.

[14] R. C. GUNNING, H. ROSSI - Analytic functions of several complex variables, Prentice-Hall, 1965.

[15] A. HIRSCHOWITZ - Domaines de Stein et fonctions holomorphes bornées, Math. Ann., 213 (1975), 185-193.

[16] L. HÖRMANDER - An introduction to complex analysis in several variables, Van Nostrand, 1966.

[17] S. KOBAYASHI - Hyperbolic manifolds and holomorphic mapping, N.Y. Dekker, 1970.

[18] K. KONIGSBERGER - Uber die Holomorphie-vollständigkeit lokal-trivialer Faserräume, Math. Ann., 189 (1970), 178-184.

[19] P. LE BARZ - A propos des revêtements ramifiés d'espaces de Stein, Math. Ann., 222 (1976), 63-69.

[20] P. LELONG - Fonctionnelles analytiques et fonctions entières, Presses de l'Université de Montréal, n° 28, 1968.

[21] Y. MATSUSHIMA, A. MORIMOTO - Sur certains espaces fibrés holomorphes sur une variété de Stein, Bull. Soc. Math. de France, 88 (1960), 137-155.

[22] R. NARASIMHAN - Imbedding of holomorphically complete complex spaces, Amer. J. Math., 82 (1960), 917-934.

[23] R. NARASIMHAN - The Levi problem for complex spaces II, Math. Ann., 146 (1962), 195-216.

[24] R. NARASIMHAN - A note on Stein spaces and their normalisations, Ann. Sc. Norm. Sup. Pisa, 3, 16 (1962), 327-333.

[25] P. PFLUG - Quadratintegrable holomorphe Funktionen und die Serre-Vermutung, Math. Ann., 216 (1975), 285-288.

[26] H. ROYDEN - Holomorphic fiber bundles with hyperbolic fiber, Proc. Amer. Math. Soc., 43 (1974), 311-312.

[27] J.-P. SERRE - Quelques problèmes globaux relatifs aux variétés de Stein, Colloque sur les fonctions de plusieurs variables, Bruxelles 1953.

[28] J.-P. SERRE - Exposé XX, Séminaire H. Cartan, 1951/52, Ec. Norm. Sup. Paris.

[29] N. SIBONY - Fibrés holomorphes et métrique de Carathéodory, C. R. Acad. Sc. Paris, 279 A (Août 1974), 261-264.

[30] N. SIBONY - Prolongement de fonctions holomorphes bornées et métrique de Carathéodory, Inventionnes Math., 29 (1975), 205-230.

[31] Y. T. SIU - All plane domains are Banach-Stein, Manuscripta Math., 14 (1974), 101-105.

[32] Y. T. SIU - Holomorphic fiber bundles whose fibers are bounded Stein domains with zero first Betti number, Math. Ann., 219 (1976), 171-192.

[33] H. SKODA - Fibrés holomorphes à base et à fibre de Stein, Inventiones Math., 43 (1977), 97-108.

[34] J.-L. STEHLÉ - Fonctions plurisousharmoniques et convexité holomorphe de certains fibrés analytiques, Sém. P. Lelong, 1973/74.

[35] K. STEIN - Uberlagerungen holomorphvollständiger complexer Raume, Arch. Math., VII (1956), 354-361.

LA DÉMONSTRATION DE FURSTENBERG DU THÉORÈME DE SZEMERÉDI SUR LES PROGRESSIONS ARITHMÉTIQUES

par Jean-Paul THOUVENOT

Introduction

En 1936, Erdös et Turán ont conjecturé que dans toute suite d'entiers de densité positive, on peut trouver des progressions arithmétiques de longueur arbitraire. K. F. Roth [4] a montré que c'était vrai pour les progressions de longueur 3 et E. Szemerédi a démontré la conjecture en toute généralité dans [5]. Sa démonstration est combinatoire. H. Furstenberg a donné dans [2] une démonstration entièrement différente du Théorème de Szemerédi après l'avoir traduit en un énoncé équivalent dans le cadre de la théorie ergodique. Nous donnons ici une présentation de son travail. La stratégie que nous suivons est essentiellement conforme à celle de [2], et il n'y a, même dans les étapes intermédiaires, aucun résultat qui ne soit pratiquement contenu dans [2]. Mais le point de vue général, les démonstrations, sont souvent différents. Ce point de vue, toutes ces démonstrations sont dus à la collaboration de D. Ornstein, Y. Katznelson et S. Varadhan et ont été exposés à Paris VI. par Y. Katznelson dans son cours de 3ème cycle (Automne 1977).

DÉFINITION 1.- *Une partie* E *de* $\mathbb{Z}$ *est dite de densité asymptotique positive s'il existe un nombre* α *strictement positif et deux suites d'entiers* N_ℓ , M_ℓ , $\ell \geq 1$, *telles que* :

(a) $N_\ell - M_\ell \longrightarrow +\infty$ *quand* $\ell \longrightarrow +\infty$,

(b) $\frac{1}{N_\ell - M_\ell} \operatorname{card}(E \cap [M_\ell , N_\ell]) \longrightarrow \alpha$ *quand* $\ell \longrightarrow +\infty$.

Notre but est de montrer le

THÉORÈME 1 (Szemerédi).- *Si une partie* E *de* $\mathbb{Z}$ *a une densité asymptotique positive, elle contient, pour tout entier positif* k , *une progression arithmétique de longueur* k .

Pour le démontrer, nous produisons d'abord un nouvel énoncé :

THÉORÈME 2 (Théorème ergodique de Szemerédi-Furstenberg).- *Si* T *est une bijection bimesurable préservant la mesure de l'espace probabilisé* $(X , \mathfrak{A} , m)$, *étant donné* k *un entier plus grand que* 2 *et un ensemble* A *dans* $\mathfrak{A}$ *tel que* $m(A) > 0$, *il existe un entier* n *tel que* $m(A \cap T^{n}A \cap T^{2n}A \cap \ldots \cap T^{(k-1)n}A) > 0$.

Lemme 1.- *Le Théorème ergodique de Szemerédi-Furstenberg entraîne le Théorème de Szemerédi.*

Démonstration

Soit E une partie de $\mathbb{Z}$ de densité supérieure α strictement positive. Cela entraîne qu'il existe une moyenne L sur $\mathbb{Z}$ invariante par la translation S, $(Sx = x+1)$, telle que $L(E) = \alpha$. Soit $X = (\{0\},\{1\})^{\mathbb{Z}}$ muni de la translation T (i.e. si $x = (x_n)_{n\in\mathbb{Z}}$, $Tx = (x_{n+1})_{n\in\mathbb{Z}}$). Etant donné un cylindre de X, $c = (x_0 = \varepsilon_0, x_1 = \varepsilon_1, \ldots, x_r = \varepsilon_r)$ où $\varepsilon_i = 0$ ou 1, $0 \leq i \leq r$, on pose

$$(1) \qquad m(c) = L(E_{\varepsilon_0} \cap SE_{\varepsilon_1} \cap S^2E_{\varepsilon_2} \cap \ldots \cap S^rE_{\varepsilon_r})$$

où $E_{\varepsilon_i} = E$ si $\varepsilon_i = 1$, $E_{\varepsilon_i} = E^c$ si $\varepsilon_i = 0$.

Alors m définit une mesure de probabilité T-invariante sur X muni de la tribu $\mathfrak{A}$ associée à sa structure d'espace produit. Si on prend pour A l'ensemble $(x_0 = 1)$, $m(A) = \alpha$, et le théorème 2 se traduit à l'aide de (1) par l'existence d'un entier n tel que

$$L(E \cap S^nE \cap S^{2n}E \cap \ldots \cap S^{(k-1)n}E) > 0$$

et les progressions arithmétiques de longueur k, de pas n, dans E, ont une densité asymptotique positive.

Remarque.- On peut montrer directement que l'implication réciproque dans l'énoncé du lemme 1 est vraie.

On appelle système, et on note $(X, \mathfrak{A}, m, T)$ la donnée d'une bijection bimesurable, préservant la mesure, de l'espace probabilisé $(X, \mathfrak{A}, m)$. Le système $(X, \mathfrak{A}, m, T)$ est dit ergodique si $m(A \Delta TA) = 0$ entraîne $m(A) = 0$ ou 1. Il est dit faiblement mélangeant si son carré cartésien $(X\times X, \mathfrak{A}\otimes\mathfrak{A}, m\otimes m, T\times T)$ est ergodique.

DÉFINITION 2.- *Soit* $(X, \mathfrak{A}, m, T)$ *un système. Un ensemble* A *de* $\mathfrak{A}$ *de mesure positive est dit* (L.B.) *si, pour tout entier* $k > 0$, *il existe un nombre* $\varepsilon > 0$ *et un entier* $L > 0$ *tels que la suite des entiers* $n \in \mathbb{N}$ *pour lesquels* $m(A \cap T^nA \cap T^{2n}A \cap \ldots \cap T^{(k-1)n}A) > \varepsilon$ *soit à lacunes bornées par* L. *Si tout ensemble* A *de* $\mathfrak{A}$ *est* (L.B.), *on dit que le système* $(X, \mathfrak{A}, m, T)$ *a la propriété* (L.B.)

On va montrer, en fait, un résultat un peu plus fort que le Théorème 2.

THÉORÈME 2'.- *Pour tout système* $(X, \mathfrak{A}, m, T)$, *si* $A \in \mathfrak{A}$ et $m(A) > 0$

$$\liminf_N \sum_{n=1}^{N} \frac{1}{N} m(A \cap T^nA \cap \ldots \cap T^{(k-1)n}A) > 0 .$$

Pour démontrer ce résultat, on va parcourir un certain nombre d'étapes dans le domaine de la théorie ergodique.

Lemme 2.- Si $(X, \mathfrak{A}, m, T)$ est faiblement mélangeant et si $f_1, f_2, \ldots, f_k$ sont k fonctions de $L^\infty(X, \mathfrak{A}, m)$, alors :

$$\left\| \frac{1}{N} \sum_{n=1}^{N} T^n f_1 T^{2n} f_2 \ldots T^{kn} f_k - \int f_1 dm \int f_2 dm \ldots \int f_k dm \right\|_2 \longrightarrow 0 ,$$

quand $n \longrightarrow \infty$. [Par $T^n f$, on désigne $f \circ T^n$.]

Démonstration

Ce résultat se démontre par récurrence. Pour $k = 1$, c'est exactement le Théorème ergodique de Von Neumann. Pour le montrer au rang k , il suffit de prouver que si

$$M_k(N) = \left\| \frac{1}{N} \sum_{n=1}^{N} T^n f_1 T^{2n} f_2 \ldots T^{kn} f_k \right\|_2 \quad \text{et si} \quad \int f_k dm = 0 , \text{ alors } M_k(N) \longrightarrow 0$$

quand $N \longrightarrow +\infty$. Soit H un entier positif. Alors :

$$(M_k(N))^2 \leq O\left(\frac{H}{N}\right) + \frac{1}{N} \sum_{n=1}^{N} \frac{1}{H^2} \int \left(\sum_{j=n}^{n+H} T^j f_1 T^{2j} f_2 \ldots T^{kj} f_k \right)^2 dm$$

$$\leq O\left(\frac{H}{N}\right) + \frac{1}{N} \sum_{n=1}^{N} \sum_{|j| \leq H} \frac{H - |j|}{H^2} \int (f_1 T^j f_1) T^n (f_2 T^{2j} f_2) \ldots T^{(k-1)n} (f_k T^{kj} f_k) \, dm$$

On a utilisé que x^2 est convexe, que les f_i sont uniformément bornées dans L^∞ et que T préserve la mesure.

Si $\varepsilon > 0$ est donné et si $N > N_1(H)$, l'hypothèse de récurrence entraîne :

$$(M_k(N))^2 \leq O\left(\frac{H}{N}\right) + \varepsilon + \sum_{|j| \leq H} \frac{H - |j|}{H^2} \cdot \int f_1 T^j f_1 dm \ldots \int f_k T^{kj} f_k dm .$$

Comme T est faiblement mélangeante et comme $\int f_k \, dm = 0$, on a que $\int f_k T^{kj} f_k \, dm \longrightarrow 0$ quand $j \longrightarrow +\infty$ sur un ensemble de densité 1 . [Ce résultat "classique" se voit aisément en appliquant le Théorème de Von Neumann à $f_k(x) f_k(x')$ dans le carré cartésien de $(X, \mathfrak{A}, m, T)$.] On choisit H de façon que la dernière somme soit plus petite que ε . Il existe alors N_2 tel que $N > N_2$ entraîne $(M_k(N))^2 < 3\varepsilon$.

DÉFINITION 3.- Deux systèmes $(X, \mathfrak{A}, m, T)$ et $(\bar{X}, \bar{\mathfrak{A}}, \bar{m}, \bar{T})$ sont isomorphes s'il existe deux ensembles invariants X_1 dans X et $\bar{X}_1$ dans $\bar{X}$ tels que $m(X_1) = \bar{m}(\bar{X}_1) = 1$ et une bijection bimesurable ψ de X_1 sur $\bar{X}_1$ qui envoie m sur $\bar{m}$ et telle que pour tout x de X_1 , $\bar{T}\,\psi(x) = \psi\,T(x)$.

Dans toute la suite, tous les systèmes que nous considérerons seront définis sur un espace de Lebesgue : c'est-à-dire que $(X, \mathfrak{A}, m)$ sera isomorphe au segment $[0, 1]$ muni de sa tribu borélienne et de la mesure de Lebesgue. Le lemme suivant est dû à Rohlin ([1], [3]).

Lemme 3.- Soient $(X, \mathfrak{A}, m, T)$ un système ergodique et $\mathfrak{B}$ une sous- σ -algèbre T-invariante de $\mathfrak{A}$ (i.e. si $B \in \mathfrak{B}$, $TB \in \mathfrak{B}$). Alors, il existe un système $(X_1, \mathfrak{A}_1, m_1, T_1)$ et une application mesurable $x \to \psi_x$, $x \in X_1$, dans les bijections bimesurables préservant la mesure de $(X_2, \mathfrak{A}_2, m_2)$ telles que le système $(X_1 \times X_2, \mathfrak{A}_1 \otimes \mathfrak{A}_2, m_1 \otimes m_2, \bar{T})$ où la transformation $\bar{T}$ est définie par

$\bar{T}(x_1, x_2) = (T_1(x_1), \psi_{x_1}(x_2))$ soit isomorphe à $(X, \mathfrak{A}, m, T)$ de telle manière que, dans cet isomorphisme, la tribu $\mathfrak{A}_1 \times X_2$ soit envoyée sur $\mathfrak{B}$.

[L'espace des transformations qui préservent la mesure sur $(X_2, \mathfrak{A}_2, m_2)$ est muni de la structure borélienne associée à la métrique $d(\psi_1, \psi_2) = \sum_{n \geq 0} \frac{1}{2^n} m_2(\psi_1 A_n \Delta \psi_2 A_n)$ où A_n désigne une suite dense d'ensembles dans $\mathfrak{A}_2$.]

Remarque.- Dans cette décomposition le système $(X_1, \mathfrak{A}_1, m_1, T_1)$ est canonique [on le notera $(X_{\mathfrak{B}}, \mathfrak{B}, m, T)$] mais la famille ψ_x ne l'est pas. [La sous-tribu de $\mathfrak{A}$ image de $\mathfrak{A}_2 \times X_1$ n'est pas canonique.]

Conservant les notations du lemme 3, on introduit la

DÉFINITION 4.- Etant donné $(X, \mathfrak{A}, m, T)$ un système ergodique et $\mathfrak{B}$ une sous-σ-algèbre T-invariante de $\mathfrak{A}$, on appelle produit cartésien $\mathfrak{B}$-fibré et on note $(X, \mathfrak{A}, m, T) \times_{\mathfrak{B}} (X, \mathfrak{A}, m, T)$ le système

$(X_1 \times X_2 \times X_2', \mathfrak{A}_1 \otimes \mathfrak{A}_2 \otimes \mathfrak{A}_2', m_1 \otimes m_2 \otimes m_2', \bar{T})$ défini par

$\bar{T}(x_1, x_2, x_2') = (T_1 x_1, \psi_{x_1}(x_2), \psi_{x_1}(x_2'))$. [$(X_2', \mathfrak{A}_2', m_2')$ est une copie de $(X_2, \mathfrak{A}_2, m_2)$.]

Il est aisé de vérifier que ce système est bien défini indépendamment du choix de ψ_x. On dit maintenant que $(X, \mathfrak{A}, m, T)$ est $\mathfrak{B}$ relativement faiblement mélangeant si $(X, \mathfrak{A}, m, T) \times_{\mathfrak{B}} (X, \mathfrak{A}, m, T)$ est ergodique.

Lemme 4.- Si $(X, \mathfrak{A}, m, T)$ est $\mathfrak{B}$ relativement faiblement mélangeant, et si $f_1, f_2, \ldots, f_k$ sont k fonctions de $L^\infty(X, \mathfrak{A}, m)$ alors

$$\left\| \frac{1}{N} \sum_{n=1}^{N} (T^n f_1 T^{2n} f_2 \ldots T^{kn} f_k - T^n \bar{f}_1 T^{2n} \bar{f}_2 \ldots T^{kn} \bar{f}_k) \right\|_2 \longrightarrow 0 \text{ quand } N \to +\infty .$$

[On note $\bar{f} = E^{\mathfrak{B}} f$.]

Démonstration

Pour $k = 1$, le lemme est vrai pour la même raison que précédemment. Or

$$\left\| \frac{1}{N} \sum_{n=1}^{N} (T^n f_1 T^{2n} f_2 \dots T^{kn} f_k - T^n \bar{f}_1 T^{2n} \bar{f}_2 \dots T^{kn} \bar{f}_k) \right\|_2$$

$$\leq \sum_{j=0}^{k-1} \left(\left\| \frac{1}{N} \sum_{n=1}^{N} (T^n \bar{f}_1 \dots T^{jn} \bar{f}_j T^{(j+1)n} f_{j+1} \dots T^{kn} f_k \right.\right.$$
$$\left.\left. - T^n \bar{f}_1 \dots T^{(j+1)n} \bar{f}_{j+1} T^{(j+2)n} f_{j+2} \dots T^{kn} f_k) \right\|_2 \right) .$$

Il suffit donc de prouver que

$$M_{k,j}(N) = \left\| \frac{1}{N} \sum_{n=1}^{N} T^n \bar{f}_1 T^{2n} \bar{f}_2 \dots T^{jn} \bar{f}_j T^{(j+1)n} f_{j+1} \dots T^{kn} f_k \right\|_2$$

vérifie $M_{k,j}(N) \to 0$ quand $N \to +\infty$ et quand $\bar{f}_{j+1} = 0$, $0 \leq j \leq k-1$.

Un calcul identique à celui de la démonstration du lemme 2 nous donne (H est un entier positif)

$$(M_{k,j}(N))^2 \leq O\left(\frac{H}{N}\right) + \frac{1}{N} \sum_{n=1}^{N} \sum_{|\ell| \leq H} \frac{H - |\ell|}{H^2} \int (\bar{f}_1 T^{\ell} \bar{f}_1) T^n (\bar{f}_2 T^{2\ell} \bar{f}_2) \dots T^{jn} (f_{j+1} T^{(j+1)\ell} f_{j+1}) \dots$$
$$\dots T^{(k-1)n} (f_k T^{k\ell} f_k) dm .$$

Si $\varepsilon > 0$ est donné et si le lemme est vrai jusqu'au rang $k-1$, alors il existe $N_1(H)$ tel que si $N > N_1$

$$(M_{k,j}(N))^2 \leq O\left(\frac{H}{N}\right) + \varepsilon + \sum_{|\ell| \leq H} \frac{H - |\ell|}{H^2} \int \| (\bar{f}_1 T^{\ell} \bar{f}_1) \|_\infty \quad \| (\bar{f}_j T^{j\ell} \bar{f}_j) \|_\infty \left| \overline{(f_{j+1} T^{(j+1)\ell} f_{j+1})} \right|$$
$$\dots \| \overline{(f_k T^{k\ell} f_k)} \|_\infty dm .$$

Mais comme T est $\mathfrak{B}$ relativement faiblement mélangeant,

$\overline{(f_{j+1} . T^{(j+1)\ell} f_{j+1})} \xrightarrow{L^2} 0$ ($\bar{f}_{j+1} = 0$) quand $\ell \to +\infty$ sur un ensemble de densité 1 . [On le voit en appliquant le théorème ergodique dans le produit fibré à $f_{j+1}(x_1, x_2) f_{j+1}(x_1, x_2')$. Alors $\frac{1}{L} \sum_{\ell=1}^{L} \int \overline{(f_{j+1} T^{\ell} f_{j+1})}^2 dm \to 0$.] La démonstration s'achève maintenant comme celle du lemme 2.

Remarques.- 1) Le lemme 4 est encore vrai dans le cas suivant :

Dans le système $(X,T) \times (X,T^2) \times \dots \times (X,T^k)$, la tribu des ensembles invariants est contenue dans $\mathfrak{B} \otimes \mathfrak{B} \otimes \dots \otimes \mathfrak{B}$ (k fois).

2) Ce lemme dit que si tous les ensembles d'une sous- σ -algèbre $\mathfrak{B}$ de $\mathfrak{A}$ sont (L.B.) et si T est $\mathfrak{B}$ relativement faiblement mélangeant, alors T a la propriété (L.B.). [En particulier, le Théorème 2 est vrai si T est faiblement mélangeant.]

DÉFINITION 5.- Soit $(X, \mathfrak{A}, m, T)$ un système ergodique. Soit H un espace homogène d'un groupe compact métrisable muni sur sa tribu borélienne $\mathfrak{B}(H)$ de la mesure $\widetilde{m}$ image de la mesure de Haar de G et Φ une application mesurable de X dans G ; le système $(X \times H, \mathfrak{A} \otimes \mathfrak{B}(H), m \otimes \widetilde{m}, \widetilde{T})$ défini par $\widetilde{T}(x,h) = (T(x), \Phi(x)h)$ est appelé extension isométrique du système $(X, \mathfrak{A}, m, T)$.

Lemme 5.- Soit $(X, \mathfrak{A}, m, T)$ un système ergodique. Soit $\mathfrak{B}$ une sous-σ-algèbre T invariante de $\mathfrak{A}$. Si T n'est pas $\mathfrak{B}$ relativement faiblement mélangeant, il existe une sous-σ-algèbre $\mathfrak{C}$ de $\mathfrak{A}$, T-invariante contenant $\mathfrak{B}$ strictement, telle que le système $(X_{\mathfrak{C}}, \mathfrak{C}, m, T)$ soit isomorphe à une extension isométrique de $(X_{\mathfrak{B}}, \mathfrak{B}, m, T)$.

Démonstration

L'hypothèse entraîne que $(X, \mathfrak{A}, m, T) \times_{\mathfrak{B}} (X, \mathfrak{A}, m, T)$ est non ergodique. On reprend les notations du lemme 3 et de la définition 4. Soit I un ensemble $\bar{T}$-invariant de mesure positive différente de 1 dans $X_1 \times X_2 \times X'_2$. Si $x = (x_1, x_2)$ et $\tilde{x} = (\tilde{x}_1, \tilde{x}_2)$ sont deux points de $X_1 \times X_2$, on pose :

$$d(x, \tilde{x}) = \int_{X'_2} \left| 1_I(x_1, x_2, x'_2) - 1_I(\tilde{x}_1, \tilde{x}_2, x'_2) \right| dm'_2 .$$

$d(x, \tilde{x})$ définit une pseudo distance sur $X_1 \times X_2$. L'invariance de I entraîne : $d((x_1, x_2), (x_1, \tilde{x}_2)) = d((T_1 x_1, \psi_{x_1}(x_2)), (T_1 x_1, \psi_{x_1}(\tilde{x}_2)))$. [ψ_{x_1} est une isométrie de $x_1 \times X_2$ sur $T_1 x_1 \times X_2$.] Soit $B(x_1, x_2, \varepsilon)$ pour désigner la boule de centre (x_1, x_2), de rayon ε, associée à d.

(1) Pour tout $n \geq 1$, la fonction $(x_1, x_2) \longrightarrow m_{x_1}(B(x_1, x_2, \frac{1}{n}))$ est T-invariante et égale presque partout à une constante positive, car T est ergodique et I n'est pas $\mathfrak{B}$-mesurable. [Par m_{x_1}, on désigne la désintégration de m suivant X_1 : $\int_{X_1} m_{x_1}(A) dm_1 = m(A)$.]

On prend X_1^1 tel que $m_1(X_1^1) = 1$ pour lequel toutes les fonctions précédentes sont constantes partout.

(2) Pour chaque $x_1 \in X_1^1$, la fibre $(x_1 \times X_2)$ est précompacte : soit $\varepsilon > 0$. Si $B_{x_1}(x_2^i, \frac{\varepsilon}{2})$, $i \in I$, est une famille maximale de boules disjointes, alors I est fini d'après (1), [$B_{x_1}(x_2^i, \frac{\varepsilon}{2}) = (x_1 \times X_2) \cap B(x_1, x_2^i, \varepsilon)$] et les $B_{x_1}(x_2^i, \varepsilon)$, $i \in I$, forment un recouvrement de $(x_1 \times X_2)$. Pour chaque x_1 dans X_1^1, soit $(x_1, H(x_1))$ l'espace compact, qui est le séparé complété de (x_1, X_2) muni de la métrique d. Si (x_1, x_2) est dans (x_1, X_2), on note $(x_1, \tilde{x}_2)$ sa classe dans $(x_1, H(x_1))$.

(3) Il existe un ensemble $X_1^2 \subset X_1^1$, $m(X_1^2) = 1$ tel que pour tout couple de points

(x_1,h_1) , (x_2,h_2) où x_1 , x_2 sont dans X_1^2 , il existe une isométrie Φ de $(x_1,H(x_1))$ sur $(x_2,H(x_2))$ telle que $\Phi(x_1,h_1) = (x_2,h_2)$: en effet, il existe un point $(x_o,\bar{x}_o)$, une suite de nombres positifs $\varepsilon_k \searrow 0$, et une suite d'ensembles A_k de mesures positives, contenant $(x_o,\bar{x}_o)$, de diamètres plus petits que ε_k et tels que si (x,y) est dans A_k , alors une partie de la fibre (x,X_2) de m_x mesure plus grande que $1 - \varepsilon_k$ soit contenue dans le voisinage V_{ε_k} de la fibre (x_o,X_2) .

[Pour voir celà, on note que

(1) il y a une suite $\eta_k \leq \frac{\varepsilon_k}{2}$ telle que $m_x(B(x,y,\frac{\varepsilon_k}{2})) > 10\,\eta_k$ $\forall\,(x,y)$ dans $X_1^1 \times X_2$;

(2) il y a pour tout k une réunion finie de cubes disjoints K_j^k , $j \in J$, tels que $m((\bigcup_j K_j^k)\ \Delta\ I) < \eta_k^4$;

(3) si E_k est l'ensemble des (x_1,x_2) dans $X_1^1 \times X_2$ tels que $m_{x_1,x_2}(I\ \Delta\ (\bigcup_j K_j^k)) < \eta_k$, $m(E_k) > 1 - \eta_k^3$;

(4) si F_k est l'ensemble des x dans X_1 tels que $m_x(E_k) > 1 - \eta_k$, $m_1(F_k) > 1 - \eta_k^2$;

(5) si $\widetilde{K}_j^k$ est la partition de X_1^1 dont les éléments sont $pr_{X_1}(K_j^k)$, $(pr_{X_1}(K_j^k))^c$, la réunion $\widetilde{P}_k$ des atomes p de $\bigvee_{j\in J} \widetilde{K}_j^k$ tels que $m_1(p \cap F_k) > (1 - \eta_k)m_1(p)$ a une mesure plus grande que $1 - \eta_k$ et on prend $(x_o,\bar{x}_o)$ dans $\bigcap_k ((F_k \cap \widetilde{P}_k) \times X_2 \cap E_k)$.]

Le théorème ergodique ponctuel entraîne qu'il existe un ensemble X_1^2 de mesure 1 tel que, pour tout x_1 de X_1^2 , pour tout k , pour m_{x_1} presque tout (x_1,x_2) , il existe un entier $n(k)$ tel que $T^n(x_1,x_2) = (T_1^n x_1\,,\,\psi_{T_1^{n-1}x_1} \circ \psi_{T^{n-2}x_1} \circ \dots \circ \psi_{x_1}(x_2))$ soit dans A_k . Soit (x_1,x_2) dans $(x_1 \times X_2)$. On peut alors définir Φ_n , application de (x_1,X_2) dans (x_o,X_2) telle que :

(a) $|d((x_o\,,\Phi_n(y))\,,(x_o\,,\Phi_n(y'))) - d((x_1,y)\,,(x_1,y'))| < \varepsilon_k$

pour tout couple (x_1,y) , (x_1,y') dans $C_k \subset (x_1,X_2)$ avec $m_{x_1}(C_k) > 1 - \varepsilon_k$,

(b) $d((x_o\,,\Phi_n(x_2))\,,(x_o,\bar{x}_o)) < \varepsilon_k$.

On construit alors par un procédé diagonal une isométrie Φ de (x_1,X_2) sur (x_o,X_2) telle que $\Phi(x_1,\widetilde{x}_2) = (x_o,\widetilde{\widetilde{x}}_o)$.

(4) Il y a donc un groupe compact G et un sous-groupe fermé K de G tels que si on fixe $(x_1,\tilde{x}_2)$ dans $(x_1,H(x_1))$, $(x_1 \in X_1^2)$, il y ait une unique identification $I_{x_1,\tilde{x}_2}$ de $(x_1,H(x_1))$ à $H = G/_K$ de façon que $I_{x_1,\tilde{x}_2}(x_1,\tilde{x}_2) = eK$ (e l'élément neutre de G). Soit $\tilde{m}$ l'unique mesure G-invariante sur $\mathfrak{B}(H)$. Soit $\mathfrak{C}$ la sous-σ-algèbre de $\mathfrak{A}$ obtenue à partir de la relation d'équivalence $x \sim x'$ si $x_1 = x_1'$ et $d((x_1,x_2),(x_1',x_2')) = 0$. Pour tout x dans X_2 , l'application $\Theta : (X_{\mathfrak{C}}, \mathfrak{C}, m) \longrightarrow (X_1 \times H, \mathfrak{A} \otimes \mathfrak{B}(H), m \otimes \tilde{m})$ définie par $\Theta(x_1,\tilde{x}_2) = (x_1, I_{x_1,\tilde{x}}(x_1,\tilde{x}_2))$ est une bijection bimesurable. [On le voit en examinant la construction précédente.] Soit L une section mesurable de $G/_K \longrightarrow G$. Soit $\Phi(x_1) = L(I_{(T_1x_1,\tilde{x})}(T_1x_1, \widetilde{\psi_{x_1}(x_1,\tilde{x})}))$. Φ est une application mesurable de X_1 dans G et Θ définit un isomorphisme entre T agissant sur $X_{\mathfrak{C}}$ et $\tilde{T}$ agissant sur $(X_1 \times H)$ par

$$\tilde{T}(x_1,h) = (T_1(x_1), \Phi(x_1)h) .$$

DÉFINITION 6.- Un système $(X, \mathfrak{A}, m, T)$ ergodique est dit distal s'il existe une famille dénombrable de sous-tribus T-invariantes de $\mathfrak{A}$ indicées par des ordinaux $\mathfrak{B}_\eta$, $\eta \leq \eta_o$ telles que $\mathfrak{B}_{\eta_o} = \mathfrak{A}$, $\mathfrak{B}_1 = \nu$ (la tribu triviale), pour tout $\xi < \eta$, $\mathfrak{B}_\xi < \mathfrak{B}_\eta$, $(X_{\mathfrak{B}_{\eta+1}}, \mathfrak{B}_{\eta+1}, m, T)$ est une extension isométrique de $(X_{\mathfrak{B}_\eta}, \mathfrak{B}_\eta, m, T)$ et si ξ est un ordinal limite $\mathfrak{B}_\xi = \lim \uparrow \mathfrak{B}_\eta$ $\eta \nearrow \xi$.

Comme corollaire immédiat du lemme 5, nous avons le

THÉORÈME 3.- Si $(X, \mathfrak{A}, m, T)$ est un système ergodique, il existe une sous-σ-algèbre T-invariante $\mathfrak{B}$ de $\mathfrak{A}$ telle que :

(1) $(X_{\mathfrak{B}}, \mathfrak{B}, m, T)$ est distal ;

(2) $(X, \mathfrak{A}, m, T)$ est $\mathfrak{B}$-relativement faiblement mélangeant.

Remarque.- En fait, $\mathfrak{B}$ est canonique et peut s'identifier à la plus petite sous-σ-algèbre de $\mathfrak{A}$ telle que (2) soit vrai. On est donc ramené à étudier le "cas distal".

Lemme 6.- Soient $(X, \mathfrak{A}, m, T)$ un système et $\mathfrak{B}_n$, $n \geq 1$, une suite croissante de sous-σ-algèbres T-invariantes de $\mathfrak{A}$ telles que, pour tout $n \geq 1$, $(X_{\mathfrak{B}_n}, \mathfrak{B}_n, m, T)$ ait la propriété (L.B.) et que $\mathfrak{A} = \lim \uparrow \mathfrak{B}_n$. Alors $(X, \mathfrak{A}, m, T)$ a la propriété (L.B.).

Démonstration

Soit $k > 0$ et soit A dans $\mathfrak{A}$. Il existe $n > 0$ et A_n dans $\mathfrak{B}_n$ tels que $\dfrac{m(A \cap A_n)}{m(A_n)} > 1 - \dfrac{1}{100k^4}$. Soit $\bar{A}_n$ dans A_n l'ensemble des x de $X_{\mathfrak{B}_n}$ tels que $m_x(A \cap A_n) > 1 - \dfrac{1}{10k^2}$. [m_x est une désintégration de m suivant $\mathfrak{B}_n$.] Alors $m(\bar{A}_n) > \left(1 - \dfrac{1}{10k^2}\right) m(A_n)$ et si ε et L sont associés à $\bar{A}_n$ pour k, $\varepsilon\left(1 - \frac{1}{k}\right)$ et L conviendront pour A.

Lemme 7.- Soit $(X, \mathfrak{A}, m, T)$ un système ayant la propriété (L.B.). Si $(\bar{X}, \bar{\mathfrak{A}}, \bar{m}, \bar{T})$ est une extension isométrique de $(X, \mathfrak{A}, m, T)$, ce système a aussi la propriété (L.B.).

Démonstration

On reprend les notations de la définition 4. Alors

$(\bar{X}, \bar{\mathfrak{A}}, \bar{m}, \bar{T}) = (X \times H, \mathfrak{A} \otimes \mathfrak{B}(H), m \otimes \tilde{m}, \tilde{T})$ avec $\tilde{T}(x,h) = (Tx, \Phi(x)h)$ où $X \to G$: $x \longrightarrow \Phi(x)$ est mesurable.

(1) Soit k positif et soit $\bar{A}$ dans $\mathfrak{A} \otimes \mathfrak{B}(H)$ tel que $m(\bar{A}) > 0$. Il existe deux ensembles mesurables $A_1 \in \mathfrak{A}$ et A_2 dans $\mathfrak{B}(H)$, de mesures positives, tels que, pour tout x de A_1, $\dfrac{\bar{m}_x(A \cap A_2)}{\bar{m}_x(A_2)} > 1 - \dfrac{1}{10k^2}$ (se démontre comme le lemme 6).

(2) Il existe un ouvert U_o de G, voisinage de l'élément neutre, tel que si $g \in U_o$, $\tilde{m}(g A_2 \Delta A_2) < \dfrac{\tilde{m}(A_2)}{10k^2}$.

(3) Il existe une partition finie de G^k, $R_1, R_2, R_3, \ldots, R_s$ et des entiers positifs finis $m_1, m_2, \ldots, m_s$ tels que si $\tilde{g}_i$, $1 \leq i \leq m_j$, sont m_j éléments de R_j, alors $\tilde{g}_1 \tilde{g}_2 \ldots \tilde{g}_{m_j}$ est un élément du voisinage $U_o \times U_o \times \ldots \times U_o$ de G^k.

(4) Soit $\Phi_{k,n}(x)$ l'application de $X \to G^k$:

$$x \to (\Phi^{-1}(T^{-(n)}x)\Phi^{-1}(T^{-(n-1)}x)\ldots\Phi^{-1}(T^{-1}x), \Phi^{-1}(T^{-(2n)}x)\Phi^{-1}(T^{-(2n-1)}x)\ldots\Phi^{-1}(T^{-1}x), \ldots$$
$$\ldots, \Phi^{-1}(T^{-(k-1)n}x)\Phi^{-1}(T^{-(k-1)n-1}x)\ldots\Phi^{-1}(T^{-1}x)) .$$

(5) On définit par récurrence une famille d'ensembles $A(j)$ dans $\mathfrak{A}$, et trois suites d'entiers $a(j)$, $b(j)$, $n(j)$, $j \geq 0$, de la manière suivante :

pour $j = 0$, $A(0) = A_1$, $a(0) = 1$, $b(0) = 0$, $n(0) = 0$.

Si B est un ensemble de $\mathfrak{A}$ et p un entier positif plus petit que s, on appelle

$Q(p,B)$ la question suivante : existe-t-il un entier n et un ensemble $\bar{B}$ de mesure positive dans $\mathfrak{A}$ tels que :

(a) pour tout x de $\bar{B}$, $\Phi_{k,n}(x) \in R_p$

(b) $\bar{B} \subset B \cap T^{n}B \cap T^{2n}B \cap \ldots \cap T^{(k-1)n}B$?

Si $b(j) \leq m_{a(j)} - 2$, on pose $Q(a(j), A(j))$. Si la réponse est positive, elle produit $n(j+1)$ et $A(j+1)$ et on pose $a(j+1) = a(j)$, $b(j+1) = b(j) + 1$ Sinon on pose $Q(a(j)+1, A(j))$, $Q(a(j)+2, A(j)),\ldots$ et le premier entier q tel que $Q(a(j)+q, A(j))$ soit positive, fournit $n(j+1)$ et $A(j+1)$. On pose alors $a(j+1) = a(j) + q$, $b(j+1) = 1$. Si $b(j) = m_{a(j)} - 1$, on pose $Q(a(j)+1, A(j))$ et si la réponse est positive, elle produit $n(j+1)$, $A(j+1)$ et on pose $a(j+1) = a(j)+1$, $b(j+1) = 1$. Sinon, on continue comme précédemment. La récurrence s'arrête à l'indice t tel que ou bien $a(t) = s$, $b(t) = m_s - 1$, ou bien $b(t) = m_{a(t)} - 1$ et la réponse à $Q(a(t)+q, A(t))$ est négative pour tout q tel que $1 \leq q \leq s - a(t)$.

Soit J l'ensemble des entiers j dans $[1, s]$ tels qu'il existe un ℓ tel que $a(\ell) = j$, $b(\ell) = m_j - 1$. Comme $A(t)$ est (L.B.) par hypothèse, il existe $\varepsilon_1 > 0$ et L_1 entier tels que, pour tout entier n_o, il existe $\bar{n}_o$ tel que $|\bar{n}_o - n_o| < L_1$ et si $\bar{A}(t) = A(t) \cap T^{\bar{n}_o}(A) \cap \ldots \cap T^{(k-1)\bar{n}_o}A(t)$, $m(\bar{A}(t)) > \varepsilon_1$ et la construction entraîne qu'il existe un ensemble $\bar{A}_1(t) \subset \bar{A}(t)$, $m(\bar{A}_1(t)) > \frac{\varepsilon_1}{s}$ et un entier $j \in J$ tel que, pour tout x de $\bar{A}_1(t)$, $\Phi_{k,\bar{n}_o}(x) \in R_j$. Soit

$I(j)$ l'ensemble de tous les indices m tels que $a(m) = j$ et soit

$N(j) = \sum_{m \in I(j)} n(m)$. Alors

$$\tilde{m}_x((A_1 \times A_2 \cap A) \cap T^{\bar{n}_o + N(j)}(A_1 \times A_2 \cap A) T^{2(\bar{n}_o + N(j))}(A_1 \times A_2 \cap A) \ldots$$
$$\ldots T^{(k-1)(\bar{n}_o + N(j))}(A_1 \times A_2 \cap A)) > \left(1 - \frac{1}{k}\right) \tilde{m}(A_2)$$

pour tout x de $\bar{A}_1(t)$.

Par conséquent, $\bar{A}$ est (L.B.) avec $\varepsilon = \frac{\varepsilon_1}{s} \left(1 - \frac{1}{k}\right) \tilde{m}(A_2)$ et $L = L_1 + \sup_{j \in J} N(j)$.

Fin de la démonstration du Théorème ergodique de Szemerédi-Furstenberg

Du Théorème 3, des lemmes 6, 7 et 4, il résulte que le Théorème est vrai quand $(X, \mathfrak{A}, m, T)$ est ergodique. [Il a en fait la propriété (L.B.).]

[Dans le Théorème 2, on ne considère que l'automorphisme d'espace de Lebesgue qui provient de la restriction de T à la σ-algèbre $\bigvee_{-\infty}^{\infty} T^i P$, P la partition (A, A^c) .]

Si $(X, \mathfrak{A}, m, T)$ n'est pas ergodique, soit $\mathfrak{I}$ la tribu des invariants et soit m_x , $x \in \mathfrak{I}$, la désintégration de m suivant $\mathfrak{I}$. Soient A de mesure positive et k un entier positif. Comme T est ergodique sur chaque fibre, la propriété (L.B.) entraîne que dès que $m_x(A) > 0$,

$\liminf \frac{1}{N} \sum_1^N m_x(A \cap T^n A \cap \ldots \cap T^{(k-1)n} A) > 0$ et le lemme de Fatou entraîne

$$\liminf \frac{1}{N} \sum_1^N m(A_n T^n A \ldots T^{(k-1)n} A) > 0 .$$

BIBLIOGRAPHIE

[1] L. M. ABRAMOV, V. A. ROHLIN - The entropy of a skew product of measure preserving transformations, American Math. Society Trans., 48(1965), 255-265.

[2] H. FURSTENBERG - Ergodic Behavior of Diagonal Measures and a Theorem of Szemerédi on Arithmetic Progressions, Journ. d'Analyse Mathématique, 31 (1977), 204-256.

[3] V. A. ROHLIN - Selected Topics from metric theory of dynamical systems, Amer. Math. Soc. Trans., 2, 49(1966), 171-209 .

[4] K. F. ROTH - Sur quelques ensembles d'entiers, C.R. Acad. Sci. Paris, 234(1952), 388-390.

[5] E. SZMERÉDI - On sets of integers containing no k elements in arithmetic progressions, Acta Arithmetica, 27(1975), 199-245.

COURBES DE GENRE GÉOMÉTRIQUE BORNÉ SUR UNE SURFACE DE TYPE GÉNÉRAL

[d'après F. A. BOGOMOLOV]

par Mireille DESCHAMPS

0. Introduction

La notion de stabilité d'un point dans un espace de représentation linéaire d'un groupe réductif, due à Mumford [10], a conduit à celle de stabilité d'un fibré vectoriel sur une courbe, dont les propriétés ont été amplement étudiées [13], [19] :

0.1. Définition.- Sur une courbe lisse, propre et intègre, un fibré vectoriel E de rang $r(E)$ et de degré $d(E)$ est stable (resp. semi-stable) si pour tout sous-fibré non nul F de E, on a :

$$\frac{d(F)}{r(F)} < \frac{d(E)}{r(E)} \qquad \left(\text{resp. } \frac{d(F)}{r(F)} \leq \frac{d(E)}{r(E)}\right) .$$

Un fibré vectoriel est instable s'il n'est pas semi-stable.

Récemment, F. A. Bogomolov [2] a donné une extension satisfaisante de l'instabilité aux fibrés sur des variétés de dimension quelconque, et un critère d'instabilité qui utilise ses résultats sur des "modèles de points instables" pour l'action d'un groupe réductif. Notre propos ici n'est pas d'envisager cette théorie dans son cadre le plus général, mais de parler de son application à l'étude des fibrés de rang 2 sur les surfaces.

Soit donc X une surface propre et lisse sur un corps k, E un fibré de rang 2 sur X. A toute représentation linéaire $\rho : GL_2 \longrightarrow GL(V)$, on associe un fibré tordu $E^{(\rho)}$ de la manière suivante : il existe un recouvrement ouvert $(U_i)_{i\in I}$ de X tel que le fibré E (resp. $E^{(\rho)}$) soit obtenu en recollant des faisceaux $\mathcal{O}^2_{U_i}$ (resp. $\mathcal{O}_{U_i} \otimes_k V$) par les isomorphismes $g_{ij} : \mathcal{O}^2_{U_i \cap U_j} \longrightarrow \mathcal{O}^2_{U_i \cap U_j}$ (resp. $\rho(g_{ij}) : \mathcal{O}_{U_i \cap U_j} \otimes_k V \longrightarrow \mathcal{O}_{U_i \cap U_j} \otimes_k V$). On se propose d'obtenir des informations sur E en étudiant les sections des fibrés tordus $E^{(\rho)}$.

0.2. Définition (Bogomolov).- Un fibré E de rang 2 est dit instable s'il existe une représentation ρ de GL_2, de déterminant 1, telle que le fibré tordu

$E^{(p)}$ ait une section non nulle, nulle en un point de X .

Si la caractéristique du corps est nulle, ce à quoi nous nous limiterons dans toute la suite, le critère d'instabilité de Bogomolov s'exprime simplement en termes de dévissage des fibrés de rang 2 . Il est intéressant de noter qu'on peut ici court-circuiter la théorie et le démontrer directement par des méthodes plus simples (cf. 1.3).

Les applications sont multiples. Citons pour mémoire une preuve algébrique élégante du vanishing-theorem de Kodaira-Ramanujan. D'autre part, nous démontrons dans ce qui suit le :

0.3. Théorème.- Sur une surface propre et lisse de type général X le faisceau des 1-formes différentielles Ω_X^1 n'est pas instable.

Comme conséquence, on obtient l'inégalité $c_1^2 \leq 4c_2$ — c_1 et c_2 étant les classes de Chern du faisceau Ω_X^1 — améliorée depuis par Miyaoka [9] qui en a donné la meilleure forme possible $c_1^2 \leq 3c_2$, — et un résultat géométrique que nous allons développer ici.

Le problème est le suivant : peut-on "limiter" la famille des courbes de genre géométrique borné sur une surface X propre et lisse ? On construit aisément des exemples pour lesquels la réponse est négative. Bogomolov apporte une solution partielle dans le cas où X est une surface de type général. Résumons brièvement sa méthode :

Soit $\pi : P = \mathbb{P}(\Omega_X^1) \longrightarrow X$ la projection canonique du fibré projectif cotangent. On construit sur P un bon système linéaire de diviseurs permettant de l'envoyer dans un espace projectif $\mathbb{P}^N$. Si C est une courbe propre et lisse, un morphisme non constant $f : C \longrightarrow X$ se relève en un morphisme $t_f : C \longrightarrow P$ défini aux points α de C où f n'est pas ramifié par $t_f(\alpha) = (f(\alpha)\, , f(V_\alpha))$ où V_α est un vecteur non nul tangent à C en α . On applique ceci aux normalisées des courbes tracées sur X et on étudie leurs images dans $\mathbb{P}^N$.

On démontre ainsi les résultats suivants :

0.4. Théorème.- Soit X une surface propre et lisse de type général minimale.

(i) Si $c_1^2 > c_2$, les courbes de genre géométrique borné tracées sur X forment une famille limitée.

(ii) Si $c_1^2 \leq c_2$ et rang $NS(X) \geq 2$, il existe un cône ouvert non vide $\mathcal{C}$ dans $NS(X) \otimes \mathbb{R}$, contenant le cône $\{z \mid z \in NS(X) \otimes \mathbb{R}\, , z^2 \leq 0\}$ tel que pour tout cône $\mathcal{C}'$ fermé contenu dans $\mathcal{C}$, l'ensemble des courbes de genre géométrique borné tracées sur X dont l'image dans $NS(X) \otimes \mathbb{R}$ est contenue dans $\mathcal{C}'$ est une famille limitée. De plus, tout translaté de C parallèlement à l'image de K (diviseur canonique) possède la même propriété.

Comme corollaire, on obtient dans tous les cas la finitude des courbes de self-intersection négative et de genre géométrique borné sur une surface de type général, et en particulier une solution au problème de Mordell.

Signalons enfin que Bogomolov utilise en cours de démonstration un résultat puissant de Seidenberg sur les équations différentielles [18] et qu'un papier récent de Jouanolou [5] permet d'éviter l'usage de ce marteau-pilon.

Dans toute la suite, k désignera un corps algébriquement clos de caractéristique 0. Les schémas considérés, sauf si l'on précise le contraire, seront propres lisses et intègres sur k. Pour tout fibré E sur un schéma X, on notera $h^i(X,E) = \dim_k H^i(X,E)$.

1. Critère d'instabilité des fibrés de rang 2 sur une surface

Compte tenu de la forme des représentations irréductibles de PGL_2, on peut donner une définition équivalente à 0.1.

1.1. Définition.- Un fibré E de rang 2 sur une surface X est instable si et seulement s'il existe un entier $n > 0$ tel que $S^{2n}E \otimes (\det E)^{-n}$ possède une section non nulle, nulle en un point de X.

1.2. Remarque. Dévissage des fibrés de rang 2

Soient E un fibré de rang 2, L un faisceau inversible, et $s : L \longrightarrow E$ un homomorphisme non nul. Le bidual M du quotient E/L est inversible, et le noyau L_1 de l'homomorphisme $E \longrightarrow M$ est le plus grand sous-faisceau inversible de E contenant L. On dit que c'est une droite saturée de E. Le conoyau E/L_1 est sans torsion de rang 1, donc de la forme $I_Z \otimes M$ où M est un faisceau inversible et I_Z un faisceau d'idéaux de O_X qui définit un fermé Z de dimension 0 en dehors duquel L' est un sous-fibré de E. On a donc un diagramme de suites exactes :

$$\begin{array}{ccccccccc} 0 & \longrightarrow & L & \longrightarrow & E & \longrightarrow & E/L & \longrightarrow & 0 \\ & & \downarrow & & \| & & \downarrow & & \\ 0 & \longrightarrow & L_1 & \longrightarrow & E & \longrightarrow & I_Z \otimes M & \longrightarrow & 0 . \end{array}$$

Nous dirons que la deuxième ligne est un dévissage de E. On peut en déduire les classes de Chern de E :

$$c_1(E) = L_1 \otimes M$$

$$c_2(E) = L_1.M + \deg Z .$$

1.3. Critère d'instabilité (Bogomolov-Mumford).- Un fibré E de rang 2 sur une surface X est instable si et seulement si il existe un dévissage

$$0 \longrightarrow L \longrightarrow E \longrightarrow I_Z \otimes M \longrightarrow 0$$

tel que si $L' = L \otimes M^{-1} = L^2 \otimes (\det E)^{-1}$

— ou bien L' est dans le cône $\mathcal{C}_+$ engendré dans $NS(X) \otimes \mathbb{Q}$ par les diviseurs positifs

— ou bien $L' = \mathcal{O}_X$ et Z n'est pas vide.

De plus, ce dévissage est alors unique.

Nous allons le démontrer en utilisant uniquement la théorie de l'instabilité due à Mumford.

Soient $P = \mathbb{P}(E)$, $p : P \longrightarrow X$ la projection, $\mathcal{O}_P(1)$ le fibré canonique ample pour p. Une section s non nulle de $S^{2n}E \otimes (\det E)^{-n}$ correspond à une section t non nulle sur P de $\mathcal{O}_P(2n) \otimes p^*(\det E)^{-n}$. Soient ξ le point générique de X et $K = k(\xi)$. Si on choisit une base de E_K, $s(\xi)$ correspond à un polynôme homogène F de degré $2n$ en deux variables. Puisque s s'annule en un point de X, $s(\xi)$ est instable pour l'action de PGL_2 sur $S^{2n}E_K \otimes (\det E_K)^{-n}$. On déduit du critère d'instabilité par les sous-groupes à un paramètre [11] que F a une racine d'ordre supérieur à n dans une clôture algébrique de K, donc aussi dans K, c'est-à-dire qu'il existe un entier $r \geq 1$ et deux polynômes G et H homogènes de degrés respectifs 1 et $n-r$ tels que $F = G^{n+r}H$. Soient D le diviseur de t et Δ l'adhérence du diviseur défini sur la fibre générique par G. On peut écrire $D = (n+r)\Delta + \Delta'$ où Δ (resp. Δ') est de degré 1 (resp. $n-r$) sur P.

Alors, il existe des inversibles L et L' sur X tels que

$$\mathcal{O}_P(\Delta) = \mathcal{O}_P(1) \otimes p^*L$$

$$\mathcal{O}_P(\Delta') = \mathcal{O}_P(n-r) \otimes p^*L'$$

d'où $\qquad (\det E)^{-n} = L^{n+r} \otimes L'$.

Le diviseur Δ correspond à une section de $E \otimes L$, donc à une injection $L^{-1} \rightarrow E$ qui par construction est une droite saturée de E. On vérifie qu'elle fournit le dévissage cherché.

1.4. Opérations sur les fibrés instables

1.4.1. L'instabilité est conservée par passage au dual et tensorisation par un inversible.

1.4.2. Soient $f : Y \longrightarrow X$ un morphisme surjectif de surfaces, E un fibré de rang 2 sur X. Alors E est instable si et seulement si f^*E l'est.

1.4.3. Soient $f : Y \longrightarrow X$ un morphisme fini fidèlement plat de surfaces, F un fibré de rang 2 sur Y. Alors si F est instable, f_*F l'est aussi.

2. Démonstration du Théorème 0.3

Si Ω^1_X est instable, il existe un dévissage :

$$0 \longrightarrow L \longrightarrow \Omega^1_X \longrightarrow I_Z \otimes M \longrightarrow 0 ,$$

un entier $n > 0$ et une injection $\mathcal{O}_X \hookrightarrow (L \otimes M^{-1})^{\otimes n}$.

Alors, pour $m >> 0$,

$$h^0(L^{2m}) = h^0(((L \otimes M^{-1})^{\otimes m} \otimes \Omega^2_X)^{\otimes m}) \geq h^0((\Omega^2_X)^{\otimes m}) = \mathcal{O}(m^2) .$$

Le théorème est donc une conséquence du suivant :

2.1. Théorème (Bogomolov).- Soient X une surface propre et lisse et L un sous-faisceau inversible de Ω^1_X. Alors $h^0(L^n) \leq \mathcal{O}(n)$ si $n >> 0$.

Rappelons d'abord un joli résultat dû à Castelnuovo et de Franchis dont nous aurons besoin pour la démonstration :

2.2. Lemme ([4], [12]).- Soient ω_1 et ω_2 deux formes différentielles holomorphes sur X, linéairement indépendantes sur k, telles que $\omega_1 \wedge \omega_2 = 0$. Alors il existe une courbe C propre et lisse sur k, de genre au moins égal à 2, deux formes différentielles holomorphes θ_1 et θ_2 sur C, et un morphisme $u : X \longrightarrow C$ tels que $\omega_i = u^*(\theta_i)$ pour $i = 1, 2$.

Il existe une fonction méromorphe f sur X telle que $\omega_2 = f\omega_1$. Elle définit un morphisme d'un éclaté X' de X dans $\mathbb{P}^1$. Soit $u : X' \longrightarrow C$ sa factorisation de Stein.

On a une suite exacte de modules de différentielles :

$$0 \longrightarrow u^*\Omega^1_C \longrightarrow \Omega^1_{X'} \longrightarrow \Omega^1_{X'/C} \longrightarrow 0 .$$

D'autre part, $\omega_2 = f\omega_1$ et $0 = d\omega_2 = df \wedge \omega_1$. Donc au-dessus d'un ouvert U de C, ω_1 et ω_2 sont dans l'image de l'homomorphisme

$$H^0(u^{-1}(U), u^*\Omega^1_C) = H^0(U, \Omega^1_C) \longrightarrow H^0(u^{-1}(U), \Omega^1_{X'}) ,$$

c'est-à-dire proviennent de différentielles θ_1 et θ_2 holomorphes sur U, qu'on prolonge en des différentielles holomorphes sur C. La courbe C est alors de genre au moins 2, et l'application rationnelle $X \cdots\longrightarrow C$ induite par u est un morphisme.

2.3. Fin de la démonstration du Théorème

— ou bien, pour tout $n > 0$, $h^0(X,L^n) \leq 1$;

— ou bien, il existe $n > 0$, $h^0(X,L^n) \geq 2$. Par un procédé standard d'extraction de racine n-ième, on se ramène au cas suivant :

— ou bien, $h^0(X,L) \geq 2$. D'après le lemme 2.2, il existe une courbe lisse C et un morphisme $u : X \to C$, un faisceau inversible L_0 sur C tel que $L \subset u^*(L_0)$. D'où $h^0(X,L^n) \leq h^0(C,L_0^n) \leq \mathcal{O}(n)$.

2.4. Corollaire.- Si c_1 et c_2 sont les classes de Chern du faisceau Ω_X^1, $c_1^2 \leq 4c_2$. [Pour la démonstration, voir Bogomolov.]

3. Courbes de genre géométrique borné sur une surface de type général minimale

3.1. Quelques exemples montreront que le fait que X soit de type général joue évidemment un rôle essentiel, et que dans le cas contraire, il peut y avoir une famille illimitée de courbes de genre géométrique fixé.

3.1.1. $X = \mathbb{P}^2$, $NS(X) = \mathbb{Z}$. Il existe dans le plan projectif des courbes de genre géométrique borné et de degrés arbitrairement grands.

3.1.2. Soient E une courbe elliptique sans multiplication complexe et $X = E \times E$; $NS(X) = \mathbb{Z}f_1 \oplus \mathbb{Z}f_2 \oplus \mathbb{Z}\Delta$ où f_i est une fibre de la i-ième projection et Δ la diagonale. Pour tout couple d'entiers (m,n) premiers entre eux, l'image dans X du morphisme $f_{m,n} : E \to X$, $f_{m,n}(\alpha) = (m\alpha, n\alpha)$ est une courbe de classe $m^2f_1 + n^2f_2 + (m-n)^2\Delta$.

3.1.3. Soient B une courbe propre et lisse et $\pi : X \to B$ une fibration elliptique minimale et non isotriviale (c'est-à-dire ne devenant pas triviale après un changement de base fini $B' \to B$) admettant une section $\sigma : B \to X$ d'ordre infini. Soit ω le faisceau conormal de $\sigma(B)$. Alors, il existe une section globale g_2 (resp. g_3) du faisceau ω^4 (resp. ω^6) telles que X soit la résolution minimale de la surface $Y \subset \mathbb{P}_B(\omega^2 \oplus \omega^3 \oplus \mathcal{O}_B)$ définie par la "forme de Weierstrass"

$$y^2z = x^3 - g_2xz^2 - g_3z^3 \qquad [6], [7].$$

De plus, ω est indépendant de la section σ et son degré est égal à $-\sigma(B).\sigma(B)$. Si ce degré est nul, g_2 et g_3 sont des constantes, et la fibration π est isotriviale. Il existe donc une infinité de sections de self-intersection négative et de classes algébriques distinctes.

3.2. Notations. On note K un diviseur canonique sur X, T_X le fibré tangent, $\pi : \mathbb{P}(\Omega^1_X) \longrightarrow X$ la projection canonique, $L = \mathcal{O}_P(1)$ le faisceau ample pour π.

Soit F un fibré inversible sur X. On note aussi F un diviseur du même système linéaire. De plus, pour tout nombre rationnel ℓ, on se permet des calculs formels faisant intervenir le faisceau ℓF, étant entendu qu'on ne considère des puissances tensorielles $(\ell F)^{\otimes m}$ que pour des entiers m tels que $m\ell$ soit entier.

3.3. Construction d'un bon système linéaire de diviseurs sur P

3.3.1. Proposition.- Soient F un faisceau inversible sur X, ℓ un rationnel positif tels que

(i) $K.F \geq 0$;

(ii) $(K + 2\ell F)^2 > 0$;

(iii) $c_1^2(\Omega^1_X \otimes \ell F) - c_2(\Omega^1_X \otimes \ell F) > 0$.

Alors pour $m >> 0$, le système linéaire $(L \otimes \pi^*(\ell F))^m$ définit une application rationnelle $u_F : \mathbb{P}(\Omega^1_X) \dots \longrightarrow \mathbb{P}_N$ birationnelle sur son image.

D'après le théorème d'Iitaka [20], il suffit de montrer que, pour $m >> 0$,

$$h^0(P, (L \otimes \pi^*\ell F)^m) - h^0(X, S^m(\Omega^1_X \otimes \ell F)) \geq \mathcal{O}(m^3) .$$

La formule de Riemann-Roch pour un fibré E :

$$\chi(S^m E) = \frac{m(m+1)(m+2)}{24}(c_1^2(E) - 4c_2(E)) + \frac{m+1}{2}\left[\frac{m^2}{4}c_1^2(E) - \frac{m}{2}K.c_1(E)\right] + (m+1)\chi(\mathcal{O}_X)$$

donne pour $m >> 0$:

$$h^0(S^m(\Omega^1_X \otimes \ell F)) + h^2(S^m(\Omega^1_X \otimes \ell F)) \sim h^1(S^m(\Omega^1_X \otimes \ell F)) + \frac{m^3}{6}[c_1^2(\Omega^1_X \otimes \ell F) - c_2(\Omega^1_X \otimes \ell F)] \geq \mathcal{O}(m^3)$$

Par dualité

$$h^2(S^m(\Omega^1_X \otimes \ell F)) = h^0(K \otimes S^m(T_X \otimes -\ell F)) .$$

Choisissant des diviseurs D et D' amples et lisses tels que

$$\mathcal{O}_X(-D') \subset K \subset \mathcal{O}_X(D) ,$$

on montre que

$$|h^0(K \otimes S^m(T_X \otimes -\ell F)) - h^0(S^m(T_X \otimes -\ell F))| \leq \mathcal{O}(m^2) .$$

On termine la démonstration à l'aide du lemme suivant :

3.3.2. Lemme.- Pour tout $m > 0$, $H^0(S^m(T_X \otimes -\ell F)) = 0$.

On sait (Théorème 0.3 et propriété 1.4.1) que le fibré $T_X \otimes -\ell F$ n'est pas instable. Si nous montrons que pour $m >> 0$, $h^0(\det(T_X \otimes -\ell F)^m)$ n'est pas nul, le résultat se déduira aisément de la définition

$$\det(T_X \otimes - \ell F)^{-m} = m(K + 2\ell F) .$$

D'après Riemann-Roch et (ii)

$$\chi(m(K+2\ell F)) \sim \frac{m^2}{2}(K + 2\ell F)^2 = \mathcal{O}(m^2)$$

$$h^o(m(K + 2\ell F)) + h^2(m(K + 2\ell F)) \geq \mathcal{O}(m^2)$$

par dualité :

$$h^2(m(K + 2\ell F)) = h^o(K - m(K + 2\ell F)) .$$

Puisque $K.(K - m(K + 2\ell F)) = K^2 - mK(K + 2\ell F)$ est négatif, et K numériquement positif, $h^o(K - m(K + 2\ell F))$ est nul pour $m >> 0$. D'où le résultat.

Pour tout fibré F vérifiant les conditions de la proposition, fixons une fois pour toutes m et ℓ , et soit Z_F le fermé de $\mathbb{P}(\Omega_X^1)$ en dehors duquel u_F est défini et est un prolongement.

3.3.3. Définition.- Soient C une courbe tracée sur X , $\widetilde{C}$ sa normalisée, $f : \widetilde{C} \longrightarrow C$ le morphisme ainsi défini. Si $t_f(\widetilde{C})$ n'est pas contenu (resp. est contenu) dans Z_F , on dit que C est F-régulière (resp. F-irrégulière).

3.4. Démonstration du théorème 0.4

3.4.1. Proposition.- Soient F un fibré inversible, et ℓ un rationnel vérifiant les conditions de 3.3.1. Pour tout réel positif A , les courbes C de genre géométrique g sur X , et telles que $F.C \leq A$ forment une famille limitée.

Soient C une courbe F-régulière, $\widetilde{C}$ sa normalisée. L'application rationnell]

$$\widetilde{C} \xrightarrow{t_f} \mathbb{P}(\Omega_X^1) \; \cdots \xrightarrow{u_F} \mathbb{P}^N$$

se prolonge en un morphisme défini par un système linéaire contenu dans $t_f^*(L \otimes \pi^* \ell F)^m$ dont l'image est une courbe C' .

Par construction, $t_f^* L$ est l'image de l'homomorphisme tangent

$$df : f^*\Omega_X^1 \longrightarrow \Omega_{\widetilde{C}}^1$$

donc

$$\deg C' \leq \deg t_f^*(L \otimes \pi^* \ell F)^m \leq m \deg(\Omega_{\widetilde{C}}^1 \otimes \ell F|_{\widetilde{C}}) = m(2g - 2) + m\ell F.\widetilde{C} \leq m(2g - 2) + m\ell A .$$

Le théorème suivant que nous démontrerons plus loin

3.4.2. Théorème (Bogomolov).- L'ensemble des courbes F-irrégulières est une famille limitée.

joint à la proposition précédente, appliqués au cas $F = 0$, terminent la démonstration de la première assertion du Théorème.

3.4.3. Démonstration dans le cas $c_1^2 \leq c_2$, rang NS(X) $\geq$ 2

Compte tenu des égalités $c_1(\Omega_X^1 \otimes \ell F) = c_1 + 2\ell F$

$$c_2(\Omega_X^1 \otimes \ell F) = c_2 + \ell K.F + \ell^2 F^2 ,$$

les conditions de 3.3.1 se réduisent à

$$(*) \quad \begin{cases} K.F \geq 0 \\ (K + 2\ell F)^2 > \dfrac{4c_2 - c_1^2}{3} \quad (\geq c_1^2 \text{ par hypothèse}) . \end{cases}$$

Dans le plan de $NS(X) \otimes \mathbb{R}$ contenant les images de F et K , prenons une base orthonormée formée d'un vecteur colinéaire à K et d'un vecteur orthogonal, dans laquelle la forme intersection est définie par la matrice $\begin{pmatrix} 1 & 0 \\ 0 & -1 \end{pmatrix}$. Le point image de $2\ell F$ qui vérifie (*) est à l'intérieur de la zone hachurée

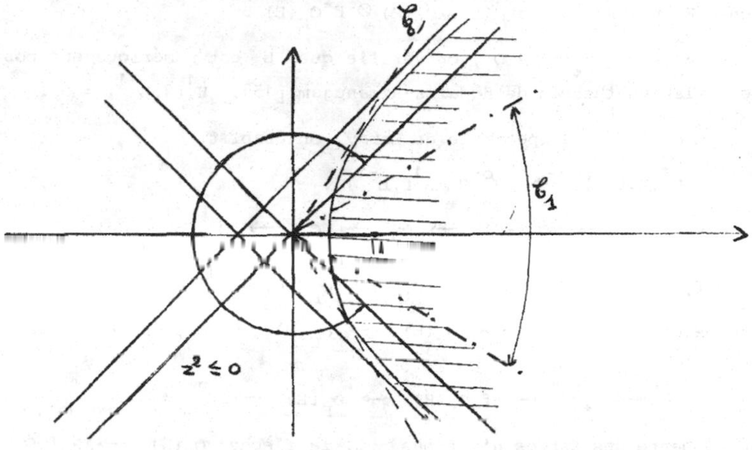

Soit $\mathcal{C}_o$ le cône ouvert tangent à l'origine à la partie d'abscisse positive de l'hyperbole. Les faisceaux F vérifiant les conditions (*) sont ceux dont les images sont contenues dans $\mathcal{C}_o$. Soient $\mathcal{C}_1$ le cône dual fermé, et $\mathcal{C}$ son complémentaire, qui contient le cône $\{z \mid z \in NS(X) \otimes \mathbb{R} , z^2 \leq 0\}$

$$\mathcal{C}_1 = \bigcap_{F \in \mathcal{C}_o} \{z ; z.F \geq 0\}$$

$$\mathcal{C} = \bigcup_{F \in \mathcal{C}_o} \{z ; z.F < 0\}$$

On termine par un argument de compacité.

Les translatés de $\mathcal{C}$ parallèlement à K s'obtiennent en faisant varier la constante A .

3.4.4. Remarque.- Supposons $c_1^2 \leq c_2$ et rang NS(X) = 1 . Soit F un fibré inversible non nul sur X . Il est numériquement équivalent à λK , $\lambda \neq 0$. La condition $K.F \geq 0$ implique $\lambda > 0$. Or il est bien connu que les courbes C vérifiant $K.C \leq A$ forment une famille limitée.

3.4.5. Corollaire.- Soit X une surface de type général telle que $c_1^2 > c_2$. Il n'existe sur X qu'un nombre fini de courbes de genre géométrique 0 ou 1.

C'est une conséquence du fait qu'une surface de type général n'est ni réglée, ni elliptique [3], [17].

3.4.6. Corollaire.- Sur une surface de type général minimale, la famille des courbes de self-intersection bornée et de genre géométrique borné est finie.

3.4.7. Corollaire (Problème de Mordell).- Soient X une surface de type général minimale, C une courbe propre et lisse et $f : X \longrightarrow C$ un morphisme à fibres réduites connexes. Alors si la fibration f n'est pas triviale, elle n'a qu'un nombre fini de sections.

Soient E une section et $L = \mathcal{O}_X(E) \otimes f^*\mathcal{O}_E(E)$.

Si $r = E^2 = \deg \mathcal{O}_E(E) > 0$, on vérifie que L est numériquement positif, donc d'après le vanishing-theorem de Kodaira-Ramanujam [15], $H^1(X,L^{-1}) = 0$.

A l'aide de la suite spectrale de Leray, on établit

$$H^1(X,L^{-1}) \xrightarrow{\sim} H^0(C, R^1f_*L^{-1}).$$

De la suite exacte $0 \longrightarrow \mathcal{O}_X(-E) \longrightarrow \mathcal{O}_X \longrightarrow \mathcal{O}_E \longrightarrow 0$, on déduit

$$R^1f_*L^{-1} = \mathcal{O}_E(-E) \otimes R^1f_*\mathcal{O}_X(-E) \xrightarrow{\sim} \mathcal{O}_E(-E) \otimes R^1f_*\mathcal{O}_X .$$

De la suite exacte $0 \longrightarrow \mathcal{O}_X \longrightarrow \mathcal{O}_X(E) \longrightarrow \mathcal{O}_E(E) \longrightarrow 0$, on déduit la suite exacte :

$$0 \longrightarrow f_*\mathcal{O}_X \longrightarrow f_*\mathcal{O}_X(E) \longrightarrow \mathcal{O}_E(E) \longrightarrow R^1f_*\mathcal{O}_X ,$$

et puisque le genre des fibres n'est pas nul, la flèche $\mathcal{O}_E(E) \longrightarrow R^1f_*\mathcal{O}_X$ n'est pas nulle, ce qui contredit l'annulation de $H^1(X, L^{-1})$.

Les sections sont donc de self-intersection négative ou nulle (pour une autre démonstration, voir [1] et [14]). S'il y en a une infinité, elles sont contenues dans les fibres d'un pinceau sur X et on vérifie qu'alors f est une fibration triviale.

3.4.8. Remarque.- En caractéristique p, M. Raynaud [16] utilise ce procédé pour construire un contre-exemple au vanishing-theorem. Plus précisément, il construit une fibration $f : X \longrightarrow C$ à fibres intègres de genre arithmétique non nul, possédant une section E telle que $E^2 > 0$.

3.4.9. Remarque.- Si l'on ne borne pas le genre, la famille des courbes de self-intersection négative sur une surface de type général peut être illimitée : soit $Y \longrightarrow B$ une fibration elliptique non isotriviale ayant une infinité de sections de self-intersection négative (voir 3.1.3). Il existe un revêtement $X \longrightarrow Y$ ramifié le long d'une section hyperplane lisse qui est une surface de type général. L'image réciproque d'une section de $Y \longrightarrow B$ est une courbe dont au moins une composante est de self-intersection négative, d'où une infinité de telles courbes sur X .

4. Etude des courbes F-irrégulières

Rappelons tout d'abord quelques définitions.

4.1. Définition.- Un feuilletage algébrique sur X est la donnée d'un sous-faisceau inversible L du faisceau Ω^1_X . Il est dit saturé si L est une droite saturée de Ω^1_X .

4.2. Définition.- Soient C une courbe sur X , $\widetilde{C}$ sa normalisée, $L \subset \Omega^1_X$ un feuilletage algébrique. On dit que C est une courbe intégrale si l'homomorphisme composé

$$L|_{\widetilde{C}} \longrightarrow \Omega^1_{X}|_{\widetilde{C}} \longrightarrow \Omega^1_{\widetilde{C}}$$

est nul. Les courbes intégrales d'un feuilletage sont celles du feuilletage saturé associé, plus celles sur lesquelles l'homomorphisme $L \longrightarrow \Omega^1_X$ est nul.

4.3. Proposition.- Il existe un nombre fini de surfaces Z_i propres et lisses dominant X , possédant un feuilletage algébrique, et telles que les courbes F-irrégulières de X , sauf un nombre fini, soient les images dans X de courbes intégrales de ces feuilletages.

Les composantes irréductibles du fermé Z_F de $\mathbb{P}(\Omega^1_X)$ sont des courbes et des surfaces. Les courbes C telles que $t_f(\widetilde{C})$ soit contenu dans une composante qui ne domine pas X sont en nombre fini.

Soient Z_i une désingularisée d'une composante qui domine X , $\alpha_i : Z_i \longrightarrow X$ le morphisme obtenu, et C une courbe qui se relève dans Z_i .

$$\begin{array}{ccc} Z_i & \longrightarrow & \mathbb{P}(\Omega^1_X) \\ g \uparrow & \searrow^{\alpha_i} & \downarrow \pi \\ \widetilde{C} & \xrightarrow{f} & X . \end{array}$$

Sur $\mathbb{P}(\Omega^1_X)$, on a par construction une suite exacte :

$$0 \longrightarrow L' \longrightarrow \pi^*\Omega^1_X \longrightarrow L \longrightarrow 0 ,$$

et L' est un faisceau inversible.

L'injection $L'|_{Z_i} \longrightarrow \alpha_i^*\Omega^1_X \longrightarrow \Omega^1_{Z_i}$ définit un feuilletage algébrique et on vérifie aisément que $g(\widetilde{C})$ en est une courbe intégrale.

Pour terminer la démonstration du Théorème 0.4, deux méthodes sont possibles :

— soit, comme le fait Bogomolov, utiliser le résultat analytique suivant :

4.4. Théorème (Seidenberg [18]).- Soient A et B deux éléments de l'anneau local complet $R = k[[X,Y]]$. Il existe un schéma S obtenu à partir de $\mathrm{Spec}\, R$ pour un nombre fini d'éclatements de points fermés situés au-dessus du point fermé de $\mathrm{Spec}\, R$ tel que les transformées strictes dans S des branches analytiques solutions de l'équation différentielle $Adx = Bdy$, sauf éventuellement un nombre fini, soient deux à deux disjointes.

puis montrer qu'une famille de courbes $(C_i)_{i\in I}$ deux à deux disjointes sur une surface est limitée.

— soit, utiliser l'énoncé plus précis - et moins puissant - suivant :

4.5. Théorème (Jouanolou [5]).- Soit $\mathcal{L} \longrightarrow \Omega^1_X$ un feuilletage algébrique sur une variété X projective et lisse sur $\mathbb{C}$. S'il y a une infinité d'hypersurfaces intégrales, elles sont contenues dans les fibres d'un pinceau.

4.5.1. Nous nous contenterons de faire la démonstration dans le cas où X est une surface et où $\mathcal{L} = \mathcal{O}_X$, c'est-à-dire où le feuilletage est défini par une 1-forme différentielle holomorphe ω, ceci afin d'alléger les notations. Nous allons montrer que s'il y a une infinité de courbes intégrales, il existe des fonctions méromorphes f et φ sur X telles que $\omega = fd\varphi$.

Soient m^*_X le faisceau des fonctions méromorphes sur X, $\mathrm{Div}\, X$ (resp. $\mathrm{Div}^\tau X$) le groupe des diviseurs de X (resp. des diviseurs numériquement équivalents à 0), $\mathrm{Pic}\, X$ (resp. $\mathrm{Pic}^\tau X$) le groupe de Picard des faisceaux inversibles sur X (resp. des faisceaux inversibles numériquement équivalents à 0).

Le morphisme de faisceaux (pour la topologie complexe)

$$d \log : \mathcal{O}^*_X \longrightarrow \Omega^1_X$$

définit un homomorphisme de groupes

$$H^1(X,\mathcal{O}^*_X) = \mathrm{Pic}\, X \longrightarrow H^1(X,\Omega^1_X)$$

et on montre que son noyau contient $\mathrm{Pic}^\tau X$.

4.5.2. On a un morphisme de suites exactes :

$$\begin{array}{ccccccccc} 0 & \longrightarrow & \mathcal{O}_X^* & \longrightarrow & m_X^* & \longrightarrow & m_X^*/\mathcal{O}_X^* & \longrightarrow & 0 \\ & & \downarrow d\log & & \downarrow d\log & & \downarrow & & \\ 0 & \longrightarrow & \Omega_X^1 & \longrightarrow & \Omega_X^1 \otimes m_X^* & \longrightarrow & \Omega_X^1 \otimes m_X^* / \Omega_X^1 & \longrightarrow & 0 . \end{array}$$

En prenant sa cohomologie, on construit un homomorphisme de groupes :

$$\psi : \mathrm{Div}^T X \longrightarrow H^0(X, \Omega_X^1 \otimes m_X^*) / H^0(X, \Omega_X^1) ,$$

qui possède les propriétés suivantes :

- si D est un élément de $\mathrm{Div}^T X$, et μ un représentant de $\psi(D)$ dans $H^0(X, \Omega_X^1 \otimes m_X^*)$, alors $d\mu = 0$;

- si D est défini sur un ouvert U par une fonction g, $\frac{dg}{g} - \mu$ est holomorphe sur U ;

- pour tout sous-groupe libre L de $\mathrm{Div}^T X$, le morphisme

$$\psi_L : L \otimes \mathbb{C} \longrightarrow H^0(X, \Omega_X^1 \otimes m_X^*) / H^0(X, \Omega_X^1)$$

est injectif (pour plus de détails, voir [5]).

4.5.3. Soient M le sous-groupe de $\mathrm{Div}\, X$ engendré par les courbes intégrales, et $M^T = M \cap \mathrm{Div}^T X$. On a une suite exacte :

$$0 \longrightarrow M^T \longrightarrow M \xrightarrow{\ \sigma_1\ } H^2(X, \mathbb{C}) .$$

D'autre part, avec les notations de 4.5.2, pour tout élément D de M^T, la 2-forme méromorphe $\omega \wedge \mu$ peut s'écrire localement $\omega \wedge \frac{dg}{g} - \omega \wedge \nu$, où ν est holomorphe, donc on définit ainsi un homomorphisme

$$h : \mathbb{C} \otimes M^T \xrightarrow{\ \omega\wedge\ } H^0(X, \Omega_X^2) / \omega \wedge H^0(X, \Omega_X^1) .$$

Pour terminer, il suffit donc de démontrer

4.5.4. <u>Lemme</u>.- Si dimension Ker $h > 1$, il existe des fonctions méromorphes f et φ telles que $\omega = f d\varphi$.

Soient D_1 et D_2 deux diviseurs linéairement indépendants de Ker h, μ_1 et μ_2 les 2-formes méromorphes correspondantes. Il existe des 1-formes holomorphes θ_1 et θ_2 telles que $\omega \wedge \mu_i = \omega \wedge \theta_i$ pour $i = 1, 2$, donc des fonctions k_i méromorphes non nulles telles que $\mu_i - \theta_i = k_i \omega$. D'où

$$d(k_i \omega) = dk_i \wedge \omega + k_i d\omega = 0$$

et

$$d(k_2 / k_1) \wedge \omega = 0 .$$

Soit $\varphi = k_2 / k_1$. Si φ est une constante, on en déduit $\psi(D_2) = \varphi . \psi(D_1)$, donc $D_2 = \varphi . D_1$, ce qui est contraire à l'hypothèse. Il existe donc une fonction méromorphe f telle que $\omega = f d\varphi$.

BIBLIOGRAPHIE

[1] S. Ju. ARAKELOV - Families of algebraic curves with fixed degeneracies, Math. U.S.S.R. Isvestija, vol. 5, 1971, n° 6, p. 1277-1302.

[2] F. A. BOGOMOLOV - Notes distribuées au C.I.M.E., Juillet 1977.

[3] E. BOMBIERI and D. HUSEMOLLER - Classification and embeddings of surfaces, Proc. of symposia in pure math., vol. 29, Algebraic geometry, Arcata 1974, p. 329-420.

[4] M. de FRANCHIS - Sulle superficie algebriche le quali contengono un fascio irrazionale de curve, Rendic. Palermo, 20, 1905, p. 49 .

[5] J.-P. JOUANOLOU - Hypersurfaces solutions d'une équation de Pfaff analytique, Mathematische Annalen, n° 232, 1978, p. 239-248.

[6] A. KAS - Weierstrass normal forms and invariants of elliptic surfaces, Trans. of Amer. Math. Soc., vol. 225, 1977, p. 259-266.

[7] K. KODAIRA - On compact analytic surfaces II, Annals of Math., n° 77, 1963, p. 563-626.

[8] K. KODAIRA - Pluricanonical systems on algebraic surfaces of general type, Proc. of the Nat. Amer. Soc., vol. 39, 1953,

[9] Y. MIYAOKA - On the Chern numbers of surfaces of general type, Invent. Math., vol. 42, 1977, p. 225-237.

[10] D. MUMFORD - Geometric invariant theory, Springer-Verlag, Berlin, 1965.

[11] D. MUMFORD - Projective invariants of projective structures and applications, Proc. Intern. Cong. Math. Stockholm, 1962, p. 526-530.

[12] Y. NAKAI - The existence of irrational pencils on algebraic varieties, Mem. of College of Sciences, Univ. of Kyoto, Series A, n° 29, 1955, p. 151-158.

[13] N. S. NARASIMHAN and C. S. SESHADRI - Stable and unitary vector bundles on a compact Riemann surface, Annals of Math., vol. 82, 1965, p. 540-562.

[14] A. N. PARŠIN - Algebraic curves over function fields, Math. U.S.S.R. Isvestija, vol. 2, 1968, n° 5, p. 1145-1170.

[15] C. P. RAMANUJAM - Supplement to the article "Remarks on the Kodaira Vanishing Theorem", Journ. of Indian Math. Soc., vol. 38, 1974, p. 121-124.

[16] M. RAYNAUD - Contre-exemple au "vanishing theorem" en caractéristique p , à paraître.

[17] I. R. SCHAFAREVITCH - Algebraic surfaces, Proc. of the Steklov Institute of math., n° 75, 1965.

[18] A. SEIDENBERG - Reduction of singularities of the differential equation $Ady = Bdx$, Amer. Journ. of Math., n° 90, 1968, p. 248-269.

[19] C.S. SESHADRI - Space of unitary vector bundles on a compact Riemann surface, Annals of Math., n° 85, 1967, p. 303-336.

[20] K. UENO - Classification theory of algebraic varieties and compact complex spaces, Lecture Notes in Math., vol. 439, Springer-Verlag.

PROGRÈS RÉCENTS DES PETITS CRIBLES ARITHMÉTIQUES
[d'après CHEN, IWANIEC,...]

par Jean-Marc DESHOUILLERS

Pour un arithméticien, le terme crible évoque :

- soit la famille des méthodes (cribles arithmétiques) mises en oeuvre pour évaluer le nombre d'éléments qui subsistent dans un ensemble fini après qu'on lui ait retiré certains sous-ensembles réguliers (e.g. des progressions arithmétiques dans le cas d'un ensemble d'entiers),
- soit une famille de méthodes (crible analytique) utilisées en théorie analytique dans l'étude des séries de Dirichlet, qui conduisent à des résultats concernant la valeur moyenne des fonctions L ou la répartition des zéros de ces fonctions.

En regardant ces questions d'un peu plus près, on constate que la dichotomie précédente ne tient pas compte du développement historique de ces méthodes (ou, ce qui revient au même, des principes de base mis en jeu) ; cet aspect conduit à distinguer :

- les cribles arithmétiques adaptés au cas où les sous-ensembles soustraits à l'ensemble de départ sont "petits" : ce sont les petits cribles arithmétiques, sujet de l'exposé,

- le grand crible qui présente les deux facettes de crible arithmétique et analytique ; (nous recommandons la lecture de l'ouvrage de Richert [1976] pour une introduction à ce sujet et une vue d'ensemble).

Les cribles arithmétiques étant relativement peu connus en France, nous avons commencé cet exposé par un rappel des principes fondamentaux et de quelques résultats obtenus avant la fin des années mille neuf cent soixante ; (signalons ici l'excellente bible de Halberstam et Richert [1974]). La seconde partie de l'exposé a dû être amputée d'autant : nous nous sommes limité au crible de dimension 1 , délaissant à contrecoeur le travail d'Iwaniec [1976] sur le crible de dimension 1/2 (où il donne une démonstration élémentaire de la formule asymptotique du nombre de sommes de deux carrés dans l'intervalle $[1,x]$), les travaux récents consacrés au théorème de Brun-Titchmarsh...

1. Exemples ; formulation du crible

1.1. On s'intéresse ici à la question suivante (problème de crible) :

Evaluer le nombre $\mathcal{S}(\mathcal{A},\mathcal{P})$ d'éléments d'une collection finie $\mathcal{A}$ d'entiers relatifs non nécessairement distincts qui ne sont divisibles par aucun élément d'une famille finie $\mathcal{P}$ de nombres premiers.

1.2. Quelques exemples de tels problèmes (la lettre N désignera un entier supérieur à 2 et la lettre p un nombre premier).

1) Problème de Goldbach :

$$\mathcal{A} = \{2N - p \mid p < 2N\} , \quad \mathcal{P} = \{p \mid p \leq (2N)^{1/2}\}$$

2) Nombres premiers jumeaux :

a) $\mathcal{A} = \{p + 2 \mid p \leq N - 2\} , \quad \mathcal{P} = \{p \mid p \leq N^{1/2}\}$

b) $\mathcal{A} = \{n(n+2) \mid n \leq N - 2\}, \quad \mathcal{P} = \{p \mid p \leq N^{1/2}\}$

3) Nombres premiers dans un intervalle :

$$\mathcal{A} = \{n \mid N - M \leq n \leq N\} \quad \text{avec} \quad M < N - N^{1/2}$$
$$\mathcal{P} = \{p \mid p \leq N^{1/2}\}$$

4) Nombres premiers de la forme $n^2 + 1$:

$$\mathcal{A} = \{n^2 + 1 \mid n \leq N\} , \quad \mathcal{P} = \{p \mid p \leq N\}$$

5) Nombres au plus égaux à N qui sont résidus quadratiques modulo les nombres premiers au plus égaux à $N^{1/2}$:

$$\mathcal{P} = \{p \mid p \leq N^{1/2}\} , \quad \mathcal{A} = \{ \prod_{p \in \mathcal{P},\ (\frac{\nu}{p}) = -1} p \mid 1 \leq \nu \leq N\} .$$

1.3. Formulation du crible

Pour évaluer $\mathcal{S}(\mathcal{A},\mathcal{P})$, on commence par l'écrire sous la forme :

$$\mathcal{S}(\mathcal{A},\mathcal{P}) = \sum_{a \in \mathcal{A}} s^{o}(a) , \qquad \text{où } s^{o}(a) = \begin{cases} 1 & \text{si } p|a \Rightarrow p \notin \mathcal{P} \\ 0 & \text{sinon ,} \end{cases}$$

les propriétés élémentaires de la fonction de Möbius permettent d'écrire :

$$s^{o}(a) = \sum_{d|(a,P)} \mu(d) ,$$

où P désigne le produit des éléments de $\mathcal{P}$; en intervertissant les sommations, on obtient la relation

$$\mathcal{S}(\mathcal{A},\mathcal{P}) = \sum_{d|P} \mu(d) \operatorname{Card}\{a \in \mathcal{A} \mid a \equiv 0 \ [d]\} , \tag{1.1}$$

à ce stade, il convient d'introduire une hypothèse relative à la forme du cardinal de l'ensemble $\mathcal{A}_d$ constitué par les éléments de $\mathcal{A}$ congrus à 0 modulo d ; les exemples du paragraphe 1.2 conduisent à supposer l'existence d'une relation de la forme :

$$\text{Card } \mathcal{A}_d = \frac{\omega(d)}{d} X + r(\mathcal{A},d)$$

où ω est une fonction multiplicative, X une approximation du cardinal de $\mathcal{A}$, le terme $r(\mathcal{A},d)$ devant être de la nature d'un terme d'erreur. La relation (1.1) s'écrit alors

$$(1.2) \qquad \mathcal{S}(\mathcal{A},\mathcal{P}) = X \prod_{p\in\mathcal{P}} (1 - \frac{\omega(p)}{p})) + \sum_{d|P} \mu(d)\, r(\mathcal{A},d) .$$

Remarquons que la formule (1.2), connue sous le nom de crible d'Eratosthene-Legendre, est de pèu d'intérêt lorsque $\mathcal{P}$ n'est pas très petit, non seulement parce que le terme $\sum_{d|P} \mu(d)\, r(\mathcal{A},d)$ est malaisé à majorer, mais encore parce qu'il n'est pas toujours un terme d'erreur : si l'on considère le problème 3) avec $M := N^{1/2}$, le théorème des nombres premiers implique que chacun des trois termes de la relation (1.2) est du même ordre de grandeur !

Remarquons également que, dans les exemples 1) à 4) la fonction $\omega(p)$ est bornée, alors que dans l'exemple 5) la fonction $\omega(p)$ vaut $\frac{p-1}{2}$ (pour p impair dans $\mathcal{P}$) et n'est pas bornée, même en moyenne ; c'est sur ce point que l'on distingue un petit crible d'un grand ; plus précisément, on dit que le problème de crible $(\mathcal{A},\mathcal{P})$ est de dimension κ si le produit

$$\prod_{w\leq p<z<\max\mathcal{P}} (1 - \frac{\omega(p)}{p})^{-1} \quad \text{est équivalent à} \quad \left(\frac{\text{Log } z}{\text{Log } w}\right)^{\kappa} .$$

Ainsi, les exemples 1), 2 a), 3) et 4) sont de dimension 1, l'exemple 2 b) étant de dimension 2. Nous nous limiterons désormais aux cribles de dimension finie, et, pour les énoncés techniques, aux cribles linéaires, c'est-à-dire de dimension 1.

2. Les petits cribles jusqu'en 1970

2.1. Puisque la relation (1.2) peut ne pas conduire à une formule asymptotique, nous allons nous borner à chercher une majoration (resp. minoration) de la quantité $\mathcal{S}(\mathcal{A},\mathcal{P})$, notée désormais $\mathcal{S}(\mathcal{A})$; il suffit pour cela de construire une fonction s^+ (resp. s^-) qui majore (resp. minore) s^o. On connaît deux façons d'effectuer cela :

1) Chercher la fonction s de la forme

$$s(a) = \sum_{\substack{d|(a,P)\\ d\in\Delta}} \mu(d) ,$$

où Δ est une partie des diviseurs de P construite de manière combinatoire telle que :

(i) la fonction s majore (resp. minore) s^o ;

(ii) Δ ne soit pas trop gros, afin que la quantité $\sum_{\substack{d|P \\ d\in\Delta}} |r(\mathcal{A},d)|$ soit un terme d'erreur.

Cet abord combinatoire du problème a été développé en premier par Brun (vers 1920), puis raffiné par Rosser (vers 1950) ; le travail de Rosser n'a pas été publié et semblait alors donner des résultats surpassés par ceux de Selberg [1947] qui pose ainsi le problème :

2) Chercher la fonction s de la forme

$$s(a) = \sum_{\substack{d|(a,P) \\ d\leq z}} \lambda(d)$$

où la fonction λ et le nombre réel z sont tels que

(i) la somme s majore (resp. minore) s^o ;

(ii) le nombre z est suffisamment petit pour que la quantité

$\sum_{\substack{d|(a,P) \\ d\leq z}} |\lambda(d)\, r(\mathcal{A},d)|$ soit un terme d'erreur.

Il est relativement facile de construire une fonction s^+ : soit, en effet, Λ_d une famille de nombres réels tels que $\Lambda_1 = 1$ et $\Lambda_d = 0$ pour $d \nmid P$ ou $d > z^{1/2}$; la fonction

$$a \longmapsto \Big(\sum_{d|a} \Lambda_d\Big)^2 = \sum_{\substack{d|(a,P) \\ d\leq z}} \Big(\sum_{\substack{d_1,\, d_2 \\ [d_1,d_2]=d}} \Lambda_{d_1} \Lambda_{d_2} \Big)$$

est bien une fonction s^+, car elle vaut 1 quand s^o vaut 1 et elle est positive quand s^o vaut 0 ; il suffit alors de choisir les nombres réels (indépendants) Λ_d pour minimiser le terme principal de la majoration de $\mathcal{S}(\mathcal{A},\mathcal{P})$.

L'obtention de fonctions s^- est plus délicate et nous renvoyons le lecteur au chapitre IV de l'ouvrage de Halberstam et Roth [1966] pour ce point, ainsi que pour une introduction aux cribles de Brun et Selberg.

2.2. Appliqués aux exemples 1) à 4), les cribles que nous venons de présenter ne conduisent à aucun résultat (les termes d'erreur surpassant les termes "principaux"), et on doit donc se limiter à évaluer les quantités $\mathcal{S}(\mathcal{A},z)$ représentant le nombre des éléments de $\mathcal{A}$ qui ne sont divisibles par aucun élément de $\mathcal{P}$ inférieur à z. Pour ce qui est des majorations, cela est peu important : $\mathcal{S}(\mathcal{A},z)$ est en effet un majorant de $\mathcal{S}(\mathcal{A})$ et l'on arrive ainsi à des majorations satisfaisantes (de l'ordre de grandeur de la valeur conjecturée). En ce qui concerne les minorations, mentionnons, à titre d'exemple, que Brun [1920] a obtenu une borne inférieure non triviale pour $\mathcal{S}(\mathcal{A},(N+1)^{1/10})$ dans le problème 2 b), ce qui implique l'existence d'une infinité d'entiers n tels que n et $(n+2)$ aient chacun au plus 9 facteurs premiers, ce que nous noterons :

$$P_9 + 2 = P_9 \quad \text{a une infinité de solutions .}$$

2.3. Bukhštab a remarqué que l'utilisation de la relation

$$(2.1) \qquad \mathcal{S}(\mathcal{A},z) = \mathcal{S}(\mathcal{A},z_1) - \sum_{\substack{z_1 \leq p < z \\ p \in \mathcal{P}}} \mathcal{S}(\mathcal{A}_p, p)$$

permettait d'améliorer les estimations obtenues par le crible de Brun (ou celui de Selberg).

Dans le cas du crible linéaire, Jurkat et Richert [1965], utilisant de manière récurrente la relation (2.1), ont obtenu le résultat suivant :

<u>Théorème</u> 1.- <u>Sous les conditions</u>

$$0 \leq \omega(p)/p \leq B_1 < 1 ,$$

$$-L \leq \sum_{w \leq p < z} \frac{\omega(p) \operatorname{Log} p}{p} - \operatorname{Log} \frac{z}{w} \leq B_2 \quad \underline{\text{pour}} \quad 2 \leq w \leq z \leq \max \mathcal{P} ,$$

<u>pour tous nombres réels</u> $\xi \geq z \geq 2$, <u>on a</u>

$$S(\mathcal{A},z) \leq X V(z) \left\{ F\left(\frac{\operatorname{Log} \xi^2}{\operatorname{Log} z}\right) + \frac{cL}{(\operatorname{Log} \xi)^{1/14}} \right\} + R$$

$$S(\mathcal{A},z) \geq X V(z) \left\{ f\left(\frac{\operatorname{Log} \xi^2}{\operatorname{Log} z}\right) - \frac{cL}{(\operatorname{Log} \xi)^{1/14}} \right\} - R ,$$

<u>où</u> $R = \sum_{n < \xi^2 ,\, n | P(z)} 3^{\nu(n)} |r(\mathcal{A},n)|$, $V(z) = \prod_{p | P(z)} \left(1 - \frac{\omega(p)}{p}\right)$,

$$P(z) = \prod_{p \in \mathcal{P},\, p < z} p ,$$

<u>et, où les fonctions</u> F <u>et</u> f <u>sont déterminées par</u> :

$$uF(u) = 2e^{\gamma} , \qquad uf(u) = 0 \qquad \underline{\text{pour}} \quad 0 < u \leq 2$$

$$(uF(u))' = f(u-1) , \qquad (uf(u))' = F(u-1) \qquad \underline{\text{pour}} \quad u \geq 2 .$$

Notons que Selberg a démontré (par un exemple) que ce résultat est le meilleur possible, en ce qui concerne les fonctions F et f pour $u \leq 2$ et que Jurkat et Richert ont levé cette dernière restriction.

2.4. Il est instructif de revenir sur le pénultième paragraphe : à défaut de pouvoir minorer $\mathcal{S}(\mathcal{A},(N+1)^{1/2})$, on minore $\mathcal{S}(\mathcal{A},(N+1)^{1/10})$ et on en déduit que l'équation $P_9 + 2 = P_9$ a une infinité de solutions ; mais, si l'on s'intéresse à l'équation $P_r + 2 = P_r$, on peut remarquer, avec Kuhn [1941], qu'il n'est pas nécessaire de minorer $\mathcal{S}(\mathcal{A},(N+1)^{1/(r+1)})$: une minoration (non triviale) de la quantité

$$(2.2)\qquad \sum_{\substack{a\in\mathcal{A}\\ (a\,,\,P((N+1)^u))=1}} \{1 - \frac{1}{t+1} \sum_{\substack{p\mid a\\ N^u \le p < N^{(1-u)/(s+1)}}} 1\} = \mathcal{S}(\mathcal{A},(N+1)^u) - \frac{1}{t+1} \sum_{N^u \le p < N^{(1-u)/(s+1)}} \mathcal{S}(\mathcal{A}_p,(N+1)^u),$$

avec $t + s = r$ conduit aussi bien au résultat (en effet, un élément de $\mathcal{A}$ auquel est attaché un poids positif a : 0 facteur premier inférieur à N^u, au plus t entre N^u et $N^{(1-u)/(s+1)}$ et au plus s supérieurs à $N^{(1-u)/(s+1)}$) ; la seconde écriture ramène la minoration souhaitée, à la minoration de $\mathcal{S}(\mathcal{A},(N+1)^u)$ et à la majoration de $\mathcal{S}(\mathcal{A}_p,(N+1)^u)$, c'est-à-dire à une minoration où la précision est meilleure et à des majorations plus précises également, d'où résulte un gain global.

Par la suite, d'autres systèmes de poids que celui de Kuhn ont été introduits ; citons ceux de Bukhštab [1967], optimisés (pour le crible linéaire dans le cas où le plus grand élément de $\mathcal{A}$ est de l'ordre de X) par une procédure de programmation linéaire, et les poids logarithmiques de Richert [1969] (qui étendent ceux d'Ankeny et Onishi), proportionnels à $\left(1 - \theta \frac{\operatorname{Log} P}{\operatorname{Log} X}\right)$.

2.5. Résultats obtenus vers la fin des années 1960

On rappelle que l'on note P_k un entier ayant au plus k facteurs premiers (comptés avec multiplicité).

1) L'attaque de ce problème repose sur la connaissance de la répartition des nombres premiers dans les progressions arithmétiques, résultats généralement obtenus par le biais du grand crible ; Rényi [1947] a démontré l'existence d'un entier k tel que

$$2N = P_1 + P_k \text{ est résoluble pour } N \text{ assez grand.}$$

Bukhštab [1967] a donné la valeur 3 comme valeur admissible pour k (outre son système de poids, sa démonstration utilise le théorème de Bombieri).

2) a) Le problème est tout-à-fait semblable au problème 1) ; Bukhštab [1967] a prouvé que

$$P_1 + 2 = P_3 \text{ a une infinité de solutions.}$$

b) Le meilleur résultat est celui de Selberg :

$P_k + 2 = P_\ell$ a une infinité de solutions avec $k + \ell \leq 5$;

ce résultat est, bien entendu, inférieur au résultat obtenu par la formulation 2 a), mais il a le mérite d'être effectif.

3) (i) Rappelons pour mémoire que Huxley [1972] a démontré que pour N assez grand, il existe un nombre premier dans l'intervalle $[N - N^{7/12+\varepsilon}, N]$.

(ii) Dès que N est assez grand, il existe un P_2 dans l'intervalle $[N - N^{6/11}, N]$ (Richert [1969]).

2.6. Le théorème de Chen sur le problème de Goldbach

Chen a annoncé en 1966 et publié en 1973 une démonstration de l'infinité des solutions des équations

$$2N = P_1 + P_2 \quad \text{et} \quad P_1 + 2 = P_2 .$$

Il commence par obtenir (pour le second problème, le premier étant similaire) une minoration du nombre de P_3 de la forme $P_1 + 2$; en utilisant les poids de Kuhn il minore :

$$W: = \sum_{\substack{p \leq N \\ (p+2, P(N^{1/10}))=1}} \Big(1 - \frac{1}{2} \sum_{\substack{N^{1/10} \leq p_1 < N^{1/3} \\ p_1 | p+2}} 1\Big)$$

Son idée consiste alors à majorer la contribution des P_3, c'est-à-dire la quantité :

$$U: = \frac{1}{2} \sum_{\substack{N^{1/10} \leq p_1 < N^{1/3} \\ p_1 | p+2}} \sum_{\substack{N^{1/3} \leq p_2 < (N/p_1)^{1/2} \\ p_2 | p+2,\, p+2 = p_1 p_2 p_3}} 1$$

qui se réécrit

$$U = \frac{1}{2} \sum_{q \in Q} \operatorname{Card}\{p' \mid p' < N/q \,,\; qp' - 2 = p\}$$

avec $Q: = \{p_1 p_2 : N^{1/10} \leq p_1 < N^{1/3} \leq p_2 < (N/p_1)^{1/2}\}$,

chaque terme de la somme sur Q peut être majoré par la méthode de Selberg : si l'on applique directement le Théorème 1, on obtient pour U une majoration supérieure à la minoration obtenue pour W ...

Chen reprend alors la méthode de Selberg, majorant

$$U \leq \frac{1}{2} \sum_{q \in Q} \sum_{d_1, d_2 | P(z)} \lambda_{d_1} \lambda_{d_2} \sum_{\substack{p < N/q \\ qp \equiv 2\, [D]}} 1 ,$$

où $D = [d_1, d_2]$, $P(z) = \prod_{2<p<z} p$ et où les paramètres λ_d sont choisis selon la procédure de Selberg et sont indépendants de q ; intervertissant les sommations, on a

$$U \leq \frac{1}{2} \sum_{d_1, d_2 | P(z)} \lambda_{d_1} \lambda_{d_2} \sum_{\substack{n<N \\ n \equiv 2\ [D]}} b(n) \qquad \text{avec} \quad b(n) = \sum_{\substack{pq = n \\ p \in \mathcal{Q}}} 1 ,$$

le problème est alors justiciable des techniques analytiques, via la majoration de $\sum_D \Big| \sum_{\substack{n<N \\ n \equiv 2\ [D]}} b(n) - \frac{1}{\varphi(D)} \sum_{n<N} b(n) \Big|$. Pour une démonstration complète, on pourra consulter Halberstam [1974].

3. Progrès récents des petits cribles

3.1. La contribution de Chen au problème 3)

L'idée fondamentale de l'article de Chen [1975] relatif au problème 3) (et qui rappelle un argument de Chen [1973]) consiste à majorer globalement la somme $\sum_p \mathcal{S}(\mathcal{A}_p, z)$ qui apparaît dans la version pondérée du crible (cf. la relation (2.2)) ; avec $z = N^{1/7}$, il obtient un certain nombre de lemmes du type suivant :

Soient $\mathcal{A} := [N - N^{1/2}, N]$, $\varepsilon > 0$; pour $\frac{5}{12} \leq \alpha \leq \frac{1}{2} - 2\sqrt{\varepsilon}$, on a :

$$\sum_{N^{\alpha} < p < N^{\alpha+\varepsilon}} \mathcal{S}(\mathcal{A}_p, N^{1/7}) \leq \frac{N^{1/2} \operatorname{Log}(1 + \varepsilon/\alpha)}{(0{,}5 - \alpha - 2\sqrt{\varepsilon}) \operatorname{Log} N}$$

où le membre de droite est réduit de moitié par rapport à ce que l'on obtiendrait par application directe du Théorème 1 (borne supérieure) pour $\mathcal{S}(\mathcal{A}_p, N^{1/7})$ et cette amélioration se répercute de façon substantielle sur le problème de départ : Chen parvient ainsi à démontrer que,

pour tout entier N assez grand, il existe un P_2 dans l'intervalle $[N - N^{1/2}, N]$.

Soulignons qu'en raison de la présence de la valeur absolue de $r(\mathcal{A}, n)$ dans le terme reste du Théorème 1, celui-ci n'est pas exploitable pour démontrer le Lemme. Chen reprend donc le crible de Selberg au départ, écrivant pour une fonction λ_d convenable (indépendante de p) :

$$\sum_{N^\alpha < p < N^{\alpha+\varepsilon}} \mathcal{S}(\mathcal{A}_p, N^{1/7}) \le \sum_{N^\alpha < p < N^{\alpha+\varepsilon}} \sum_{\substack{N - N^{1/2} < a < N \\ a \equiv 0\ [p]}} \Big(\sum_{d|a} \lambda_d\Big)^2$$

$$= \sum_{d_1} \sum_{d_2} \lambda_{d_1} \lambda_{d_2} \sum_{N^\alpha < p < N^{\alpha+\varepsilon}} \left[\frac{N}{p[d_1,d_2]}\right] - \left[\frac{N - N^{1/2}}{p[d_1,d_2]}\right]$$

où $[u]$ désigne la partie entière du nombre réel u et $[d_1,d_2]$ le P.P.C.M. des entiers d_1 et d_2 . L'évaluation de la dernière expression est alors ramenée à celle de sommes trigonométriques, lesquelles sont en fin de compte majorées par la méthode de van der Corput.

3.2. Le crible linéaire d'Iwaniec

En utilisant le crible de Rosser, Iwaniec [197? a] a récemment obtenu une version du Théorème 1 dont le terme reste fait intervenir $r(\mathcal{A},n)$ et non $|r(\mathcal{A},n)|$, ce qui permet de tenir compte des irrégularités de distribution (nous en verrons une application au paragraphe 4) :

Théorème 2.- On conserve les notations du Théorème 1 ; sous l'hypothèse $\frac{V(w)}{V(z)} \le \frac{\operatorname{Log} z}{\operatorname{Log} w}\left(1 + O\left(\frac{1}{\operatorname{Log} w}\right)\right)$, on a, pour $z \ge 2$, K et $L > \sqrt{2}$, l'existence d'une constante positive c telle que pour tout $\eta > 0$:

$$\mathcal{S}(\mathcal{A},z) \le X V(z) \left\{ F\left(\frac{\operatorname{Log} KL}{\operatorname{Log} z}\right) + cE \right\} + 2^{\eta^{-7}} R(\mathcal{A},K,L)$$

$$\mathcal{S}(\mathcal{A},z) \ge X V(z) \left\{ f\left(\frac{\operatorname{Log} KL}{\operatorname{Log} z}\right) - cE \right\} - 2^{\eta^{-7}} R(\mathcal{A},K,L)$$

où $E \ll \eta(1 + \eta^{-8}(\operatorname{Log} KL)^{-1/3})$ et $R(\mathcal{A},K,L) = \sum_{k<K} \sum_{\substack{\ell < L \\ k\ell | P(z)}} a_k b_\ell r(\mathcal{A},k\ell)$, les termes a_k et b_ℓ dépendant au plus de K , L , z et η et étant majorés en module par 1 .

3.3. Nouvelles pondérations

Laborde [1978] a repris l'étude de Bukhštab et a obtenu une description praticable de ses poids (cette description permet, entre autres, de vérifier la supériorité de ces poids sur les poids logarithmiques de Richert) ; il a également étendu les poids de Bukhštab pour le cas où le nombre d'éléments de la suite $\mathcal{A}$ est notablement différent du plus grand élément de $\mathcal{A}$.

Iwaniec, dans son travail que nous analyserons par la suite, utilise un nouveau système de poids, dû à Richert (nous n'avons pas d'autre information concernant ce travail non publié de Richert : le cas particulier présenté par Iwaniec est plus simple à mettre en oeuvre que ce que donnerait la pondération de Bukhštab-Laborde, mais moins précis).

Notre sentiment est que d'importantes améliorations soient à attendre d'une étude serrée des pondérations et que nous arrivons au moment où "it turns out that each sieve problem requires an optimization procedure of its own in order to reach the most precise results".

3.4. Résultats récents (fin Avril 1978)

1) $2N = P_1 + P_2$ (Chen, cf. § 2.6) ;

2) a) $P_1 + 2 = P_2$ (Chen, cf. § 2.6) ;

b) pas de progrès depuis le résultat de Selberg (cf. § 2.5) ;

3) (i) En combinant le crible linéaire d'Iwaniec avec les méthodes analytiques usuelles, Iwaniec et Jutila [197?] ont pu remplacer 7/12 par 13/23 .

(ii) Chen [1975] a remplacé 6/11 par 1/2 ; cette valeur a ensuite été réduite par Laborde, Halberstam, Heath-Brown, Iwaniec et Richert (la valeur actuelle est légèrement supérieure à 4/9).

4) L'équation $n^2 + 1 = P_2$ a une infinité de solutions (Iwaniec [197? b]).

4. Le théorème d'Iwaniec sur l'équation $n^2 + 1 = P_2$

On considère le crible $\mathcal{A} = \{n^2 + 1 , n \le N\}$ et $\mathcal{P} = \{p \mid p \le N\}$.

4.1. Pondération

Soit n un entier, p_n son plus petit facteur premier ; si l'on pose

$$w(n) := 1 - \sum_{p \mid n ,\, p < N} w_p(n) ,$$

où $w_p(n) = \begin{cases} 1 - \operatorname{Log} p / \operatorname{Log} N & \text{pour } p = p_n \text{ ou } (p_n < p \text{ et } p \ge N^{1/2}) \\ \operatorname{Log} p_n / \operatorname{Log} N & \text{pour } p_n < p < N^{1/2} \end{cases}$

on a la minoration

$$\operatorname{Card}\{a \in \mathcal{A} , a = P_2\} \ge \sum_{\substack{a \in \mathcal{A} \\ (a , P(N^{1/5})) = 1}} \mu^2(a)\, w(a)$$

on obtient sans peine la majoration

$$\sum_{\substack{a \in \mathcal{A} \\ (a , P(N^{1/5})) = 1}} (1 - \mu^2(a)) \le \sum_{N^{1/5} \le p \le N^{9/10}} \sum_{\substack{n \le N \\ n^2 + 1 \equiv 0 \, [p^2]}} 1 \le 4\, N^{0,9}$$

et il suffit de s'attacher à minorer

$$W(\mathcal{A},N^{1/5}) := \sum_{\substack{a \in \mathcal{A} \\ (a,P(N^{1/5}))=1}} w(a)$$

par la définition des poids $w(a)$, ceci est égal à

$$\mathcal{S}(\mathcal{A},N^{1/5}) - \sum_{N^{1/5} \leq p < N^{1/2}} \left(1 - \frac{\operatorname{Log} p}{\operatorname{Log} N}\right) \mathcal{S}(\mathcal{A}_p , p) -$$

$$(4.1) \qquad - \sum_{N^{1/5} \leq p_1 < p < N^{1/2}} \frac{\operatorname{Log} p_1}{\operatorname{Log} N} \mathcal{S}(\mathcal{A}_{pp_1} , p_1) -$$

$$- \sum_{N^{1/2} \leq p \leq N} \left(1 - \frac{\operatorname{Log} p}{\operatorname{Log} N}\right) \mathcal{S}(\mathcal{A}_p , N^{1/5}) .$$

4.2. Utilisation du crible

On a réduit le problème à minorer la quantité $\mathcal{S}(\mathcal{A},N^{1/5})$ et à majorer les sommes $\mathcal{S}(\mathcal{A}_q , z)$, ce que nous effectuerons grâce au Théorème 2.

On note $\omega(d)$ le nombre de solutions de la congruence $n^2 + 1 \equiv 0\ [d]$; la fonction ω est multiplicative, vaut 1 pour $d = 2$, zéro pour tout nombre premier congru à -1 modulo 4 et 2 pour tout nombre premier congru à 1 modulo 4 ; il en résulte que le produit $V(z)$ est de l'ordre de grandeur de $\frac{1}{\operatorname{Log} z}$.

En appliquant le Théorème 2 pour majorer $\mathcal{S}(\mathcal{A}_q , z)$, on trouve un terme principal de la forme

$$V(z)\ \frac{\omega(q)}{q}\ N\ \left\{F\left(\frac{\operatorname{Log} KL}{\operatorname{Log} z}\right) + O(\eta)\right\}$$

qui est donc de l'ordre de grandeur de $\frac{\omega(q)}{q}\ \frac{N}{\operatorname{Log} N}$, tant que KL et z sont des puissances de N .

Le terme d'erreur $R(\mathcal{A}_q , K,L)$ prend la forme

$$\sum_{\ell < L} \sum_{\substack{k < K \\ k\ell \mid P(z)}} a_\ell\, b_k\, r(\mathcal{A}_q , k\ell) = \sum_{\ell < L} \sum_{\substack{k < K \\ k\ell \mid P(z)}} a_\ell\, b_k\, r(\mathcal{A}, k\ell q)$$

et la résolution du problème initial est réduite à la détermination de K et L tels que le produit KL soit maximal et $|R(\mathcal{A}_q , K , L)|$ soit $o\left(\frac{\omega(q)}{q}\ \frac{N}{\operatorname{Log} N}\right)$.

4.3. Traitement du terme d'erreur

Posons $B(\ell,K) := \sum^{(k)} b_k\, r(\mathcal{A},k\ell)$, où la sommation est effectuée sur les entiers k inférieurs à K et premiers à ℓ . Nous esquisserons la démonstration de la relation

$$\sum_{L<\ell<2L} B^2(\ell,K) \ll (1 + K^{7/2} L^{-5/4} N)N^{1+\varepsilon} \qquad \text{pour } K \text{ et } L \leq N .$$

En utilisant l'inégalité de Cauchy-Schwarz et en sommant par parties, on obtient la majoration, valable pour $\varepsilon > 0$:

$$(4.2) \qquad \sum_{\ell<N^{1-4\varepsilon}} \left|B(\ell,N^{1/15-\varepsilon})\right| \ll N^{1-\varepsilon}$$

que nous utiliserons dans la partie 4.4.

4.3.1. De la relation

$$\text{Card } \mathcal{A}_{k\ell} = \sum^{(v)} \sum^{(s)} 1 ,$$

où v et s satisfont les conditions

$$(v) \qquad 0 < v < \ell \qquad\qquad v^2 + 1 \equiv 0 \quad [\ell]$$

$$(s) \qquad s < N \qquad s \equiv v \quad [\ell] \qquad s^2 + 1 \equiv 0 \quad [k]$$

on déduit

$$B(\ell,K) = \sum^{(v)} \left\{ \sum^{(k)} b_k \sum^{(s)} 1 - \frac{N}{\ell} \sum^{(k)} b_k \frac{\omega(k)}{k} \right\}$$

par l'inégalité de Cauchy-Schwarz, on a :

$$B^2(\ell,K) \leq \omega(\ell) \sum^{(v)} \left\{ \sum^{(k)} b_k \sum^{(s)} 1 - \frac{N}{\ell} \sum^{(k)} b_k \frac{\omega(k)}{k} \right\}^2$$

pour $\ell \leq N$, on majore $\rho(\ell)$ par N^{ε} ; nous allons maintenant évaluer la somme

$$\sum_{L<\ell<2L} B^2(\ell,K) \qquad \text{pour } L \leq N$$

nous nous limiterons ici au terme diagonal qui apparaît dans le développement du carré :

$$V(N,K,L) := \sum_{L<\ell<2L} \sum^{(v)} \frac{1}{\ell} \left(\sum^{(k_1)} b_{k_1} \sum^{(s)} 1 \right) \left(\sum^{(k_2)} b_{k_2} \frac{\omega(k_2)}{k_2} \right)$$

$$= \sum^{(k_1)} \sum^{(k_2)} b_{k_1} b_{k_2} \frac{\omega(k_2)}{k_2} \sum^{(*)} \ell^{-1} ,$$

où la dernière somme est étendue aux triplets (ℓ,v,s) satisfaisant les conditions

$(\ell) := (L < \ell < 2L \ , \ (\ell,k_1,k_2) = 1)$, $\quad (v) \quad$ et $\quad (s)$

on effectue alors le changement de variables $\ell = \ell$, $v = v$, $t = \dfrac{s-v}{\ell}$, les conditions sur (s) devenant

$$(t') \qquad t < \frac{N-v}{\ell} \ , \qquad (\ell t + v)^2 + 1 \equiv 0 \ [k_1] \ .$$

La contribution à V des triplets pour lesquels $\frac{N-v}{t} \leq \ell < \frac{N}{t}$ est aisément majorée par N^{ε}, et on peut se restreindre à considérer les triplets (ℓ,v,t) satisfaisant les conditions (ℓ), (v) et

$$(t) \qquad t < \frac{N}{\ell} \ , \qquad (\ell t + v)^2 + 1 \equiv 0 \ [k_1] \ ,$$

soit alors c le reste de t modulo k_1 ; en posant $\Omega = c\ell + v$, on a :

$$\Sigma^{(*)} \ell^{-1} = \sum_{t<N/\ell} \ \sum^{(\ell,\Omega)} \ell^{-1} + O(N^{\varepsilon})$$

où la somme intérieure est effectuée sur les couples (ℓ,Ω) tels que

$$(\ell,\Omega) \begin{cases} L < \ell < \min(2L, N/t) & (\ell,k_1k_2) = 1 \\ c\ell \leq \Omega < (c+1)\ell & \Omega^2 + 1 \equiv 0 \ [\ell k_1] \ . \end{cases}$$

4.3.2. Pour illustrer la méthode employée dans l'évaluation de la dernière somme, nous évaluerons la somme

$$T(L,\beta) := \sum_{\substack{L<\ell<2L \\ 0\leq\Omega<\beta\ell,\ \Omega^2+1\equiv 0\ [\ell]}} 1 = \sum_{\substack{L<\ell<2L \\ \Omega^2+1\equiv 0\ [\ell]}} \chi_{\beta}(\Omega/\ell)$$

où χ_{β} est la fonction périodique de période 1 qui coïncide sur $[0,1[$ avec la fonction caractéristique de l'intervalle $[0,\beta[$; en encadrant cette fonction entre deux fonctions dérivables, ou en utilisant directement un résultat de Erdös-Turán [1948] sur la répartition modulo 1, on a pour tout H une majoration de la forme

$$|T(L,\beta) - \beta T(L,1)| \ll \frac{T(L,1)}{H} + \sum_{h=1}^{H} \frac{1}{h} \Big| \sum_{\substack{L<\ell<2L \\ \Omega^2+1\equiv 0\ [\ell]}} e\left(\frac{h\Omega}{\ell}\right) \Big| \ .$$

Le terme principal $T(L,1)$ ne soulève pas de difficulté particulière. Pour évaluer les sommes trigonométriques intervenant dans le membre de droite, on commence par utiliser la correspondance, due à Lagrange, entre les solutions de

$$D = r^2 + s^2 \qquad (r,s) = 1 \qquad |r| < s$$

et les solutions de $\Omega^2 + 1 \equiv 0 \ [D]$ donnée par

$$\Omega = \frac{\bar{r}}{s}(r^2+s^2) - \frac{r}{s} \ ,$$

où $\bar{r}$ est l'inverse de r modulo Ω. On en déduit la majoration

$$\Big|\sum_{\ell,\Omega} e\left(\frac{h\Omega}{\ell}\right)\Big| \leq \sum_{s=(L/2)^{1/2}}^{(2L)^{1/2}} \ \sup_{\substack{r_1,r_2 \\ 0<r_2-r_1<2s}} \left| \sum_{\substack{(r,s)=1 \\ r_1<r<r_2}} e\left(\frac{h\bar{r}}{s} - \frac{hr}{r^2+s^2}\right) \right|$$

et on a ainsi réduit le problème à l'estimation d'une somme de Kloosterman tronquée ; dans le cas général, on doit évaluer des sommes du type

$$\sum_{\substack{(r,s)=1 \\ r_1 < r < r_2 \\ r \equiv \lambda\ [\Lambda]}} e\left(\frac{h\bar{r}}{s} - \frac{hr}{r^2+s^2}\right) ,$$

sommes que Hooley [1967] a majorées en partant des estimations de Weil pour les sommes de Kloosterman.

4.4. Fin de la démonstration

Il résulte de la relation (4.2) que l'expression $\mathrm{Log}\, KL / \mathrm{Log}\, N$ peut prendre la valeur $\frac{16}{15} - \varepsilon$, alors qu'un traitement direct conduirait à la valeur 1 . L'application du Théorème 2 et de la relation (4.1), conduit, après un calcul numérique pénible (cf. la définition des fonctions f et F en terme d'équations différence - différentielles) à la positivité de la quantité $W(\mathcal{A}, N^{1/5})$.

Remarquons pour conclure que la même méthode permet de démontrer que pour tout polynôme $G(n) \equiv an^2 + bn + c$ avec $a > 0$ et c impair, il existe une infinité d'entiers n tels que $G(n) = P_2$.

BIBLIOGRAPHIE

Ouvrages et exposés d'intérêt général

BOMBIERI [1974] - Le grand crible dans la théorie analytique des nombres, Astérisque 18, 1974.

HALBERSTAM - ROTH [1966] - Sequences, vol. 1, Oxford at the Clarendon Press, Chapitre IV pour une introduction aux cribles arithmétiques.

HALBERSTAM - RICHERT [1974] - Sieve methods, Academic Press London, La bible du petit crible !

HALBERSTAM [1974] - A proof of Chen's Theorem, Astérisque 24-25, 1975, 281-293, Présentation du théorème de Chen.

MONTGOMERY [1971] - Topics in multiplicative Number Theory, Springer Verlag, Lecture Notes in Maths. 227,
Le grand crible en 1971.

RICHERT [1976] - Sieve methods, Edité par le Tata Institute Bombay, Introduction au grand crible et au crible de Selberg ; on visitera avec profit sa bibliographie.

Articles spécialisés

BRUN [1920] - Skr. Norske Vid.-Akad. Kristiania I (1920) n° 3, 36 pp.

BUKHŠTAB [1967] - Russian Math. Surveys, 22 (1967), 205-233.

CHEN [1973] - Sci. Sinica, 16 (1973), 157-176.

CHEN [1975] - Sci. Sinica, 18 (1975), 611-627.

ERDÖS - TURÁN [1948] - Indag. Math., 10 (1948), 370-378 et 406-413.

HOOLEY [1967] - Acta Math., 117 (1967), 281-299.

HUXLEY [1972] - The distribution of prime numbers, Oxford, x + 128 pp.

IWANIEC [1976] - Acta Arith., 29 (1976), 69-95.

IWANIEC [197? a] - A new form of the error term in the linear sieve (preprint), à paraître dans Acta Arith.

IWANIEC [197? b] - Almost-primes represented by polynomials (preprint).

IWANIEC - JUTILA [197?] - Primes in short intervals (preprint).

KÜHN [1941] - Norske Vid. Selsk. Forh., Trondhejm, 14 (1941), 145-148.

LABORDE [1978] - Thèse de 3ème Cycle ; à paraître dans Mathematika.

RICHERT [1969] - Mathematika, 16 (1969), 1-22.

FORMES COMBINATOIRES DU THÉORÈME D'INCOMPLÉTUDE

[d'après J. PARIS et d'autres]

par Kenneth MC ALOON

§ 1. Introduction

Le célèbre Théorème d'Incomplétude de Gödel de 1931 démontre qu'à tout système mathématique suffisamment puissant et récursivement axiomatisable est associée une formule close qui est vraie mais qui n'est pas prouvable dans le système donné, pourvu, bien sûr, que ce système soit lui-même non-contradictoire. Or, pour cette démonstration, Gödel a ramené par un système de codages des énoncés de type combinatoire à des énoncés sur les entiers naturels ; et la formule de Gödel pour les systèmes usuels est celle qui exprime la non-contradiction même du système en question. D'après les travaux de J. Robinson - Y. Matijasevich et al., toute formule de Gödel est équivalente à l'insolubilité dans les entiers naturels $\mathbb{N}$ d'une certaine équation diophantienne. Le Théorème d'Incomplétude de Gödel est donc extrêmement puissant dans la mesure où il situe le phénomène d'incomplétude au niveau de l'arithmétique même. Cependant les formules de Gödel ne correspondent pas à des problèmes et des questions traités préalablement par des mathématiciens et l'élaboration même de ces énoncés établit leur vérité au sens intuitif. Donc ce sont des propositions formellement indécidables mais mathématiquement établies ; ceci laisse ouverte la question de savoir si tout problème mathématiquement élaboré est mathématiquement décidable, voir [G]. Le fait que, d'après les travaux de Gödel et de Cohen, l'Hypothèse du Continu n'est ni prouvable ni réfutable dans la Théorie des Ensembles de Zermelo-Fraenkel avec l'Axiome du Choix, notée ZFC, illustre bien le phénomène d'incomplétude au niveau d'un problème mathématiquement élaboré préalablement. Or, depuis, on a vu une longue suite de problèmes classiques établis comme non-décidables dans ZFC - Problème de Souslin, Problème de Whitehead,... . Il est actuellement débattu si, indépendamment de ces résultats, le Problème du Continu, par exemple, reste ouvert et susceptible de solution ou si un certain pluralisme s'installe de force dans la Théorie des ensembles. Toujours est-il que les problèmes que nous avons cités se situent à un niveau supérieur de la hiérarchie des types, typiquement au niveau des parties des nombres réels $\mathbb{R}$, autrement dit, au niveau des parties des parties de $\mathbb{N}$. D'autre part, d'après de récents travaux de Friedman et de Martin, il s'avère que la détermination des jeux Boréliens revête aussi un phénomène d'incomplétude ; leur analyse établit que pour avoir la détermination des jeux de rang de Borel α , il faut avoir une hiérarchie de types de hauteur (à peu près) α ; il en suit que la détermination des jeux Boréliens, qui est prouvable dans ZFC, voir [M], ne l'est pas dans la Théorie des Types ni dans la Théorie des Ensembles de Zermelo, [F]. De nouveau, il s'agit de résultats qui ne portent pas sur l'arithmétique mais cette fois sur $\mathbb{R}$, autrement dit, sur les parties de $\mathbb{N}$. Il est à signaler aussi que les travaux de Friedman et de Martin établissent un interclassement entre des énoncés mathématiquement élaborés et des énoncés d'inspiration métamathématique tout à fait analogues à ceux de Gödel.

Le système formel du premier ordre qui correspond à la structure des entiers naturels $\mathbb{N}$ munis des opérations de l'arithmétique s'appelle l'Arithmétique de Peano et se note $\mathcal{P}$. Cette théorie est formulée dans le calcul des prédicats et ses axiomes sont les équations pour l'addition et la multiplication et le schéma d'induction, voir § 2. Le système $\mathcal{P}$ est très puissant et le Théorème de Gödel s'applique à lui. Au moyen des codages, on peut aussi y formuler l'étude des ensembles héréditairement finis - ensembles finis d'entiers, ensembles finis dont les éléments sont des entiers ou des ensembles finis d'entiers, etc. On peut alors y formuler les notions suivantes de combinatoire finie : Soient X un ensemble fini et r un entier ; l'ensemble des parties de X à r-éléments se note $[X]^r$; la cardinalité de X se note $|X|$; son élément minimum se note $\min X$. Si P est une partition de $[X]^r$ en k classes et si $H \subseteq X$ est tel que P soit constante sur $[H]^r$, on dit que H est homogène pour P . La notation $X \longrightarrow (m)^r_k$ signifie que pour toute partition P de $[X]^r$ en k classes, il y a une partie homogène H telle que $|H| \geq m$; la notation $\ell \longrightarrow (m)^r_k$ abrège $[1,\ell] \longrightarrow (m)^r_k$ où en général, $[n,\ell] = \{n , n+1 ,..., \ell\}$. On écrit $[m,n]^k$ pour abréger $[[m,n]]^k$.

Dans $\mathcal{P}$, on peut démontrer le

Théorème de Ramsey.- Pour tous entiers m , r , k , il existe ℓ tel que $\ell \longrightarrow (m)^r_k$.

Le but de cet exposé est de présenter quelques résultats nouveaux, dus principalement à J. Paris, qui établissent l'existence de phénomènes d'incomplétude pour $\mathcal{P}$ de nature combinatoire. Appelons un ensemble fini non-vide d'entiers X un ensemble dense, [P] , ou relativement grand [H,P] , si $|X| \geq \min X$. Nous allons démontrer que certaines variantes du Théorème de Ramsey où l'on demande que la partie homogène soit dense sont vraies (autrement dit, satisfaites) dans $\mathbb{N}$ mais ne sont pas prouvables pour autant dans $\mathcal{P}$; les démonstrations "naturelles" de ces théorèmes utilisent la forme infinie du Théorème de Ramsey et des arguments par compacité qui ne sont pas formalisables dans $\mathcal{P}$. Ces travaux sont développés en trois articles : celui de Kirby-Paris [K,P], celui de Paris [P] et celui de Harrington-

Paris [H,P].

Pour ℓ , m , n , k $\in \mathbb{N}$, écrivons $\ell \underset{*}{\rightarrow} (m)^r_k$ si, pour toute partition P de $[1,\ell]^r$ en k-classes, il existe une partie homogène dense H pour P satisfaisant $|H| \geq m$. Nous verrons que, d'une part,

(*) Pour r , k $\in \mathbb{N}$, quel que soit m , il existe ℓ tel que

$$\ell \underset{*}{\rightarrow} (m)^r_k$$

mais, d'autre part, (*) n'est pas prouvable dans $\mathcal{P}$. La relation $\underset{*}{\rightarrow}$ donne lieu aussi à une fonction $f(r,m,k) = \ell$ qui est récursive mais qui n'admet pas de "majoration explicite" et qui n'est calculable que dans le sens le plus théorique du terme.

De même, étant donnés des entiers r , k , disons qu'un ensemble fini non-vide d'entiers X est <u>0-dense</u> (r,k) si X est dense ; disons que X est (n+1)-<u>dense</u> (r,k) si pour toute partition de $[X]^r$ en k classes il existe une partie homogène n-dense (r,k) . Nous avons d'une part,

(**) Pour r , k $\in \mathbb{N}$: quels que soient m , n , il existe ℓ tel que

$[m,\ell]$ est n-dense (r,k) ,

mais, d'autre part, (**) avec $r \geq 3$, $k \geq 2$, n'est pas prouvable dans $\mathcal{P}$.

Les propositions (*) et (**) sont les conséquences immédiates de la

PROPOSITION.- Tout ensemble infini d'entiers a une sous-partie finie qui est n-dense (r,k) quels que soient n , r , k $\in$ N .

<u>Démonstration</u>. Par induction sur n . Pour le passage de n à n+1 , on raisonne par l'absurde ; soit alors X un ensemble infini d'entiers tel que, en posant $X_s = X \cap [0,s]$, pour tout s , il existe des partitions P_s de $[X_s]^r$ en k-classes sans partie homogène n-dense (r,k) . Notons que si s' > s , alors la restriction d'une telle partition $P_{s'}$ à $[X_s]^k$ est une partition P_s sans partie homogène n-dense (r,k) . On définit une suite Q_s , s $\in \mathbb{N}$, de ces partitions, telle que :

(1) $s' > s \Longrightarrow Q_s$ est la restriction de $Q_{s'}$ à $[X_s]^r$;

(2) Q_s a une extension à une partition $P_{s'}$ sans partie homogène n-dense (r,k) pour tout $s' \geq s$.

Soit $Q = \cup Q_s$; alors Q est une partition de $[X]^r$ en k-classes. Par la forme infinie du Théorème de Ramsey, il existe un ensemble infini $Y \subseteq X$ qui est homogène pour Q ; d'après l'hypothèse de récurrence, il existe une partie Y_s finie de Y qui est n-dense (r;k) ce qui contredit le choix de Q_s .

Pour avoir les résultats de non-démontrabilité, nous aurons besoin de dévelop-

par les méthodes de Kirby et Paris dans le paragraphe suivant. Notons toutefois que la notion d'ensemble dense donne une mesure de la taille d'un ensemble fini d'entiers qui ne dépend pas uniquement de la cardinalité mais aussi de "l'ordinalité" de l'ensemble, c'est-à-dire, sa distribution dans la suite des entiers finis. Du point de vue de la Théorie des ensembles, la distinction entre nombre ordinal et nombre cardinal ne se fait pas au niveau du fini mais elle se discerne seulement au niveau de l'infini. La notion d'ensemble dense de Paris provient finalement, [P], [K,P], d'une intuition "grand cardinal" ; donc il s'agit de la projection sur le fini d'une intuition infinitaire ; cet aspect des choses est rendu encore plus explicite par des travaux récents de Solovay [S] et Ketonen [Ke].

§ 2. La méthode des Indicatrices de Kirby-Paris

Une des retombées des travaux de Kirby et Paris [K,P], est un nouveau type de démonstration de résultats d'incomplétude où l'on construit directement des modèles de $\mathcal{P}$ qui ne satisfont pas les mêmes formules que $\mathbb{N}$ sans passer par la fameuse astuce de Gödel consistant à fabriquer une formule paradoxale qui exprime sa propre non-démontrabilité. Nous allons donc insister ici sur ce nouvel aspect modèle-théorique des choses.

Le langage de $\mathcal{P}$ est le calcul des prédicats du premier ordre avec égalité : on a deux symboles de fonction binaire $+$ (addition) et $\cdot$ (multiplication) et deux constantes individuelles 0 , 1 . L'ensemble des termes de ce langage est défini par induction :

(1) Toute variable et toute constante sont des termes

(2) Si t , s sont des termes, alors $t + s$ et $t \cdot s$ sont des termes.

L'ensemble des formules est défini également par induction :

(1) Si t , s sont des termes, alors $t = s$ est une formule (dite atomique).

(2) Si E et F sont des formules, alors $E \wedge F$, $\neg F$ et $\forall v E$, où v est une variable,

sont des formules.

On écrit $F = F(v_1,\ldots,v_n)$ si F est une formule dont les variables libres sont comprises parmi $v_1,\ldots,v_n$.

Les axiomes de $\mathcal{P}$ sont les équations pour l'addition et la multiplication

$\forall v\ (v + 0 = v)$ $\quad \forall v\ (v \cdot 0 = 0)$ $\quad \forall v\ (v + 1 \neq 0)$ $\quad \forall u\ \forall v\ (u \neq v \longrightarrow u + 1 \neq v + 1)$

$\forall v\ \forall u\ (v + (u + 1) = (v + u) + 1)$ $\qquad \forall v\ \forall u\ (v \cdot (u + 1) = (v \cdot u) + v)$

et le schéma d'induction

$$\forall v_1,\ldots,\forall v_n \ [(F(0,v_1,\ldots,v_n) \wedge \forall v\,(F(v,v_1,\ldots,v_n) \rightarrow F(v+1,v_1,\ldots,v_n)) \rightarrow \forall v \ F(v,v_1,\ldots,v_n)]$$

pour toute formule $F = F(v_1,\ldots,v_n)$.

Soit A un anneau commutatif unitaire ordonné. Soit M les éléments non-négatifs de A ; M est donc une structure pour le langage de $\mathcal{P}$; si $t(v_1,\ldots,v_n)$ est un terme à n-variables libres et si $a_1,\ldots,a_n \in M$, alors la valeur de $t(a_1,\ldots,a_n)$ se calcule à partir des opérations de l'anneau A . La relation de satisfaction entre les formules et les suites finies d'éléments de M se définit alors par récurrence sur les formules, les connecteurs et les quantificateurs ayant leurs sens usuels. Si les axiomes de $\mathcal{P}$ sont toujours satisfaits dans M , nous disons que M est un modèle de $\mathcal{P}$. Dans toute la suite, on ne considèrera que des modèles dénombrables de $\mathcal{P}$. Tout modèle M de $\mathcal{P}$ est un ensemble totalement ordonné et les entiers naturels $\mathbb{N}$ s'identifient avec un segment initial de M . Si $\mathbb{N}$ est un segment initial propre de M , alors M est dit non-standard ; si I est un segment initial propre de M , on écrit $I < M$; pour $\alpha \in M$, on écrit $\alpha < I$ si $\alpha \in I$, $I < \alpha$ si $\alpha \notin I$; si $\mathbb{N} < \alpha$, α est un entier infini de M . Un segment $I < M$ clos pour l'addition et la multiplication de M est aussi une structure pour le langage de $\mathcal{P}$; nous nous intéresserons surtout de trouver $I < M$, $\mathbb{N} < I$ tel que I est un modèle de $\mathcal{P}$.

Si $F = F(v_1,\ldots,v_n)$ est une formule et si $a_1,\ldots,a_n \in M$, on écrit $M \models F(a_1,\ldots,a_n)$ si la suite $a_1,\ldots,a_n$ satisfait F dans M . Une partie X de M est définissable s'il existe $F(v, v_1,\ldots,v_n)$ et $a_1,\ldots,a_n$ tels que $b \in X \iff M \models F(b,a_1,\ldots,a_n)$. Si $M \models \mathcal{P}$, alors toute partie définissable non-vide de M possède un plus petit élément (au sens de l'ordre sur M). Il en suit que, si M est non-standard, le segment initial $\mathbb{N}$ n'est pas définissable dans M ; plus généralement aucun segment initial propre de M clos pour successeur n'est définissable dans M . On remarque également que si X est une partie définissable de M qui est bornée supérieurement dans M , alors X a un plus grand élément ; de plus, un tel ensemble X est codé dans M en tant qu'ensemble fini.

Une fonction définissable de $\mathcal{P}$ est la donnée d'une formule $Y = Y(v_1,\ldots,v_n, v)$ telle que pour tout modèle M de $\mathcal{P}$, $\{\langle a_1,\ldots,a_n , b\rangle : M \models Y(a_1,\ldots,a_n , b)\}$ est une fonction de M^n dans M , notée Y_M . Une fonction Y définissable dans $\mathcal{P}$ est absolue si pour tout modèle M de $\mathcal{P}$, pour tout $I < M$ tel que $I \models \mathcal{P}$, Y_I est la restriction de Y_M à I^n . Une fonction absolue $Y = Y(v_1 , v_n)$ est monotone si $Y_M(\alpha' , \beta) \leq Y_M(\alpha , \beta')$ quels que soient $\alpha' \leq \alpha \leq \beta \leq \beta' \in M$, quel que soit le modèle M de $\mathcal{P}$.

Soit $\mathcal{T}$ une théorie qui étend $\mathcal{P}$. Une fonction absolue et monotone Y est une <u>indicatrice</u> pour $\mathcal{T}$ si pour tout M , pour tous α , $\beta \in M$,

$$Y_M(\alpha,\beta) > \mathbb{N} \implies \exists I \ (\alpha < I < \beta \text{ et } I \models \mathcal{T}) .$$

PROPOSITION.- Soit Y une indicatrice pour $\mathcal{T}$, soit M un modèle non-standard de $\mathcal{P}$ et soient α , $\beta \in M$ tels que $\mathbb{N} < \alpha$, β et $Y_M(\alpha,\beta) > \mathbb{N}$. Alors, il existe I , $\alpha < I < \beta$, $I \models \mathcal{T}$ et

$$I \models \exists x \exists y \forall z \ [Y(x,z) \leq y] .$$

<u>Démonstration.</u> Pour $m \in \mathbb{N}$, on a $Y_M(m,\beta) \geq Y_M(\alpha,\beta) > \mathbb{N}$. Soit donc α' le plus grand élément de M tel que

$$M \models \alpha' < \beta \ \wedge \ Y(\alpha',\beta) > \alpha' .$$

Forcément $\alpha' > \mathbb{N}$ et $Y_M(\alpha',\beta) > \mathbb{N}$. Soit γ le plus grand élément de M tel que $M \models \alpha' \leq \gamma \leq \beta \ \wedge \ Y(\alpha',\gamma) \leq \alpha'$. Notons que, de façon générale, $Y_M(\eta,\xi) < \mathbb{N} < \beta \implies Y_M(\eta\, ; \xi+1) < \mathbb{N} < \beta$ quels que soient η , $\xi \in M$. Nous avons donc $\mathbb{N} < Y(\alpha',\gamma) \leq \alpha'$. Soit I tel que $\alpha' < I < \gamma$, $I \models \mathcal{T}$. Alors $I < M$ et $I \models \forall x \ (Y(\alpha',x) \leq \alpha')$. C.Q.F.D.

Disons qu'une indicatrice Y pour $\mathcal{T}$ est <u>admissible</u> si $\mathbb{N} \models \forall m \forall n \exists \ell \ [Y(m,\ell) \geq n]$. Moyennant l'existence d'indicatrices admissibles, nous avons un théorème d'incomplétude,

THÉORÈME (Kirby-Paris).- Soit Y une indicatrice admissible pour $\mathcal{T}$. Alors l'énoncé $\forall x \forall z \exists y \ [Y(x,y) \geq z]$ n'est pas démontrable dans $\mathcal{T}$ bien que satisfait dans $\mathbb{N}$.

<u>Démonstration.</u> Soit M un modèle non-standard de $\mathcal{T}$ et soit β_o un entier infini de M . Posons $X = \{a \in M : M \models \exists y \ [Y(a,y) > a \wedge a < \beta_o]\}$. Alors $\mathbb{N} \subseteq X$ et X est borné supérieurement par β_o ; soit α le plus grand élément de X . On a $\alpha > \mathbb{N}$ et il existe $\beta \in M$ tel que $M \models Y(\alpha,\beta) > \alpha$. Par la proposition précédente, il existe I tel que $\alpha < I < \beta$, $I \models \mathcal{T}$ et

$I \models \exists x \ \exists z \ \forall y \ [Y(x,y) \leq z]$. C.Q.F.D.

<u>Remarque</u>.- Kirby et Paris ont démontré que toute théorie récursivement axiomatisable admet une indicatrice admissible Y satisfaisant même

$\mathcal{T} \vdash \forall x \exists y \ [Y(x,y) \geq \overline{n}]$ quel que soit $n \in \mathbb{N}$. Pour éviter un détour trop long, nous nous contenterons ici d'étudier deux exemples d'indicatrices admissibles pour $\mathcal{P}$.

On définit deux fonctions Z et W dans $\mathcal{P}$ au moyen des définitions suivantes :

$$Z(x,y) = z \iff z \text{ est le plus grand entier tel que } [x,y] \text{ est}$$
$$\text{est } z\text{-dense } (3,2)$$

$$W(x,y) = z \iff z \text{ est le plus grand entier tel que}$$

$$[x,y] \underset{*}{\rightarrow} (2z)^z_z \ .$$

On remarque que Z et W sont des fonctions absolues et monotones.

THÉORÈME (Kirby, Paris, Harrington).- Les fonctions Z et W sont des indicatrices admissibles pour $\mathcal{P}$.

Démonstration (Z). Soit M un modèle de $\mathcal{P}$ et soient $\mathbb{N} < \alpha < \beta \in M$ tels que $M \models Z(\alpha,\beta) = \gamma$, $\gamma > \mathbb{N}$. Soit P_o , P_1 ,... une énumération des partitions définissables de $[M]^3$ dans 2 classes telles que chaque partition définissable apparaisse infiniment souvent. Soit S_o , S_1 ,... une suite de parties de $[\alpha,\beta]$ satisfaisant $S_o = [\alpha,\beta]$ et

(1) chaque S_n est définissable dans M

(2) S_{n+1} est homogène pour P_n et $S_{n+1} \subseteq S_n$

(3) $M \models S_n$ est $\gamma - n$ dense (3,2) .

Posons $I = \{a \in M : \text{il existe } n ,\ a < \min S_n\}$. Nous disons que I est un modèle de $\mathcal{P}$. Remarquons d'abord que de façon générale (voulant dire démontrable dans $\mathcal{P}$), si $S = \{s_1,\dots,s_\ell\}$ est un ensemble fini, $k+1$ dense (3,2) et si $\min S > 3$, alors $S - \{s_1,s_2\}$ et $S - \{s_{\ell-1},s_\ell\}$ sont tous deux k-dense (3,2) : on n'a qu'à poser $Q(a,b,c) = *$ si $a , b = s_1 , s_2$, $**$ sinon, etc ; donc en particulier, $|S| \geq s_3$. Remarquons aussi que pour tout $\delta \in M$, il existe n tel que ou bien $\delta < \min S_n$ ou bien $\delta > \max S_n$: en effet, posons $P(a,b,c) = *$ si $a , b , c \leq \delta$, $**$ sinon ; soit n tel que $P = P_n$; alors S_{n+1} est homogène pour P et ou bien $S_{n+1} \subseteq [0,\delta]$ ou bien $|S_{n+1} \cap [0,\delta]| \leq 2$; par la remarque précédente, il existe n_δ tel que pour tout $m \geq n_\delta$, soit $\delta < \min S_m$ soit $\delta > \max S_m$. Vérifions maintenant que I est clos pour l'addition et la multiplication. On considère la partition P de $[M]^3$ en 2 classes définie par $P(a,b,c) = *$ si $2a < b$, $P(a,b,c) = **$ si $b \leq a+y < c$ pour un $y \leq a$ où $a < b < c$. Parce que P est définissable, $P = P_n$ pour un $n \in \mathbb{N}$, alors S_{n+1} est homogène pour P . Je dis que P est constamment égale à * sur S_{n+1} : en effet, sinon on aurait, en posant $S_{n+1} = \{s_1,\dots,s_\ell\}$, qu'il existe dans M une suite $0 < y_2 < \dots < y_{\ell-1} \leq s_1$ tels que $s_i \leq s_1 + y_i < s_{i+1}$, $2 \leq i \leq \ell - 1$, d'où

$\ell - 2 \leq s_1$ et $M \models |S_{n+1}| \leq \min S_{n+1} + 2$, ce qui est impossible à cause de la densité de S_{n+1} . Donc il existe n_1 tel que $a , b \in S_m$, $a < b \Longrightarrow a + a < b$ quel que soit $m \geq n_1$. Quant à la multiplication, soit $Q(a,b,c) = *$ si $a^2 < b$, $Q(a,b,c) = **$ sinon. Pour $m \geq n_1$, on note que pour $a , b , c \in S_m$, $a < b < c$; $** = Q(a,b,c) \Longleftrightarrow$ il existe $y \leq a$, $b \leq a \cdot y < c$, car $a^2 \geq b \Longrightarrow$ il existe $e \leq a$, $a \cdot e \leq b < a(e+1) \leq b + b < c$. Soit $n \geq n_1$ tel que $Q = P_n$. Je dis que Q est constamment égale à $*$ sur $S_{n+1} = \{s_1,\ldots,s_\ell\}$: en effet, sinon on aurait une suite $1 < y_1 < \ldots < y_{\ell-1} \leq s_1$ telle que $s_i \leq a \cdot y_i < a_{i+1}$, $1 \leq i \leq \ell-1$; alors on aurait $M \models |S_{n+1}| < s_1$, ce qui contredit la densité de S_{n+1} . On en conclut qu'il existe n_2 tel que, pour tout $m \geq n_2$, pour tous $a , b \in S_m$, $a < b \Longrightarrow a^2 < b$. Par récurrence sur k , on démontre de façon analogue qu'il existe n_k tel que $a , b \in S_m$, $a < b \Longrightarrow a^k < b$ quel que soit $m \geq n_k$.

Soit $F : M^k \longrightarrow M$ une fonction définissable dans M . Nous disons qu'il existe n_F tel que quel que soit $m \geq n_F$, $a , b \in S_m$, $a < b \Longrightarrow \forall a_1 \ldots \forall a_k$ $[a_1 , \ldots , a_k < a \Longrightarrow$ soit $F(a_1,\ldots,a_k) < b$, soit $F(a_1,\ldots,a_k) \geq \max S_m]$. En effet, posons $R(a,b,c) = *$ si $a_1,\ldots,a_k < a \Longrightarrow F(a_1,\ldots,a_k) \notin [b,c)$, $**$ sinon . Soit $n_F \geq n_{k+1}$ tel que $R = P_{n_F}$. Alors $s_1^{k+1} < s_2$ où $S_{n_F} = \{s_1,\ldots,s_\ell\}$; si R était constamment égale à $**$ sur S_{n_F} , on aurait $M \models \ell \leq s_1^k + 2 \leq s_1^{k+1} < s_2$, contredisant la densité de S_{n_F} .

Nous achèverons la preuve au moyen du

<u>Lemme de Vérité</u> (Z).- Il y a une application qui à toute formule $E = E(v_1,\ldots,v_k)$ du langage de $\mathcal{P}$ associe une formulc $\bar{E} = \bar{E}(v_1,\ldots,v_k , u_1,\ldots,u_\ell)$ et une suite finie $B(E) = \langle b_1,\ldots,b_\ell \rangle$ d'éléments de M telles que

$$I \models E(a_1,\ldots,a_k) \Longleftrightarrow M \models \bar{E}(a_1,\ldots,a_k , b_1,\ldots,b_\ell)$$

quels que soient $a_1,\ldots,a_k \in I$.

<u>Démonstration du Lemme</u>. On définit $\bar{E}$ et $B(E)$ et on vérifie en même temps la conclusion du lemme par récurrence sur E . Pour E atomique, on pose $\bar{E} = E$, $B(E) = \emptyset$; on pose $\overline{E_1 \wedge E_2} = \bar{E}_1 \wedge \bar{E}_2$, $B(E_1 \wedge E_2) = B(E_1) \cup B(E_2)$ ordonnés selon les u_i , $\overline{\neg E} = \neg \bar{E}$, $B(\neg E) = B(E)$. Pour ces cas la conclusion du lemme est évidente. Supposons que $E = \forall v\, E_1(v_1,\ldots,v_k , v)$. Soient $\bar{E}_1 = \bar{E}_1(v_1,\ldots,v_k , v , u_1,\ldots,u_\ell)$, $B(E_1) = \langle b_1,\ldots,b_\ell \rangle$. Considérons la fonction $F : M^k \longrightarrow M$ qui est définie dans M par

$$F(a_1,\ldots,a_k) = b \Longleftrightarrow M \models b = \mu x(\neg \bar{E}_1(a_1,\ldots,a_k , x , b_1,\ldots,b_\ell))$$

où " $\mu x \ldots$ " abrège "le plus petit x tel que ..." . Soit n_F l'entier associé

à la fonction définissable F , soit $m \geq n_F , n_1 , n_2 , n_k$, soit $S_m = \{s_1,\dots,s_t\}$ et soit $b_{\ell+1} = \max S_m = s_t$. Nous posons $\bar{E} = \forall v \, (v < u_{\ell+1} \longrightarrow \bar{E}_1(v_1,\dots,v_k , v , u_1,\dots,u_\ell))$ et $B(E) = \langle b_1,\dots,b_{\ell+1}\rangle$.
Vérifions la conclusion du lemme : pour $a_1,\dots,a_k \in I$, soit $n \geq m$ tel que $a_1,\dots,a_k < \min S_n$. Alors nous avons $I \models \forall v \, E(a_1,\dots,a_k , v) \Longleftrightarrow \forall a \in I$,
$I \models E(a_1,\dots,a_k , a) \Longleftrightarrow$ (par l'hypothèse de récurrence) $\forall a \in I$,
$M \models \bar{E}_1(a_1,\dots,a_k , a , b_1,\dots,b_\ell) \Longleftrightarrow \forall s \in S_m \cap I , \forall a < s$,
$M \models \bar{E}_1(a_1,\dots,a_k , a , b_1,\dots,b_\ell) \Longleftrightarrow \forall s \in S_m \cap I$,
$M \models \forall a < s \; \bar{E}_1(a_1,\dots,a_k , a , b_1,\dots,b_\ell) \Longleftrightarrow (m \geq n_F , b_{\ell+1} = \max S_m)$
$M \models \forall a < b_{\ell+1} \; \bar{E}_1(a_1,\dots,a_k , a , b_1,\dots,b_\ell)$.

Le lemme prouvé, quelques remarques termineront la démonstration. Le segment $I < M$ est clos pour l'addition et la multiplication de M ; les axiomes sur les fonctions primitives de $\mathcal{P}$ sont universels et donc automatiquement satisfait dans I . Le schéma d'induction ou ce qui lui est équivalent, le principe de l'élément minimal, est satisfait dans I parce que d'après le Lemme de Vérité, toute partie X définissable de I est la restriction à I d'une partie définissable $\bar{X}$ de M ; l'élément minimum de $\bar{X}$ est donc l'élément minimum de X . C.Q.F.D.

Démonstration (W). Cette démonstration est fort analogue à celle pour (Z), mais elle utilise plus d'outils "Logiques". Soit $i \longmapsto \varphi_i$ une énumération récursive des formules de $\mathcal{P}$ (identifiées avec leurs nombres de Gödel) à quantification bornée (tout quantificateur $\forall v$ se trouvant dans le contexte $\forall v \; (v < u \longrightarrow \dots)$). La relation $S(i,\langle n_1,\dots,n_k\rangle) \equiv$ la suite $\langle n_1,\dots,n_k\rangle$ satisfait $\varphi_i = \varphi_i(v_1,\dots,v_k)$ est une relation récursive. Soit M un modèle non-standard de $\mathcal{P}$ et soient α , β , γ des entiers infinis de M tels que $M \models [\alpha,\beta] \underset{*}{\longrightarrow} (2\gamma)^{\gamma}_{\gamma}$. L'énumération φ_i et la relation de satisfaction S se prolongent canoniquement à M . Or, pour $i , k \in \mathbb{N}$ et $a_1,\dots,a_k \in M$, on a

$$M \models \varphi_i(a_1,\dots,a_k) \Longleftrightarrow M \models S(i,\langle a_1,\dots,a_k\rangle).$$

Soit $\delta > \mathbb{N}$ tel que $M \models \delta < \log_2(\gamma)$. Travaillant dans M , posons pour $i < \delta$ et $x = \{x_1,\dots,x_\gamma\} \in [\alpha,\beta]^\gamma$, $f(i,x) = 0$ si $S(i,\langle x_1,\dots,x_\gamma\rangle)$, 1 sinon. Ceci donne lieu à une partition P de $[\alpha,\beta]^\gamma$ dans 2^δ classes : $P(x) = \langle f(0,x),\dots,f(\delta - 1 , x)\rangle$. Soit H' une partie homogène dense pour P de cardinalité $\geq 2\gamma$, $H' = \{e_1,\dots,e_{\ell'}\}$. Soit ℓ la partie entière de $\frac{1}{2}\ell'$ et soit $H = \{e_1,\dots,e_\ell\}$. Revenant à l'extérieur de M , nous notons que H est un

<u>ensemble d'indiscernables simples</u> pour les φ_i , $i \in \mathbb{N}$: pour toute $\varphi_i = \varphi_i(v_1,\dots,v_k)$ et toutes suites $e_{i_1} < \dots < e_{i_k}$, $e_{j_1} < \dots < e_{j_k}$ d'éléments de H , on a

$$M \models \varphi_i(e_{i_1},\dots,e_{i_k}) \iff \varphi_i(e_{j_1},\dots,e_{j_k}) .$$

Pour ce voir, on remarque que les suites $e_{i_1},\dots,e_{i_k}$ et $e_{j_1},\dots,e_{j_k}$ se prolongent dans M en des suites $x = \langle e_{i_1},\dots,e_{i_k},\dots\rangle$, $y = \langle e_{j_1},\dots,e_{j_k},\dots\rangle$, de longueur γ d'éléments de H' et que $M \models f(i,x) = f(i,y)$.

<u>Lemme d'Indiscernabilité Forte</u>.- Soient $\bar{e}_i = \langle e_{i_1},\dots,e_{i_k}\rangle$ et $\bar{e}_j = \langle e_{j_1},\dots,e_{j_k}\rangle$ deux suites croissantes d'éléments de H et soit $e \in H$ tel que $e < e_{i_1}, e_{j_1}$. Supposons que $\varphi_n = \varphi_n(v_1,\dots,v_k,u_1,\dots,u_r)$ et que $a_1,\dots,a_r \leq e$. Alors $M \models \varphi_n(e_{i_1},\dots,e_{i_k},a_1,\dots,a_r) \iff \varphi_n(e_{j_1},\dots,e_{j_k},a_1,\dots,a_r)$

<u>Démonstration du lemme</u>. Par l'indiscernabilité simple, il suffit de démontrer le lemme pour $e = e_1$. Le lemme se vérifie par induction sur r ; pour $r = 0$, on retrouve l'indiscernabilité simple. Pour alléger les notations pour le passage de r à r + 1 , nous supprimerons les $a_1,\dots,a_r$ et nous noterons $a_{r+1} = a$. Nous supposons aussi, sans perte de généralité, que $a \leq {}^{e_1}/_{5k}$. On écrit $\bar{e}_i < \bar{e}_j$ si $e_{i_k} < e_{j_1}$. Pour trouver une contradiction, nous supposons qu'il existe $a \leq {}^{e_1}/_{5k}$, $\bar{e}_i$, $\bar{e}_j$ et $\Phi = \varphi_n$ tels que

$$M \models \Phi(a,e_{i_1},\dots,e_{i_k}) \wedge \neg\Phi(a,e_{j_1},\dots,e_{j_k}) .$$

On voit aisément que l'on peut supposer $\bar{e}_i < \bar{e}_j$. On définit pour $\bar{e}_i < \bar{e}_j$ une fonction $F(\bar{e}_i,\bar{e}_j)$ dans M par

$$F(\bar{e}_i,\bar{e}_j) = c \iff M \models c = \mu x\ [x \leq \frac{e_1}{5k} \wedge [\Phi(x,\bar{e}_i) \not\longleftrightarrow \Phi(x,\bar{e}_j)]] .$$

Cette fonction est définie au moyen d'une formule à quantification bornée ; par l'hypothèse de récurrence (l'indiscernabilité simple si r = 1), on a <u>soit</u>

pour tout quadruplet $\bar{e}_i < \bar{e}_j < \bar{e}_s < \bar{e}_t$, $F(\bar{e}_i,\bar{e}_j) = F(\bar{e}_s,\bar{e}_t)$

<u>soit</u>

pour tout quadruplet $\bar{e}_i < \bar{e}_j < \bar{e}_s < \bar{e}_t$, $F(\bar{e}_i,\bar{e}_j) \neq F(\bar{e}_s,\bar{e}_t)$.

Parce que $M \models |H| \geq \frac{1}{2}\min H - 1$, seule la première alternative est possible. Soit donc b_o la valeur constante de $F(\bar{e}_i,\bar{e}_j)$. Prenons alors $\bar{e}_i < \bar{e}_j < e_s$: on arrive à une contradiction parce qu'on ne peut avoir simultanément

$$M \models \Phi(b_o, \bar{e}_i) \not\Longleftrightarrow \Phi(b_o, \bar{e}_j),$$

$$M \models \Phi(b_o, \bar{e}_i) \not\Longleftrightarrow \Phi(b_o, \bar{e}_s),$$

$$M \models \Phi(b_o, \bar{e}_j) \not\Longleftrightarrow \Phi(b_o, \bar{e}_s).$$

Le lemme étant établi, posons $I = \{a \in M : \text{il existe } n \in \mathbb{N}, a < e_n\}$; nous disons que $I \models \mathcal{P}$. Tout d'abord remarquons que I est clos pour la multiplication et donc pour l'addition : si $e_n^2 \geq e_{n+1}$, on aurait $e_{n+1} = e_n \cdot \mu + \lambda$ avec $\mu, \lambda \leq e_n$ et $e_{n+2} \neq e_n \cdot \mu + \lambda$, contrairement à l'indiscernabilité forte des e_k, $k \in \mathbb{N}$.

<u>Lemme de Vérité</u>.- Soit $E(y_1,\ldots,y_m) = Qv_n \ldots Qv_1\ F(x_1,\ldots,x_n, y_1,\ldots,y_m)$ où F est sans quantificateur et Qv_i est soit $\forall v_i$, soit $\exists x_i$, $1 \leq i \leq n$. Alors, pour tous $a_1,\ldots,a_m \in I$, pour tous $e_{i_1} > \ldots > e_{i_n} > I$, on a

$$I \models E(a_1,\ldots,a_m) \Longleftrightarrow M \models Qv_n < e_{i_n} \ldots Qv_1 < e_{i_1}\ F(x_1,\ldots,x_n, a_1,\ldots,a_m).$$

<u>Démonstration</u>. Par récurrence sur n. Pour fixer les idées, supposons $Qv_{n+1} = \forall v_{n+1}$ et que $a_1,\ldots,a_m < e_k$. Alors

$\forall b \in I$, $I \models Qv_n \ldots Qv_1\ F(v_1,\ldots,v_n, b, a_1,\ldots,a_m)$

$\Longleftrightarrow$ pour tout $s \geq k$, $s \in \mathbb{N}$,

$$I \models \forall b < e_{s+1}\ Qv_n \ldots Qv_1\ F(v_1,\ldots,v_n, b, a_1,\ldots,a_m)$$

$\Longleftrightarrow$ (par l'hypothèse de récurrence) pour tout $s \geq k$,

$$M \models \forall v_{n+1} < e_{s+1}\ Qv_n < e_{i_n} \ldots Qv_1 < e_{i_1}\ F(v_1,\ldots,v_n, v_{n+1}, a_1,\ldots,a_m)$$

$\Longleftrightarrow$ (indiscernabilité forte) pour tout $e_{i_{n+1}}$, $e_k < e_{i_{n+1}} < e_{i_n}$

$$M \models \forall v_{n+1} < e_{i_{n+1}}\ Qv_n < e_{i_n} \ldots Qv_1 < e_{i_1}\ F(v_1,\ldots,v_{n+1}, a_1,\ldots,a_m).$$

Le Lemme de Vérité étant établi, la démonstration se termine comme dans le cas de l'indicatrice Z. C.Q.F.D.

En fin de compte ces "nouveautés" peuvent être réintégrées dans l'analyse Gödelienne. Une variante bien connue de "la formule" de Gödel est celle qui exprime la 1-consistance de $\mathcal{P}$: "Toute formule universelle vraie est consistante avec $\mathcal{P}$", que l'on notera $\mathrm{Cons}(T_1 + \mathcal{P})$. Si l'on pose $\mathcal{S}_1 = \{F : F$ une formule close universelle telle que $\mathbb{N} \models F\}$, on a alors que $\mathrm{Cons}(T_1 + P)$ n'est pas démontrable dans $\mathcal{P} + \mathcal{S}_1$, bien que satisfait dans $\mathbb{N}$; ceci n'est qu'une forme relativisée du Théorème de Gödel. Nous énonçons

THÉORÈME (Harrington, Mc Aloon).- Soient Z et W les indicatrices pour P introduites ci-dessus. Alors

$$\mathcal{P} \vdash \mathrm{Cons}(T_1 + \mathcal{P}) \longleftrightarrow \forall x \forall z \exists y \ (Z(x \cdot y) \geq z) \longleftrightarrow \forall x \forall z \exists y \, (W(x,y) \geq z).$$

Notons finalement que $\mathrm{Cons}(T_1 + \mathcal{P})$ et ces autres énoncés sont équivalents dans $\mathcal{P}$ à un énoncé de la forme

$$\forall v_1, \ldots \forall v_n \ \exists u_1 \ldots \exists u_m \ P(v_1,\ldots,v_n, u_1,\ldots,u_m) = Q(v_1,\ldots,v_n, u_1,\ldots,u_m)$$

pour une certaine équation diophantienne $P = Q$.

§ 3. Remarques

Posons $D(n) = \ell$ si ℓ est le premier entier tel que $\ell \underset{*}{\longrightarrow} (2n)^n_n$ et $E(n) = \ell$ si ℓ est le premier entier tel que $[n,\ell]$ est n-dense (3,2). Alors D et E sont des fonctions récursives de $\mathbb{N}$ dans $\mathbb{N}$. Une fonction récursive $f : \mathbb{N} \longrightarrow \mathbb{N}$ est dite prouvable s'il existe une formule existentielle $F(u,v)$ telle que

(a) $f(m) = n \iff \mathcal{P} \vdash F(m,n)$

(b) $\mathcal{P} \vdash \forall u \exists ! v \ F(u,v)$.

Le résultat suivant est un corollaire à la démonstration du fait que Z et W sont des indicatrices pour $\mathcal{P}$.

THÉORÈME (Paris).- Pour toute fonction f récursive prouvable, il existe $n = n_f$ tel que $f(m) \leq E(m)$, $D(m)$ quel que soit $m \geq n$.

Le théorème démontre donc que E et D sont à croissance extrêmement rapide dépassant à la limite toute fonction récursive prouvable. Une démonstration directe de ce théorème a été donnée par Solovay utilisant au lieu de Théorie des Modèles une analyse des fonctions récursives prouvables en termes de la hierarchie de Grzegorczyk-Wainer. Ce travail a été simplifié ensuite par Ketonen de façon à mettre encore plus en évidence l'utilisation au niveau de la combinatoire finie des intuitions provenant de la combinatoire infinie des grands cardinaux.

Notons enfin quelques extensions des résultats de Kirby-Paris-Harrington à des théories autres que $\mathcal{P}$. D'abord, comme nous l'avons déjà remarqué, Kirby et Paris prouvent que toute théorie axiomatisable non-contradictoire a une indicatrice admissible, ce qui établit un théorème d'incomplétude fort général sans utiliser l'astuce d'autoréférence de Gödel. Cette méthode permet de voir aussi que pour tout modèle non-standard M de $\mathcal{P}$, il existe I, $\mathbb{N} < I < M$ tel que $I \models \mathcal{T}$ quel que soit la théorie axiomatisable $\mathcal{T}$ telle que $\mathbb{N} \models \mathcal{T}$; ceci permet de croire à l'existence d'indicatrices "combinatoires" pour des théories beaucoup plus puissantes que $\mathcal{P}$.

De premiers résultats dans ce sens sont de nous ; à titre d'exemple,

Soit $\mathcal{P}^+$ l'extension de $\mathcal{P}$ par le schéma de Réflection Complète, où l'on rajoute pour chaque n , la formule "Toute formule vraie a n-changements de quantificateurs est consistante avec $\mathcal{P}$ " .

Soit $\mathcal{P}^*$ l'extension de $\mathcal{P}$ où l'on rajoute le schéma : "Pour toute fonction f définie par une formule à k-changements de quantificateurs,

$$\forall m , n , r \ \exists \ell \ (\ell \underset{f(*)}{\longrightarrow} (m)^r_n) \text{"}$$

où f(*) signifie que la partie homogène H doit satisfaire $|H| \geq f(\min H)$.

Ecrivons $\ell \underset{**}{\longrightarrow} (m)^r_n$ si toute partition de P de $[1,\ell]^r$ en n-classes a une partie homogène H telle que $H \underset{*}{\longrightarrow} (2 \min^2 H)^{\min^2 H}_{\min^2 H}$, $\min^2 H = \min H^{\text{ième}}$ élément de

THÉORÈME (Mc Aloon).- Les systèmes $\mathcal{P}^+$ et $\mathcal{P}^*$ axiomatisent la même théorie et

$$\mathcal{P} \vdash \mathrm{Cons}(T_1 + P^*) \longleftrightarrow \forall m , n , r \ \exists \ell \ (\ell \underset{**}{\longrightarrow} (m)^r_n) .$$

BIBLIOGRAPHIE

[F] H. FRIEDMAN - Higher set theory and mathematical practice, Ann. Math. Logic, 1971,

[G] K. GÖDEL - Philosophy of Mathematics, recueil de Benacareff et Putmann, Prentice-Hall, 1964.

[H,P] L. HARRINGTON-J. PARIS - A mathematical incompleteness in Peano arithmetic, Handbook of Mathematical Logic, North-Holland, 1977.

[Ke] J. KETONEN - Set theory for a small universe, manuscrit.

[Ki] L. KIRBY - Initial segment of models of arithmetic, Thèse, Manchester, 1976.

[K,P] L. KIRBY-J. PARIS - Initial segments of models of arithmetic, Lecture Notes in Math., vol. 619, Springer-Verlag.

[M] D. MARTIN - Borel Determinacy, Ann. Math., 1976.

[Mc] K. MC ALOON - Iterating the new "true, unprovable" formulas, manuscrit.

[P] J. PARIS - Independence results in Peano arithmetic using miner models, à paraître.

[Sc] J. SCHLIPF - Scribblings on papers of Kirby and Paris and Paris and Harrington, Notices de l'A.M.S., Avril 1978.

[S] R. SOLOVAY - Rapidly growing Ramsey functions, manuscrit.

L'INVOLUTIVITÉ DES CARACTÉRISTIQUES DES SYSTÈMES DIFFÉRENTIELS ET MICRODIFFÉRENTIELS

par Bernard MALGRANGE

1. Systèmes différentiels, variétés caractéristiques

Soit X une variété analytique complexe, de dimension n ; on désigne par $\mathcal{O}$ (ou $\mathcal{O}_X$) le faisceau des fonctions holomorphes sur X , par $\mathcal{D}_m$ le faisceau des opérateurs différentiels linéaires sur X , à coefficients dans $\mathcal{O}$ de degré $\leq m$, et l'on pose $\mathcal{D} = \cup \mathcal{D}_m$; les $\mathcal{D}_m$ fournissent une filtration de $\mathcal{D}$, dont le gradué associé sera noté $\mathrm{gr}\,\mathcal{D}$; dans un ouvert U d'un système de coordonnées locales, on a $\mathrm{gr}\,\mathcal{D}(U) = \mathcal{O}(U)[\xi_1,\dots,\xi_n]$, ξ_i l'image de $\frac{\partial}{\partial x_i}$ dans $\mathrm{gr}\,\mathcal{D}$; par suite $\mathrm{gr}\,\mathcal{D}$ est commutatif, à fibres noethériennes, et cohérent ; et si l'on note par π la projection canonique $T^*X \longrightarrow X$, les sections de $\mathrm{gr}\,\mathcal{D}$ sur U s'interprètent comme les fonctions holomorphes sur $\pi^{-1}(U)$ qui sont polynomiales par rapport aux variables de la fibre.

On déduit facilement de là que $\mathcal{D}$, en tant que faisceau d'anneaux, est cohérent et à fibres noethériennes, à droite et à gauche ; par définition, on appellera "système différentiel (linéaire)" sur X un $\mathcal{D}$-Module à gauche cohérent M ; si N est un autre $\mathcal{D}$-Module à gauche non nécessairement cohérent, on appelle "solutions du système M à valeurs dans N " le faisceau $\underline{\mathrm{Hom}}_{\mathcal{D}}(M,N)$. [Le lecteur vérifiera que, localement, en prenant une présentation de M , on identifie $\underline{\mathrm{Hom}}_{\mathcal{D}}(M,N)$ aux solutions dans N d'un système différentiel au sens usuel.]

DÉFINITION (1.1).- On appelle filtration de M une suite croissante M_m , $m \in \mathbb{N}$, de sous-$\mathcal{O}$-Module de M , vérifiant les propriétés suivantes :

1) $M = \cup M_m$.

2) $\mathcal{D}_\ell M_m \subset M_{m+\ell}$ pour tout couple $(\ell,m) \in \mathbb{N}^2$.

On dit que la filtration est "bonne" si les deux conditions suivantes sont vérifiées :

3) Pour tout m , M_m est cohérent sur $\mathcal{O}$.

4) Il existe m_o tel qu'on ait, pour tout ℓ : $\mathcal{D}_\ell M_{m_o} = M_{\ell+m_o}$.

Pour définir la variété caractéristique de M , supposons d'abord que M

admette globalement une bonne filtration M_m ; on voit alors que le gradué associé gr M est gr $\mathcal{D}$-cohérent ; par suite, le faisceau sur T^*X

$$\mathcal{O}_{T^*X} \bigotimes_{\pi^{-1}(\mathrm{gr}\,\mathcal{D})} \pi^{-1}(M) \quad \text{est cohérent sur } \mathcal{O}_{T^*X} ;$$

ce faisceau peut dépendre de la (bonne) filtration choisie, mais on montre facilement que son support n'en dépend pas ; par définition, ce support, noté car(M), est appelé "variété caractéristique de M " ; c'est un sous-ensemble analytique de T^*X, algébrique et homogène par rapport aux fibres. Dans le cas général, M admet localement de bonnes filtrations ; on fait alors la même construction localement, et on se recolle sans histoire.

<u>Exemple</u> 1.2.- Soient $\mathcal{J}$ un Idéal à gauche cohérent de $\mathcal{D}$, et $M = \mathcal{D}/\mathcal{J}$; en prenant sur M la filtration quotient (qui est bonne) ; on est conduit à la construction suivante : pour chaque $m \in \mathbb{N}$, prenons les $p \in \mathcal{J} \cap \mathcal{D}_m$, et leur image $\sigma_m(p)$ ("symbole d'ordre m de p ") dans $\mathrm{gr}_m\,\mathcal{D}$; on obtient ainsi un Idéal cohérent gr $\mathcal{J}$ de gr$\mathcal{D}$, et la variété caractéristique de M est l'ensemble des zéros de gr $\mathcal{J}$ dans T^*X.

2. <u>Involutivité</u>

Soient λ la forme de Liouville de T^*X, et $\omega = d\lambda$ la forme symplectique canonique (en coordonnées locales, $\lambda = \Sigma\, \xi_i\, dx_i$, et $\omega = \Sigma\, d\xi_i \wedge dx_i$); pour $a \in T^*X$, et $f \in \mathcal{O}_{T^*X,a}$, on note H_f le "champ hamiltonien de f ", i.e. le germe en a de champ de vecteurs sur T^*X qui vérifie $i_{H_f}\omega = -df$ (i produit intérieur) ; enfin, pour $g \in \mathcal{O}_{T^*X,a}$, on définit le <u>crochet de Poisson</u> de f et g par $\{f,g\} = \langle H_f \wedge H_g, \omega\rangle$; en coordonnées locales, on a

$$H_f = \Sigma \frac{\partial f}{\partial \xi_i}\frac{\partial}{\partial x_i} - \frac{\partial f}{\partial x_i}\frac{\partial}{\partial \xi_i} \quad , \text{ et } \quad \{f,g\} = H_f(g) = \Sigma \frac{\partial f}{\partial \xi_i}\frac{\partial g}{\partial x_i} - \frac{\partial f}{\partial x_i}\frac{\partial g}{\partial \xi_i} .$$

Le raccord avec ce qui précède se fait ainsi : soient p et q deux opérateurs différentiels, respectivement d'ordre $\leq \ell$ et $\leq m$; alors $[p,q] = pq - qp$ est d'ordre $\leq \ell + m - 1$, et l'on a la formule suivante, de vérification immédiate en coordonnées locales :

$$(2.1) \qquad \sigma_{\ell+m-1}[p,q] = \{\sigma_\ell(p), \sigma_m(q)\} .$$

Si nous revenons un instant à l'exemple (1.2), cette formule montre tout de suite ceci : gr $\mathcal{J}$ est stable par crochet de Poisson. En fait, ceci n'a guère qu'un intérêt heuristique, car l'Idéal de gr$\mathcal{D}$ canoniquement associé à M est l'Idéal des fonctions nulles sur $\mathrm{car}(M)$, c'est-à-dire la racine de $\mathrm{gr}\,\mathcal{J}$; on va voir qu'elle possède encore la même propriété.

D'une façon générale, soient V un sous-ensemble analytique de T^*X , et $\mathcal{J}(V)$ l'Idéal de $\mathcal{O}_{T^*X}$ des fonctions qui s'annulent sur V ; on pose alors la définition suivante :

DÉFINITION (2.2).- On dit que V est involutive si $\mathcal{J}(V)$ est stable par crochet de Poisson (autrement dit : si $f \in \mathcal{J}(V)$, V est stable par H_f).

THÉORÈME (2.3).- Soit M un système différentiel ; alors la variété $\mathrm{car}(M)$ est involutive.

COROLLAIRE (2.4).- En tout point $a \in \mathrm{car}(M)$, on a $\dim_a \mathrm{car}(M) \geq n$.

Il suffit de vérifier le corollaire aux points lisses ; c'est alors un résultat élémentaire de géométrie symplectique. Quant au théorème, sa démonstration est l'objet des paragraphes qui suivent. Il avait d'abord été conjecturé par Guillemin-Quillen-Sternberg et démontré par ces auteurs sous des conditions restrictives [4], dans le but d'établir complètement la classification d'Elie Cartan des pseudo-groupes de Lie primitifs infinis [3]. La première démonstration du théorème (2.3) pour le cas général est due à Kashiwara-Kawai-Sato [5]. Ces deux démonstrations, de même que celle qu'on va donner, reposent sur une localisation dans le cotangent, ou "microlocalisation", qui fait l'objet du prochain paragraphe.

3. Opérateurs pseudo- (ou micro-) différentiels

Les opérateurs pseudo-différentiels analytiques ont été introduits par Boutet de Monvel - Krée [1] ; une étude systématique en est faite par Kashiwara-Kawai-Sato [5]. Dans ce qui suit, nous nous inspirerons principalement d'un exposé de Boutet de Monvel [2], qui traite notamment les questions de convergence d'une manière particulièrement commode. On trouvera aussi un résumé utile au début de [6], auquel j'ai emprunté l'idée de travailler dans T^*X (au lieu de $T^*X \setminus 0$ comme on le fait d'habitude).

On commencera par donner les définitions en coordonnées locales ; on se place donc dans $T^*\mathbb{C}^n = \mathbb{C}^{2n}$, muni des coordonnées (x,ξ) , $x = (x_1,\ldots,x_n)$, $\xi = (\xi_1,\ldots,\xi_n)$; on pose $h = \Sigma\, \xi_i \frac{\partial}{\partial \xi_i}$. Soient $m \in \mathbb{Z}$, et U un ouvert de $T^*\mathbb{C}^n$; on note $\mathcal{O}(m)(U)$ l'espace des fonctions holomorphes sur U , homogènes de degré m en ξ , i.e. vérifiant $hf = mf$. On appelle espace des symboles formels de degré $\leq m$ sur U et l'on note $\hat{S}_m(U)$ l'ensemble des sommes formelles

$\sum_{-\infty < k \leq m} p_k$, avec $p_k \in \mathcal{O}(k)(U)$; on pose encore $\hat{S}(U) = \bigcup_m \hat{S}_m(U)$, et l'on note $\hat{S}_m$ (resp. $\hat{S}_m$) les faisceaux correspondants.

En un point $(x,0)$, $\hat{S}$ est l'espace des fonctions de (x,ξ) polynomiales en ξ (et $\hat{S}_m$ est l'espace des polynômes de degré $\leq m$ par rapport à ξ) . Cet espace peut être identifié à $\mathcal{D}_x$ par la correspondance usuelle $p = \Sigma\, a_\alpha(x)\xi^\alpha \longmapsto P = \Sigma\, a_\alpha(x)\partial^\alpha$, $\partial^\alpha = \partial_1^{\alpha_1} \ldots \partial_n^{\alpha_n}$, $\partial_i = \frac{\partial}{\partial x_i}$. La formule de composition des opérateurs différentiels, dite "formule de Leibniz", nous conduit à introduire dans $\hat{S}$ la loi de composition suivante: pour p , $q \in \hat{S}(U)$, on pose :

(3.1) $$p \circ q = \Sigma\, \frac{1}{\alpha!} (\partial_\xi^\alpha p)(\partial_x^\alpha q) .$$

Cette série converge bien dans $\hat{S}$; en effet, si $p \in \hat{S}_\ell(U)$, $q \in \hat{S}_m(U)$, on a $\partial_\xi^\alpha p \in \hat{S}_{\ell-|\alpha|}(U)$, et $\partial_x^\alpha q \in \hat{S}_m(U)$.

Par prolongement des identités, on vérifie qu'on a bien une loi associative sur $\hat{S}$; muni de cette loi, $\hat{S}$ s'appelle le faisceau des <u>opérateurs pseudo-différentiels formels</u>, et est noté $\hat{\mathcal{E}}$; pour $p \in \hat{\mathcal{E}}_\ell(U)$, on note $\sigma_\ell(p)$ la classe de p dans $\hat{\mathcal{E}}_\ell(U) / \hat{\mathcal{E}}_{\ell-1}(U) = \mathcal{O}(\ell)(U)$; comme pour les opérateurs différentiels, on a $\sigma_{\ell+m}(p \circ q) = \sigma_\ell(p)\sigma_m(q)$, et $\sigma_{\ell+m-1}(p \circ q - q \circ p) = \{\sigma_\ell(p), \sigma_m(q)\}$.

Les principales propriétés que nous aurons à utiliser sont les suivantes (leurs démonstrations ne présentent pas de difficultés sérieuses, mais elles seraient un peu longues à détailler).

(3.2) <u>Soit</u> $p \in \hat{\mathcal{E}}_m(U)$; <u>pour que</u> p <u>admette un inverse dans</u> $\hat{\mathcal{E}}_{-m}(U)$, <u>il faut et il suffit que</u> $\sigma_m(p)$ <u>soit inversible</u>.

Ceci résulte immédiatement de (3.1).

(3.3) <u>Le faisceau</u> $\hat{\mathcal{E}}$ <u>est cohérent</u>.

Dans $\mathbb{C}^n \times (\mathbb{C}^n \setminus 0)$, ceci résulte de la cohérence des $\mathcal{O}(m)$, et d'arguments de filtration (voir [2], ou [5] pour une autre méthode) ; aux points de $\mathbb{C}^n \times 0$, cela résulte de la cohérence de $\mathcal{D}$, et du fait que $\hat{\mathcal{E}}$ est plat sur $\pi^{-1}(\mathcal{D})$, cf. [5].

Soient V un ouvert de $\mathbb{C}^{2n}$, et M un $\mathcal{E}$-module à gauche cohérent ; on appellera filtration de M une suite croissante M_k $(k \in \mathbb{Z})$ de sous-faisceaux tels qu'on ait $\mathcal{E}_\ell M_k \subset M_{k+\ell}$, pour tout (k,ℓ) ; on dira que la filtration est bonne si, localement, c'est la filtration quotient d'un morphisme surjectif

$\hat{\mathcal{E}}^p \longrightarrow M$ (à noter qu'aux points de $\mathbb{C}^n \times 0$, ceci est légèrement plus restrictif que la définition (1.1) ; d'autre part, aux mêmes points, ceci implique que l'on a $M_k = 0$ pour $k < 0$) ; si $\{M_k\}$ est une bonne filtration, on note $\sigma(M)$ le $\mathcal{O}(0)$-Module M_o/M_{-1} . On montre alors les résultats suivants :

a) une bonne filtration est toujours séparée ; par suite, on a $\mathrm{supp}(M) = \mathrm{supp}(\sigma(M))$ et le support de M est un sous-ensemble analytique stable par l'homothétie h .

b) Si M est un $\mathcal{D}$-Module cohérent sur $V \subset \mathbb{C}^n$, alors on a $\mathrm{car}\, M = \mathrm{supp}(\widetilde{M})$, où $\widetilde{M} = \mathcal{E} \bigotimes_{\pi^{-1}(\mathcal{D})} \pi^{-1}(M)$, faisceau défini sur $\pi^{-1}(V)$. En particulier, ceci donne une définition de la variété caractéristique de M indépendante du choix d'une filtration.

(3.4) Plaçons-nous dans un ouvert U où l'on a $\xi \neq 0$, soit M un $\hat{\mathcal{E}}$-Module muni d'une bonne filtration $\{M_k\}$, et soit Z le support de M . Soit ψ une projection $(x,\xi) \longmapsto (x',\xi')$, $x' = (x_i)_{i\in I}$, $\xi' = (\xi_j)_{j\in J}$ (I et J sous-ensembles de $[1,\ldots,n]$) ; on suppose que $\psi(Z)$ ne rencontre pas l'ensemble $\xi' = 0$; soit $\hat{\mathcal{E}}'$ l'ensemble des opérateurs pseudo-différentiels ne dépendant que des x' et ξ' , considéré comme faisceau sur $V \subset \mathbb{C}^r \times (\mathbb{C}^s \setminus 0)$ ($r = |I|$, $s = |J|$), avec $V = \psi(Z)$; alors

a) si la projection $\psi : Z \longrightarrow V$ est <u>finie</u>, $\psi_*(M)$ est cohérent sur $\hat{\mathcal{E}}'$ (à noter que ce dernier faisceau d'anneaux est lui-même cohérent) ; de plus, la filtration initiale reste bonne sur $\hat{\mathcal{E}}'$.

b) Si $\psi : Z \longrightarrow V$ est un difféomorphisme, et si $\psi_*\sigma(M)$ est libre de rang μ sur $\mathcal{O}'(0) = \sigma(\hat{\mathcal{E}}')$, alors $\psi_*(M)$ est libre de rang μ sur $\hat{\mathcal{E}}'$ (ce dernier point est immédiat).

Pour terminer ce paragraphe, un mot sur les questions de convergence ; disons qu'un élément $p = \sum_{p\leq m} p_k$ de $\hat{S}_m(U)$ est <u>analytique</u> (certains auteurs disent "convergent") si, pour tout compact $K \subset U$, il existe $\varepsilon > 0$ tel que la série $\sum_{k\leq \inf(m,0)} p_k T^{-k}/(-k)!$ converge uniformément pour $(x,\xi) \in K$ et $|T| \leq \varepsilon$; on note $S_m(U)$ l'espace des symboles analytiques dans U ; on définit alors comme ci-dessus le faisceau $\mathcal{E}$ des opérateurs pseudo-différentiels analytiques ; on montre que toutes les propriétés précédentes sont encore vraies pour $\mathcal{E}$ et que $\hat{\mathcal{E}}$ est fidèlement plat sur $\mathcal{E}$. Pour la propriété (3.2), cela résulte de [1] ; les propriétés suivantes se démontrent, soit à partir d'une variante relative à $\mathcal{E}$ du théorème de préparation [5], soit à partir d'un théorème général de finitude [2] qu'il serait trop long d'exposer (c'est une adaptation de la méthode employée par le conférencier dans le théorème de Frobenius avec singularités ; voir sur ce dernier point l'exposé 523 de Ramis dans ce même Séminaire).

4. Changement de variables

Les résultats de ce paragraphe et du suivant ne sont peut-être pas indispensables pour le théorème que nous avons en vue ; mais, à tout le moins, ils simplifient sérieusement sa démonstration. De toute façon, vu leur importance, il s'impose d'en parler. On suivra ici la présentation de [2].

Pour écrire la formule de changement de variables pour les opérateurs différentiels, observons d'abord que la formule (3.1) peut aussi s'écrire :

$$(4.1) \qquad p \circ q(x,\xi) = e^{d_y d_\eta}(p(x,\eta)\, q(y,\xi))\Big|_{\substack{x=y\\ \xi=\eta}} \qquad \left(d_y d_\eta = \Sigma \frac{\partial}{\partial y_i} \cdot \frac{\partial}{\partial \eta_j}\right)$$

de même, pour f holomorphe, si P est l'opérateur différentiel associé à p, on a

$$(4.2) \qquad P(f) = e^{d_y d_\eta}\, p(x,\eta)\, f(y)\Big|_{\substack{x=y\\ \eta=0}} .$$

Soit alors φ une autre fonction holomorphe, et $\xi(x,y)$ une fonction vectorielle telle que l'on ait $\varphi(x) - \varphi(y) = \langle x-y\, ,\, \xi(x,y)\rangle$.

PROPOSITION (4.3).- <u>On a</u> $e^{-\varphi} P(e^{\varphi} f) = e^{d_y d_\eta}[p(x\, ,\, \eta + \xi(x,y)) f(y)]\Big|_{\substack{x=y\\ \eta=0}}$.

<u>Démonstration</u>. Posons pour abréger, lorsque $q(x,y,\eta)$ est un polynôme en η , à coefficients holomorphes en (x,y)

$$I(q) = e^{d_y d_\eta}\, q(x,y,\eta)\Big|_{\substack{y=x\\ \eta=0}} .$$

Moralement, I est l'intégrale oscillante $\iint e^{i\langle x-y\, ,\, \eta\rangle}\, q(x,y,i\eta)\, dy\, d\eta$.

<u>Lemme</u> (4.4).- <u>On a</u> $I\left(\left(\frac{\partial}{\partial \eta_j} + x_j - y_j\right) q\right) = 0$.

En effet, les relations de commutations montrent qu'on a

$[e^{d_y d_\eta}, x_j - y_j] = -\frac{\partial}{\partial \eta_j} e^{d_y d_\eta}$. Par suite, $e^{d_y d_\eta}\left(\frac{\partial}{\partial \eta_j} + x_j - y_j\right) = (x_j - y_j) e^{d_y d_\eta}$

et le second membre s'annule sur $x = y$.

Démontrons maintenant la proposition ; il s'agit de prouver qu'on a

$$I[(e^{-\varphi(x)+\varphi(y)}\, p(x,\eta) - p(x,\eta + \xi(x,y))) f(y)] = 0 .$$

Or, on a $p(x,\eta + \xi(x,y)) = e^{\langle d_\eta , \xi \rangle} p(x,\eta)$. D'autre part, on a

$$e^{\varphi(y) - \varphi(x)} - e^{\langle d_\eta , \xi \rangle} = e^{-\langle x - y , \xi \rangle} - e^{\langle d_\eta , \xi \rangle} = (e^{\langle d_\eta + x - y , \xi \rangle} - 1)e^{-\langle x - y , \xi \rangle}$$

d'où il résulte aussitôt que $(e^{-\varphi(x) + \varphi(y)} p(x,\eta) - p(x,\eta + \xi))f$ est combinaison linéaire d'expressions de la formc indiquée dans le lemme.

Remarquons maintenant que le "symbole total" p de l'opérateur différentiel P est défini par la formule suivante

$$p(x,\xi) = e^{-\langle x,\xi \rangle} P(e^{\langle x,\xi \rangle}) .$$

Soit alors $y = \chi(x)$ un difféomorphisme ; le symbole total de p, dans les nouvelles coordonnées (y,η) sera donc donné par

$$\bar{p}(y,\eta) = e^{-\langle y,\eta \rangle} P(e^{\langle y,\eta \rangle}).$$

D'après (4.3), si l'on pose $\chi(x) - \chi(x') = M(x,x').(x - x')$, M une matrice à coefficients holomorphes, on aura

$$(4.5) \qquad \bar{p}(y,\eta) = e^{d_{x'} d_{\xi'}} p(x , \xi' + {}^tM(x,x')\eta)\Big|_{\substack{x = x' \\ \xi' = 0}} , \qquad \text{avec } y = \chi(x) .$$

On voit facilement que cette formule s'étend aux opérateurs pseudo-différentiels formels (ou analytiques) ; l'application $\chi : p \longmapsto \bar{p}$ est compatible avec le produit des opérateurs pseudo-différentiels (ceci se voit par un argument de prolongement des identités) ; si p est défini sur $U \in \mathbb{C}^{2n}$, $\bar{p}$ est défini sur l'ouvert V image de U par l'application $(x,\xi) \longmapsto (\chi(x), {}^t\chi'^{-1}(x)\xi)$, i.e. l'extension de χ aux vecteurs cotangents (parce que $M(x,x) = \chi'(x)$). Enfin, si p est d'ordre $\leq m$, on déduit de (4.5) qu'on a $\sigma(p)(x,\xi) = \sigma(\bar{p})(y,\eta)$, $y = \chi(x)$, $\xi = {}^t\chi'(x)\eta$, donc $\sigma(p)$ se transforme comme une fonction sur le cotangent. Finalement, si X est une variété analytique, par recollement, on pourra donc définir les opérateurs pseudo-différentiels (formels ou analytiques) sur X comme un faisceau sur T^*X, dont le gradué associé sera la somme $\bigoplus_{m \in \mathbb{Z}} \mathcal{O}_{T^*X}(m)$, $\mathcal{O}_{T^*X}(m)$ étant le faisceau des fonctions holomorphes sur T^*X et homogènes de degré m par rapport à l'homothétie de la fibre.

5. Transformations canoniques

Il s'agit ici d'obtenir des résultats plus ou moins analogues lorsqu'on part d'une transformation canonique. Pour cela, il faut d'abord donner une version formelle-analytique des "opérateurs intégraux de Fourier" au sens de Hörmander.

Soient U un ouvert de $\mathbb{C}^n \times (\mathbb{C}^N \setminus 0)$, de coordonnées (x,θ), et φ une fonction holomorphe sur U , homogène de degré 1 en θ , telle que $d_x\varphi$ ne s'annule en aucun point ; soit V un ouvert de $\mathbb{C}^n \times (\mathbb{C}^n \setminus 0)$ tel que $(x, d_x\varphi(x,\theta)) \in V$ pour tout $(x,\theta) \in U$, et soient $a \in \hat{S}_m(U)$, $p \in \hat{\mathcal{E}}(V)$ (les "symboles" sur U sont définis de manière analogue au § 2) ; si p provient d'un opérateur différentiel, on a par (4.3)

$$e^{-\varphi}P(e^{\varphi}a) = e^{d_y d_\eta}[p(x, \eta + \xi(x,y,\theta))a(y,\theta)]\Big|_{\substack{x=y\\ \eta=0}} \underset{\text{déf}}{=\!=} L_p^{\varphi}(a) ,$$

avec $\quad \varphi(x,\theta) - \varphi(y,\theta) = \langle x - y , \xi(x,y,\theta)\rangle$.

Avec les hypothèses qu'on a faites, le second membre garde un sens pour un $p \in \hat{\mathcal{E}}(V)$, et l'on a (prolongement des identités) $L_p^{\varphi} L_q^{\varphi} = L_{p \circ q}^{\varphi}$; on obtient ainsi un $\hat{\mathcal{E}}(V)$-module ; plus précisément, si l'on note $\tilde{\varphi}$ l'application $(x,\theta) \longmapsto (x , d_x\varphi)$, on obtient sur U un $\tilde{\varphi}^{-1}(\hat{\mathcal{E}})$-Module, qu'on notera M^{φ} . On munit M^{φ} de la filtration définie par la filtration de $\hat{S}|U$.

On appelle N^{φ} le sous-Module engendré par les symboles de la forme $\Sigma\left(\frac{\partial}{\partial\theta_i} + \frac{\partial\varphi}{\partial\theta_i}\right) a_i(x,\theta)$; on s'intéresse au quotient R^{φ} qui est moralement l'espace des "distributions de Fourier" définies par les "intégrales oscillantes" $\int e^{\varphi(x,\theta)} a(x,\theta)\, d\theta$. On munit N^{φ} de la filtration induite par celle de M^{φ} .

Supposons que les $d\left(\frac{\partial\varphi}{\partial\theta_i}\right)$ soient linéairement indépendantes en tout point de U , auquel cas on dit que φ est <u>non dégénérée</u> ; on a alors le résultat suivant

PROPOSITION (5.1).- <u>On a</u> $\sigma(N^{\varphi}) = \Sigma \frac{\partial\varphi}{\partial\theta_i}\sigma(M^{\varphi})$. <u>En particulier, le support de</u> R^{φ} <u>est la variété</u> (lisse) C^{φ} <u>définie par</u> $\frac{\partial\varphi}{\partial\theta_i} = 0$.

Soit en effet $a \in N_0^{\varphi}$; on peut écrire $a = \Sigma\left(\frac{\partial}{\partial\theta_i} + \frac{\partial\varphi}{\partial\theta_i}\right) b_i$, avec par exemple $b_i \in M_m^{\varphi}$, $m \geq 0$. Si $m = 0$, il n'y a rien à démontrer (noter que les $\frac{\partial\varphi}{\partial\theta_i}$ sont de degré 0 , et les $\frac{\partial}{\partial\theta_i}$ de degré -1). Si $m > 0$, on trouve $\sum_j \frac{\partial\varphi}{\partial\theta_i}\sigma_m(b_i) = 0$, d'où $\sigma_m(b_i) = \Sigma \frac{\partial\varphi}{\partial\theta_j}\bar{c}_{ij}$, $\bar{c}_{ij}$ homogènes de degré m , $\bar{c}_{ij} = -\bar{c}_{ji}$; on prolonge alors les $\bar{c}_{ij}$ en des $c_{ij} \in N_m^{\varphi}$; en posant $b'_i = b_i - \sum_j\left(\frac{\partial}{\partial\theta_j} + \frac{\partial\varphi}{\partial\theta_j}\right) c_{ij}$, les b'_i sont d'ordre $m-1$, et l'on a

$a = \Sigma \left(\frac{\partial}{\partial \theta_i} + \frac{\partial \varphi}{\partial \theta_i} \right) b'_i$; d'où le résultat par récurrence.

La proposition précédente montre que, sous les mêmes hypothèses, $\sigma(R^{\varphi})$ est le faisceau des fonctions holomorphes sur C^{φ}, homogènes de degré 0 en θ. Comme en (3.4), soient alors I, $J \subset [0,\ldots,n]$, soit ψ la projection $(x,\xi) \longmapsto (x_i, \xi_j)_{i\in I, i\in J}$ et soit $\hat{\mathcal{E}}'$ le faisceau des opérateurs pseudo-différentiels dépendant seulement des x_i et des ξ_j $(i \in I, j \in J)$.

PROPOSITION (5.2).- Supposons que la projection $\psi \circ \tilde{\varphi}|C^{\varphi}$ soit étale et ne rencontre pas l'ensemble $\xi_j = 0$, $j \in J$; alors, au voisinage de tout point $a \in C^{\varphi}$, R^{φ} est un $(\psi \circ \tilde{\varphi})^{-1}(\hat{\mathcal{E}}')$-Module filtré-libre de rang 1.

La proposition résulte immédiatement du fait que le même résultat est vrai pour les symboles, et d'une récurrence sur la filtration.

Remarque 5.3.- Supposons φ non dégénérée (auquel cas C_{φ} est lisse de dimension n), et supposons $\tilde{\varphi}$ de rang n sur C_{φ} ; alors $\tilde{\varphi}(C_{\varphi}) = \Lambda_{\varphi}$ est une variété lagrangienne de T^*X, i.e. une variété de dimension n sur laquelle ω s'annule ; en effet, on a $\tilde{\varphi}^*(\lambda) = \Sigma \frac{\partial \varphi}{\partial x_i} dx_i = d\varphi - \Sigma \frac{\partial \varphi}{\partial \theta_i} d\theta_i$, donc $\tilde{\varphi}^*(\lambda)|C_{\varphi} = d\varphi|C_{\varphi}$; mais, on a (Euler) $\varphi = \Sigma\, \theta_i \frac{\partial \varphi}{\partial \theta_i}$, donc $\varphi = 0$ sur C_{φ} ; par suite, $\lambda|\Lambda_{\varphi} = 0$, et a fortiori $\omega|\Lambda_{\varphi} = 0$; réciproquement, il est classique que toute variété lagrangienne homogène de $T^*X \setminus 0$ peut être définie localement de cette manière (par exemple, après un changement convenable de coordonnées, on peut prendre $\varphi = \langle x,\theta \rangle - H(\theta)$, H homogène de degré 1, et alors Λ_{φ} est défini par $x_i = \frac{\partial H}{\partial \xi_i}$).

On applique ces considérations dans la situation suivante : soient X et Y deux variétés de dimension n, U un ouvert de $T^*X \setminus 0$, V un ouvert de $T^*Y - 0$, et γ une transformation canonique (homogène) $U \xrightarrow{\sim} V$, i.e. un difféomorphisme $U \longrightarrow V$ commutant à l'homothétie des fibres, et vérifiant $u^*(\omega_X) = \omega_Y$; il revient au même de dire qu'on a $u^*(\lambda_X) = \lambda_Y$ (en effet, la forme de Liouville λ détermine l'homothétie infinitésimale $h = \Sigma\, \xi_i \frac{\partial}{\partial \xi_i}$ à cause de la formule $i_h \omega = \lambda$). Soit Γ le graphe de γ dans $T^*(X \times Y)$, et $\bar{\Gamma}$ son transformé par la symétrie $(x,y,\xi,\eta) \longmapsto (x,y,\xi,-\eta)$. Dans $T^*(X \times Y)$, $\bar{\Gamma}$ est lagrangienne, et donc localement définissable par une fonction de phase $\varphi(x,y,\theta)$. On prend ici pour ψ la projection $T^*(X \times Y) \longmapsto T^*X$ i.e. en coordonnées locales $(x,y,\xi,\eta) \longmapsto (x,\xi)$; alors le choix d'une section a de R_o^φ, de symbole partout $\neq 0$ sur $\bar{\Gamma}$, donne une bijection $p \longmapsto L_p^\varphi(a)$ de $\hat{\mathcal{E}}_X|U$ sur R^φ ; en notant $\bar{V}$ l'image de V par l'application $(y,\eta) \longmapsto (y,-\eta)$, on obtient de même une bijection $\hat{\mathcal{E}}_Y|\bar{V} \longrightarrow R^\varphi$; notons $\bar{\chi} : \hat{\mathcal{E}}_X|U \longrightarrow \hat{\mathcal{E}}_Y|\bar{V}$ le composé ; pour p, $q \in \hat{\mathcal{E}}_X$, posons $p' = \bar{\chi}(p)$, $q' = \bar{\chi}(q)$.

<u>Lemme</u> (5.4).- <u>On a</u> $\chi(p \circ q) = q' \circ p'$.

En effet, on a $L^\varphi_{p \circ q}(a) = L^\varphi_p(L^\varphi_q(a)) = L^\varphi_p(L^\varphi_{q'}(a)) = L^\varphi_{q'}(L^\varphi_p(a)) = L^\varphi_{q'}L^\varphi_{p'}(a) = L^\varphi_{q' \circ p'}(a)$ (car p et q', considérés comme pseudo-différentiels sur $X \times Y$, commutent).

Finalement, le choix d'un volume v sur Y et l'extension aux opérateurs pseudo-différentiels de la notion d'adjoint donnent un antiisomorphisme $\hat{\mathcal{E}}_Y|\bar{V} \longrightarrow \hat{\mathcal{E}}_Y|V$; par exemple, en coordonnées, avec $v = dy_1 \wedge \ldots \wedge dy_n$, on a, pour un opérateur différentiel

$$q(y,\partial) = \Sigma\, a_\alpha(\eta)\partial^\alpha ,$$

la formule

$$q^*(y,\partial) = \Sigma\,(-\partial)^\alpha a_\alpha(y) .$$

Ceci s'écrit aussi (Leibniz)

$$q^*(y,\eta) = e^{d_y d_\eta} q(y,-\eta)$$

et cette dernière formule s'étend immédiatement aux opérateurs pseudo-différentiels. Finalement, on a le résultat suivant :

THÉORÈME (5.5).(Maslov-Egorov-Hörmander, variante formelle).- <u>Dans les hypothèses précédentes, soit</u> χ <u>une transformation canonique homogène</u> $U \xrightarrow{\sim} V$; <u>localement,</u> χ <u>s'étend en un isomorphisme respectant les filtrations</u> $\tilde{\chi} : \hat{\mathcal{E}}_X|U \xrightarrow{\sim} \hat{\mathcal{E}}_Y|V$; <u>pour</u> $p \in \hat{\mathcal{E}}_X|U$, <u>on a</u> $\sigma(p)(a) = \sigma(\tilde{\chi}(p))(\chi(a))$.

Seule la dernière assertion n'a pas été démontrée ; on le laisse au lecteur.

Terminons ce paragraphe par quelques remarques :

a) La transformation $\tilde{\chi}$ n'est pas uniquement déterminée par χ (elle dépend du choix de a et du volume v).

b) La formule de changement de variable peut néanmoins être considérée comme un cas particulier du théorème (5.5) : si χ est un difféomorphisme d'un ouvert de $\mathbb{C}^n$ sur un autre, il suffit de prendre $\varphi = \langle y - \chi(x), \theta \rangle$, $a = 1$, $v = dy_1 \wedge \ldots \wedge dy_n$.

c) Si l'on travaille avec des symboles analytiques, on obtient les mêmes résultats : la seule modification non triviale est la démonstration de la convergence dans la proposition (5.2) ; on peut l'établir par le même théorème de finitude auquel il a été fait allusion au § 3 (cf. [2]).

6. Involutivité (bis)

D'après (3.3 b), le théorème (2.3) est un cas particulier du résultat suivant :

THÉORÈME (6.1).- Soient U un ouvert de T^*X, et M un $\hat{\mathcal{E}}$-Module (ou un $\mathcal{E}$-Module) cohérent sur U ; alors le support de M est involutif.

Ce théorème est démontré pour $\mathcal{E}$ dans [5] par une méthode délicate, utilisant les opérateurs pseudo-différentiels d'ordre infini. Cette méthode ne s'applique donc pas à $\hat{\mathcal{E}}$. Nous allons donner ici une démonstration assez simple ; une démonstration voisine a été obtenue indépendamment par Kashiwara (communication personnelle).

Il suffit de démontrer le résultat sur un ouvert dense de $V = \operatorname{supp} M$, qu'on peut donc supposer contenu dans l'ensemble V_ℓ des points lisses de V. D'autre part, comme le théorème est local, on peut supposer que X est un ouvert de $\mathbb{C}^n$; soit alors (x^o, ξ^o) un point de V_ℓ, et choisissons une bonne filtration de M au voisinage de (x^o, ξ^o) ; deux cas sont à distinguer :

1) Le cas où $\xi^o \neq 0$; si $n = 1$, le théorème est évident par homogénéité de V ; si $n \geq 2$, on raisonne par l'absurde : si V n'est pas involutif au voisinage de (x^o, ξ^o), on peut par une transformation canonique, supposer qu'il est contenu dans la sous-variété $x_1 = 0$, $\xi_1 = 0$; alors, d'après (3.4), on peut trouver une projection $\psi : (x,\xi) \longmapsto (x',\xi')$, $x' = (x_i)_{i \in I}$, $\xi' = (\xi_j)_{j \in J}$, I et J contenus dans $\{2,\ldots,n\}$ telle que (en rétrécissant au besoin U) $\psi|V$ soit un difféomorphisme ; on peut aussi, par un éventuel changement de coordonnées, supposer qu'on a $\xi'^o \neq 0$; alors $M' = \psi_*(M)$ est cohérent sur $\hat{\mathcal{E}}'$ (notations de (3.4)) ; enfin, quitte à remplacer (x^o, ξ^o) par un point voisin, on peut supposer que $\sigma(M')$ est libre de rang μ sur $\mathcal{O}'(0)$ au voisinage de (x'^o, ξ'^o) ; soit $\bar{e}_1, \ldots, \bar{e}_\mu$ une base de $\sigma(M')$, qu'on relève en une base $e_1, \ldots, e_\mu$ de degré 0 de M' sur $\hat{\mathcal{E}}'$. Posant $\underline{e} = \begin{pmatrix} e_1 \\ \vdots \\ e_\mu \end{pmatrix}$, on aura donc

$$x_1 \underline{e} = P \underline{e} \quad \text{avec } P = (p_{ij}) \quad p_{ij} \text{ sections de } \hat{\mathcal{E}}'_0, \ (1 \leq i, j \leq \mu)$$

et de même

$$\frac{\partial}{\partial x_1} \underline{e} = Q\underline{e} \ , \quad Q = (q_{ij}) \ , \quad q_{ij} \text{ sections de } \hat{\mathcal{E}}'_1 \ ;$$

comme M a son support dans $x_1 = \xi_1 = 0$, $\sigma_o(P)$ et $\sigma_1(Q)$ sont nilpotents ; alors, quitte à remplacer (x'^o, ξ'^o) par un point voisin, on peut trouver une matrice inversible M à coefficients dans $\mathcal{O}'(0)$ telle que $M^{-1}P_oM$ soit réduit à la forme de Jordan au voisinage de (x'^o, ξ'^o) ; en prolongeant M en une matrice à coefficients dans $\hat{\mathcal{E}}'_o$, on pourra donc supposer qu'on a

$$P = \sum_{0}^{-\infty} P_k \ , \quad Q = \sum_{1}^{-\infty} Q_k \ ,$$ avec P_k et Q_k homogènes de degré k et P_o réduit à la forme de Jordan.

On a $\frac{\partial}{\partial x_1}(x_1 \underline{e}) = \frac{\partial}{\partial x_1}(P\underline{e}) = P\left(\frac{\partial}{\partial x_1}\underline{e}\right) = P \circ Q\underline{e}$ et de même $x_1 \frac{\partial}{\partial x_1}\underline{e} = Q \circ P\underline{e}$; par suite, de $[\frac{\partial}{\partial x_1}, x_1] = \text{id.}$, on déduit qu'on doit avoir $P \circ Q - Q \circ P = \text{id}$; montrons que ceci est impossible.

On a $P \circ Q - Q \circ P = \sum_{1}^{-\infty} R_k$, avec $R_1 = [P_o, Q_1]$; calculons R_o ; d'après (3.1), on a $R_o = R_o^1 + R_o^2 + R_o^3$, avec

$$R_o^1 = \Sigma \frac{\partial P_o}{\partial \xi_i}\frac{\partial Q_1}{\partial x_i} - \frac{\partial Q_1}{\partial \xi_i}\frac{\partial P_o}{\partial x_i} = 0 \quad \text{(car } P_o \text{ est une matrice constante !)}$$

$$R_o^2 = [P_{-1}, Q_1] \ , \quad R_o^3 = [P_o, Q_o] \ ;$$

par suite, on a $\text{Tr}(R_o) = 0$, donc $R_o \neq \text{id}$; ceci donne la contradiction cherchée.

2) <u>Le cas où</u> $\xi^o = 0$. S'il existe des points $(x,\xi) \in V$ arbitrairement voisins de (x^o,ξ^o), avec $\xi \neq 0$, on est ramené au cas précédent. Sinon, au voisinage de (x^o,ξ^o), V est contenu dans la section nulle $\xi = 0$ de T^*X ; alors M est un $\mathcal{D}$-Module cohérent, de variété caractéristique la section nulle ; donc $gr_k(M)$ est nul pour k assez grand, donc la suite $\{M_k\}$ est stationnaire, et M est cohérent sur $\mathcal{O}_X$; il est alors bien connu que M est libre sur $\mathcal{O}_X$, donc de support X tout entier au voisinage de $(x^o,0)$; ceci achève la démonstration.

BIBLIOGRAPHIE

[1] L. BOUTET DE MONVEL, P. KRÉE - Pseudodifferential operators and Gevrey classes, Ann. Inst. Fourier (Grenoble), 17 (1967), p. 295-323.

[2] L. BOUTET DE MONVEL - Opérateurs pseudo-différentiels analytiques, Séminaire Grenoble (1975/76).

[3] V. GUILLEMIN, D. QUILLEN, S. STERNBERG - The classification of the complex primitive infinite pseudogroups, Proc. Nat. Ac. Sc., 55-4(1966), p. 687-690.

[4] V. GUILLEMIN, D. QUILLEN, S. STERNBERG - The integrability of characteristics, Comm. Pure Appl. Math., 23(1970), p. 39-77.

[5] M. KASHIWARA, T. KAWAI, M. SATO - Microfunctions and pseudo-differential equations, Lecture Notes in Math., n° 287 (1973), p. 264-529, Springer.

[6] M. KASHIWARA - B-functions and holonomic systems, Invent. Math., 38-1 (1976), p. 33-53.

Séminaire BOURBAKI 523-01

30e année, 1977/78, n° 523 Juin 1978

FROBENIUS AVEC SINGULARITÉS

[d'après B. MALGRANGE, J. F. MATTEI et R. MOUSSU]

par Jean-Pierre RAMIS

L'étude des singularités locales des formes différentielles holomorphes (ou plus généralement des systèmes de Pfaff) a été quelque peu négligée depuis quelques décades. Cette situation est en train de changer et des progrès importants ont été faits récemment. Ce qui suit concerne le problème de l'existence d'intégrales premières pour des formes (ou des systèmes) intégrables. La plus grande partie de l'exposé sera consacrée à la codimension 1 ; l'étude de la codimension quelconque met en oeuvre le même genre d'idées mais il y a d'assez importantes difficultés techniques et je me contenterai d'énoncer les principaux résultats. Pour la codimension 1 , je donnerai deux approches un peu différentes (respectivement celles de Malgrange [4] et Mattei-Moussu [6]) ; j'étudierai assez en détail le cas d'une singularité isolée en dimension 2 qui présente déjà une bonne partie des difficultés du cas général. (On peut d'ailleurs penser que plus généralement l'élucidation du cas des singularités isolées des formes différentielles holomorphes en dimension 2 serait un grand pas, qui malheureusement est bien loin d'être franchi ; cf. par exemple Ramis [8].)

0. Introduction

Dans toute la suite ω désignera le germe en $0 \in \mathbb{C}^n$ d'une forme différentielle holomorphe de degré 1 : $\omega = \Sigma\, a_i\, dx_i$; on notera $S(\omega)$ le germe en 0 du lien singulier de ω : $S(\omega) = V(a_1,\ldots,a_n)$.

DÉFINITION 0.1.- On dira que ω est intégrable si $\omega \wedge d\omega = 0$.

Notations : On désignera par $\mathcal{O}_n$ (resp. $\hat{\mathcal{O}}_n$) l'anneau des séries convergentes (resp. formelles) à n variables complexes.

DÉFINITION 0.2.- On dira que ω admet une intégrale première holomorphe (resp. formelle) s'il existe f et $g \in \mathcal{O}_n$ (resp. $\hat{\mathcal{O}}_n$), avec $f(0) \neq 0$ et $\omega = f\,dg$.

Il est clair que si cette condition est vérifiée (de manière convergente ou formelle) ω est intégrable. Nous allons étudier la réciproque.

Cette réciproque est évidemment vraie quand $S(\omega) = \emptyset$ (Frobenius). Si l'on excepte un certain nombre de cas particuliers que l'on peut trouver dans des travaux "anciens" [1], le premier progrès dans l'étude du cas $S(\omega) \neq \emptyset$ est dû à G. Reeb ([10], 1952) : on suppose $n \geq 3$, $S(\omega) = \{0\}$; le rang de la matrice $\left(\frac{\partial a_i}{\partial x_j}(0)\right)$ est indépendant des coordonnées et, si ce rang est supérieur ou égal à 3, cette matrice est symétrique, de plus on a le

THÉORÈME 0.3 (G. Reeb [10]).- Si ce rang est maximum, ω admet une intégrale première holomorphe.

Pour établir ce résultat, on se ramène d'abord au cas où $\omega = x_1\,dx_1 + \ldots + x_n\,dx_n$ + termes d'ordre ≥ 2 par un changement de coordonnées. On utilise ensuite l'application $\psi : \Sigma_{n-1} \times \mathbb{C} \longrightarrow \mathbb{C}^n$ et la forme $\psi^*(\omega) = \omega^*$ (Σ_{n-1} est défini dans $\mathbb{C}^n$ par $x_1^2 + \ldots + x_n^2 = 1$ et $\psi(u,\rho) = \rho u$) : $\omega^* = \rho\,d\rho + \rho^2\omega_2^* + \ldots + \rho^p\omega_p^* + \ldots$; on construit ensuite une intégrale de ω^*/ρ de la forme $g = \rho^2 + \rho^3 f_3 + \ldots + \rho^p f_p + \ldots$.

Plus récemment (1976), R. Moussu a repris le problème et obtenu (entre autres) le résultat suivant [2] :

THÉORÈME 0.4 (R. Moussu [7]).- Soit ω une forme différentielle holomorphe intégrable, de degré 1 . Si codim $S(\omega) \geq 3$, alors ω admet une intégrale première formelle.

R. Moussu propose deux démonstrations de ce résultat ; nous reviendrons sur l'une de ces démonstrations dont l'idée est due à J. Martinet.

Enfin l'état actuel de la question est donné par les résultats suivants :

THÉORÈME 0.5 (B. Malgrange [4]).- Soit ω une forme différentielle holomorphe intégrable de degré 1 :

(i) Si codim $S(\omega) \geq 3$, alors ω admet une intégrale première holomorphe ;

(ii) Si codim $S(\omega) \geq 2$ et si ω admet une intégrale première formelle, alors ω admet une intégrale première holomorphe.

Ce dernier Théorème a été récemment précisé par Mattei et Moussu [6] :

THÉORÈME 0.6.- Soit ω une forme différentielle holomorphe intégrable de degré 1 .

---

[1] Painlevé, Dulac,...

[2] Il y a aussi des résultats analytiques et $\mathcal{C}^\infty$ dont nous ne parlons pas.

S'il existe un germe d'application holomorphe $h : (\mathbb{C}^r,0) \longrightarrow (\mathbb{C}^n,0)$ tel que $\operatorname{codim} S(h^*\omega) \geq 2$, et que $h^*\omega$ possède une intégrale première formelle, alors ω possède une intégrale première holomorphe.

Si $\operatorname{codim} S(\omega) \geq 3$, ω possède une intégrale première formelle (Th. 0.4) ; il en est donc de même de $h^*\omega$. Le théorème 0.5 résulte donc du théorème 0.6 pourvu que l'on choisisse h de façon adéquate, ce qui est possible d'après la

PROPOSITION 0.7 (Mattei et Moussu [6]).- Soit ω un germe en $0 \in \mathbb{C}^n$ de 1-forme holomorphe, quel que soit l'entier $p < m$, il existe un plongement $i : (\mathbb{C}^p,0) \longrightarrow (\mathbb{C}^n,0)$ tel que $S(i^*\omega) = i^{-1}(S(\omega))$ et $\operatorname{codim} S(i^*\omega) = \inf(\operatorname{codim} S(\omega), p)$.

I. Le cas formel

Soit Ω^p l'espace des germes de p-formes différentielles holomorphes en 0 dans $\mathbb{C}^n$; pour $\omega \in \Omega^1$, non identiquement nulle, on considère le complexe

$$K(\omega) : 0 \longrightarrow \mathcal{O} \longrightarrow \Omega^1 \xrightarrow{\delta} \dots \xrightarrow{\delta} \Omega^n \longrightarrow 0 , \quad \text{avec } \delta(\alpha) = \omega \wedge \alpha .$$

Notons toujours $\omega = \sum_i a_i \, dx_i$ et $S(\omega)$ son lien singulier.

PROPOSITION 1.1 (Malgrange [4] appendice, ou Saito [11]).- Pour un entier $1 \leq p \leq n$, les assertions suivantes sont équivalentes :

(i) $\operatorname{codim} S(\omega) \geq p$;

(ii) $H^i(K(\omega)) = 0$, $i = 0,\dots, p-1$;

(iii) $H^{p-1}(K(\omega)) = 0$.

Le raisonnement de Martinet et Moussu est alors le suivant ($\operatorname{codim} S(\omega) \geq 3$) : $\omega \wedge d\omega = 0$ implique ($H^2(K(\omega)) = 0$) l'existence de $\omega_1 \in \Omega^1$ vérifiant $d\omega = \omega \wedge \omega_1$; par différenciation, on en déduit $\omega \wedge d\omega_1 = 0$, et l'existence de $\omega_2 \in \Omega^1$ satisfaisant à $d\omega_1 = \omega \wedge \omega_2 \dots$ On obtient ainsi (cf. Godbillon-Vey [2]) une suite de formes $\omega_p \in \Omega^1$ ($p \geq 0$), vérifiant $\omega_0 = \omega$ et

$$(\text{GV}.p+1) \qquad d\omega_p = \omega_0 \wedge \omega_{p+1} + \sum_{1\leq q\leq p} \binom{p}{q} \omega_q \wedge \omega_{p-q+1} .$$

On considère alors la forme à coefficients dans $\hat{\mathcal{O}}_{n+1}$: $\alpha = dt + \sum_{p=0}^{+\infty} \frac{t^p}{p!} \omega_p$.

On vérifie facilement que $d\alpha = \alpha \wedge \left(\sum_p \frac{t^{p-1}}{(p-1)!} \omega_p \right)$, d'où $\alpha \wedge d\alpha = 0$.

La forme α étant non singulière à l'origine, le théorème de Frobenius formel montre qu'il existe F et $G \in \hat{\mathcal{O}}_{n+1}$, avec $F(0) \neq 0$ et $\alpha = F\,dG$; il suffit de faire $t = 0$ pour obtenir un facteur intégrant formel pour ω.

On n'a pas fait autre chose que prolonger ω en une forme α intégrable non singulière sur le complété formel de $(\mathbb{C}^n,0)$ dans $(\mathbb{C}^{n+1},0)$. L'idée de départ de Malgrange [4] a été de faire la même chose, mais de manière convergente. Nous y reviendrons.

II. Le cas convergent : la méthode de Mattei et Moussu

Nous commencerons à exposer le résultat de Mattei et Moussu [6], ce qui nous permettra de détailler la situation en dimension 2 . Le théorème 0.6 résulte des deux propositions suivantes :

PROPOSITION 2.1.- Soit ω un germe en $0 \in \mathbb{C}^2$ de 1-forme holomorphe, avec $S(\omega) = \{0\}$. Les deux conditions suivantes sont équivalentes :

(i) ω possède une intégrale première formelle.

(ii) ω possède une intégrale première holomorphe.

PROPOSITION 2.2.- Soit ω un germe en $0 \in \mathbb{C}^n$ de 1-forme holomorphe intégrable. Supposons qu'il existe un plongement $i : (\mathbb{C}^r,0) \longrightarrow (\mathbb{C}^n,0)$ tel que codim $S(i^*\omega) \geq 2$. Alors ω possède une intégrale première holomorphe (resp. formelle) dès que $i^*\omega$ possède une intégrale première holomorphe (resp. formelle).

La démonstration de la proposition 2.1 repose sur un résultat de Brjuno [1], modulo un argument de désingularisation :

THÉORÈME 2.3 (Brjuno [1], p. 140 et 147).- Soit η un germe en $0 \in \mathbb{C}^2$ de 1-forme holomorphe, dont le jet à l'ordre 1 s'écrit $j^1\eta = \alpha y\,dx + \beta x\,dy$, avec α et $\beta \in \mathbb{N}$ premiers entre eux ; alors il existe $A , B \in \hat{\mathcal{O}}_1$ et $X , Y \in \hat{\mathcal{O}}_2$, tels que :

(i) $X = x + \sum_{i,j>1} a_{ij} x^i z^j$, $Y = y + \sum_{i,j>1} b_{ij} x^i y^j$;

avec $a_{ij} = b_{ij} = 0$ si $\alpha j = \beta i$.

(ii) $\eta = (A(X^\alpha Y^\beta)YdX + B(X^\alpha Y^\beta)XdY) \dfrac{D(x,y)}{D(X,Y)}$.

De plus, si $\beta A = \alpha B$, alors X , Y , $A(X^\alpha Y^\beta)$ et $B(X^\alpha Y^\beta) \in \mathcal{O}_2$ (i.e. convergent).

Remarque.- Ce type de forme η a été également étudié par l'école japonaise (cf. [3] et [8]).

Nous appellerons éclatement tout germe d'application analytique $\pi : (\mathbb{C}^2,0) \longrightarrow (\mathbb{C}^2,0)$ composé d'automorphismes algébriques de $(\mathbb{C}^2,0)$ et d'éclatements de Hopf $((x,y) \longmapsto (xy,y))$. On vérifie facilement "à la main" que, si $F \in \hat{\mathcal{O}}_2$ et $F \circ \pi \in \mathcal{O}_2$, alors $F \in \mathcal{O}_2$. (On a en fait un isomorphisme naturel

$\hat{\mathcal{O}}_2/\mathcal{O}_2$ "en bas" $\longrightarrow$ $\pi_*(\hat{\mathcal{O}}_2/\mathcal{O}_2)$; résultat qui s'étend en dimension quelconque et à des éclatements très généraux, Ramis [9].)

Soit ω comme dans la proposition 2.1 ; supposons la condition (i) satisfaite : $\omega = f\,dg$ avec f, $g \in \hat{\mathcal{O}}_2$ et $f(0) \neq 0$.

On montre l'existence de $\ell \in \hat{\mathcal{O}}_1$, $\ell(0) = 0$, $\ell'(0) \neq 0$ tel que $\ell \circ g \in \mathcal{O}_2$, ce qui implique la condition (ii). D'après $S(\omega) = \{0\}$ et $f(0) \neq 0$, on voit que

$$g = g_1 \dots g_k \quad \text{, avec } g_i \text{ irréductible dans } \hat{\mathcal{O}}_2 \text{ et } g_i \neq g_j \text{ pour } i \neq j.$$

En reprenant la méthode classique de désingularisation des courbes, on trouve un éclatement π tel que

$$g \circ \pi(x,y) = (y - H(x))x^{\alpha}h(x,y) = G(x,y) \text{ , avec } \alpha \in \mathbb{N} \text{ , } h \in \hat{\mathcal{O}}_2 \text{ , } h(0) \neq 0$$

et $H \in (x^2)\hat{\mathcal{O}}_1$. Il suffit alors de trouver $\ell \in \hat{\mathcal{O}}_2$ tel que $\ell \circ G \in \mathcal{O}_2$ pour terminer la démonstration.

On a $\pi^*(\omega) = (f \circ \pi)\, dG = f(0)h(0)x^{\alpha-1}\omega_1$, où ω_1 admet pour 1-jet $j^1\omega_1 = \alpha\, y\, dx + x\, dy$. On lui applique le résultat de Brjuno (théorème 2.3). On obtient X, $Y \in \hat{\mathcal{O}}_2$ et A, $B \in \hat{\mathcal{O}}_1$ vérifiant (i) et (ii).

Soient $G_1 \in \hat{\mathcal{O}}_2$ et $\ell_1 \in \mathcal{O}_1$ définis par :

$$G(x,y) = G_1(X,Y) = \sum_{i,j>0} c_{ij} X^i Y^j$$

$$\ell_1(Z) = \sum_{r>0} c_{r\alpha,r} Z^r .$$

De la condition $\omega_1 \wedge dG = 0$, on déduit :

(i) $A = \alpha B$ et X et Y convergent.

(ii) $G_1(X,Y) = \ell_1(X^{\alpha}Y)$ et $\ell_1'(0) \neq 0$. Il suffit de poser $\ell = \ell_1^{-1}$; la série $\ell \circ G = X^{\alpha}Y$ est convergente.

Passons à la démonstration de la proposition 2.2.

L'argument est analogue, en plus simple, à un argument de Malgrange [4] sur lequel nous reviendrons. (On bénéficie ici de l'unicité du processus.)

Notations : Soit $\rho = (\rho_1,\dots,\rho_n)$ $(\rho_i > 0)$; pour $f = \Sigma\, a_{\alpha} x^{\alpha} \in \mathcal{O}_m$, on pose $|f|_{\rho} = \Sigma\, |a_{\alpha}|\rho^{\alpha}$; pour $\omega = \Sigma\, a_i\, dx_i$, on pose $|\omega|_{\rho} = \sum_i |a_i|_{\rho}$. Le sous-espace de $\mathcal{O}_m$ (resp. Ω^1_m) sur lequel la pseudonorme $|\ |_{\rho}$ est finie est noté $\mathcal{O}_m(\rho)$ (resp. $\Omega^1_m(\rho)$).

Par récurrence sur r, on peut supposer que $r = n - 1$ et noter $(x_1,\dots,x_r,t)$ les coordonnées de $\mathbb{C}^n$.

On utilise de façon essentielle le résultat élémentaire :

Lemme 2.4.- Soit $\omega \in \Omega_n^1$, avec codim $S(\omega) \geq 2$. Quel que soit $\pi \in \Omega_n^1$, avec $\omega \wedge \pi = 0$, il existe $g \in \mathcal{O}_n$ tel que $g\omega = \pi$. De plus, il existe $K > 0$ et ρ tel que si $\pi \in \Omega(\rho)$, alors $g \in \mathcal{O}(\rho)$ et $|g|_{t\rho} \leq K|\pi|_{t\rho}$, si $t \in [\frac{1}{2}, 1]$.

Remarque.- Un argument fondamental de Malgrange [4] est le théorème 3.2 (cf. dessous) qui est une extension (non triviale !) de ce lemme.

Soit maintenant $\omega \in \Omega_n^1$ $(n = r + 1)$ intégrable ; on écrit $\omega = \sum_{n \geq 0} t^n (\omega_n + a_n\, dt)$ son développement de Taylor en t. On suppose que :

(i) codim $S(\omega_o) \geq 2$ et $\omega_o = d\gamma_o$, avec $\gamma_o \in \mathcal{O}(\rho)$.

(ii) $\omega_n \in \Omega_r^1(\rho)$, $a_n \in \mathcal{O}_r(\rho)$ $(n \geq 0)$.

(iii) $\sum_{n \geq 0} (|a_n|_\rho + |\omega_n|_\rho) t^n$ a un rayon de convergence > 0.

Une construction par récurrence (formellement voisine de celle employée par Reeb [10]) permet d'obtenir :

(iv) Il existe une suite unique $\{\gamma_n\}_{n \geq 1}$ d'éléments de $O_r(\rho)$ telle que

$$\omega \wedge d\Big(\sum_{n \geq 0} t^n f_n\Big) = 0 .$$

On termine en prouvant

(v) La série $\sum_{n \geq 0} |f_n|_{\rho/2}\, t^n$ est convergente.

L'argument est le même que celui employé par Malgrange dans [4].

III. Le cas convergent : la méthode de Malgrange

On établit d'abord la Proposition suivante :

PROPOSITION 3.1.(Malgrange [4]).- Etant donné $\omega = \omega_o$, non identiquement nul, supposons que pour n'importe quel choix de $\omega_1, \ldots, \omega_p \in \Omega^1$ vérifiant (GV.1),..., (GV.p), on puisse trouver $\omega_{p+1} \in \Omega^1$ vérifiant (GV.p+1). Alors ω possède une intégrale première holomorphe.

On montre que l'on peut modifier le choix des $\omega_p \in \Omega^1$ de telle sorte que la série $\sum_p \frac{t^p}{p!}\omega_p$ soit convergente. On utilise pour cela une amélioration du théorème des voisinages privilégiés : On reprend les notations de II. Soit $\rho = (\rho_1, \ldots, \rho_n)$ $(\rho_i > 0)$; on pose, pour $f = (f_1, \ldots, f_p) \in \mathcal{O}^p$, $|f|_\rho = \sum_i |f_i|_\rho$; $P(\rho) = \{x \mid |x_i| < \rho_i\}$. Soit $u : \mathcal{O}^q \longrightarrow \mathcal{O}^p$ une application

$\mathcal{O}$-linéaire. Pour tout ρ assez petit u induit une application continue $\mathcal{O}^q(\rho) \longrightarrow \mathcal{O}^p(\rho)$. On dira qu'une application $\mathbb{C}$-linéaire $\Lambda : \mathcal{O}^p \longrightarrow \mathcal{O}^q$ est une scission de u si $u \Lambda u = u$. On dira d'autre part que Λ est adapté à ρ s'il existe $c > 0$ tel que l'on ait, pour $f \in \mathcal{O}^p$ et $\frac{1}{2} \leq t \leq 1$, $|\Lambda f|_{t\rho} \leq c|f|_{t\rho}$.

On a alors :

THÉORÈME 3.2 (Malgrange [4]).- Soient $\{u_i\}$ des matrices à coefficients dans $\mathcal{O}$ en nombre fini. On peut trouver des scissions Λ_i telles que l'ensemble des polydisques $P(\rho)$ tels que les Λ_i soient simultanément adaptées à ρ forme un système fondamental de voisinages de 0.

Appliquons ce résultat à la situation précédente : On choisit $\rho = (\rho_1,\ldots,\rho_n)$ tel que $\omega_o \wedge : \Omega^1 \longrightarrow \Omega^2$ soit adaptée à ρ et $|\omega_o|_\rho < +\infty$. On peut alors construire par récurrence les ω_p vérifiant, pour $\frac{1}{2} \leq t \leq 1$ et $c > 0$ convenable :

$$|\omega_{p+1}|_{t\rho} \leq c(|d\omega_p|_{t\rho} + \sum_{1\leq q\leq p} \binom{p}{q} |\omega_q|_{t\rho}|\omega_{p-q+1}|_{t\rho}) .$$

Malgrange utilise ensuite la "méthode de Gevrey".

On a le lemme élémentaire :

<u>Lemme</u> 3.3.- Il existe $c_1 > 0$ tel que, pour $\omega \in \Omega^1$ et $\frac{1}{2} \leq t < s \leq 1$:

$$|d\omega|_{t\rho} \leq \frac{c_1}{s-t} |\omega|_{s\rho} .$$

On en déduit l'inégalité :

$$|\omega_{p+1}|_{t\rho} \leq \frac{c'}{s-t} |\omega_p|_{s\rho} + c \sum_{1\leq q\leq p} \binom{p}{q} |\omega_q|_{t\rho} \cdot |\omega_{p-q+1}|_{t\rho} .$$

On définit une suite $\{v_p\}$ de réels > 0 par :

$$v_o = |\omega_o|_\rho$$

$$v_{p+1} = c' e v_p + c \sum_{1\leq q\leq p} v_q v_{p-q+1} .$$

On a $\quad |\omega_p|_{t\rho} \leq p! v_p / (1-t)^p \qquad (\frac{1}{2} \leq t < 1)$.

(On choisit $1 - s = (p/p+1)(1-t)$ et utilise $(1 + \frac{1}{p}) < e$.)

Il reste à vérifier que la série $F(t) = \sum_p v_p t^p$ est convergente, ce qui résulte immédiatement de l'équation $F(t) = c' e v_o t + c' e t F(t) + cF(t)^2$. On a ainsi terminé la démonstration de la proposition 3.1. Les conditions de cette proposition sont satisfaites si $\operatorname{codim} S(\omega) \geq 3$ (cf. l'étude formelle faite en I). Le théorème 0.5 (i) s'en déduit immédiatement. Il reste à prouver le théorème 0.5 (ii) ;

on va montrer pour cela que si codim $S(\omega) \geq 2$ et si ω admet une intégrale première formelle les conditions de la proposition 3.1 sont également satisfaites.

Posons $\alpha_p = dt + \omega_o + \ldots + \omega_p \frac{t^p}{p!}$. On constate facilement que pour que (GV.i) $(i = 1,\ldots,p)$ soit satisfaite il faut et il suffit que le développement de $\alpha_p \wedge d\alpha_p$ suivant les puissances de t ne contienne pas de termes de degré $\leq p-1$ $(\alpha_p \wedge d\alpha_p \equiv 0 \pmod{t^p})$.

On considère alors des automorphismes analytiques F de $\mathbb{C}^{n+1}$ au voisinage de 0, de la forme $x'_i = x_i$, $t' = t + f(x,t)$, avec $f(x,0) = \frac{\partial f}{\partial t}(x,0) = 0$; on a

$$F^*(\alpha) = (1 + \frac{\partial f}{\partial t})(dt + \sum_k \omega'_k \frac{t^k}{k!}) \quad (\omega'_o = \omega_o) ;$$

on pose $\alpha_{Fp} = dt + \sum_{k=0,\ldots,p} \omega'_k \frac{t^k}{k!}$ et on vérifie que $\alpha_{Fp} \wedge d\alpha_{Fp} \equiv 0 \pmod{t^p}$;

il en résulte que $\omega'_o,\ldots,\omega'_p$ vérifient (GV.i) $(i = 1,\ldots,p)$.

<u>Lemme</u> 3.4.- Si codim $S(\omega) \geq 2$ (i.e. $H^1(K(\omega)) = 0$). Si $\omega'_o = \omega, \omega'_1,\ldots,\omega'_p$ vérifient (GV.i) $(i = 1,\ldots,p)$, il existe un automorphisme analytique F comme ci-dessus tel que

$$\alpha_{Fp} = dt + \omega'_o + \ldots + \omega'_p \frac{t^p}{p!} .$$

La démonstration est alors terminée une fois établie la proposition 3.5.

Supposons que $\omega = \omega_o$ admette une intégrale première formelle et que codim $S(\omega) \geq 2$. Alors, pour toute suite $\omega'_o = \omega_o$, $\omega'_1,\ldots,\omega'_p$ vérifiant (GV.i) $(i = 1,\ldots,p)$, on peut trouver $\omega'_{p+1} \in \Omega^1$ vérifiant (GV.p+1).

De $\omega = f\,dg$ $(f, g \in \hat{\mathcal{O}} ; f(0) \neq 0)$, on déduit que ω admet une suite infinie de Godbillon-Vey formelle ($\omega_1 = -f^{-1}df$ et $\omega_p = 0$ pour $p \geq 1$) ; $\alpha = dt + \omega_o + t\omega_1$.

Soit $\hat{K}(\omega)$ la version formelle de $K(\omega)$; on a aussi $H^1(\hat{K}(\omega)) = 0$ ($\hat{\mathcal{O}}$ est plat sur $\mathcal{O}$) et la version formelle du lemme 3.4. Il existe donc un automorphisme formel F (de la forme précisée plus haut) tel que

$$\left(1 + \frac{\partial f}{\partial t}\right)^{-1} F^*(\alpha) \equiv dt + \omega_o + \omega'_1 t + \ldots + \omega'_p \frac{t^p}{p!} \pmod{t^{p+1}} .$$

Il suffit de prendre ω'_{p+1} égal au coefficient de $\frac{t^{p+1}}{(p+1)!}$ dans le développement de $\left(1 + \frac{\partial f}{\partial t}\right)^{-1} F^*(\alpha)$; ω'_{p+1} est à coefficients dans $\hat{\mathcal{O}}$ et vérifie (GV.p+1) ;

la convergence de $\omega'_o,\dots,\omega'_p$ et la fidèle platitude de $\hat{\mathcal{O}}$ sur $\mathcal{O}$ permet de trouver un autre ω'_{p+1} à coefficients dans $\mathcal{O}$ et vérifiant (GV.p+1).

IV. La codimension quelconque (Malgrange [5])

Nous n'entrerons pas dans les détails techniques du cas général et nous contenterons de l'énoncé du résultat fondamental qui généralise le théorème 0.5.

Soit $\omega = (\omega_1,\dots,\omega_p) \in (\Omega^1)^p$. Le système ω est dit intégrable (resp. formellement intégrable) s'il existe $f_1,\dots,f_p \in \mathcal{O}$ (resp. $\hat{\mathcal{O}}$) et $g_{ij} \in \mathcal{O}$ (resp. $\hat{\mathcal{O}}$), i , $j \in [1,\dots,p]$ tels que

a) $\omega_i = \sum_i g_{ij}\, df_j$;

b) $\det g_{ij}(0) \neq 0$.

On note toujours $S(\omega)$ l'ensemble des zéros de $\omega_1 \wedge \dots \wedge \omega_p$.

THÉORÈME 4.1.- (i) Si $\operatorname{Codim} S(\omega) \geq 3$ et $d\omega_i \wedge \omega_1 \wedge \dots \wedge \omega_p = 0$ $(i = 1,\dots,p)$, ω est intégrable.

(ii) Si $\operatorname{Codim} S(\omega) \geq 2$ et si ω est formellement intégrable, ω est intégrable.

BIBLIOGRAPHIE

[1] A. D. BRJUNO - Analytic form of differential equations, Trans. Moscow Mathematical Soc., 25, (1971), pp. 131-282.

[2] C. GODBILLON, J. VEY - Un invariant des feuilletages de codimension un, C.R. Acad. Sc. Paris, t. 273, (1971), pp. 92-95.

[3] M. HUKUHARA, R. KIMURA, T. MATUDA - Equations différentielles ordinaires du premier ordre dans le champ complexe, The Mathematical Society of Japan, Tokyo, 1961.

[4] B. MALGRANGE - Frobenius avec singularités, 1. Codimension un, Public. Sc. I.H.E.S., 46 (1976), pp. 163-173.

[5] B. MALGRANGE - Frobenius avec singularités, 2. Le cas général, à paraître.

[6] J. F. MATTEI, R. MOUSSU - Intégrales premières d'une forme de Pfaff analytique, Preprint, Univ. de Dijon, 1977.

[7] R. MOUSSU - Sur l'existence d'intégrales premières pour un germe de forme de Pfaff, Annales Inst. Fourier, 26-2, (1976), pp. 171-220.

[8] J.-P. RAMIS - Etude locale des singularités des équations différentielles dans le plan complexe, Rencontre de Cargèse sur les singularités et leurs applications, (1975), pp. 114-125.

[9] J.-P. RAMIS - Variations sur le thème "GAGA", à paraître dans le "Séminaire P. Lelong 1976/77", Lecture Notes in Math., vol. 694 , 1978, Springer-Verlag, Berlin.

[10] G. REEB - Sur certaines propriétés topologiques des variétés feuilletées, Hermann, Paris, 1952.

[11] K. SAITO - On a generalization of the de Rham Lemma, Annales Inst. Fourier, 28-2, (1976).

$B\Gamma$ [d'après MATHER et THURSTON]

par Francis SERGERAERT

1. Rappels (voir [7], [11], [12])

Soient $r \in \mathbb{N} \cup \{\infty\}$, $n \in \mathbb{N}$, fixés dans tout le texte.

On note $\Gamma = \Gamma_n^r$ le groupoïde des germes ponctuels de C^r-difféomorphismes de $\mathbb{R}^n$. Γ est muni de sa topologie habituelle ; l'application germe $\longmapsto$ point source (ou but) du germe en fait alors un espace étalé sur $\mathbb{R}^n$.

Si M est un espace topologique, un atlas (O_i , γ_{ij}) définit une Γ-structure sur M si les O_i constituent un recouvrement ouvert de M , et si les $\gamma_{ij} : O_i \cap O_j \longrightarrow \Gamma$ sont des applications continues vérifiant $\gamma_{ij} \gamma_{jk} = \gamma_{ik}$. Si $x \in O_i$, $\gamma_{ii}(x)$ doit être un germe identité en un point de $\mathbb{R}^n$; γ_{ii} est donc une application continue $O_i \longrightarrow \mathbb{R}^n$, assimilable à une "carte", mais on ne demande pas que γ_{ii} soit un homéomorphisme ; les γ_{ij} sont les "changements de carte". Deux atlas définissent la même Γ-structure s'ils sont sous-ensembles d'un même atlas (il faudra définir de nouveaux changements de carte).

Si M est muni d'une Γ-structure, $f : X \longrightarrow M$ continue induit une Γ-structure sur X . Deux Γ-structures sur M sont homotopes si elles sont restrictions à $M \times 0$ et $M \times 1$ d'une Γ-structure sur $M \times [0,1]$. Le foncteur "classes d'homotopie de Γ-structures" est représentable, d'où un classifiant $B\Gamma$ muni d'une Γ-structure universelle.

L'application "différentielle au point distingué" définit un morphisme $d : \Gamma \longrightarrow GL(n,\mathbb{R})$. Si (O_i , γ_{ij}) définit une Γ-structure ω , $(O_i , d\gamma_{ij})$ est un cocycle à valeurs dans $GL(n,\mathbb{R})$ définissant un $\mathbb{R}^n$-fibré vectoriel, le fibré normal à ω . On a une application canonique $\nu : B\Gamma \longrightarrow BGL(n,\mathbb{R})$ (fibré normal à la Γ-structure universelle). Si $r = 0$, il faut remplacer BGL par $BTop$.

Exemple 1.- Si les cartes $\gamma_{ii} : O_i \longrightarrow \mathbb{R}^n$ sont des homéomorphismes, l'atlas définit une structure de C^r-n-variété sur M . Le fibré normal à la Γ-structure n'est autre que le fibré tangent à la variété.

Exemple 2.- Si M est une $(n+d)$-variété et si les cartes $\gamma_{ii} : O_i \longrightarrow \mathbb{R}^n$ sont des submersions, l'atlas définit sur M un feuilletage de codimension n . Le fibré normal à la Γ-structure et le fibré normal au feuilletage sont les mêmes.

Exemple 3.- Si M est une C^r-n-variété et X un espace quelconque, la projection

$X \times M \longrightarrow M$ induit sur $X \times M$ la Γ-structure <u>horizontale</u>, image réciproque de la Γ-structure de variété sur M.

<u>Exemple</u> 4.- Avec le même M, si $p : E \longrightarrow B$ est un M-fibré, une <u>Γ-structure</u> sur E est <u>transverse</u> à p (ou simplement <u>transverse</u>) si elle induit sur chaque fibre la Γ-structure de variété. C'est le cas de la Γ-structure horizontale sur $X \times M$. Sur $\mathbb{R} \times \mathbb{R}$, la Γ_1^∞-structure définie par la seule carte $(x,y) \longmapsto y - x^{2/3}$ est transverse à la première projection, mais pas à la deuxième.

2. <u>Enoncé du résultat</u> ([15], [25], [17])

Soit $G = G_n^r = \mathrm{Diff}_C^r \mathbb{R}^n$ le groupe des C^r-difféomorphismes de $\mathbb{R}^n$ à support compact, muni de sa topologie habituelle. Si on munit G de la topologie discrète, on le note G_δ. La fibre homotopique de $\mathrm{id} : G_\delta \longrightarrow G$ est un groupe topologique $\bar{G}$. Le classifiant $B\bar{G}$ est aussi la fibre homotopique de $BG_\delta \longrightarrow BG$; donc $B\bar{G}$ classifie les G_δ-fibrés (autrement dit les G-fibrés <u>plats</u>) trivialisés comme G-fibrés.

Soit $B\bar{\Gamma}$ la fibre homotopique de $\nu : B\Gamma \longrightarrow BGL(n,\mathbb{R})$; de la même façon $B\bar{\Gamma}$ classifie les Γ-structures à fibré normal trivialisé.

Le résultat fondamental de Mather et Thurston dont on veut parler ici est le :

THÉORÈME.- <u>Il existe une application continue</u> $f : B\bar{G} \longrightarrow \Omega^n B\bar{\Gamma}$ <u>qui induit un isomorphisme en homologie.</u>

Ω est le foncteur "espace de lacets".

Notons que f ne peut pas être une équivalence d'homotopie, car $\pi_1(B\bar{G}) = \pi_o(\bar{G})$ se surjecte sur $\mathrm{Ker}(G_\delta \longrightarrow \pi_o G)$ qui n'est pas commutatif, alors que $\pi_1 \Omega^n B\bar{\Gamma}$ est commutatif.

3. <u>Motivation</u>

La théorie de Haefliger [8] et de Thurston [24], [26], [21], ramène l'existence de certains feuilletages à celle de relèvements :

$$\begin{array}{ccc} & & B\Gamma \\ & \overset{?}{\nearrow} & \downarrow \nu \\ M & \longrightarrow & BGL(n,\mathbb{R}) \end{array}$$

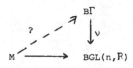

Les obstructions à l'existence de tels relèvements sont des classes de cohomologie à coefficients dans les groupes d'homotopie de la fibre homotopique de ν, qu'on a baptisée $B\bar{\Gamma}$. Ainsi tout progrès dans la connaissance de la topologie algébrique de $B\bar{\Gamma}$ aura des retombées en matière d'existence de feuilletages. C'est ce qui motive l'étude de $B\bar{\Gamma}$.

On sait que $B\bar{\Gamma}^r_n$ est n-connexe [8], $(n + 1)$-connexe sauf peut-être pour $r = n + 1$ [16], qu'il n'est pas $(2n + 1)$-connexe [6], [23], [9], [4], [5]. On conjecture qu'il est 2n-connexe. Si c'est bien le cas, on en déduirait que, si M est une variété de dimension d , tout d' sous-fibré de TM , $d' \leq (d+1)/2$, est homotope à un sous-fibré tangent à un feuilletage de dimension d' [24], [26]. D'après le théorème de Mather-Thurston, cette conjecture (2n-connexité de $B\bar{\Gamma}^r_n$) équivaut à la n-acyclicité de $B\bar{G}^r_n$.

Pour $r = 0$, on a une réponse complète : $B\bar{\Gamma}^0_n$ est contractile, parce que n-connexe ([8]) et acyclique ; ce dernier point résulte de ce que $B\bar{G}^0_n$ est acyclique ([14]) et du théorème de Mather-Thurston.

Autrement dit, on a le schéma :

Existence de feuilletages	$\xleftarrow[\text{Thurston}]{\text{Haefliger}}$	Topologie de $B\bar{\Gamma}$	$\xleftarrow[\text{Thurston}]{\text{Mather}}$	Homologie de $B\bar{G}$

D'où le vif intérêt actuellement suscité par l'étude de l'homologie de $B\bar{G}$ pour divers groupes de difféomorphismes G . Dans cet ordre d'idées, voir [14], [10], [16], [15], [25], [1], [2], [3], [13].

4. Le théorème de Mather-Thurston est plausible

Quand Mather aborda l'étude de $B\Gamma$, il fit l'observation suivante au sujet de certains feuilletages de $S^1 \times I$ $(I = [0,1])$. Soit $\varphi \in \mathrm{Diff}(I\,;\partial I)$ un difféomorphisme de I égal à l'identité dans un voisinage de $\{0,1\} = \partial I$. On fait opérer $\mathbb{Z}$ sur $\mathbb{R} \times I$ par $n.(t,x) = (n + t, \varphi^n(x))$. Cette action laisse invariant le feuilletage horizontal de $\mathbb{R} \times I$, d'où un feuilletage quotient $\mathcal{F}_\varphi$ sur $\mathbb{R} \times I/\mathbb{Z} = S^1 \times I$:

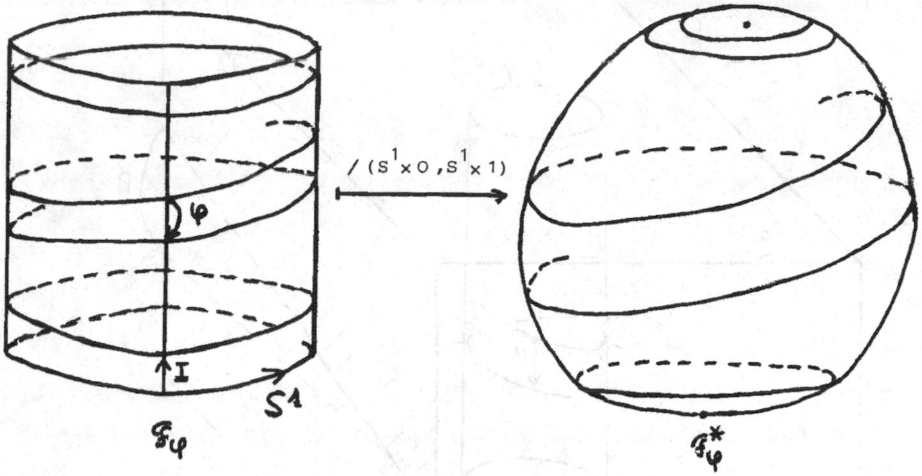

Etant donné l'horizontalité au voisinage du bord, $\mathfrak{F}_\varphi$ définit une $\bar{\Gamma}_1$-structure $\mathfrak{F}^*_\varphi$ sur $S^2 = S^1 \times I / (S^1 \times O, S^1 \times 1)$. L'application classifiante pour $\mathfrak{F}^*_\varphi$ est une application $S^2 \longrightarrow B\bar{\Gamma}_1$ qui définit un élément $[\varphi] \in H_2(B\bar{\Gamma}_1)$

Si $\varphi = \alpha\beta\alpha^{-1}\beta^{-1}$ est un commutateur dans $\mathrm{Diff}(I\,;\partial I)$, alors $[\varphi] = 0$. En effet, soit T^2_* un tore $S^1 \times S^1$ privé d'un petit disque ouvert D ; alors $\pi_1(T^2_*)$ a trois générateurs a, b, p avec la relation $p = aba^{-1}b^{-1}$ (figure). D'où une action $\pi_1(T^2_*) \longrightarrow \mathrm{Diff}(I\,;\partial I)$ définie par $a \longmapsto \alpha$, $b \longmapsto \beta$, $p \longmapsto \varphi$. Par le

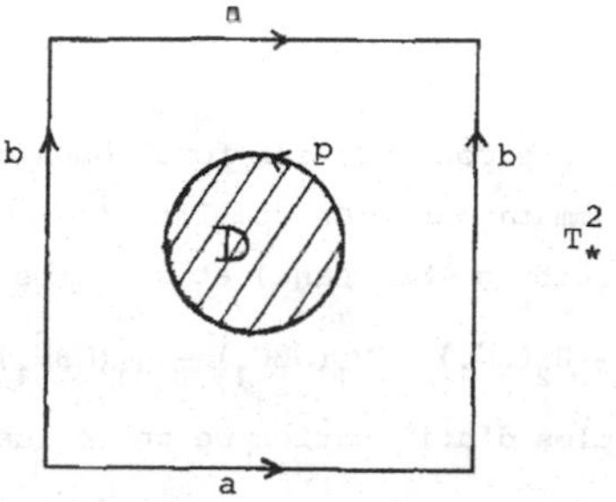

même procédé que plus haut, cette action définit une action de $\pi_1(T^2_*)$ sur $\tilde{T}^2_*$ (revêtement universel) $\times I$ qui laisse invariant le feuilletage horizontal, passe au quotient, et produit un feuilletage de $T^2_* \times I$ dont la restriction à $\partial D \times I$ est notre feuilletage $\mathfrak{F}_\varphi$. D'où $[\varphi] = 0$.

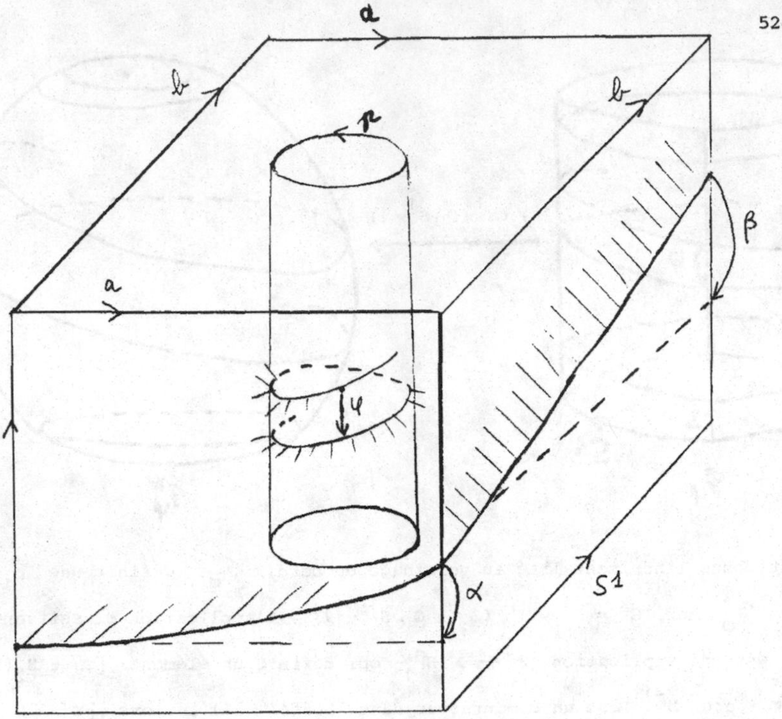

La même construction fonctionne avec un tore à g trous si φ est un produit de g commutateurs. On établit ainsi une relation entre $H_1(\mathrm{Diff}_\delta(I,\partial I))$ (homologie d'Eilenberg-Mac Lane) et certains éléments de $H_2(B\bar{\Gamma}_1)$. Mais $H_2(B\bar{\Gamma}_1) = \pi_2(B\bar{\Gamma}_1) = \pi_1(\Omega B\bar{\Gamma}_1) = H_1(\Omega B\bar{\Gamma}_1)$. Voir [20] et [18] pour des détails et des exemples d'utilisation de cette idée.

On explique maintenant comment le foncteur Ω, "espace de lacets", s'introduit naturellement. On reprend les notations du § 2.

Puisque $G = \mathrm{Diff}^r_c R^n$ opère sur R^n, le R^n-fibré associé au fibré universel sur $B\bar{G}$ est trivialisé comme G-fibré, mais est muni d'une G-structure plate ; on dispose ainsi d'une structure canonique de G-fibré plat sur $B\bar{G} \times R^n$. Par recollement de Γ-structures horizontales à l'aide de la G-structure plate, on trouve une Γ-structure ω sur $B\bar{G} \times R^n$, transverse à la projection sur $B\bar{G}$ et à fibré normal trivialisé. Soit $f_1 : B\bar{G} \times R^n \to B\bar{\Gamma}$ l'application classifiante. Comme ω est horizontale au voisinage de l'infini de R^n, f_1 définit $f_2 : S^n B\bar{G} \to B\bar{\Gamma}$ (S^n est la n-ième suspension), d'où par adjonction $f : B\bar{G} \to \Omega^n B\bar{\Gamma}$. C'est cet f qui figure dans l'énoncé du théorème de Mather-Thurston.

Pour achever de rendre plausible ce théorème, on indique très succintement le plan de la première démonstration de Mather pour le cas $n = 1$. Jusqu'à la fin de cette section, $G = G_1^\infty = \mathrm{Diff}_c^\infty R$; si $A , B \subset R$, $A < B$ signifie que $\forall x \in A , \forall y \in B , x < y$.

Soit BBG l'ensemble bisimplicial où

$$BBG(p,q) = \{(\varphi_{ij}) \in G^{pq} : \bigcup_{i=1}^{p} \text{support } \varphi_{i1} < \ldots < \bigcup_{i=1}^{p} \text{support } \varphi_{iq}\} ,$$

avec les opérateurs de bord et dégénérescence habituels qui servent à définir l'ensemble bisimplicial $K(G,2)$ quand G est abélien. La restriction sur les supports permet à ces opérateurs d'être bien définis ; en effet, si support $\varphi \cap$ support $\psi = \emptyset$ alors $\varphi\psi = \psi\varphi$. Le réalisé $|BBG|$ est muni d'une $\bar{\Gamma}_1^\infty$-structure ω canonique ; par exemple un 1-1-simplexe de BBG est défini simplement par la donnée d'un $\varphi \in G$; le 1-1-simplexe géométrique correspondant (une sphère S^2) est muni de la $\bar{\Gamma}_1^\infty$-structure $\mathcal{F}_\varphi^*$ du début de cette section. Cette construction se généralise à tous les simplexes de $|BBG|$ pour définir la $\bar{\Gamma}_1^\infty$-structure ω cherchée. En fait ω est suffisamment "variée" pour que $(|BBG| , \omega)$ soit classifiant ; $|BBG|$ a donc le type d'homotopie de $B\bar{\Gamma}_1^\infty$.

Par ailleurs, il est "homologiquement" vrai que BBG est le classifiant de BG , car la restriction de support qu'on a introduite pour construire BBG n'est pas importante homologiquement ; le point crucial est le suivant : si $G_{a,b} = \{g \in G : \text{support } g \subset]a,b[\}$, alors l'inclusion $G_{a,b} \hookrightarrow G$ induit un isomorphisme en homologie ([14]) ; il en résulte que $\Omega B\bar{\Gamma}_1^\infty \approx \Omega BBG \underset{H_*}{\approx} BG$.

Ici, comme G est contractile, $BG = B\bar{G}$. Pour l'exploitation systématique de ce point de vue, voir [19] et [22].

5. Plan de la démonstration de Thurston

Le cas $n = 1$ du théorème de Mather-Thurston est dû à Mather [15] ; le cas n quelconque à Thurston [25]. On donne maintenant des indications sur une démonstration [17] dont les idées essentielles sont dues à Thurston, mais dont, semble-t-il la mise au point revient à Mather. Dusa McDuff et Graeme Segal ont annoncé une autre démonstration (voir [22] pour le cas $n = 1$) qui devrait être plus conceptuelle.

Le plan de la démonstration de Thurston est le suivant :

1) Construire un diagramme :

$$\begin{array}{ccccccccccc} * = X_o & \hookrightarrow & X_1 & \hookrightarrow \dots \hookrightarrow & X_N & \hookrightarrow \dots \hookrightarrow & X_\infty & \hookrightarrow & X \\ \downarrow g_o & & \downarrow g_1 & & \downarrow g_N & & \downarrow g_\infty & & \downarrow g \\ * = Y_o & \hookrightarrow & Y_1 & \hookrightarrow \dots \hookrightarrow & Y_N & \hookrightarrow \dots \hookrightarrow & Y_\infty & \hookrightarrow & Y \end{array}$$

où :

a) g est une équivalence d'homotopie,

b) $X_\infty \hookrightarrow X$ et $Y_\infty \hookrightarrow Y$ sont des équivalences d'homotopie,

c) (X_N) , (Y_N) sont des filtrations respectives de X_∞ , Y_∞ .

d) g_1 a le type d'homologie de $S^n f$ (S est le foncteur suspension, $f : B\bar{G} \longrightarrow \Omega^n B\bar{\Gamma}$ est la flèche de l'énoncé du théorème).

2) Montrer que ce diagramme a la propriété suivante : si g_1 est j-acyclique, alors $\bar{g}_N : X_N / X_{N-1} \longrightarrow Y_N / Y_{N-1}$ est $(2N + j - 2)$-acyclique.

3) Utiliser un théorème de comparaison de suites spectrales pour en déduire que g_1 est acyclique et donc aussi f .

6. Le théorème de comparaison

On montre que si le diagramme du § 5 a les propriétés annoncées, alors g_1 est nécessairement acyclique.

Soit M le foncteur "mapping-cylinder". Si $g : X \longrightarrow Y$, X s'identifie canoniquement à une partie de Mg .

Considérons la paire (Mg_∞ , X_∞) , munie de la filtration $(Mg_p , X_p)_p$. Soit $E^r_{p,q}$ la suite spectrale d'homologie définie par cette filtration. Comme g_∞ est une équivalence d'homotopie, il en résulte que $E^\infty_{p,q} = 0$, quels que soient p et q .

Si g_1 n'est pas acyclique, soit q_o le plus petit entier tel que $E^1_{1,q_o} = H_{q_o+1}(Mg_1 , X_1) \neq 0$. Alors g_1 est q_o-acyclique ; donc $\bar{g}_p : X_p / X_{p-1} \longrightarrow Y_p / Y_{p-1}$ est $(2p + q_o - 2)$-acyclique. Autrement dit, $E^1_{p,q} = H_{p+q}(Mg_p , Mg_{p-1} \cup X_p) = 0$ si $q \leq p + q_o - 2$. Il en résulte que $E^\infty_{1,q_o} = E^1_{1,q_o} \neq 0$, ce qui n'est pas possible.

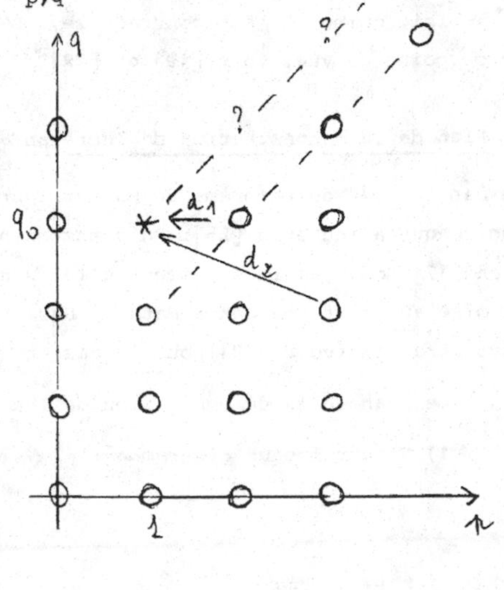

C'est donc que g_1 est acyclique.

7. Construction du diagramme de Thurston

Le diagramme de Thurston est le réalisé d'un diagramme d'ensembles et d'applications simpliciaux. On utilise le même symbole pour un ensemble simplicial et son réalisé, pour un morphisme simplicial et son réalisé.

Dans toute la suite D^n note la boule unité fermée de R^n. Soit ε un petit réel positif désormais fixé. Une partie de D^n est N-petite si, pour un $M \leq N$, elle est incluse dans la réunion de M boules de rayon $2^{-M}\varepsilon$; une partie 0-petite est vide ; une partie de D^n est petite si elle est N-petite pour un $N \in \mathbb{N}$. Δ^q est le q-simplexe standard.

Définition de X. Les q-simplexes de X sont les Γ-structures sur $\Delta^q \times D^n$, transverses à la première projection ; si ω est une telle Γ-structure, son support est le plus petit fermé S de D^n tel que $\omega \mid \Delta^q \times (D^n - S)$ soit horizontale. Un q-simplexe de X est dans X_N si son support est N-petit, dans X_∞ s'il est petit.

Elément
de X

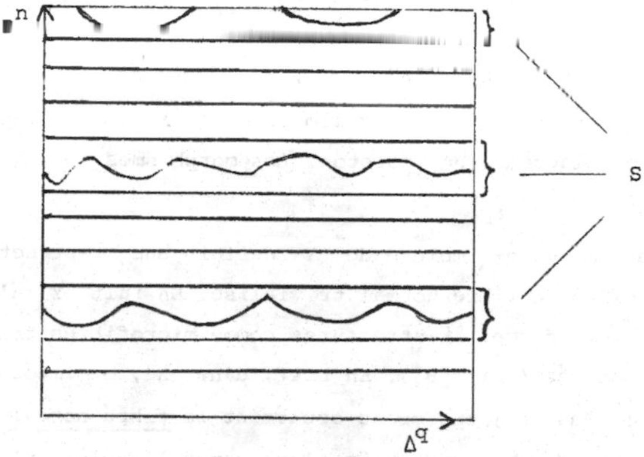

Définition de Y. Un q-simplexe de Y est un germe de Γ-structure sur $\Delta^q \times D^n \times D^n$ au voisinage de $\Delta^q \times \mathrm{diag}(D^n \times D^n)$, transverse à la projection $\pi_{12} : \Delta^q \times D^n \times D^n \longrightarrow \Delta^q \times D^n$ qui oublie le dernier facteur. Si ω est un tel germe, son support est le plus petit fermé S tel que ω soit horizontale sur $\Delta^q \times D^n \times (D^n - S)$. Un q-simplexe de Y est dans Y_N si son support est N-petit, dans Y_∞ s'il est petit.

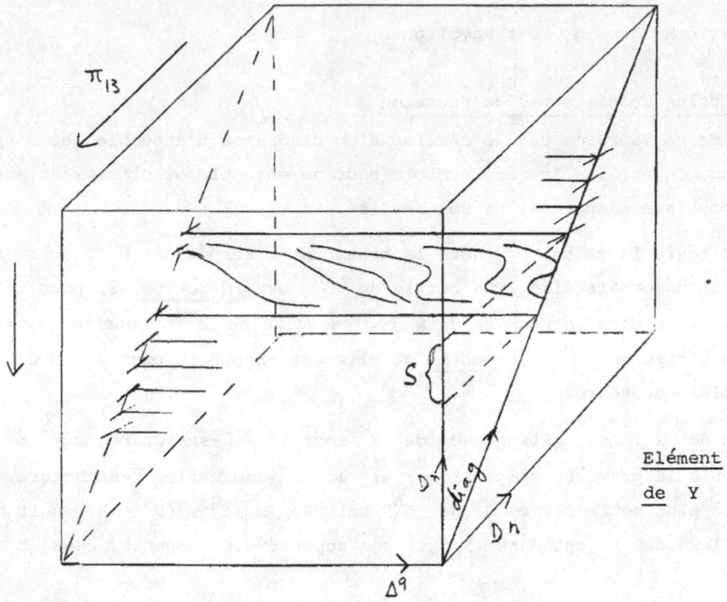

Définition de g . La projection $\pi_{13} : \Delta^q \times D^n \times D^n \longrightarrow \Delta^q \times D^n$ qui oublie le deuxième facteur fait correspondre à tout q-simplexe de X un q-simplexe de Y . C'est le morphisme g du diagramme de Thurston. Les morphismes g_N sont définis par restriction.

On doit noter que chaque q-simplexe de Y définit une Γ-structure sur $\Delta^q \times \mathrm{diag}(D^n \times D^n) = \Delta^q \times D^n$ à fibré normal trivialisé. En fait Y n'est autre que le complexe des réalisations de ces Γ-structures comme microfibrés trivialisés transversalement Γ-structurés (voir [8]). En bref, dans X , on impose la restriction à chaque $* \times D^n$; dans Y , on impose seulement le fibré normal à cette restriction. L'application $X \longrightarrow Y$ apparaît alors comme l'inclusion canonique.

On montre maintenant que cette inclusion est une équivalence d'homotopie. Soit X' le complexe des germes au voisinage de $\Delta^q \times 0$ dans $\Delta^q \times \mathbb{R}^n$ de Γ-structures transverses. Alors X' classifie le foncteur " Γ-structures à fibré normal trivialisé sur ? " (il faut toujours sous-entendre : classes d'homotopie de de ...). Comme, dans un voisinage de compact × 0 dans compact × $\mathbb{R}^n$, on peut glisser un "petit" compact × D^n , ce foncteur est isomorphe au foncteur " Γ-structures transverses sur ? × D^n " qui est classifié par X . Donc X et X' ont même type d'homotopie. De la même façon Y classifie le foncteur " Γ-structures sur ? × D^n à fibré normal trivialisé " ; l'inclusion $? \times 0 \hookrightarrow ? \times D^n$ est une équivalence d'homotopie ; donc X' et Y ont le même type d'homotopie. Finalement X et Y ont même type d'homotopie. En fait $g : X \hookrightarrow Y$ fait correspondre les objets universels ; c'est donc une équivalence d'homotopie.

8. Le lemme de déformation de Thurston

On explique dans cette section pourquoi les inclusions $X_\infty \hookrightarrow X$ et $Y_\infty \hookrightarrow Y$ sont des équivalences d'homotopie.

Lemme de déformation (Thurston).- Soient K un polyèdre compact et Z un espace pointé n-connexe. Si $\omega : K \times D^n \longrightarrow Z$ est continue, alors ω est déformable en $\omega' : K \times D^n \longrightarrow Z$ à support localement petit.

On veut dire par là que pour tout x de K, on peut trouver un voisinage V de x dans K et un petit (au sens du § 7) fermé S de D^n tel que $\omega' \mid V \times (D^n - S) \equiv *$, le point base de Z.

Les figures ci-dessous suggèrent une solution si $K = [0,1] = I$ et $n = 1$.

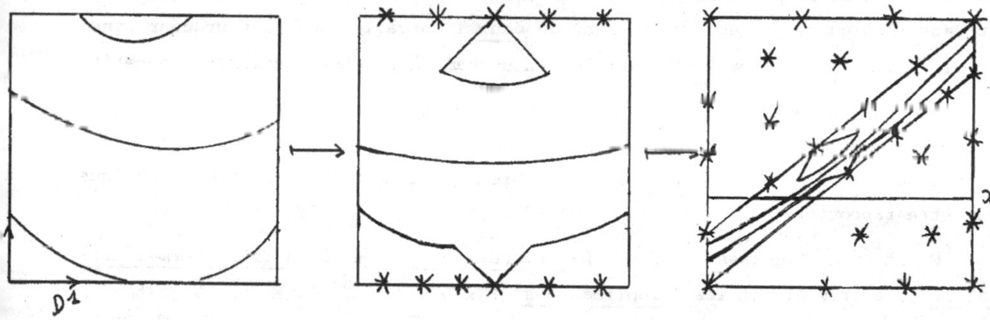

($*$ est un point envoyé sur le point base de Z)

On commence par s'arranger pour que $\partial I \times D^1$ soit envoyé sur $*$ (c'est facile), puis on déforme le carré en un parallélogramme très allongé qui ne coupe une horizontale que sur un petit intervalle, d'où, localement, un petit support pour l'application déformée.

Ce parallélogramme peut être considéré comme le "graphe" de

$$D^1 = [0,1] \ni t \longmapsto [(1-\eta)t , (1-\eta t) + \eta] \subset \Delta^1 .$$

Si $K = \Delta^2$, la même idée peut être développée en considérant cette fois le graphe de l'application :

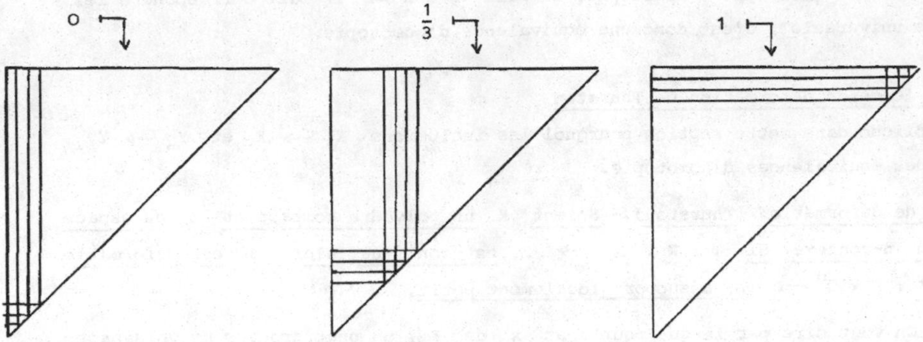

où l'image est hachurée. Deux points sont importants. D'une part, la trace sur une face de Δ^2 est l'application "parallélogramme" et on pourra donc "grimper sur le squelette". D'autre part, si $x \in \Delta^2$, alors l'ensemble des t pour lesquels x est dans l'image de t est une réunion de deux intervalles. On peut prouver ainsi que si $\dim K \leq q$, on peut déformer ω en un ω' à support localement q-petit.

Malheureusement, le cas $n = 1$ ne fait pas apparaître pourquoi on a besoin de connexité dans Z ; il n'en est ainsi que pour $n \geq 2$. On renvoie à [17] pour l'étude du cas n et K quelconques qui, bien qu'élémentaire, est trop technique pour être rapportée ici.

Maintenant Y classifie les " Γ-structures sur $? \times D^n$ à fibré normal trivialisé ", autrement dit les " applications $? \times D^n \longrightarrow B\bar{\Gamma}$ ". Mais $B\bar{\Gamma}$ est n-connexe [8]. Donc toute application $? \times D^n \longrightarrow B\bar{\Gamma}$ peut être déformée en une application à support localement petit. Autrement dit l'inclusion $Y_\infty \hookrightarrow Y$ est une équivalence d'homotopie.

Le même genre de techniques permet de prouver que $X_\infty \hookrightarrow X$ est aussi une équivalence d'homotopie.

9. Identification de g_1

On pose désormais $G = \{g \in \mathrm{Diff}_c^r R^n : \text{support } g \subset \text{int } D^n\}$. Comme $R^n \approx \text{int } D^n$, on a $G \approx \mathrm{Diff}_c^r R^n$. On a déjà expliqué (§ 2) qu'une $\bar{G}$-structure n'est autre qu'une G_δ-structure sur un G-fibré trivialisé. Il en résulte qu'un modèle pour $B\bar{G}$ est le sous-complexe de X constitué des Γ-structures transverses sur $\Delta^q \times D^n$ à support (§ 7) dans $\text{int } D^n$; en effet une telle Γ-structure définit par holonomie une G_δ-structure sur $\Delta^q \times D^n$, et inversement.

On appelle <u>boule</u> une boule de rayon $\varepsilon/2$ de D^n. Soit B l'ensemble des boules. On note Δ l'ensemble simplicial des applications $\{0,\dots,q\} \to B$; c'est le simplexe librement engendré par B, qui est contractile (pour que ce soit vraiment un simplexe, il faudrait ordonner B et ne garder que les applications croissantes, mais ceci n'est pas important). On note $\widetilde{D}$ le sous-complexe des $\{B_o,\dots,B_q\}$ tels que $B_o \cap \dots \cap B_q \neq \emptyset$. C'est le nerf du recouvrement de D^n par les boules, qui a donc le type d'homotopie de D^n. On note enfin $\widetilde{S}$ le sous-complexe de K constitué des $\{B_o,\dots,B_q\}$ tels que $B_o \cap \dots \cap B_q \cap \partial D^n \neq \emptyset$; c'est le nerf du recouvrement induit de ∂D^n qui a donc le type d'homotopie de S^{n-1}.

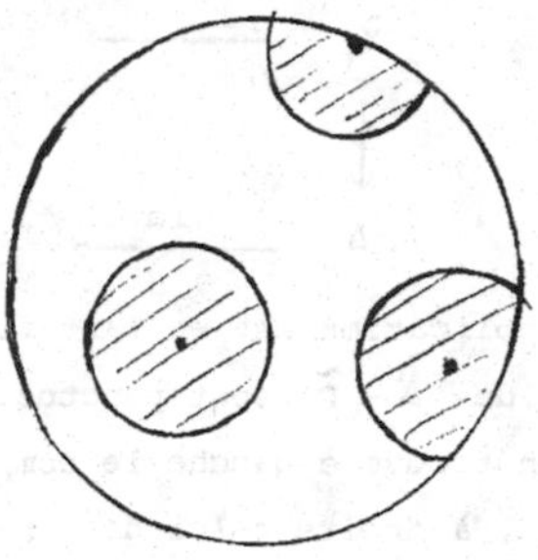

Exemples de boules

On commence par définir une application $X_1 \to S^n B\bar{G}$ qui induit un isomorphisme en homologie. Elle apparaîtra comme un composé

$$X_1 \leftarrow \hat{X}_1 \to S^{n*}B\bar{G} \to S^n B\bar{G} .$$

<u>$X_1 \leftarrow \hat{X}_1$</u>. Soit $\hat{X}_1$ le complexe des $\{\omega ; B_o,\dots,B_q\}$ où ω est une Γ-structure transverse sur $\Delta^q \times D^n$ à support 1-petit contenu dans $B_o \cap \dots \cap D_q$. Le morphisme d'oubli $\hat{X}_1 \to X_1$ est une équivalence d'homotopie, car la fibre au-dessus du q-simplexe $\{\omega\}$ de X_1 est la puissance (q+1)-ième du simplexe librement engendré par les boules contenant support(ω) ; mais ce simplexe est contractile.

<u>$\hat{X}_1 \to S^{n*}B\bar{G}$</u>. On définit :

$$S^{n*}B\bar{G} = [(\Delta \times *) \cup (\widetilde{D} \times B\bar{G})] / [(t,x) = (t,x') \quad \text{si} \quad t \in \widetilde{S}] .$$

On a une application canonique $\hat{X}_1 \to S^{n*}B\bar{G}$. Soit en effet $\{\omega ; B_o,\dots,B_q\}$ un q-simplexe de $\hat{X}_1$. Si $\{B_o,\dots,B_q\} \in \Delta - \widetilde{D}$, c'est que $B_o \cap \dots \cap B_q = \emptyset$ et donc que ω est horizontale. Alors $\{\omega ; B_o,\dots,B_q\} \mapsto (\{B_o,\dots,B_q\}, *) \in \Delta \times *$. Si $\{B_o,\dots,B_q\} \in \widetilde{D} - \widetilde{S}$, c'est que $B_o \cap \dots \cap B_q \cap \partial D^n = \emptyset$; donc $\operatorname{supp} \omega \subset \operatorname{int} D^n$, et ω est un q-simplexe de $B\bar{G}$; alors $\{\omega, B_o,\dots,B_q\} \mapsto \{B_o,\dots,B_q\} \times \{\omega\} \in \widetilde{D} \times B\bar{G}$. Enfin si $\{B_o,\dots,B_q\} \in \widetilde{S}$, il n'est pas nécessaire de définir la 2ième composante de l'image, puisqu'on identifie

(t,x) et (t,x') dans $S^{n*}B\bar{G}$ dès que $t \in \tilde{S}$.

On a ainsi défini $\hat{X}_1 \longrightarrow S^{n*}B\bar{G}$; c'est un isomorphisme en homologie (et pas en homotopie). En effet considérons le diagramme canonique :

$$\begin{array}{ccc} \hat{X}_1 & \longrightarrow & S^{n*}B\bar{G} \\ \downarrow & & \downarrow \\ \Delta & \xrightarrow{id} & \Delta \end{array} .$$

Notre application est en fait fibrée au-dessus de Δ. Les fibres au-dessus d'un simplexe de $\Delta - \tilde{D}$ sont ponctuelles. Au-dessus d'un simplexe $\{B_o,\ldots,B_q\}$ de $\tilde{D} - \tilde{S}$, on trouve à gauche le complexe des Γ-structures à support dans $B_o \cap \ldots \cap B_q$, à droite celui des Γ-structures à support dans $\operatorname{int} D^n$; l'application entre fibres est l'inclusion canonique qui est un isomorphisme en homologie (comme $G_{a,b} \hookrightarrow G$ dans le § 4). Si enfin $B_o \cap \ldots \cap B_q \cap \partial D^n \neq \emptyset$, à droite la fibre est ponctuelle, à gauche, c'est le complexe des Γ-structures transverses à support dans $B_o \cap \ldots \cap B_q$ qui est contractile, car on peut chasser une telle Γ-structure par le bord. L'application $\hat{X}_1 \longrightarrow S^{n*}B\bar{G}$ induit donc bien un isomorphisme en homologie.

<u>$S^{n*}B\bar{G} \longrightarrow S^nB\bar{G}$</u>. Dans $S^{n*}B\bar{G}$, comme Δ et $\tilde{D}$ sont contractiles, on peut contracter $\Delta \times *$ sur $\tilde{D} \times *$ et considérer que $S^{n*}B\bar{G} = [\tilde{D} \times B\bar{G}]/[(t,x) = (t,x')$ si $t \in \tilde{S}]$ qui ressemble à $[D^n \times B\bar{G}]/[(t,x) = (t,x')$ si $t \in \partial D^n]$. Si enfin on identifie les points de $D^n \times *$ (qui est contractile), on trouve la suspension (réduite) $S^nB\bar{G}$.

D'où l'application $X_1 \longrightarrow S^nB\bar{G}$ cherchée.

On peut faire exactement la même manipulation en partant de Y_1. Cette fois c'est le complexe des Γ-structures transverses sur $\Delta^q \times D^n$, à fibré normal trivialisé, et à support dans $\operatorname{int} D^n$ qui va jouer le rôle joué par $B\bar{G}$. Or ce complexe classifie les " <u>applications</u> $? \times D^n \longrightarrow B\bar{\Gamma}$ <u>à support dans</u> $\operatorname{int} D^n$ ", c'est-à-dire les "<u>applications</u> $? \longrightarrow \Omega^nB\bar{\Gamma}$ " et a donc le type d'homotopie de $\Omega^nB\bar{\Gamma}$. On trouve cette fois une application $Y_1 \longrightarrow S^n\Omega^nB\bar{\Gamma}$ qui induit un isomorphisme en homologie.

Finalement on trouve un diagramme :

$$\begin{array}{ccc} X_1 & \longrightarrow & S^nB\bar{G} \\ g_1 \downarrow & & \downarrow S^nf \\ Y_1 & \longrightarrow & S^n\Omega^nB\bar{\Gamma} \end{array}$$

où les flèches horizontales induisent des isomorphismes en homologie, C.Q.F.D.

10. Analyse de $\bar{g}_N$ (voir § 5)

On se contentera de voir pourquoi, si g_1 est j-acyclique, alors $\bar{g}_2$ est $(j+2)$-acyclique.

Quelques préliminaires. On définit le foncteur

$$\nu_2 : Z \longmapsto \nu_2 Z = [S^n \times Z \times S^n \times Z] / [(t_1, z_1, t_2, z_2) = * \text{ si } t_1 = * \text{ , ou } t_2 = * \text{ , ou } z_1 = * \text{ , ou } z_2 = * \text{ , ou } t_1 = t_2] .$$

Entre autres, la relation tue (t_1, z_1, t_2, z_2) si $t_1 = t_2$.

Lemme.- Si Z et Z' sont connexes, et si $h : Z \longrightarrow Z'$ est j-acyclique, alors $\nu_2 h : \nu_2 Z \longrightarrow \nu_2 Z'$ est $(j+n+2)$-acyclique.

Preuve. En effet $\nu_2 Z = [(S^n \wedge S^n = S^{2n}) / S^n] \wedge Z \wedge Z$ ($\wedge$ note le produit réduit ou produit "smash") où S^{2n} / S^n est n-acyclique, tandis que $h \wedge h : Z \wedge Z \longrightarrow Z' \wedge Z'$ est $(j+1)$-acyclique. C.Q.F.D.

Examinons maintenant X_2/X_1 . Si $\{\omega\}$ est un simplexe de X_2 à support 2-petit, mais pas 1-petit, c'est-à-dire si support $\omega \subset B_1 \cup B_2$ où B_1 et B_2 sont des $\varepsilon/4$-boules, alors $B_1 \cap B_2 = \emptyset$, sinon $B_1 \cup B_2$ est dans une $\varepsilon/2$-boule et supp ω serait 1-petit.

Ceci permet de définir $X_2 / X_1 = X_1(\varepsilon/4) \times X_1(\varepsilon/4) / \sim$ où $X_1(\varepsilon/4)$ est le sous-complexe de X_1 des Γ-structures à support dans une $\varepsilon/4$-boule, et $\sim$ une relation convenable qui, en particulier, tue un couple (ω_1, ω_2) de simplexes de $X_1(\varepsilon/4)$ si supp ω_1 et supp ω_2 sont trop proches. Mêmes considérations pour Y_2 / Y_1 .

Dès lors on peut, pour étudier $\bar{g}_2$, faire exactement la même analyse que celle qu'on a faite pour g_1 . Cette fois, on trouve que $\bar{g}_2 : X_2 / X_1 \longrightarrow Y_2 / Y_1$ a le type d'homologie de $\nu_2 f : \nu_2 B\bar{G} \longrightarrow \nu_2 \Omega^n B\bar{\Gamma}$. Mais si g_1 est j-acyclique, $S^n f$ est j-acyclique, donc f est $(j-n)$-acyclique et $\nu_2 f$ est $(j+2)$-acyclique.

On traite de la même façon $\bar{g}_N$.

BIBLIOGRAPHIE

[1] Augustin BANYAGA - Sur le groupe des difféomorphismes symplectiques, in Differential Topology and Geometry, Dijon 1974, Lecture Notes in Math., vol. 484, Springer-Verlag.

[2] Augustin BANYAGA - Sur le groupe des automorphismes qui préservent une forme de contact régulière, C.R. Acad. Sc. Paris, Sér. A-B, 1975, vol. 281, pp. A707-A709.

[3] Augustin BANYAGA - Sur le groupe des automorphismes d'un T^n-fibré principal, C.R. Acad. Sc. Paris, Sér. A-B, 1977, vol. 284, pp. A619-A622.

[4] Dimitri FUCHS - Non-trivialité des classes caractéristiques de g-structures. Application aux classes caractéristiques de feuilletages, C.R. Acad. Sc. Paris, Sér. A-B, 1977, vol. 284, pp. A1017-A1019.

[5] Dimitri FUCHS - Non-trivialité des classes caractéristiques de g-structures. Applications aux variations des classes caractéristiques de feuilletages, C.R. Acad. Sc. Paris, Sér. A-B, 1977, vol. 284, pp. 1105-1107.

[6] Claude GODBILLON et Jean VEY - Un invariant des feuilletages de codimension 1, C.R. Acad. Sc. Paris, Sér. A-B, 1971, vol. 273, pp. A92-A95.

[7] André HAEFLIGER - Homotopy and integrability ; in Manifolds, Amsterdam 1970, Lecture Notes in Math., vol. 197, Springer-Verlag.

[8] André HAEFLIGER - Feuilletages sur les variétés ouvertes, Topology, 1970, vol. 9, pp. 183-194.

[9] James L. HEITSCH - Residues and characteristic classes of foliations, Bull. Amer. Math. Soc., 1977, vol. 83, pp. 397-399.

[10] Michael R. HERMAN - Simplicité du groupe des difféomorphismes de classe C^∞, isotopes à l'identité, du tore de dimension n, C.R. Acad. Sc. Paris, Sér. A-B, 1971, vol. 273, pp. A232-A234.

[11] H. Blaine LAWSON, Jr - Foliations, Bull. Amer. Math. Soc., 1974, vol. 80, pp. 369-418.

[12] H. Blaine LAWSON, Jr - The quantitative theory of foliations, Conference Board of The Mathematical Sciences Regional Conference Series in Mathematics, vol. 27.

[13] Alain MASSON - Sur la perfection du groupe des difféomorphismes d'une variété à bord, infiniment tangents à l'identité sur le bord, C.R. Acad. Sc. Paris, Sér. A-B, 1977, vol. 285, pp. A837-A839.

[14] John N. MATHER - The vanishing of the homology of certain groups of homeomorphims, Topology, 1971, vol. 10, pp. 297-298.

[15] John N. MATHER - Integrability in codimension one, Comment. Math. Helv., 1973, vol. 48, pp. 195-233.

[16] John N. MATHER - Commutators of diffeomorphisms, Comment. Math. Helv., 1974, vol. 49, pp. 512-528 et 1975, vol. 50, pp. 33-40.

[17] John N. MATHER - On the homology of Haefliger's classifying space, Course given at Varenna, 1976, CIME, à paraître.

[18] Tadayoshi MIZUTANI - Foliated cobordims of S^3 and examples of foliated 4-manifolds, Topology, 1974, vol. 13, pp. 353-362.

[19] Daniel QUILLEN - On the group completion of a simplicial monoid, Preprint.

[20] Claude ROGER - Etude des Γ-structures de codimension 1 sur la sphère S^2, Ann. Inst. Fourier Grenoble, 1973, vol. 23, pp. 213-227.

[21] Robert ROUSSARIE - Construction de feuilletages, d'après W. Thurston, Séminaire Bourbaki, 1976/77, exposé n° 499, Lecture Notes in Math., vol. 677, 1978, pp. 138-154, Springer-Verlag, à paraître.

[22] Graeme SEGAL - The classifying space for foliations, Preprint.

[23] William THURSTON - Noncobordant foliations of S^3, Bull. Amer. Math. Soc., 1972, vol. 78, pp. 511-514.

[24] William THURSTON - The theory of foliations of codimension greater than one, Comment. Math. Helv., 1974, vol. 49, pp. 214-231.

[25] William THURSTON - Foliations and groups of diffeomorphisms, Bull. Amer. Math. Soc., 1974, vol. 80, pp. 304-307.

[26] William THURSTON - Existence of codimension-one foliations, Ann. of Math., 1976, vol. 104, pp. 249-268.

[Note ajoutée le 18 août 1978 :

L'auteur a reçu de Dusa McDuff, après la rédaction de l'exposé, trois preprints constituant la rédaction de la démonstration annoncée § 5 et de divers développements :

a) Foliations and monoids of embeddings, à paraître dans "Geometric Topology", ed. Cantrell, Academic Press.

b) The homology of some groups of diffeomorphisms.

c) On the classifying spaces of discrete monoids.]

Francis SERGERAERT
U.E.R. de Mathématiques
40, avenue du Recteur Pineau
86022 POITIERS CEDEX

TABLE PAR NOMS D'AUTEURS

[Séminaire Bourbaki, 1967/1968 à 1977/78, Exposés 331 à 524 (*).]

(*) Les volumes 1948/1949 à 1967/1968, Exposés 1 à 346, ont été publiés par W.A. BENJAMIN, INC. New York.

BONY, Jean-Michel
Polynômes de Bernstein et monodromie [d'après B. Malgrange] 1974/75, n° 459, 14 p.
Hyperfonctions et équations aux dérivées partielles [d'après M. Sato, T. Kawai et M. Kashiwara] 1976/77, n° 495, 15p.
BOREL, Armand
Sous-groupes discrets de groupes semi-simples [d'après D.A. Kajdan et G.A. Margoulis] 1968/69, n° 358, 17 p.
Cohomologie de certains groupes discrets et laplacien p-adique [d'après H. Garland] 1973/74, n° 437, 24 p.
Formes automorphes et séries de Dirichlet [d'après R.P. Langlands] 1974/75, n° 466, 40 p.
BORHO, Walter
Recent advances in enveloping algebras of semi-simple Lie-Algebras [a report on work of N.Conze, J. Dixmier, M. Duflo, J.C. Jantzen, A. Joseph, W. Borho] 1976/77, n° 489, 18 p.
BOURGUIGNON, Jean-Pierre
Premières formes de Chern des variétés kählériennes compactes [d'après E. Calabi, T. Aubin et S. T. Yau] 1977/78, n° 507, 21 p.
BOUTOT, Jean-François
Frobenius et cohomologie locale [d'après R.Hartshorne et R.Speiser, M. Hochster et J.L. Roberts, C. Peskine et L. Szpiro] 1974/75, n° 453, 19 p.
BREEN, Lawrence
Un théorème de finitude en K-théorie [d'après D. Quillen] 1973/74, n° 438, 22 p.
BRIESKORN, Egbert
Sur les groupes de tresses [d'après V.I. Arnol'd] 1971/72, n° 401, 24 p.
CARTAN, Henri
Travaux de Karoubi sur la K-théorie 1967/68, n° 337, 25 p.
Sous-ensembles analytiques d'une variété banachique complexe [d'après J.P. Ramis] 1968/69, n° 354, 16 p.
CARTIER, Pierre
Théorie des groupes, fonctions théta et modules des variétés abéliennes 1967/68, n° 338, 16 p.
Relèvements des groupes formels commutatifs 1968/69, n° 359, 14 p.
Espaces de Poisson des groupes localement compacts [d'après R. Azencott] 1969/70, n° 370, 21 p.

CARTIER, Pierre

Problèmes mathématiques de la théorie quantique des champs 1970/71, n° 388, 16 p.

Géométrie et analyse sur les arbres 1971/72, n° 407, 18 p.

Problèmes Mathématiques de la Théorie Quantique des Champs II : Prolongement analytique 1972/73, n° 418, 27 p.

Inégalités de corrélation en Mécanique Statistique 1972/73, n° 431, 19 p.

Vecteurs différentiables dans les représentations unitaires des groupes de Lie 1974/75, n° 454, 15 p.

Les représentations des groupes réductifs p-adiques et leurs caractères 1975/76, n° 471, 22 p.

Spectre de l'équation de Schrödinger, application à la stabilité de la matière [d'après J. Lebowitz, E. Lieb, B. Simon et W. Thirring] 1976/77, n° 496, 17 p.

Logique, catégories et faisceaux [d'après F. Lawvere et M. Tierney] 1977/78, n° 513, 24 p.

CHAZARAIN, Jacques

Le problème mixte hyperbolique 1972/73, n° 432, 21 p.

Spectre des opérateurs elliptiques et flots hamiltoniens 1974/75, n° 460, 13 p.

CHENCINER, Alain

Travaux de Thom et Mather sur la stabilité topologique 1972/73, n° 424, 25 p.

CHEVALLEY, Claude

Le groupe de Janko 1967/68, n° 331, 15 p.

Théorie des Blocs 1972/73, n° 419, 16 p.

COLIN DE VERDIÈRE, Y.

Propriétés asymptotiques de l'équation de la chaleur sur une variété compacte [d'après P. Gilkey] 1973/74, n° 439, 11 p.

COMBES, François

Les facteurs de von Neumann de type III [d'après A. Connes] 1974/75, n° 461, 14 p.

CONZE, Jean-Pierre

Le Théorème d'isomorphisme d'Ornstein et la classification des systèmes dynamiques en Théorie Ergodique 1972/73, n° 420, 19 p.

DACUNHA-CASTELLE, Didier

Contre-exemple à la propriété d'approximation uniforme dans les espaces de Banach [d'après Enflo et Davie] 1972/73, n° 433, 8 p.

DELAROCHE, Claire et KIRILLOV, Alexandre

Sur les relations entre l'espace dual d'un groupe et la structure de ses sous-groupes fermés [d'après D.A. Kajdan] 1967/68, n° 343, 22 p.

DELIGNE, Pierre

Formes modulaires et représentations ℓ-adiques 1968/69, n° 355, 34 p.

Travaux de Griffiths 1969/70, n° 376, 25 p.

Travaux de Shimura 1970/71, n° 389, 43 p.

Variétés unirationnelles non rationnelles [d'après M. Artin et D. Mumford] 1971/72, n° 402, 13 p.

Les difféomorphismes du cercle [d'après M.R.Herman] 1975/76, n° 477, 23 p.

DEMAZURE, Michel

Motifs des variétés algébriques 1969/70, n° 365, 20 p.

Classification des germes à point critique isolé et à nombre de modules 0 ou 1 [d'après V.I.Arnol'd] 1973/74, n° 443, 19 p.

Démonstration de la conjecture de Mumford [d'après W. Haboush] 1974/75, n° 462, 7 p.

Identités de Macdonald 1974/75, n° 483, 11 p.

DENY, Jacques

Développements récents de la théorie du potentiel [Travaux de Jacques Faraut et de Francis Hirsch] 1971/72, n° 403, 14 p.

DESCHAMPS, Mireille

Courbes de genre géométrique borné sur une surface de type général [d'après F. A. Bogomolov] 1977/78, n° 519, 15 p.

DESHOUILLERS, Jean-Marc

Progrès récents des petits cribles arithmétiques [d'après Chen, Iwaniec,...] 1977/78, n° 520, 15 p.

DIEUDONNÉ, Jean

La théorie des invariants au XIXe siècle 1970/71, n° 395, 18 p.

DIXMIER, Jacques

Les algèbres hilbertiennes modulaires de Tomita [d'après Takesaki] 1969/70, n° 371, 15 p.

Certaines représentations infinies des algèbres de Lie semi-simples 1972/73, n° 425, 16 p.

DOUADY, Adrien

Espaces analytiques sous-algébriques [d'après B.G. Moĭšezon] 1967/68, n° 344, 14 p.

Prolongement de faisceaux analytiques cohérents [Travaux de Trautmann, Frisch-Guenot et Siu] 1969/70, n° 366, 16 p.

Le théorème des images directes de Grauert [d'après Kiehl-Verdier] 1971/72, n° 404, 15 p.

DUFLO, Michel

Représentations de carré intégrable des groupes semi-simples réels 1977/78, n° 508, 19 p.

DUISTERMAAT, J.J.

The light in the neighborhood of a caustic 1976/77, n° 490, 11 p.

EYMARD, Pierre

Algèbres A_p et convoluteurs de L^p 1969/70, n° 367, 18 p.

FERRAND, Daniel

Les modules projectifs de type fini sur un anneau de polynômes sur un corps sont libres [d'après Quillen [11] et Suslin [16]] 1975/76, n° 484, 20 p.

FOURNIER, Jean-Claude

Le théorème du coloriage des cartes [ex-conjecture des quatre couleurs] 1977/78, n° 509, 24 p.

GABRIEL, Pierre

Représentations des algèbres de Lie résolubles [d'après J. Dixmier] 1968/69, n° 347, 22 p.

Représentations indécomposables 1973/74, n° 444, 27 p.

GÉRARDIN, Paul

Représentations du groupe SL_2 d'un local [d'après Gel'fand, Graev et Tanaka] 1967/68, n° 332, 35 p.

Changement du corps de base pour les représentations de GL(2) [d'après R. P. Langlands, H. Saito et T. Shintani] 1977/78, n° 510, 24 p.

GODBILLON, Claude

Travaux de D. Anosov et S. Smale sur les difféomorphismes 1968/69, n° 348, 13 p.

Problèmes d'existence et d'homotopie dans les feuilletages 1970/71, n° 390, 15 p.

Cohomologies d'algèbres de Lie de champs de vecteurs formels 1972/73, n° 421, 19 p.

GODEMENT, Roger

Formes automorphes et produits eulériens [d'après R.P. Langlands] 1968/69, n° 349, 17 p.

De l'équation de Schrödinger aux fonctions automorphes 1974/75, n° 467, p.

GOULAOUIC, Charles

Sur la théorie spectrale des opérateurs elliptiques (éventuellement dégénérés) 1968/69, n° 360, 14 p.

GRAMAIN, André

Groupe des difféomorphismes et espace de Teichmüller d'une surface 1972/73, n° 426, 14 p.

Sphères d'homologie rationnelle [d'après J. Barge, J. Lannes, F. Latour et P.Vogel] 1974/75, n° 455, 18 p.

Rapport sur la théorie classique des noeuds (1ère partie) 1974/75, n° 485, 16 p.

GRIGORIEFF, Serge

Détermination des jeux boréliens et problèmes logiques associés [d'après D. Martin] 1975/76, n° 478, 14 p.

GRISVARD, Pierre

Résolution locale d'une équation différentielle [selon Nirenberg et Trèves] 1970/71, n° 391, 14 p.

GUICHARDET, Alain

Facteurs de type III [d'après R.T. Powers] 1967/68, n° 333, 10 p.

Représentations de G^X selon Gelfand et Delorme 1975/76, n° 486, 18 p.

HAEFLIGER, André

Travaux de Novikov sur les feuilletages 1967/68, n° 339, 12 p.

Sur les classes caractéristiques des feuilletages 1971/72, n° 412, 22 p.

HARVEY, William James

Kleinian groups [a survey] 1976/77, n° 491, 16 p.

HIRSCH, Francis

Opérateurs carré du champ [d'après J.P. Roth] 1976/77, n° 501, 16 p.

HIRSCHOWITZ, André

Le groupe de Cremona d'après Demazure 1971/72, n° 413, 16 p.

HIRZEBRUCH, F.

The Hilbert modular group, resolution of the singularities at the cusps and related problems 1970/71, n° 396, 14 p.

ILLUSIE, Luc

Travaux de Quillen sur la cohomologie des groupes 1971/72, n° 405, 17 p.

Cohomologie cristalline [d'après P. Berthelot] 1974/75, n° 456, 8 p.

JANKO, Zvonimir
On the finite simple groups [according to Aschbacher and Gorenstein] 1976/77, n° 502, 5 p.
KAROUBI, Max
Cobordisme et groupes formels [d'après D. Quillen et T. tom Dieck] 1971/72, n° 408, 25 p.
KATZ, Nicholas M.
Travaux de Dwork 1971/72, n° 409, 34 p.
KERVAIRE, Michel
Fractions rationnelles invariantes [d'après H. W. Lenstra] 1973/74, n° 445, 20 p.
KIRILLOV, Alexandre et DELAROCHE, Claire
Sur les relations entre l'espace dual d'un groupe et la structure de ses sous-groupes fermés [d'après D. A. Kajdan] 1967/68, n° 343, 22 p.
KOSZUL, Jean-Louis
Travaux de J. Stallings sur la décomposition des groupes en produits libres 1968/69, n° 356, 13 p.
Travaux de S. S. Chern et J. Simons sur les classes caractéristiques 1973/74, n° 440, 20 p.
Rigidité forte des espaces riemanniens localement symétriques [d'après G. D. Mostow] 1974/75, n° 468, 15 p.
KRIVINE, Jean-Louis
Théorèmes de consistance en théorie de la mesure de R. Solovay 1968/69, n° 357, 11 p.
KUIPER, Nicolaas H.
Sur les variétés riemanniennes très pincées 1971/72, n° 410, 18 p.
Sphères Polyhédriques Flexibles dans E^3 [d'après Robert Connelly] 1977/78, n° 514, 22 p.
LANG, Serge
Sur la conjecture de Birch-Swinnerton Dyer [d'après J. Coates et A. Wiles] 1976/77, n° 503, 12 p.
LATOUR, François
Chirurgie non simplement connexe [d'après C.T.C. Wall] 1970/71, n° 397, 34 p.
Double suspension d'une sphère d'homologie [d'après R. Edwards] 1977/78, n° 515, 18 p.
LELONG, Pierre
Valeurs algébriques d'une application méromorphe [d'après E. Bombieri] 1970/71, n° 384, 17 p.

LEMAIRE, J. M.

Le transfert dans les espaces fibrés [d'après J. Becker et D. Gottlieb] 1975/76, n° 472, 15 p.

LE POTIER, Joseph

Le problème des modules locaux pour les espaces C-analytiques compacts [d'après A. Douady et J. Hubbard] 1973/74, n° 449, 18 p.

Fibrés vectoriels et cycles d'ordre fini sur une variété algébrique non compacte [d'après M. Cornalba et P. Griffiths] 1975/76, n° 473, 16 p.

LODAY, Jean-Louis

Homotopie des espaces de concordances [d'après F. Waldhausen] 1977/78, n° 516, 19 p.

LIONS, Jacques-Louis

Sur les problèmes unilatéraux 1968/69, n° 350, 23 p.

MACPHERSON, Robert

The combinatorial formula of Gabrielov, Gelfand and Losik for the first Pontjragin class 1976/77, n° 497, 20 p.

MALGRANGE, Bernard

Opérateurs de Fourier [d'après Hörmander et Maslov] 1971/72, n° 411, 20 p.

L'involutivité des caractéristiques des systèmes différentiels et microdifférentiels 1977/78, n° 522, 13 p.

MALLIAVIN, Paul

Travaux de H. Skoda sur la classe de Nevanlinna 1976/77, n° 504, 17 p.

MARS, J. G. M.

Les nombres de Tamagawa de groupes semi-simples 1968/69, n° 351, 16 p.

MARTINEAU, André

Théorèmes sur le prolongement analytique du type "Edge of the wedge theorem" 1967/68, n° 340, 17 p.

MARTINET, Jacques

Un contre-exemple à une conjecture d'E. Noether [d'après R. Swan] 1969/70, n° 372, 10 p.

Bases normales et constante de l'équation fonctionnelle des fonctions L d'Artin 1973/74, n° 450, 22 p.

MAZUR, Barry

Courbes Elliptiques et Symboles Modulaires 1971/72, n° 414, 18 p.

MAZUR, Barry et SERRE, Jean-Pierre

Points rationnels des courbes modulaires $X_0(N)$ [d'après [7] et [9]] 1974/75, n° 469, 18 p.

MC ALOON, Kenneth

Formes combinatoires du Théorème d'Incomplétude [d'après J. Paris et d'autres] 1977/78, n° 521, 14 p.

McKEAN, Henry P. et VAN MOERBEKE, Pierre

Sur le spectre de quelques opérateurs et les variétés de Jacobi 1975/76, n° 474, 15 p.

MEYER, Paul-André

Lemme maximal et martingales [d'après D. L. Burkholder] 1967/68, n° 334, 12 p.

Démonstration probabiliste d'une identité de convolution [d'après H. Kesten] 1968/69, n° 361, 15 p.

Le théorème de dérivation de Lebesgue pour une résolvante [d'après G. Mokobodzki (1969)] 1972/73, n° 422, 10 p.

Régularité des processus gaussiens [d'après X. Fernique] 1974/75, n° 470, 11 p.

MEYER, Yves

Problèmes de l'unicité, de la synthèse et des isomorphismes en analyse harmonique 1967/68, n° 341, 9 p.

van MOERBEKE, Pierre et McKEAN, Henry P.

Sur le spectre de quelques opérateurs et les variétés de Jacobi 1975/76, n° 474, 15 p.

MOKOBODZKI, Gabriel

Structure des cônes de potentiels 1969/70, n° 377, 14 p.

MORGAN, John W.

The rational homotopy theory of smooth, complex projective varieties [following Deligne, Griffiths, Morgan and Sullivan] 1975/76, n° 475, 12 p.

MORLET, Claude

Hauptvermutung et triangulation des variétés [d'après Kirby, Siebenmann et aussi Lees, Wall, etc...] 1968/69, n° 362, 18 p.

MOULIS, Nicole

Variétés de dimension infinie 1969/70, n° 378, 15 p.

POENARU, Valentin

Extension des immersions en codimension 1 [d'après S. Blank] 1967/68, n° 342, 33 p.

Travaux de J. Cerf (isotopie et pseudo-isotopie) 1969/70, n° 373, 22 p.

Le théorème de s-cobordisme 1970/71, n° 392, 23 p.

POITOU, Georges

Solution du problème du dixième discriminant [d'après Stark] 1967/68, n° 335, 8 p.

Minorations de discriminants [d'après A.M. Odlyzko] 1975/76, n° 479, 18 p.

POURCIN, Geneviève

Fibres holomorphes dont la base et la fibre sont des espaces de Stein 1977/78, n° 517, 15 p.

RAÏS, Mustapha

Opérateurs différentiels bi-invariants [d'après M. Duflo] 1976/77, n° 498, 13 p.

RAMIS, Jean-Pierre

Frobenius avec singularités [d'après B. Malgrange, J. F. Mattei et R. Moussu] 1977/78, n° 523, 10 p.

RAYNAUD, Michel

Travaux récents de M. Artin 1968/69, n° 363, 17 p.

Compactification du module des courbes 1970/71, n° 385, 15 p.

Construction analytique de courbes en géométrie non archimédienne [d'après David Mumford] 1972/73, n° 427, 15 p.

Faisceaux amples et très amples [d'après T. Matsusaka] 1976/77, n° 493, 13 p.

ROBERT, Alain

Formes automorphes sur GL_2 (Travaux de H. Jacquet et R. P. Langlands) 1971/72, n° 415, 24 p.

ROSENBERG, Harold

Feuilletages sur des sphères [d'après H. B. Lawson] 1970/71, n° 393, 12 p.

Un contre-exemple à la conjecture de Seifert [d'après P. Schweitzer] 1972/73, n° 434, 13 p.

Les difféomorphismes du cercle [d'après M. R. Herman] 1975/76, n° 476, 18 p.

ROUSSARIE, Robert

Constructions de feuilletages [d'après W. Thurston] 1976/77, n° 499, 17 p.

RUELLE, David

Formalisme thermodynamique 1975/76, n° 480, 13 p.

SABBAGH, Gabriel

Caractérisation algébrique des groupes de type fini ayant un problème de mots résoluble [Théorème de Boone-Higman, travaux de B.H. Neumann et Macintyre] 1974/75, n° 457, 20 p.

SCHIFFMANN, Gérard

Un analogue du théorème de Borel-Weil-Bott dans le cas non compact 1970/71, n° 398, 14 p.

SCHREIBER, Jean-Pierre

Nombres de Pisot et travaux d' Yves Meyer 1969/70, n° 379, 11 p.

SCHWARTZ, Laurent

Produits tensoriels g_p et d_p , applications p-sommantes, applications p-radonifiantes 1970/71, n° 386, 26 p.

SERGERAERT, Francis

$B\Gamma$ [d'après Mather et Thurston] 1977/78, n° 524, 16 p.

SERRE, Jean-Pierre

Travaux de Baker 1969/70, n° 368, 14 p.

p-torsion des courbes elliptiques [d'après Y. Manin] 1969/70, n° 380, 14 p.

Cohomologie des groupes discrets 1970/71, n° 399, 14 p.

Congruences et formes modulaires [d'après H.P.F. Swinnerton-Dyer] 1971/72, n° 416, 20 p.

Valeurs propres des endomorphismes de Frobenius [d'après P. Deligne] 1973/74, n° 446, 15 p.

Reprèsentations linéaires des groupes finis "algébriques" [d'après Deligne-Lusztig] 1975/76, n° 487, 18 p.

Points rationnels des courbes modulaires $X_0(N)$ [d'après Barry Mazur [3], [4], [5]] 1977/78, n° 511, 12 p.

SERRE, Jean-Pierre et MAZUR, Barry

Points rationnels des courbes modulaires $X_0(N)$ [d'après [7] et [9]] 1974/75, n° 469, 18 p.

SIBONY, Nessim

Noyau de Bergman et applications biholomorphes dans des domaines strictement pseudo-convexes [d'après C. Fefferman] 1974/75, n° 463, 14 p.

SIEBENMANN, Laurent

L'invariance topologique du type simple d'homotopie [d'après T. Chapman et R. D. Edwards] 1972/73, n° 428, 24 p.

SMALE, Stephen

Stability and generecity in dynamical systems 1969/70, n° 374, 9 p.

SPRINGER, T. A.

Caractères de groupes de Chevalley finis 1972/73, n° 429, 24 p.

Relèvement de Brauer et reprèsentations paraboliques de $GL_n(F_q)$ [d'après G. Lusztig] 1973/74, n° 441, 25 p.

STALLINGS, John

Coherence of 3-manifold fundamental groups 1975/76, n° 481, 7 p.

STEINBERG, Robert

Abstract homomorphisms of simple algebraic groups [after A. Borel and J. Tits] 1972/73, n° 435, 20 p.

STERN, Jacques

Le problème des cardinaux singuliers [d'après R. B. Jensen et T. Silver] 1976/77, n° 494, 14 p.

SZPIRO, Lucien

Travaux de Kempf, Kleiman, Laksov, sur les diviseurs exceptionnels 1971/72, n° 417, 15 p.

Cohomologie des ouverts de l'espace projectif sur un corps de caractéristique zéro [d'après A. Ogus] 1974/75, n° 458, 16 p.

TATE, John

Classes d'isogénie des variétés abéliennes sur un corps fini [d'après T. Honda] 1968/69, n° 352, 16 p.

TEISSIER, Bernard

Théorèmes de finitude en géométrie analytique [d'après Heisuke Hironaka] 1973/74, n° 451, 23 p.

TEMAM, Roger

Approximation d'équations aux dérivées partielles par des méthodes de décomposition 1969/70, n° 381, 9 p.

THOMPSON, John G.

Sylow 2-subgroups of simple groups 1967/68, n° 345, 3 p.

THOUVENOT, Jean-Paul

La démonstration de Furstenberg du Théorème de Szemerédi sur les progressions arithmétiques 1977/78, n° 518, 12 p.

TITS, Jacques

Groupes finis simples sporadiques 1969/70, n° 375, 25 p.

Travaux de Margulis sur les sous-groupes discrets de groupes de Lie 1975/76, n° 482, 17 p.

Groupes de Whitehead de groupes algébriques simples sur un corps [d'après V. P. Platonov et al.] 1976/77, n° 505, 19 p.

TOUGERON, Jean-Claude

Stabilité des applications différentiables [d'après J. Mather] 1967/68, n° 336, 16 p.

VAN DE VEN, A.

Some recent results on surfaces of general type 1976/77, n° 500, 12 p.

On the Enriques classification of algebraic surfaces 1976/77, n° 506, 15 p.

VAN DIJK, G.

Harmonic analysis on reductive $\mathfrak{p}$-adic groups [after Harish-Chandra] 1970/71, n° 387, 18 p.

VERDIER, Jean-Louis

Indépendance par rapport à ℓ des polynômes caractéristiques des endomorphismes de Frobenius de la cohomologie ℓ-adique [d'après P. Deligne] 1972/73, n° 423, 18 p.

VERDIER, Jean-Louis

Le théorème de Riemann-Roch pour les variétés algébriques éventuellement singulières [d'après P. Baum, W. Fulton et R. Macpherson] 1974/75, n° 464, 17 p.

Equations différentielles algébriques 1977/78, n° 512, 22 p.

VERGNE, Michèle

Sur les intégrales d'entrelacement de R. A. Kunze et E. M. Stein [d'après G. Schiffmann] 1969/70, n° 369, 20 p.

Représentations unitaires des groupes de Lie résolubles 1973/74, n° 447, 22 p.

WALDSCHMIDT, Michel

Les travaux de G. V. Čudnovskiĭ sur les nombres transcendants 1975/76, n° 488, 19 p.

WEIL, André

Séries de Dirichlet et fonctions automorphes 1967/68, n° 346, 6 p.

La cyclotomie jadis et naguère 1973/74, n° 452, 21 p.

Vol. 551: Algebraic K-Theory, Evanston 1976. Proceedings. Edited by M. R. Stein. XI, 409 pages. 1976.

Vol. 552: C. G. Gibson, K. Wirthmüller, A. A. du Plessis and E. J. N. Looijenga. Topological Stability of Smooth Mappings. V, 155 pages. 1976.

Vol. 553: M. Petrich, Categories of Algebraic Systems. Vector and Projective Spaces, Semigroups, Rings and Lattices. VIII, 217 pages. 1976.

Vol. 554: J. D. H. Smith, Mal'cev Varieties. VIII, 158 pages. 1976.

Vol. 555: M. Ishida, The Genus Fields of Algebraic Number Fields. VII, 116 pages. 1976.

Vol. 556: Approximation Theory. Bonn 1976. Proceedings. Edited by R. Schaback and K. Scherer. VII, 466 pages. 1976.

Vol. 557: W. Iberkleid and T. Petrie, Smooth S^1 Manifolds. III, 163 pages. 1976.

Vol. 558: B. Weisfeiler, On Construction and Identification of Graphs. XIV, 237 pages. 1976.

Vol. 559: J.-P. Caubet, Le Mouvement Brownien Relativiste. IX, 212 pages. 1976.

Vol. 560: Combinatorial Mathematics, IV, Proceedings 1975. Edited by L. R. A. Casse and W. D. Wallis. VII, 249 pages. 1976.

Vol. 561: Function Theoretic Methods for Partial Differential Equations. Darmstadt 1976. Proceedings. Edited by V. E. Meister, N. Weck and W. L. Wendland. XVIII, 520 pages. 1976.

Vol. 562: R. W. Goodman, Nilpotent Lie Groups: Structure and Applications to Analysis. X, 210 pages. 1976.

Vol. 563: Séminaire de Théorie du Potentiel. Paris, No. 2. Proceedings 1975-1976. Edited by F. Hirsch and G. Mokobodzki. VI, 292 pages. 1976.

Vol. 564: Ordinary and Partial Differential Equations, Dundee 1976. Proceedings. Edited by W. N. Everitt and B. D. Sleeman. XVIII, 551 pages. 1976.

Vol. 565: Turbulence and Navier Stokes Equations. Proceedings 1975. Edited by R. Temam. IX, 194 pages. 1976.

Vol. 566: Empirical Distributions and Processes. Oberwolfach 1976. Proceedings. Edited by P. Gaenssler and P. Révész. VII, 146 pages. 1976.

Vol. 567: Séminaire Bourbaki vol. 1975/76. Exposés 471-488. IV, 303 pages. 1977.

Vol. 568: R. E. Gaines and J. L. Mawhin, Coincidence Degree, and Nonlinear Differential Equations. V, 262 pages. 1977.

Vol. 569: Cohomologie Etale SGA 4½. Séminaire de Géométrie Algébrique du Bois-Marie. Edité par P. Deligne. V, 312 pages. 1977.

Vol. 570: Differential Geometrical Methods in Mathematical Physics, Bonn 1975. Proceedings. Edited by K. Bleuler and A. Reetz. VIII, 576 pages. 1977.

Vol. 571: Constructive Theory of Functions of Several Variables, Oberwolfach 1976. Proceedings. Edited by W. Schempp and K. Zeller. VI. 290 pages. 1977

Vol. 572: Sparse Matrix Techniques, Copenhagen 1976. Edited by V. A. Barker. V, 184 pages. 1977.

Vol. 573: Group Theory, Canberra 1975. Proceedings. Edited by R. A. Bryce, J. Cossey and M. F. Newman. VII, 146 pages. 1977.

Vol. 574: J. Moldestad, Computations in Higher Types. IV, 203 pages. 1977.

Vol. 575: K-Theory and Operator Algebras, Athens, Georgia 1975. Edited by B. B. Morrel and I. M. Singer. VI, 191 pages. 1977.

Vol. 576: V. S. Varadarajan, Harmonic Analysis on Real Reductive Groups. VI, 521 pages. 1977.

Vol. 577: J. P. May, E_∞ Ring Spaces and E_∞ Ring Spectra. IV, 268 pages. 1977.

Vol. 578: Séminaire Pierre Lelong (Analyse) Année 1975/76. Edité par P. Lelong. VI, 327 pages. 1977.

Vol. 579: Combinatoire et Représentation du Groupe Symétrique, Strasbourg 1976. Proceedings 1976. Edité par D. Foata. IV, 339 pages. 1977.

Vol. 580: C. Castaing and M. Valadier, Convex Analysis and Measurable Multifunctions. VIII, 278 pages. 1977.

Vol. 581: Séminaire de Probabilités XI, Université de Strasbourg. Proceedings 1975/1976. Edité par C. Dellacherie, P. A. Meyer et M. Weil. VI, 574 pages. 1977.

Vol. 582: J. M. G. Fell, Induced Representations and Banach *-Algebraic Bundles. IV, 349 pages. 1977.

Vol. 583: W. Hirsch, C. C. Pugh and M. Shub, Invariant Manifolds. IV, 149 pages. 1977.

Vol. 584: C. Brezinski, Accélération de la Convergence en Analyse Numérique. IV, 313 pages. 1977.

Vol. 585: T. A. Springer, Invariant Theory. VI, 112 pages. 1977.

Vol. 586: Séminaire d'Algèbre Paul Dubreil, Paris 1975-1976 (29ème Année). Edited by M. P. Malliavin. VI, 188 pages. 1977.

Vol. 587: Non-Commutative Harmonic Analysis. Proceedings 1976. Edited by J. Carmona and M. Vergne. IV, 240 pages. 1977.

Vol. 588: P. Molino, Théorie des G-Structures: Le Problème d'Equivalence. VI, 163 pages. 1977.

Vol. 589: Cohomologie l-adique et Fonctions L. Séminaire de Géométrie Algébrique du Bois-Marie 1965-66, SGA 5. Edité par L. Illusie. XII, 484 pages. 1977.

Vol. 590: H. Matsumoto, Analyse Harmonique dans les Systèmes de Tits Bornologiques de Type Affine. IV, 219 pages. 1977.

Vol. 591: G. A. Anderson, Surgery with Coefficients. VIII, 157 pages. 1977.

Vol. 592: D. Voigt, Induzierte Darstellungen in der Theorie der endlichen, algebraischen Gruppen. V, 413 Seiten. 1977.

Vol. 593: K. Barbey and H. König, Abstract Analytic Function Theory and Hardy Algebras. VIII, 260 pages. 1977.

Vol. 594: Singular Perturbations and Boundary Layer Theory, Lyon 1976. Edited by C. M. Brauner, B. Gay, and J. Mathieu. VIII, 539 pages. 1977.

Vol. 595: W. Hazod, Stetige Faltungshalbgruppen von Wahrscheinlichkeitsmaßen und erzeugende Distributionen. XIII, 157 Seiten. 1977.

Vol. 596: K. Deimling, Ordinary Differential Equations in Banach Spaces. VI, 137 pages. 1977.

Vol. 597: Geometry and Topology, Rio de Janeiro, July 1976. Proceedings. Edited by J. Palis and M. do Carmo. VI, 866 pages. 1977.

Vol. 598: J. Hoffmann-Jørgensen, T. M. Liggett et J. Neveu, Ecole d'Eté de Probabilités de Saint-Flour VI - 1976. Edité par P.-L. Hennequin. XII, 447 pages. 1977.

Vol. 599: Complex Analysis, Kentucky 1976. Proceedings. Edited by J. D. Buckholtz and T. J. Suffridge. X, 159 pages. 1977.

Vol. 600: W. Stoll, Value Distribution on Parabolic Spaces. VIII, 216 pages. 1977.

Vol. 601: Modular Functions of one Variable V, Bonn 1976. Proceedings. Edited by J.-P. Serre and D. B. Zagier. VI, 294 pages. 1977.

Vol. 602: J. P. Brezin, Harmonic Analysis on Compact Solvmanifolds. VIII, 179 pages. 1977.

Vol. 603: B. Moishezon, Complex Surfaces and Connected Sums of Complex Projective Planes. IV, 234 pages. 1977.

Vol. 604: Banach Spaces of Analytic Functions, Kent, Ohio 1976. Proceedings. Edited by J. Baker, C. Cleaver and Joseph Diestel. VI, 141 pages. 1977.

Vol. 605: Sario et al., Classification Theory of Riemannian Manifolds. XX, 498 pages. 1977.

Vol. 606: Mathematical Aspects of Finite Element Methods. Proceedings 1975. Edited by I. Galligani and E. Magenes. VI, 362 pages. 1977.

Vol. 607: M. Métivier, Reelle und Vektorwertige Quasimartingale und die Theorie der Stochastischen Integration. X, 310 Seiten. 1977.

Vol. 608: Bigard et al., Groupes et Anneaux Réticulés. XIV, 334 pages. 1977.